西安交通大学"十四五"规划教材

碳会计理论与实务

TAN KUAIJI LILUN YU SHIWU

田高良　刘江鹰　编著

内容简介

本书积极对接国家“双碳”战略，聚焦碳资产管理全流程会计处理，从理论和实务两个层面，剖析产业碳资产管理解决方案的前沿实践，淬炼出“双碳”目标下碳资产价值创造的实现路径。从碳会计全生命周期管理视角，综合论述了碳会计理论与实务的重点和热点问题，具体包括认知碳会计、碳排放核算会计、碳减排管理会计、生态产品经营会计、碳配额资产交易会计、碳信用资产交易会计、碳金融产品交易会计、碳会计数据报告披露、绿电碳会计发展展望等九章内容。除了系统讲述碳会计知识外，还力求紧跟低碳时代改革步伐，体现时代性；重点介绍碳会计的实践案例，阐述碳会计在关键行业领域的最新应用，体现创新性；由“双一流”高校和知名企业专家学者联合撰写，体现专业性；依托全国首家“数字化碳资产管理系统”，配套碳会计实务操作软件，体现实用性。

本书可供会计学、财务管理、金融学等新商科类专业本科生、研究生，以及高职高专学生作为专业基础课教材使用，同时也可供大型控排企业管理者、能源行业从业者、金融界人士，以及出口型企业、碳资产管理行业从业者参考使用。

图书在版编目(CIP)数据

碳会计理论与实务 / 田高良，刘江鹰编著. -- 西安 ：西安交通大学出版社，2024.9. -- ISBN 978-7-5693-1818-0

Ⅰ. X196

中国国家版本馆 CIP 数据核字第 2024TB6692 号

书　　名　碳会计理论与实务
TAN KUAIJI LILUN YU SHIWU
编　　著　田高良　刘江鹰
策划编辑　魏照民
责任编辑　魏照民
文字编辑　王建洪
责任校对　郭　剑
封面设计　任加盟

出版发行　西安交通大学出版社
(西安市兴庆南路 1 号　邮政编码 710048)
网　　址　http://www.xjtupress.com
电　　话　(029)82668357　82667874(市场营销中心)
(029)82668315(总编办)
传　　真　(029)82668280
印　　刷　陕西印科印务有限公司

开　　本　787mm×1092mm　1/16　**印张**　22.25　**字数**　482 千字
版次印次　2024 年 9 月第 1 版　2024 年 9 月第 1 次印刷
书　　号　ISBN 978-7-5693-1818-0
定　　价　79.90 元

如发现印装质量问题，请与本社市场营销中心联系。
订购热线：(029)82665248　(029)82667874
投稿热线：(029)82665379
读者信箱：897899804@qq.com

前　言

2020 年 9 月，习近平主席在第七十五届联合国大会一般性辩论上发表重要讲话并指出："中国将提高国家自主贡献力度，采取更加有力的政策和措施，二氧化碳排放力争于 2030 年前达到峰值，努力争取 2060 年前实现碳中和。"2021 年 10 月，《中共中央 国务院关于完整准确全面贯彻新发展理念做好碳达峰碳中和工作的意见》和《国务院关于印发 2030 年前碳达峰行动方案的通知》(国发〔2021〕23 号)发布。2021 年 12 月 21 日，生态环境部等九部门联合发布《关于开展气候投融资试点工作的通知》，对产业企业提出了"探索开展企业碳会计制度，定期开展企业碳审计，严防企业碳数据造假"的要求。2024 年 7 月，中国共产党第二十届中央委员会第三次全体会议通过的《中共中央关于进一步全面深化改革 推进中国式现代化的决定》提出，要"健全绿色低碳发展机制"。2024 年 7 月 31 日，《中共中央 国务院关于加快经济社会发展全面绿色转型的意见》发布，首次从中央层面对加快经济社会发展全面绿色转型进行系统部署。2024 年 8 月 2 日，国务院办公厅印发的《加快构建碳排放双控制度体系工作方案》提出，将碳排放指标及相关要求纳入国家规划，建立健全地方碳考核、行业碳管控、企业碳管理、项目碳评价、产品碳足迹等政策制度和管理机制，并与全国碳排放权交易市场有效衔接，构建系统完备的碳排放双控制度体系，为实现碳达峰碳中和目标提供有力保障。一系列"双碳"政策催生了"双碳"人才培养的急迫需求。

为贯彻落实国家战略决策部署，加快"双碳"领域人才培养，2022 年 4 月 19 日，教育部印发了《加强碳达峰碳中和高等教育人才培养体系建设工作方案》(教高函〔2022〕3 号)，从加强绿色低碳教育、打造高水平科技攻关平台、加快紧缺人才培养、促进传统专业转型升级、深化产教融合协同育人、深入开展改革试点、加强高水平教师队伍建设、加大教学资源建设力度、加强国际交流与合作等 9 个方面，明确了 22 条主要任务和重点举措，其中明确要求加大碳达峰碳中和领域课程、教材等教学资源建设力度。2022 年 10 月 26 日，教育部印发《绿色低碳发展国民教育体系建设实施方案》的通知(教发〔2022〕2 号)，提出"把绿色低碳要求融入国民教育各学段课程教材"，并提出："到 2025 年，绿色低碳生活理念与绿色低碳发展规范在大中小学普及传播，绿色低碳理念进入大中小学教育体系；有关高校初步构建起碳达峰碳中和相关学科专业体系，科技创新能力和创新人才培养水平明显提升。”绿色低碳生产生活理念成为高校培养合格人才的标准要求。

我国经济社会发展的全面绿色转型，相关的考核机制构建尤其是碳数据的计量是关键，不能计量就不能管理。“双碳”目标的落地，有赖于“排碳有成本，减碳有收益”的低碳发展理念在全社会，尤其在企业生产经营管理活动中的落地。“排碳有成本”，谁来核算成本？“减碳有收益”，谁来核算收益？当然是碳会计。碳中和受控于碳金融，碳金融基于碳资产，碳资产源自碳数据，碳数据来自碳会计，碳会计支撑碳决策。全球的产业链、供应链均处于绿色低碳转型过程之中，透过碳数据的支持，识别、抓住低碳产业链、供应链重构的“碳机遇”，成为当前企业战略在新一轮“洗牌站队”中的关注重点，这对碳会计数据支持提出了迫切要求。从国内形势看，在我国的能源结构“偏煤”、产业结构“偏重”、环境约束“偏紧”的国情下，企业绿色低碳转型中的“协调发展”显得尤其重要。正如习近平总书记所说：“推进碳达峰碳中和，不是别人让我们做，而是我们自己必须做，但这也不是轻轻松松就能实现的，等不得，也急不得。”如何抉择？靠碳会计提供的碳数据。从国际形势看，全球绿色转型进程面临着波折，环境和气候议题呈现政治化趋势增强，绿色贸易壁垒呈现升级趋势，应对国际碳关税的碳管理成为企业可持续发展的刚性约束。为适应外部商业环境变革，企业急需通过培养碳会计人才来强化企业碳管理。

本书从碳资产全生命周期的经济活动视角，对相关业务的碳会计理论与产业实践，进行了“从概念到实践”“从成本到收入”“从认知到技能”的创新性归纳、分类与解读，既涉及碳配额、碳信用和绿电绿证等三类碳资产的会计业务，也涉及基于碳资产的碳金融创新相关的会计业务。

本书体现了历史性、创新性、前沿性、系统性、实践性、专业性等6个特色。本书的内容系统地阐述了企业会计在全球经济发展进入应对全球气候变化、实现可持续的绿色低碳发展的历史阶段所需开展的重点工作，助力党的二十届三中全会要求的“健全绿色低碳发展机制”的实现，体现出历史性；我们在编写本书过程中，对碳会计相关的国家“双碳”政策和产业实践进行了潜心研究，其中包含大量原创性的研究和思考，涉及碳会计概念、碳会计知识体系、碳会计业务技能实践教学等方面，体现了创新性；本书的教学内容与国家最新“双碳”政策和产业实践相联系，服务产业企业的绿色低碳转型，补全企业财会人员的必备知识技能，体现出前沿性；本书构建了碳会计的完整场景体系，支持“排碳有成本，减碳有收益”的策略实施，进行人类生产和生活各方面的碳定价、碳计量，覆盖了全部可能的碳交易的会计处理业务场景，体现出系统性；本书不仅介绍了碳会计各个方面的理论知识和产业实践，还配套了碳会计实务软件操作实验介绍，强化碳会计重点技能的可视化实践训练，体现出实用性；本书由“双一流”高校的教授和知名企业的专家学者联合研究撰写，体现出专业性。

全书共包含9章内容。第1章是“碳会计”，介绍与碳会计相关的一般性知识，包括碳会计产生的背景、碳资产与碳市场、碳会计的概念与核算制度、碳会计的就业方向、产业碳资产管理案例等内容。第2章是“碳排放核算会计”，是对“排碳有成本”理念的具体落地践行，介绍了如何进行碳排放核算、碳排放对企业经营成本的影响等内容。企业开工生产就会排碳，就有成本，企业超排将付出高额成本和高昂代价。碳排放成本是“被动的碳成本”。第3章是“碳减排管理会计”，介绍了碳减排技术、碳减排政策、碳减排的酒店业实践等内容。企业开展碳减排的目的在于降低碳排放成本，开展碳减排所投入的成本是“主动的碳成本”。第4章是“生态产品经营会计”，是“减碳有收益”理念的具体体现，介绍了生态产品的概念、生态产品经营相关政策标准、林业碳汇的开发实施等内容，强调了生态产品经营的“保护者受益、使用者付费、损害者赔偿”三方面的价值导向。第5、6两章分别是“碳配额资产交易会计”和“碳信用资产交易会计”，介绍了两类碳资产所对应的碳交易市场、相关产业实践动态、碳资产全生命周期管理及会计处理等内容，覆盖了可能的碳资产交易场景的全部会计处理内容。第7章是“碳金融产品交易会计”，介绍了碳金融的概念与相关政策、碳金融产业案例、典型碳金融业务的会计处理等内容。碳金融与碳会计的关系可看作是业务与财务的关系，企业对于碳金融的融资工具、交易工具、支持工具的使用，都会带来企业会计的相应业务需求。第8章是“碳会计数据报告披露”，介绍了碳会计数据披露的特征，央行、交易所、国资委、生态环境部、最高法院、财政部等部门的碳披露管理政策，以及ESG(environment，social and governance)报告披露等内容。碳数据披露是碳管理监督的核心要点，碳会计提供的碳数据质量直接影响到碳资产的价值，是碳市场、碳金融的生命线。第9章是“‘绿电’碳会计发展展望”，介绍了“绿电”市场相关的两类碳资产(“证电合一”的“绿电”和“证电分离”的“绿证”)，对企业用电成本带来重大影响的“虚拟电厂”，以及新型电力系统的产业创新案例等内容。之所以是“展望”，是因为相关电力市场规则正处于剧变过程中。目前，95%的新能源应用都是通过转换成电能的方式来实现的，在“以电代煤”“以电代油”“以电代气”的能源政策下，未来企业的用能将聚焦在电能上，且电能的供给规则和定价规则正在发生剧变，国家的碳达峰政策将带来企业大规模使用“绿电”的刚性要求。企业会计需要关注“绿电”“绿证”“虚拟电厂”等的政策发展动态，从保障生产经营的用电以及降低用电成本两个方面，做好碳数据对企业经营管理的支持服务工作。

本书体现了“创新、协调、绿色、开放、共享”新发展理念的践行，积极对接国家“双碳”战略和“健全绿色低碳发展机制”的要求，聚焦碳资产管理全流程会计处理，从理论和实践两个层面，全面剖析产业碳资产管理解决方案的前沿实践，淬炼出“绿色低碳发展机制”下碳资产价值创造的实现路径，助力企业顺应当前绿色低碳转型的历史发展趋势，抓住全球产业链洗牌重构所带来的历史性机遇，实现从被动的“碳成本”到主动的“碳机遇”的实践变革，达成“弯道超车”的战略目标。

本书由西安交通大学管理学院副院长、博士生导师田高良教授，北京知链科技有限公司战略发展研究院刘江鹰院长担任主编，负责全书的章节体系设计。本书第1、2章分别由刘江鹰和北京知链科技有限公司教研总监、高级会计师杨彩华执笔，第3章由西北大学经济与管理学院副院长李辉教授执笔，第4章由西安欧亚学院会计学院执行院长谢涛副教授执笔，第5章由西安交通大学管理学院访问学者、河南师范大学周芳副教授和田高良执笔，第6章由西安交通大学管理学院李星副教授执笔，第7章由黄冈师范学院商学院院长王庆教授以及夏晓燕副教授、马迎霜博士执笔，第8章由西安交通大学管理学院在职博士生高军武高级会计师和田高良执笔，第9章由北京清大科越股份有限公司高级副总裁兼新技术研究院院长倪晖、王毅经理以及智慧能源总监谢天执笔。本书第1—8章的实验操作部分由北京知链科技有限公司技术支持部王利涛经理、刘傲宇老师负责编写。在各位作者撰写的基础上，最后由田高良、刘江鹰对全书进行审核定稿。北京知链科技有限公司总裁刘全宝先生、北京知链科技有限公司西北区总经理和助理总裁张桐先生为本书的出版提供了诸多支持，西安交通大学出版社为本书的顺利出版也给予了大力支持，在此一并表示衷心的感谢。本书中引用了许多同行专家的研究成果，在此顺致谢忱。

在本书撰写过程中，我们参阅了国内外数本碳管理著作，发现其各有千秋，但目前尚未有定型的、公认较为成熟的碳会计理论与实务教材。由于我们水平有限，书中难免存在不足之处，恳切期望碳会计理论与实务界同仁和读者批评指正。

编著者

2024年8月1日

目　录

第 1 章　碳会计

 本章学习目标

本章主要介绍碳会计产生的背景，碳会计及其相关概念的内涵与外延等内容。通过本章的学习，要达到以下目标：

1. 理解“双碳”目标及其与碳会计的相互关系，理解碳会计产生的时代背景。

2. 理解碳中和、碳定价与碳资产等概念及其相互关系，掌握碳市场的交易运行机制。

3. 理解碳会计概念、碳会计核算制度。

4. 理解碳会计的典型就业方向及相关方向的碳会计工作要点。

本章逻辑框架图

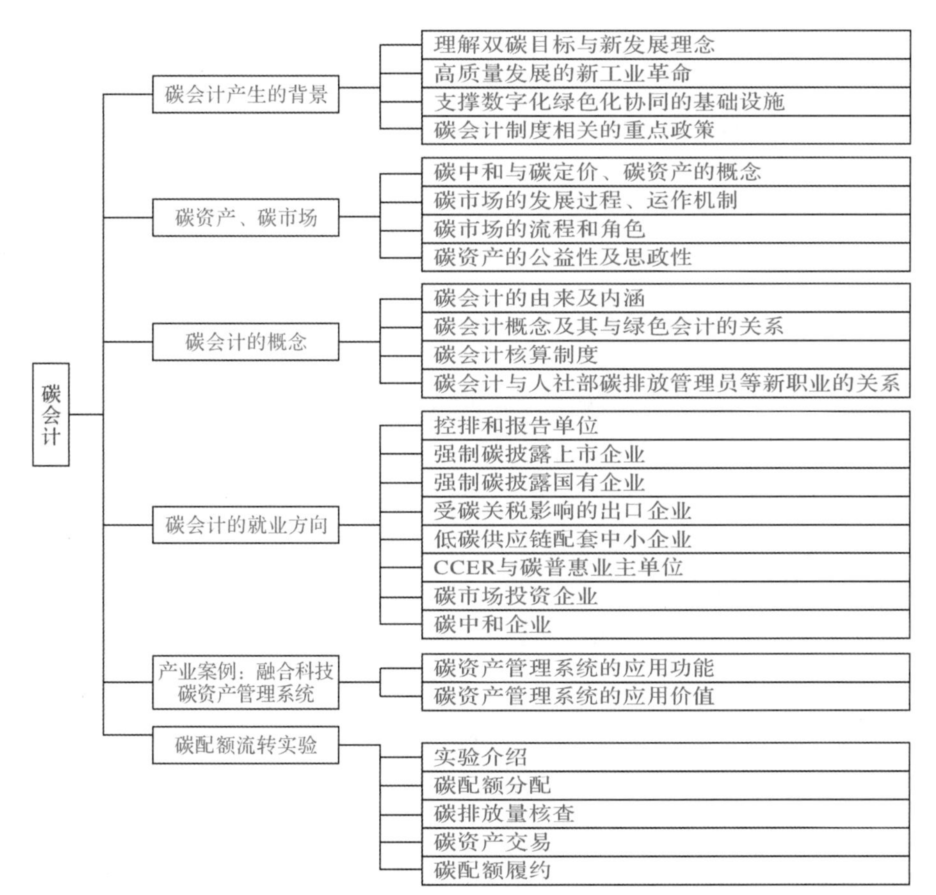

1.1 碳会计产生的背景

1.1.1 理解"双碳"目标与新发展理念

"双碳"目标指我国面向国际社会提出的碳达峰、碳中和目标，也称"3060 目标"。2020 年 9 月 22 日，习近平主席在第七十五届联合国大会一般性辩论上宣布："中国将提高国家自主贡献力度，采取更加有力的政策和措施，二氧化碳排放力争于 2030 年前达到峰值，努力争取 2060 年前实现碳中和。"

"双碳"目标是国家战略，为什么要提出"双碳"目标，是我们需关注的首要问题。

提出"双碳"目标的第一个原因，就是要"解决资源环境约束突出问题"。这里有两个词很重要，一是"资源"，二是"环境"，这是我国出现问题的两个重要方面。

从"资源"上看，我国经济发展受到严重约束。据《BP 世界能源统计年鉴(2021)》数据反映，2020 年，我国煤炭消费量占全球总消费量的 54.3%，煤炭产量占全球总产量的 50.4%。当前我国煤炭发电量排名世界第一，并且煤电还占我国电力来源的 60%。从能源资源上看，富煤贫油少气是我国的国情，尽管我国煤炭储量排名全球第四，但我国的煤还可以挖多少年呢？据有关研究报告，我国的煤还可以挖 38 年。这就提出了一个很紧迫的国家能源战略安全问题，38 年之后我国经济发展的能源靠什么来支撑，这个资源约束突出问题如何解决？就需要依靠"双碳"目标的落地实现。

从"环境"上看，我国经济发展也受到严重约束，可持续发展受到严重影响。经济发展带来了严重的环境污染，导致人们的生活居住条件形势越来越严峻，如人类经济活动带来的雾霾、低温、高温等极端天气的影响。本来发展经济的目的就是改善人们的生活，而环境的恶化却带来丢失"初心"的结果，这个环境约束突出问题如何来解决？同样需要依靠"双碳"目标的落地实现。

提出"双碳"目标的第二个原因，就是要解决"中华民族永续发展"的问题，也就是可持续发展的问题。基于不可再生的资源、能源基础之上的经济活动是不可持续的，矿藏资源总有挖尽的一天，只有基于可再生能源、可再生资源基础之上的循环经济体系才是可持续的。

提出"双碳"目标的第三个原因，就是要实现我国面向国际社会的"构建人类命运共同体的庄严承诺"。温室气体排放带来全球气温升高的温室效应，严重影响到人类的生存，减少温室气体排放需要全球协作。温室气体排放简称"碳排放"(以吨二氧化碳当量 tCO_2e 作为计量单位)。任何一个企业，只要是开工生产就必然会产生碳排放，每个企业都有碳减排的责任；每个人的衣食住行都在产生碳排放，也都有碳减排的责任。

从空间维度上看，一个国家所做的碳排放，收益在该国，但成本却由全世界承担；一个国家所做的碳减排，成本在该国，但受益的是全世界。从时间维度上看，当代人所做的碳排放，收益在当代，但成本却由子孙后代承担；当代人所做的碳减排，成本在当代，但受益的是子孙后代。

由此可见,“双碳”目标相关的碳管理问题,处于影响中国经济国际协作的道德制高点,我们必须做出承诺并予以实现。

我们可以看到,西方国家习惯提“碳中和”概念,也就是“单碳”;我们国家的“双碳”目标提的是“碳达峰、碳中和”,也就是“双碳”。为什么会这样?因为我们国家是发展中国家而不是发达国家,我们的工业化过程尚未完成,在经济增长的过程中,一个时间段内碳排放量还将继续增长,只有在完成碳达峰后,碳排放量才会逐步下降。

一些西方观点认为,中国是全球最大的碳排放国,应承担与当前碳排放量相应的减排责任,这种观点是片面的、不公平的。因为这个观点的视角是只从“增量”看问题,没有从“存量”看问题,要从“存量”+“增量”角度来看问题。西方国家从第一次工业革命开始,就在往大气层中免费做碳排放,而同期我国则没什么工业,也就没什么碳排放。当前导致温室效应产生的大气中的温室气体含量,大部分都是西方国家在前几次工业革命中排放的;如果要谈公平,则应当把存量和增量结合起来谈。

企业开工生产就会有碳排放,碳排放权就是发展权。在历次工业革命中,西方发达国家曾经免费碳排放300年,体现了西方国家的发展权。我国也同样拥有发展权,因此要坚决维护国家的发展权。碳排放权就是碳成本,会影响到产品的国际竞争力,涉及国家的经济利益,我们要坚决维护国家的经济利益。

2030年的碳达峰目标,要求实现经济增长与碳排放脱钩。经济增长必然导致能源需求增长,用电量上升;在用电量上升的同时,碳排放还要下降,这只有通过大规模普及“绿电”应用才能实现,也就是大量的企业实现100%使用“绿电”,才能实现用电量增加而碳排放量下降的目标。2024年4月16日北京市政府发布的《北京市促进制造业和信息软件业绿色低碳发展的若干措施》中所提出的“鼓励制造业和信息软件业企业通过购买“绿电”和国内“绿证”等方式参与绿色电力交易,不断提升可再生能源电力消纳量和消纳比例”,就反映了企业懂“绿电”交易、参与“绿电”交易,是未来市场发展趋势。

我们看到,人工智能正处在快速发展中,但人工智能的尽头是能源。有研究表明,到2027年,全球数据中心人工智能(AI)的用电量将和荷兰、瑞典等小国用电量相当。业界的AI巨头们担心的是,AI时代的数据中心的用电量增长曲线将从线性增长变成几何式上升。目前,ChatGPT日用电量约等于1.7万家庭日用电量。如果生成式AI被进一步采用,用电量可能会更多。因此,“绿电”在数字产业低碳发展中也将扮演重要的角色。

“双碳”目标的提出,是“完整、准确、全面”贯彻新发展理念的结果,两者之间是因与果的关系。新发展理念是我国经济发展的“指挥棒、红绿灯”。新发展理念包括5个方面,即创新、协调、绿色、开放、共享。其中,创新是引领发展的第一动力,协调是持续健康发展的内在要求,绿色是永续发展的必要条件和人民对美好生活追求的重要体现,开放是国家繁荣发展的必由之路,共享是中国特色社会主义的本质要求。

1.1.2 高质量发展的新工业革命

新发展理念和“双碳”目标的提出，具有鲜明的时代性，是经济社会发展到一定阶段的必然要求，这个要求的核心就是永续发展、可持续发展、高质量发展。这个要求正在催生席卷全球的第五次工业革命，即绿色生产力驱动下的绿色革命。

与前四次工业革命一样，这次工业革命也直接影响着世界各国的经济竞争力，并因此受到世界各主要经济体的广泛重视与关注。据中国海关统计，2023 年中国汽车总出口数量为 491 万辆，超过日本、德国，成为全球第一大汽车出口国，这就是这场新工业革命改变世界经济格局的具体结果体现。

2023 年中国电动汽车、锂电池、光伏电池等“新三样”出口额达 1.06 万亿元，首次突破万亿元大关。这场国际化、智能化的绿色革命正在成为占据世界创新制高点、驱动中国经济展现其巨大的发展潜力与国际竞争力的重要途径。

第一次工业革命起源于英国，以牛顿力学为理论基础，以蒸汽机的发明和应用为代表，人类进入蒸汽时代。18 世纪 50 年代—19 世纪 40 年代，以机械取代人力和畜力，蒸汽机、铁路产生为标志，成就了号称“日不落”的大英帝国。这场革命中，烧煤驱动蒸汽产生动力，是免费碳排放的时代。

第二次工业革命产生于德、美，以法拉第电学为理论基础，以电气设备发明和应用为代表，人类进入电气时代。19 世纪 60 年代—20 世纪 40 年代，以化石能源与电力普及、机械自动化、生产流水线为标志，成就了美国世界第一强国的地位。这场革命中，烧煤产生电能驱动电气设备运行，也是免费碳排放的时代。

第三次工业革命产生于美国，以电子计算机、空间技术、生物工程等科技创新为标志，它大大改变了人类的生产生活方式，人类进入信息时代。1945—2012 年，以工业机器人、互联网、5G 技术应用为标志，成就了美国的称霸世界。这场革命中，体现了“人际距离在指间”，同样还是免费碳排放的时代。

第四次工业革命开始于德国，德国 2013 年提出“工业 4.0”，中国在 2015 年提出“中国制造 2025”，美国提出“工业互联网”的国家战略。第四次工业革命的科技创新包括人工智能、大数据、互联网、机器人、3D 打印、VR、虚拟现实等，人类进入了智能时代。这场革命中，体现了“数赋智”，也归属免费碳排放的时代。

当前人类已经进入第五次工业革命时代。不同于以往的各次工业革命，这次工业革命是联合国在推动。2021 年 2 月联合国环境署发布报告《与自然和平相处》(*Making peace with nature*)，报告指出地球面临 3 个危机：气候危机、环境污染危机、生物多样性危机。这 3 个危机相互作用，使人类生存和发展都存在问题。

第五次工业革命，就是围绕这些问题的解决而产生的，是强调环境友好、可持续发展的、绿色低碳技术创新驱动的工业革命。这场工业革命以新能源技术、新型电力系统技术、绿色算力技术、绿色供应链技术、“三废”清洁处理与回收利用技术、碳资产技术等为标志，人类进入了绿色时代。这场革命中，体现了以绿色化低碳化为底色、数字化智能化为支撑的发展；碳排放不再免费，碳约束、碳成本成为企业生产经营必须考虑的因素；这是一个讲求“碳排放有成本、减碳有收益”的时代，是践行新发展理念，追求可持续发展、高质量发展的时代。

在第五次工业革命时代，“双碳”目标是我们坚定不移的追求。2022 年 1 月 24 日，习近平总书记在十九届中央政治局第三十六次集体学习时的讲话中指出：“实现‘双碳’目标，不是别人让我们做，而是我们自己必须要做的事。我国已进入新发展阶段，推进‘双碳’工作是破解资源环境约束突出问题、实现可持续发展的迫切需要，是顺应技术进步趋势、推动经济结构转型升级的迫切需要，是满足人民群众日益增长的优美生态环境需求、促进人与自然和谐共生的迫切需要，是主动担当大国责任、推动构建人类命运共同体的迫切需要。”

2023 年 2 月 27 日，中共中央、国务院发布的《数字中国建设整体布局规划》提出，要“做强做优做大数字经济”“加快数字化绿色化协同转型，倡导绿色智慧生活方式”。这一政策要求，也明确了“绿色”时代是“数字绿色”时代，不能把数字化与绿色化分隔开来，数字技术与绿色技术的协同创新是当前新工业革命的主题。

2023 年 12 月 27 日，《中共中央 国务院关于全面推进美丽中国建设的意见》发布，其中明确了当前我国经济社会发展已进入加快绿色化、低碳化的高质量发展阶段的定位，并提出要大力发展非化石能源，加快构建新型电力系统；要推进产业数字化、智能化同绿色化深度融合；要构建绿色低碳产品标准、认证、标识体系，探索建立“碳普惠”等公众参与机制；要深化环境信息依法披露制度改革，探索开展环境、社会和公司治理(ESG)评价。

2024 年 1 月 31 日，中共中央政治局就扎实推进高质量发展进行第十一次集体学习。中共中央总书记习近平在主持学习时强调，高质量发展需要新的生产力理论来指导，而新质生产力已经在实践中形成并展示出对高质量发展的强劲推动力、支撑力，需要我们从理论上进行总结、概括，用以指导新的发展实践。概括地说，新质生产力是创新起主导作用，摆脱传统经济增长方式、生产力发展路径，具有高科技、高效能、高质量特征，符合新发展理念的先进生产力质态。它由技术革命性突破、生产要素创新性配置、产业深度转型升级而催生，以劳动者、劳动资料、劳动对象及其优化组合的跃升为基本内涵，以全要素生产率大幅提升为核心标志，特点是创新，关键在质优，本质是先进生产力。习近平指出，绿色发展是高质量发展的底色，新质生产力本身就是绿色生产力。必须加快发展方式绿色转型，助力碳达峰碳中和。牢固树立和践行绿水青山就是金山银山的理念，坚定不移走生态优先、绿色发展之路。习近平强调，生产关系必须与生产力发展要求相适应。发展新质生产力，必须进一步全面深化改革，形成与之相适应的新型生产关系。要根据科技发展新趋势，优化高等学校学科设置、人才培养模式，为发展新质生产力、推动高质量发展培养急需人才。要健全要素参与收入分配机制，激发劳动、知识、技术、管理、资本和数据等生产要素活力，更好体现知识、技术、人才的市场价值，营造鼓励创新、宽容失败的良好氛围。

1.1.3 支撑数字化绿色化协同的基础设施

支撑高质量可持续发展的新工业革命的典型表现，就是形成了一系列支撑数字化绿色化的双化协同的“绿色”基础设施，这些基础设施既是绿色低碳技术创新的结果，也是支撑绿色低碳创新的条件；企业的绿色生产力依靠这些基础设施来承载，企业碳会计的计量也会连接到这些基础设施。

这些支撑绿色生产力发展的基础设施，常见的有区块链基础设施、数字人民币基础设施、绿色建筑基础设施、新型电力基础设施、碳市场基础设施和碳足迹基础设施等，这些基础设施都会对企业的碳会计工作带来影响。以下分别做简述介绍。

1. 区块链基础设施

数据正在改变企业经营。数据生产要素的市场化流动是数据资产管理的要点，实现市场化流动的前提是数据资产的确权，可以随便复制的数据肯定不可能成为资产，因为没法确权；数字经济健康发展就是要解决数据隐私保护问题，这需要区块链来进行确权，包括数据持有权、数据加工使用权和数据资产经营权等。“排碳有成本、减碳有收益”的理念落地，碳资产交易过程的可信，碳资产、碳数据资产的会计入表，都依赖碳数据的可信，也可以说，碳会计所需要的碳数据可信，依靠区块链基础设施来实现。

2. 数字人民币基础设施

货币正在改变企业经营。数字人民币是适应数字经济和低碳经济协同环境下的金融基础设施；“支付即结算”既体现着价值流动的变革，也体现着绿色低碳的可信；数字人民币的支付是可以加载智能合约的支付，这一特点提供了非常广阔的商业创新的空间，数字人民币应用正在渗透进入“双碳”目标落地的各个领域。目前，碳市场的碳资产交易的结算，已经开启了数字人民币支付；消费领域的碳普惠机制的运营，也都架构有数字人民币结算的模式。因此，绿色生产力发展的会计计量，必然与数字人民币的应用关系紧密。

3. 绿色建筑基础设施

建筑正在改变企业经营。随着“双碳”目标的落地和深入推进，各类企事业范围的办公场所基础设施也都逐渐在发生着变化；光伏薄膜、光伏幕墙等光伏建筑一体化示范和规模化、市场化应用的推广，成为各地政府的重要工作。例如上海提出，国家机关办公建筑和教育建筑屋顶安装太阳能光伏的面积比例不低于50%，其他类型的公共建筑屋顶安装太阳能光伏的面积比例不低于30%；新建工业厂房屋顶安装太阳能光伏的面积比例不低于50%；居住建筑屋顶安装太阳能光伏的面积比例不得低于30%。随着绿色建筑的使用，100%使用“绿电”开展生产正在逐步成为新的国际商业秩序，相关的企业成本面临变革。

4. 新型电力基础设施

电力正在改变企业经营。随着新能源的规模化接入，以新能源为主体的新型电力系统正在逐步形成之中，这与之前的煤电供应具有很大的差异。传统的煤电供应以客户为中心，由发电侧调节，市场用电量大就多烧煤发电，否则就少烧煤发电，变动的是发电端。新能源的特点则是不以客户为中心，而以自我为中心，受控于自然环境的天气情况，例如阳光充足光伏发电就多；新能源发电丝毫不在意所发出的电是否有用户使用。这样，在新型电力系统中，电力消费的需求端就需要做出改变，全范围配储的意义就体现出来；源网荷储的互动与聚合成为新型电力系统发展的要点，企业需要适应新型电力基础设施的分时电价机制的用电特点，采用数字技术改造用电系统的可调节负荷，错峰用电，降低企业用电成本。

5. 碳市场基础设施

碳市场正在改变企业经营。直接反映“排碳有成本、减碳有收益”的就是碳市场，碳市场是优化碳减排资源配置、促进低成本减碳的重要抓手。强制减排市场方面，碳市场基础设施的扩容与发展正在进行中。随着“双碳”目标的推进以及政策的因素和市场因素的综合，免费碳配额将逐步减少，企业的碳排放成本将不断提高，企业的碳减排成本也将不断提高。自愿减排市场方面，国家核证自愿减排量（CCER）碳信用签发在2017年暂停后，已经在2024年重启，CCER重新启动仪式的规格非常高，国务院副总理都亲临现场，足以体现国家对其的重视与期待。另外，生态产品价值实现机制在全国落地的一个重要方面，就是地方碳普惠减排量这一碳信用资产的快速发展，相关的各地碳市场基础设施正在快速发展中。碳信用资产的发展归属金融创新的范畴，在国家政策大力推动下，发展层级上不仅仅是在省级，更是进入了城市级，例如碳普惠核证减排量（PHCER）是广东省推出的碳普惠减排量，广州核证自愿减排量（GZCER）是广州市推出的碳普惠减排量。

6. 碳足迹基础设施

碳足迹正在改变企业经营。产业链、供应链的绿色低碳发展已经成为国策。“从摇篮到坟墓”的产品碳足迹的核算和应用，推动供应链碳管理的开展，各个行业的产业链、供应链正在发生改变。企业的绿色低碳转型，使得低碳供应链的重构成为必须。低碳供应链重构这一动作最直接的反映，就是在出口企业的业务开展上，面临着碳关税的新商业环境要求。欧盟碳关税的计算公式中，包含有碳市场碳价差和超排量两个因子，前者与出口国的碳配额成本相关，后者需要进行企业碳核算才能得到。按照欧盟方面的规定，想要向欧盟市场出口产品，需要提供碳足迹数据；如果企业没有碳足迹数据，那就参考出口国的行业碳足迹数据；如果出口国没有行业碳足迹数据，那就采用欧盟的排放量最高的企业的数据，这样就很容易被多算碳排放，多缴碳关税。国家政策正在推动着各个行业碳足迹背景数据库等基础设施的建设完善。与碳足迹相关的各个行业的碳标准、产品碳标签、碳认证机制等基础设施建设也在紧锣密鼓地开展。产品碳足迹认证的国际互认机制，已成为各个地方推进碳足迹基础设施建设的要点。

1.1.4 碳会计制度相关的重点政策

近年来,"双碳"1+N 政策体系正在紧锣密鼓地完善和发布。与碳会计相关的政策制度包含有多个层次,如各个部委层次的、国务院层次的、中央层次的等。当然,各个地方省份以及各个层次所建设的碳交易机制中,也发布有相应的影响碳会计的政策。这些政策影响着企业的经营行为,也影响着企业的会计制度,构成了释放新质生产力、绿色生产力的新型生产关系。以下就一些碳会计相关的重点政策做简要说明。

2020 年 10 月 20 日,生态环境部、国家发改委、中国人民银行、中国银保监会、中国证监会五部委联合印发了《关于促进应对气候变化投融资的指导意见》(环气候〔2020〕57 号),提出"稳步推进碳排放权交易市场机制建设,不断完善碳资产的会计确认和计量",这里表达了两层含义,一层含义是企业参与碳排放权资产的市场交易,政策上是稳步推进的;另一层含义就是,企业所做的碳排放权资产交易,相关的碳资产会计确认和计量制度要不断完善;前者可看作是"业务",后者可看作是"财务",彼此之间体现的是"业财融合"的关系。该意见还提出,"支持境内符合条件的绿色金融资产跨境转让"。这表明碳交易是国际化的,进而碳会计也将具有国际化特点。

2021 年 12 月 21 日,生态环境部等九部委印发了《关于开展气候投融资试点工作的通知》(环办气候〔2021〕27 号),并发布了《气候投融资试点工作方案》。《气候投融资试点工作方案》提出"稳妥有序探索开展包括碳基金、碳资产质押贷款、碳保险等碳金融服务",这是指要发展在碳交易市场的碳资产现货交易之外的碳金融产品,企业参与了碳金融交易,必须有碳会计的介入和记账处理。《气候投融资试点工作方案》进一步提出"探索开展企业碳会计制度,定期开展企业碳审计,严防企业碳数据造假",第一次从国家部委政策层面提出"企业碳会计""企业碳审计"等概念,不仅意味着碳会计、碳审计已经成为开展气候投融资试点工作的必须,也对企业相关业务的制度建设提出了要求,同时为高校的相关人才培养提出了要求;其中所提出的"严防企业碳数据造假",表明对碳会计、碳审计的核心要求是严防做假账,也透露了相关领域的碳数据质量令人担忧的现状。碳数据质量是碳市场的生命线,碳数据质量不可信,将带来碳数据支撑的碳资产的价值的不可信,这直接影响到碳市场的生存,更直接影响到"双碳"目标的落地实现。

2021 年 11 月 24 日,财政部制定的《会计改革与发展"十四五"规划纲要》提出,要制定温室气体排放鉴证的注册会计师执业准则,同时提出要"贯彻绿色发展理念,按照国家落实'碳达峰、碳中和'目标的政策方针和决策部署,加强可持续报告准则的研究,适时推动建立我国可持续报告制度",表明碳会计制度的建设完善是未来会计改革的发展方向。

2024 年 1 月 27 日,国家发展改革委等三部委发布了《关于加强绿色电力证书与节能降碳政策衔接 大力促进非化石能源消费的通知》(发改环资〔2024〕113 号),提出要拓展绿色电力证书(简称"绿证")应用场景,深入推进能源消费革命;要强化"绿证"在用能预算、碳排放预算管理制度中的应用;要加快"绿证"国际互认进程。涉及企业预算管理的这些要求,都体现了对碳会计制度建立健全发展方向的要求。

2023年2月17日上午，最高人民法院召开新闻发布会，发布《最高人民法院关于完整准确全面贯彻新发展理念 为积极稳妥推进碳达峰碳中和提供司法服务的意见》，并提出："投资者以上市公司和发债企业等未按照企业环境信息披露管理要求，公布企业碳排放量、排放设施等碳排放信息，年度融资形式、金额、投向等信息，以及融资所投项目的应对气候变化、生态环境保护等相关信息，致其遭受损失为由提起侵权损害赔偿诉讼、符合法律规定情形的，依法确定上市公司和发债企业等承担相应侵权责任。"这一政策对企业碳会计数据披露的全面性、准确性、及时性等提出了严格的要求。

2023年10月1日，全球首个"碳关税"欧盟碳边境调节机制（CBAM）开始启动并试运行。依据CBAM规定，欧盟对从其境外进口的特定产品要额外征收碳边境调节费用，产品覆盖范围包括电力、钢铁、铝业、水泥、化工、氢等六大行业。我国这些行业产品要出口到欧盟国家，就需要提供产品碳排放数据，并为商品制造时释放的碳超排放量交税。

我国各地政府纷纷发布政策，应对欧盟碳关税带来的影响。

2023年4月23日，上海市经济信息化委员会发布《关于开展2023年上海市工业通信业碳管理试点工作的通知》（沪经信节〔2023〕372号），针对上海市的工业企业和通信业企业提出工作目标，"建立健全碳管理工作体系，实施产品全生命周期供应链碳管理，建立工业产品碳足迹数据库，推动建立碳标签制度，建设碳管理公共服务平台，初步实现碳足迹标识国际国内互认"，这里的"国际国内互认"体现了上海市对欧盟碳关税的应对要求。

2023年2月28日，山东省生态环境厅、山东省发展和改革委员会、山东省财政厅、山东省商务厅发布《山东省产品碳足迹评价工作方案（2023—2025年）》并提出主要目标，"到2025年，基本完成600家重点企业产品碳足迹核算，初步建立碳足迹核算评价体系、排放因子数据集及核算模型、碳足迹公共服务平台，推动产业结构、生产生活方式绿色低碳转型，初步实现碳足迹标识国内国际互认"，这里的"国际国内互认"体现了山东省对欧盟碳关税的应对要求。山东提出的这个目标的实现时间是2025年，时间相当紧迫。

2022年11月7日，河北省人民政府办公厅印发《关于深化碳资产价值实现机制若干措施（试行）》（冀政办字〔2022〕145号）并提出，"企业依法依规披露碳排放核算依据、年度碳排放量、购买降碳产品中和碳排放等情况，主动接受社会监督"，"实施绿色低碳产品标识认定，积极探索与国际互认，应对国际碳边境调节机制"。这里的碳核算、碳标识、国际互认，体现了河北省对欧盟碳关税的应对要求。

2021年11月16日，浙江省人民政府发布《关于加快建立健全绿色低碳循环发展经济体系的实施意见》并提出，"在外贸企业推广'碳标签'制度，积极应对欧盟碳边境调节机制等绿色贸易规则"。这同样体现了浙江省对欧盟碳关税的政策重视。

绿色低碳发展的要求不仅通过碳关税机制对全球供应链带来了影响，也对我国国内的产业链供应链带来了影响。

2023 年 11 月 13 日，国家发展改革委等部门发布《关于加快建立产品碳足迹管理体系的意见》(发改环资〔2023〕1529 号)并提出，“鼓励龙头企业根据行业发展水平和企业自身实际建立产品碳足迹管理制度，带动上下游企业加强碳足迹管理，推动供应链整体绿色低碳转型”，其内涵就是龙头企业通过低碳供应链的构建，推动上下游企业从高碳走向低碳，上下游企业不走向低碳将被排除在供应链外。意见所提出的“适时将碳足迹管理相关要求纳入政府采购需求标准，加大碳足迹较低产品的采购力度”，更是明确提出了在政府采购中，低碳产品采购的刚性需求。意见所提出的“支持银行等金融机构将碳足迹核算结果作为绿色金融产品的重要采信依据”，为金融机构的绿色金融产品发展提供了方向。

产品碳足迹认证证书如图 1－1 所示，该证书提供了雅迪电动自行车产品“从摇篮到坟墓”的全生命周期碳足迹数据的第三方鉴证。

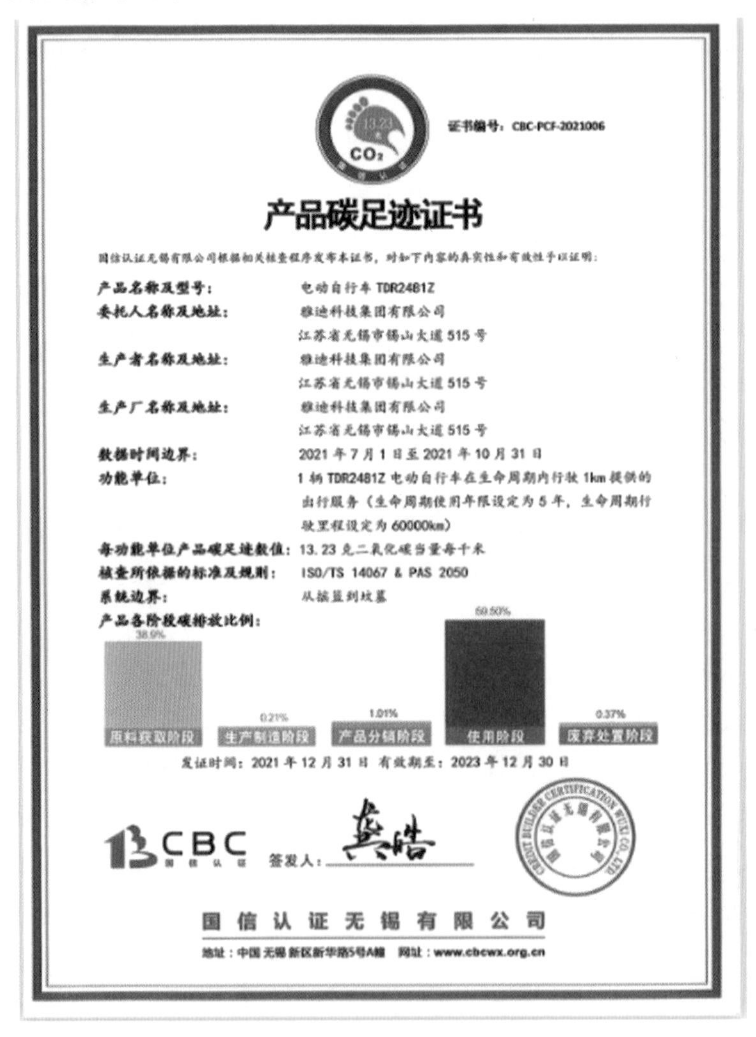
证书编号：CBC-PCF-2021006

产品碳足迹证书

国信认证无锡有限公司根据相关核查程序发布本证书，对如下内容的真实性和有效性予以证明：

产品名称及型号： 电动自行车 TDR2481Z
委托人名称及地址： 雅迪科技集团有限公司 江苏省无锡市锡山大道 515 号
生产者名称及地址： 雅迪科技集团有限公司 江苏省无锡市锡山大道 515 号
生产厂名称及地址： 雅迪科技集团有限公司 江苏省无锡市锡山大道 515 号
数据时间边界： 2021 年 7 月 1 日至 2021 年 10 月 31 日
功能单位： 1 辆 TDR2481Z 电动自行车在生命周期内行驶 1km 提供的出行服务（生命周期使用年限设定为 5 年，生命周期行驶里程设定为 60000km）
每功能单位产品碳足迹数值： 13.23 克二氧化碳当量每千米
核查所依据的标准及规则： ISO/TS 14067 & PAS 2050
系统边界： 从摇篮到坟墓
产品各阶段碳排放比例：

发证时间：2021 年 12 月 31 日 有效期至：2023 年 12 月 30 日

CBC 国信认证 签发人：

国信认证无锡有限公司

地址：中国无锡新区新华路5号A幢 网址：www.cbcwx.org.cn

图 1－1 产品碳足迹证书示例

1.2 碳资产、碳市场

1.2.1 碳中和与碳定价、碳资产的概念

碳中和是指一种状态，即大气层中的二氧化碳含量保持不变的状态。在这种状态下，从地球表面通过化石燃料燃烧等方式向大气层排放的二氧化碳量，与地球表面通过光合作用吸收的二氧化碳量保持数量相等的平衡。

自然状态下，陆地和海洋都在向大气层排放二氧化碳，同时也都在从大气层中吸收二氧化碳，本身可以实现碳中和。人类经济活动的开展，使得从地球表面向大气层排放的二氧化碳大大增加，导致原来的碳中和的平衡被打破。大气层中的二氧化碳浓度升高，导致温室效应引起气温上升、海平面上升，对人类的生存环境造成严重的负面影响。

抑制地球表面的碳排放、达成碳中和成为国际共识。碳排放具有一定的外部性，对于造成排放的经济主体和消费者而言，其后果需数年甚至数十年才会显现。由于碳排放不会对其自身造成即时、明显的消极影响，因此排放主体的减排动力不足。通过践行“排碳有成本、减碳有收益”理念，采用经济手段将碳排放进行量化、资产化，将其作为一种环境权益与货币挂钩进行碳定价，构建市场机制进行交易，使其对社会生产和消费成本产生直接影响，就能够将碳排放这种外部成本进行内部化，成为推动经济社会的各市场主体主动开展碳减排的内在动因。

碳定价的主要方式包括碳排放权交易、碳信用交易、碳税等类型。前两种都属于碳市场定价机制，在行为上直接导向碳减排，而碳税对于碳减排的引导作用则相对差些(例如碳排放量少的企业，碳税增加的成本无法驱动其碳减排行为)。也就是说，各种碳定价机制所适用的场景是不同的。

为了达成碳中和，所采取的措施主要包含两个方面：一个方面是控制排碳，即控制从地球表面向大气层排放二氧化碳的行为。另一个方面是鼓励固碳和减碳。所谓固碳是指，鼓励通过陆地、海洋的光合作用吸收固定大气中的二氧化碳的行为；所谓减碳是指，鼓励通过采取企业节能减排、循环经济应用等各类措施，在达成同样生产目的的条件下减少能源资源的消耗。控制排碳的机制就是碳排放权交易，固碳和减碳的机制则涉及碳信用交易。

在碳排放权交易中，进行排放总额控制。企业每年获得一个碳排放配额，之后逐年减少配额，企业超配额排碳就要增加额外成本，强制企业减碳；该配额可在碳排放权交易(强制减排)市场进行交易买卖。在碳信用交易中，进行碳减排的差额鼓励，首先测量确定当期的排碳量基准，然后采取减碳措施，之后测量减碳后的排碳量，两者之间的差就是通过减碳措施带来的减排量。这个减排量按照确定的流程进行核查确定后，由政府主管部门签发；该减排量可在碳信用交易(即自愿减排)市场进行交易买卖。控制排碳的碳排放权交易机制，产生了配额碳资产；控制固碳减碳的碳信用交易机制，产生了碳信用资产。

按照2022年4月中国证监会发布的金融行业标准《碳金融产品》中的术语定义，碳资产是指，由碳排放权交易机制产生的新型资产，主要包括碳配额和碳信用两类。碳配额是指，主管部门基于国家控制温室气体排放目标的要求，向被纳入温室气体减排管控范围的重点排放单位分配的规定时期内的碳排放额度；碳信用是指，项目主体依据相关方法学，开发温室气体自愿减排项目，经过第三方的审定和核查，依据其实现的温室气体减排量化效果所获得签发的减排量。国内主要的碳信用为国家核证自愿减排量（CCER），国际上主要的碳信用为《京都议定书》清洁发展机制（CDM）下的核证减排量（CER）。

与碳信用概念紧密联系的概念是碳中和与碳普惠。按照2019年5月29日生态环境部发布的《大型活动碳中和实施指南（试行）》中的定义，碳中和是指通过购买碳配额、碳信用的方式或通过新建林业项目产生碳汇量的方式抵消大型活动的温室气体排放量。碳中和是“消纳”碳信用、碳配额的重要场景。碳普惠是指个人和企事业单位的自愿温室气体减排行为依据特定的方法学可以获得碳信用的机制。各地政府构建的碳普惠机制所形成的碳普惠减排量（例如广东的PHCER、北京的PCER），是与CCER相似的碳信用资产。

碳信用资产是与自愿减排碳市场相联系的碳资产。体现生态价值，同时又与碳信用资产联系紧密的，还有“绿电”“绿证”资产。一家企业建设了一个集中式光伏发电站项目，作为业主，这家企业可以有三选一的选择。选择之一是申请CCER碳信用资产，选择之二是申请“绿证”，选择之三是申请“绿电”。三个选择之间是互斥的，如果选择了申请CCER碳信用资产，就不能申请“绿证”“绿电”；如果选择了申请“绿证”，就不能申请CCER碳信用资产、“绿电”。由此可见，“绿证”与“绿电”具有与碳信用资产类似的生态价值。

所谓碳税，是指对排放二氧化碳的产品和服务征税，是环境税的税种之一，该税主要根据所消耗的化石燃料的碳排放量来进行征收。目前已开征碳税的国家主要是以丹麦、荷兰为代表的北欧和西欧国家。早在1990年，荷兰就开始正式征收碳税。1991年，瑞典在进行整体税制改革时引入了碳税。从1992年开始，丹麦就正式对家庭和企业一并开征碳税，以实现减少二氧化碳排放的目标，同时也希望通过碳税的开征来刺激家庭和企业使用清洁能源。

我国的碳税制度也在研究构建进程之中。2022年8月19日，生态环境部在会同发展改革委、工业和信息化部、财政部、税务总局、市场监管总局等部委会商研究后，就政协十三届全国委员会第五次会议第00770号（资源环境类057号）提案给予了函件答复，其中对我国碳税现状做了明确的解读与说明：“目前我国已经初步建立了以环境保护税、资源税、耕地占用税等税种‘多税共治’，以企业所得税、增值税、车辆购置税等系统性税收优惠政策‘多策组合’的绿色税收体系。其中，既有约束‘碳排放’的税制安排，如对成品油征收消费税，对煤炭等能源矿产征收资源税；又有鼓励‘碳减排’的税费优惠政策，如对新能源汽车免征车船税和车辆购置税，对风力发电、水力发电实行增值税即征即退等一系列税收制度安排。”“下一步，相关部门将继续落实好现行绿色税收政策体系中碳减排相关政策，发挥税收服务国家‘双碳’目标的作用。”

2022 年 5 月 25 日，财政部关于印发《财政支持做好碳达峰碳中和工作的意见》的通知(财资环〔2022〕53 号)发布，提出“到 2025 年，财政政策工具不断丰富，有利于绿色低碳发展的财税政策框架初步建立，有力支持各地区各行业加快绿色低碳转型”；在“财政政策措施”的第三项“发挥税收政策激励约束作用”中提出，“落实环境保护税、资源税、消费税、车船税、车辆购置税、增值税、企业所得税等税收政策；落实节能节水、资源综合利用等税收优惠政策，研究支持碳减排相关税收政策，更好地发挥税收对市场主体绿色低碳发展的促进作用。按照加快推进绿色低碳发展和持续改善环境质量的要求，优化关税结构。”由此可见，通过支持碳减排的税收政策(包括我国的碳关税政策)来推进我国产业绿色低碳发展，也是国家制定和实施“双碳”政策的一个重要方向。

另外，碳积分也可归入碳定价机制，以促进碳减排。国内提到的碳积分有两类：一类是与碳普惠机制连接在一起的碳积分。例如在一些互联网公司、银行企业所构建的碳普惠平台，通过低碳行为就可获得碳积分，并可在平台上用碳积分来兑换商品或服务，这类碳积分是不允许流转交易的，一旦流转就是平台违规，要受到金融监管部门的处罚。另一类是与新能源汽车相关的碳积分。例如，我们看到有报道称“特斯拉卖碳积分共获得 648 亿元”，这里的碳积分概念，就是与新能源汽车相关的碳积分概念。在美国，碳积分是指 regulatory credits，翻译成中文叫“碳信用额”，是美国联邦政府和各州政府为鼓励环境零污染行为而给予的积分。每一个汽车生产商都需要按照州的规定出售一定比例的“零排放汽车”，如果车企不卖新能源汽车，或者卖不到足够的份额就要接受处罚，包括缴纳罚款、限售，甚至取消卖车资格。中国乘用车企业的“双积分”(汽车燃料消耗量与新能源汽车积分)制度，其实跟美国的这个制度类似。我国新能源汽车发展好的企业，依靠双积分政策，同样也可以赚到不少钱。

1.2.2　碳市场的发展过程、运行机制

在 2021 年中国全国碳市场上线交易之前，欧盟碳市场是全球规模最大的碳市场，是全球碳市场的领跑者。欧盟碳市场成立于 2005 年，由欧盟成员国、冰岛、列支敦士登和挪威共同运营。欧盟碳市场共经历了四个阶段：2005—2007 年为第一阶段；2008—2012 年为第二阶段；2013—2020 年为第三阶段；2021 年至今为第四阶段。在这四个阶段的发展过程中，欧盟碳市场不断调整碳配额分配机制，并逐渐成熟化。

第一阶段是碳市场建立的实验期。欧盟的总配额是由每个欧盟成员国的国家分配计划，自下而上进行确定的。碳交易系统所覆盖的行业包括发电、工业(炼油厂、焦炉烘炉、炼钢厂)以及制造业(水泥、玻璃、陶瓷等)，这一阶段所参与碳排放交易的温室气体也只有二氧化碳。在这一阶段，90％的碳配额是免费分配的。这一阶段累积了碳市场交易经验，不断解决总量设置和配额分配问题，为后续碳市场的发展奠定了基础。

第二阶段始于 2008 年，碳交易系统所覆盖的行业增加了航空业，且这一阶段欧盟将甲烷等六种温室气体纳入交易体系。欧盟碳排放交易体系从原本的欧盟成员国家，逐渐扩大到冰岛、列支敦士登和挪威。这一阶段碳配额分配方式与第一阶段类似，也是 90％的碳配额是免

费分配的。2008 年受金融危机的影响，欧盟企业所产生的碳排放量大幅下降，从而导致碳排放配额供给严重过剩，因此碳价也处在低位。

第三阶段始于 2013 年。第三阶段在欧盟范围内实施二氧化碳排放量线性递减的要求，要求每年减少 1.74%的二氧化碳排放量，即每年减少 3830 万的碳配额。第三阶段的行业覆盖范围也逐渐扩大，在原先的发电、工业、制造业、航空业的基础上，扩增了碳捕获、碳封存、有色金属和黑色金属的生产等。在第三阶段中，碳配额拍卖的占比明显增加，约 57%的碳配额为拍卖，剩余 43%为按照基准免费发放。此外，使用碳信用来抵消碳配额的信用抵消机制进一步趋严，2012 年后新产生的可以抵消的碳信用，必须来自最不发达国家的 CDM（清洁发展机制）项目。

自 2021 年开始，欧盟碳市场进入了第四阶段。第四阶段的目标是每年减少 2.2%的二氧化碳排放量。在第四阶段中，电力行业的碳配额全是通过拍卖进行的。同时，这一阶段引入现代化基金和创新基金两个低碳基金机制，现代化基金将会被用作支持提升能源效率的投资以及低收入成员国能源部门现代化，创新基金将会提供财政支持给能源密集型行业使用再生能源、碳捕捉和存储等创新技术。在第四阶段，欧盟碳市场也建立了市场稳定储备机制（MSR）来平衡市场供需。

参考国外碳市场的运行经验，我国建立了八个地方试点碳市场，以及一个全国碳市场，这些碳市场都拥有四个机制，即配额管理机制、CCER 抵消机制、MRV 管理机制以及碳价调控机制，如图 1-2 所示。

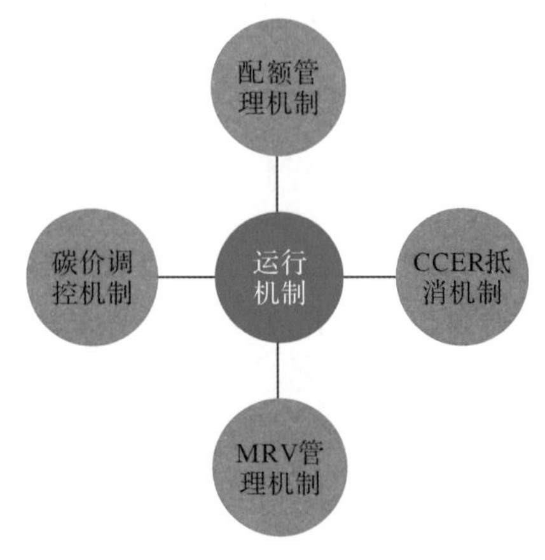

图 1-2　碳市场运行机制

在配额管理机制上，地方试点碳市场的碳配额发放采用两种模式并行，即免费发放和付费发放（竞拍或者固定价）并行，以免费发放为主。全国碳市场则暂时采取免费分配的方式，以后择机引入付费发放。在 CCER 抵消机制上，控排单位可以选择购买 CCER 碳信用来抵消部分碳排放，但有抵消比例限制（例如 5%，各个碳市场的规定不同）。全国碳市场政策与各个地方试点碳市场的政策体系是相互独立的，各自的政策规定差异较大，各个地方碳市场也允许地方碳普惠减排量参与抵消机制。例如广东的 PHCER 可在广州碳市场交易，北京的 PCER 可在北京碳市场交易。MRV 管理机制是参照欧盟碳市场的做法构建的。MRV 机制全称为监测、报告和验证(monitoring,reporting and verification)机制,它是为确保国际气候行动的透明度和可信度而建立的一种方法。在碳价调控机制上,生态环境部门可以根据需要通过竞价和固定价格出售、回购等市场手段调节市场价格,防止过度投机行为,维护市场秩序,发挥交易市场引导减排的作用。

1.2.3　碳市场的流程和角色

碳市场的整体业务流程如图 1-3 所示。

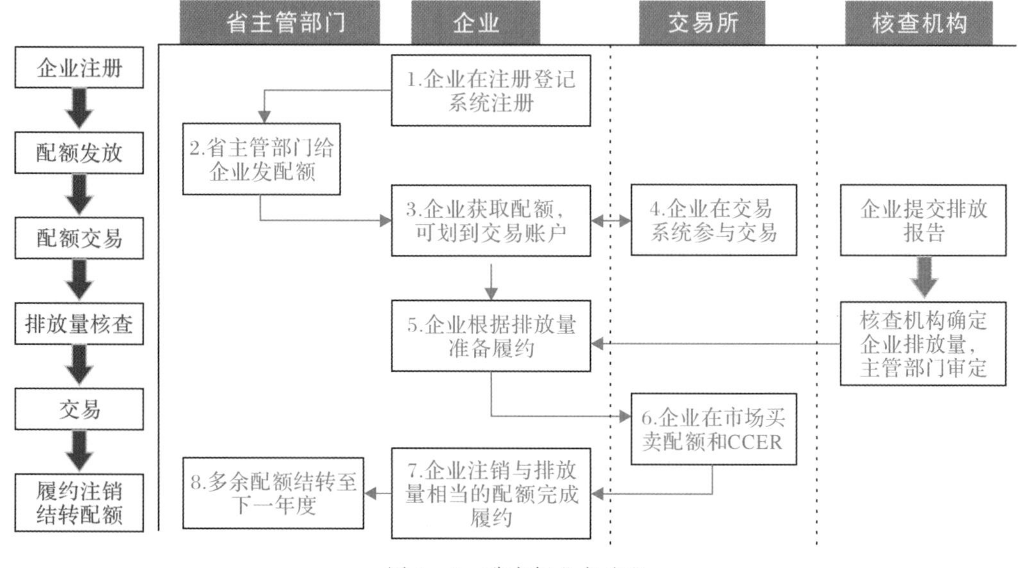

图 1-3　碳市场业务流程

从业务流程图 1-3 可以看到,第 1 步,企业首先需要到碳市场的注册登记系统进行系统注册。各个省主管部门都会确定重点排放单位的衡量标准(例如所属行业、年度碳排放量等),符合标准要求的企业就成为重点排放单位,需被纳入碳市场进行强制碳管控,落地的表现就是要到注册登记系统进行系统注册。第 2 步,省主管部门按照确定规则,将该省碳排放总量指标进行分解,分配到各个企业头上,形成每个企业的年度碳配额指标。第 3 步,企业领取配额,然后可将其划转到交易账户。第 4 步,在碳市场开展碳配额现货交易的买入和卖出,或是开展碳金融产品的交易,例如碳配额质押融资等。之后企业进行内部碳排放核算,提交碳排放报告给省主管部门,省主管部门采用政府采购服务方式,委托第三方核查机构对企业碳排放报告进行核查,提供核查报告,由主管部门进行审定。第 5 步,企业根据审定的碳排放量准备履约。第 6 步,根据配额缺口情况,企业可在碳市场进行交易,买卖碳配额或 CCER。第 7 步,企业注销与排放量相当的配额完成履约。在这里,按照政策规定,一定比例的碳配额(例如 5%)是可以采用碳信用的 CCER 资产来抵消碳配额实现履约的。第 8 步,多余的碳配额可结转到下一年度使用。

在业务流程图 1-3 中，多类角色构成了一个碳市场的生态系统，主要角色包括政府主管部门、碳市场注册登记机构、碳交易所、重点排放单位、碳审定核查机构、碳资产投资机构、碳金融服务机构、碳交易咨询机构等。

在各个碳交易所发布的会员管理办法中，也体现了这个碳市场的生态系统架构。例如，2022 年修订的广州碳排放权交易中心（以下简称“广碳所”）碳交易会员管理办法中，将广碳所会员分为四类，即控排企业会员、境内机构会员、自然人会员和境外机构会员。其中，控排企业会员是国家或广东省政府主管部门根据相关政策法律法规，纳入碳排放管理和交易的企业；境内机构会员是指自愿参与碳交易及相关业务的境内企业法人和非法人组织；自然人会员是指自愿参与碳交易的境内自然人主体；境外机构会员是指在境外设立、在广碳所从事碳交易及相关业务的法人机构或其他经济组织。

会员可以开展的业务包括：第一自营业务，即按规定在广碳所利用自有资金和依法募集的资金，或自有碳排放权，以自身名义开设的交易账户参与碳交易的业务；第二托管业务，即按规定接受委托方委托在广碳所开展代为持有或交易碳排放权的业务；第三政府主管部门和广碳所的其他任何业务（例如碳金融业务等）。

在广碳所会员中，境内机构会员、自然人会员、境外机构会员等，都可以不是控排单位，但都可以是开展碳资产交易、经营的单位。这些会员所交易的碳资产类型可包括广碳所的配额（GDEA）、国家核证减排量（CCER）、广东省的碳普惠减排量（PHCER）等。

下面举例说明碳市场的交易机制。在图 1-4 中，A、B 两家控排企业进入碳市场，都获得了相同的免费配额量。但两家企业的实际排放量差异较大，A 企业的实际排放量超过免费配

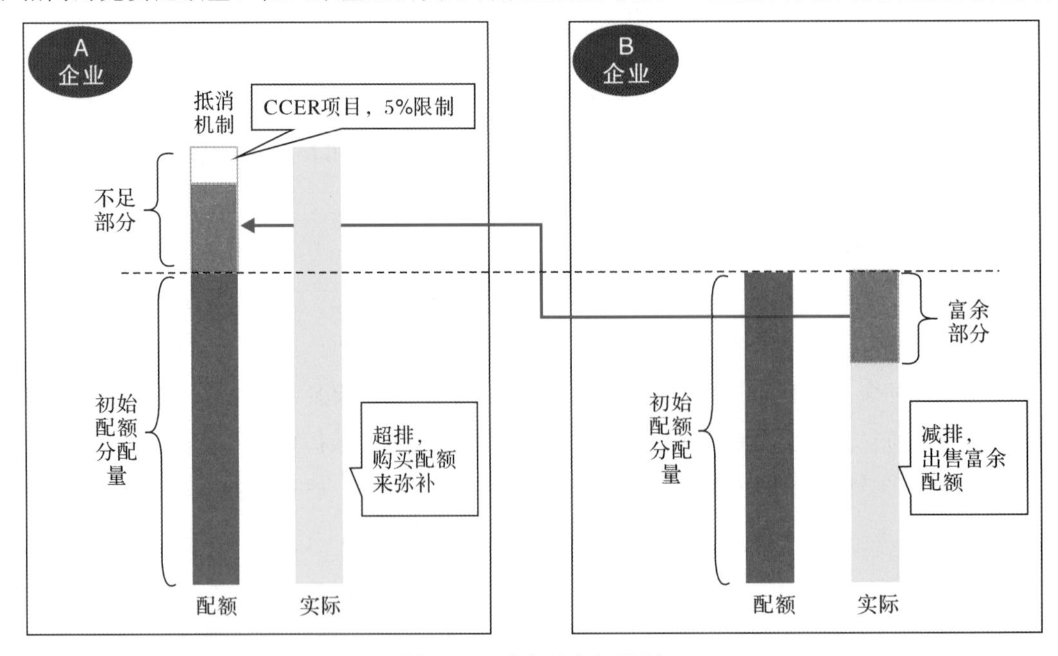

图 1-4 碳市场交易机制

额量，存在一个超排量；B 企业的实际排放量则低于免费配额量，存在一个富余量，通常这是因为减排才实现的。B 企业可在碳市场将富余量卖给 A 企业，如果 A 企业在买入 B 企业的富余配额后，还存在缺口，在一个比例（例如 5%）范围内，可通过采购 CCER 抵消。最后，A、B 两家企业都要提交不低于自身实际排放量的碳配额（可能包含一定比例的 CCER 等碳信用）来进行履约。

1.2.4 碳资产的公益性及思政性

气候问题的应对带来了新的国际商业秩序。国际碳市场的发展是与国际政治联系在一起的。

1997 年 12 月，《京都议定书》在日本京都由联合国气候变化框架公约参加国三次会议制定。1998 年 3 月 16 日至 1999 年 3 月 15 日间开放签字，共有 84 国签署，条约于 2005 年 2 月 16 日开始生效。到 2009 年 2 月，一共有 183 个国家通过了该条约。

《京都议定书》将世界上的国家分为发达国家和发展中国家两类，发达国家从 2005 年开始承担减少碳排放量的义务，而发展中国家则从 2012 年开始承担减排义务。

《巴黎协定》是由全世界 178 个缔约方共同签署的气候变化协定，是对 2020 年后全球应对气候变化的行动做出的统一安排。《巴黎协定》的长期目标是将全球平均气温升幅控制在工业化前水平以上低于 2 摄氏度之内，并努力将气温升幅限制在工业化前水平以上 1.5 摄氏度之内。

2016 年 4 月 22 日，中国在联合国总部签署了《巴黎协定》，向国际社会发出了中国愿与各国共同抵御全球变暖的积极而有力的信号。2016 年 9 月 3 日，十二届全国人大常委会第二十二次会议表决通过了全国人大常委会关于批准《巴黎协定》的决定。

碳市场具有三个特性，即政治性、计划性和市场性。首要特征是政治性，碳市场的诞生是政府行政命令执行的结果，碳市场是由政府法规或行政职能在背后推动，配额碳资产的核定是政府在操作，碳信用资产是政府在签发。在计划性上，碳市场承载着全球碳减排的责任，这一责任的实现是通过总额控制的计划机制来操作的。在国内，从生态环境部到各省、各企业的配额分配与考核，体现了强制减排的计划性。在市场性上，碳市场具有碳交易定价以及自愿减排等市场特征，碳市场是通过市场化手段来辅助解决政治性问题的工具。

碳资产体现的是"排碳有成本，减排有收益"的价值理念，是与价值观念联系在一起的资产，是人为造就出来的资产，是体现社会责任价值的资产。碳资产对应绿色低碳的消费理念，对应着绿色低碳生产生活方式。在这种绿色低碳生产生活方式下，商品的价值不再只由其功能表现来决定，如具有同样功能的两部手机，使用价值上可以是完全相同的，但一个是"绿电"支撑生产出来的，另一个是煤电支撑生产出来的，那功能完全相同的两部手机的市场表现可能就不一样。从社会主流的低碳消费价值观念方面来说，消费者会更愿意选择低碳手机，因为这具有附加价值，也就是使用低碳手机，表明其具有更高的道德水平，承载了履行社会责任的价值。

碳资产的出现源于更高的行为道德标准，在改变着人们的行为价值理念。例如“贵贱观”，低碳商品体现的是“贵”，反之则为“贱”；例如“美丑观”，低碳着装、低碳出行是“美”的行为，反之则是“丑”；例如“荣耻观”，餐厅用餐消费后剩菜打包为“荣”，反之为“耻”；例如“对错观”，生产生活中的“人走灯灭”体现的是“对”，反之则是“错”。碳资产的基础是碳排放，减少碳排放就会形成碳信用资产。我们每个人的日常衣食住行都在产生着碳排放，每个人都有责任减碳，每个人的行为都可影响碳市场的表现。

碳资产的基础是碳数据和碳管理。碳数据的可信成为关键，碳数据的质量好坏影响到碳资产的价值高低，直接影响到碳市场的投资人的决策行为。由于碳数据核算上的弄虚作假能够带来直接的经济利益，从而导致企业碳管理中的数据造假屡禁不止，中介机构与控排企业勾结造假也常常发生，因此严格碳数据管理就成为政策关注的重点，相关的立法也应逐步完善。从技术实现上看，应用区块链技术集成融合物联网技术、遥感技术等其他数字技术，解决碳监测和碳核算、碳交易中的数据可信问题，正在成为提供可信碳数据、保证碳市场正常交易秩序的必由之路。

从思政性上，我们还需要认识到，碳中和本身就是一种政治理念。碳中和在欧洲被重视与“绿党”的兴起有很大关系。

1.3 碳会计的概念

1.3.1 碳会计的由来及其内涵

会计是对确定主体的经济活动进行核算和监督，并向有关方面提供会计信息的活动。从这个定义上我们可以看到，碳资产交易的经济活动需要碳会计；碳交易作为一种经济活动，离不开会计对其活动过程进行记录、反映与监督。对于控排单位来说，要实现法规要求的碳履约，就必然存在相关的碳资产交易和企业资金流动，企业会计必须要予以处理；对于非控排单位来说，也存在参与碳信用资产的开发经营、碳配额资产的投资行为，以及谋求提升企业品牌的碳中和行为(例如打造“碳中和酒店”“碳中和银行”)带来的碳资产买卖，这些都会带来企业资金流动，企业会计也必须予以处理。

“碳会计”一词最早是由斯图尔特·琼斯(Stewart Jones)提出的。在 2008 年，斯图尔特·琼斯教授将碳排放、交易及其鉴证等会计问题综合到一起，称为碳排放及固碳会计，简称“碳会计”。在这一概念定义中，碳会计是指对碳汇、碳排放权交易进行确认、计量与披露的过程，包括碳汇会计、碳排放会计和碳交易会计三个方面。碳汇会计主要是对森林、草地等通过光合作用吸收并固化的温室气体进行核算；碳排放会计是对企业生产经营活动中产生的温室气体进行核算；碳交易会计则主要反映企业的碳交易活动。

从如上的概念定义上我们可以看到，国际上碳会计概念的提出，是围绕碳中和目标的实现来开展工作的。

在碳中和目标的实现中，涉及三个重要方面。一是碳排放方面，即地球表面向大气层进行的碳排放量的控制；要实现碳排放的控制，核算是基础，对应的是碳排放会计的社会需求。二是碳汇方面，即地球表面通过光合作用吸收固定空气中的二氧化碳，将二氧化碳作为陆地植物、海洋藻类生产的原料。要实现碳汇的鼓励，核算也是基础，对应的是碳汇会计的社会需求。碳汇是碳信用的一种类型，企业的节能减排、循环经济应用等碳减排措施也会产生碳信用，也需要减排碳会计。三是碳市场方面，为了抑制碳排放和鼓励碳汇推动碳中和的落地实现，联合国与各国政府创造出了碳配额、碳汇、碳信用等碳资产，构建碳市场并通过碳市场进行碳资产的市场化定价和交易，对应的是碳交易会计的社会需求。

碳汇资产是通过碳汇过程形成的资产。按照金融行业标准的定义，碳汇是指"从大气中清除二氧化碳的过程、活动或机制"。碳汇资产涉及地球表面上各类经济活动，相关的碳汇资产包括森林碳汇、竹林碳汇、湿地碳汇、草原碳汇、耕地碳汇、海洋碳汇等，这些碳汇都可以在自愿减排碳市场进行买卖交易。农业农村部、国家发展改革委联合印发的《农业农村减排固碳实施方案》中，提出了"渔业减排增汇、农田固碳扩容"等碳汇资产的生产内容，同时还提出了"发挥果园茶园碳汇功能"的要求。碳汇交易机制作为践行"绿水青山就是金山银山"的生态产品价值实现机制的重要构成，已经成为低碳经济的重要组成部分，发展碳汇生产、交易、应用正在成为各地政府的重要工作内容。

碳汇资产与碳信用资产是两个相互关联但内涵差异较大的概念，碳汇是碳信用的一个子集。碳汇所反映的是"固碳"，即将二氧化碳从大气中吸收固定在植物中；碳信用则反映的是更大范围的"减碳"（或"降碳"），即减少某个时间段内向大气中排放的二氧化碳。显然，从广义的概念上看，固碳是减碳的一种动作，其他的减碳动作，如企业进行生产设备的节能减排改造，带来了减少碳排放的效果，所减少的碳排放量可按照一定的规则确认为碳信用资产，但这个碳信用资产却不是固碳带来的。例如，河北省发布的碳信用方法学上，就对固碳和减碳的生态产品（碳信用）做了明确的区分，如所发布的河北标准《承德市湿地固碳生态产品项目方法学》用的词是"固碳"，所发布的河北标准《河北省再制造汽车用起动机降碳产品方法学》用的词就是"降碳"。

碳信用的概念最早来自《京都议定书》所确定的清洁发展机制（CDM）。清洁发展机制的核心内容是允许其缔约方（即发达国家）与非缔约方（即发展中国家）进行项目级的减排量抵消额的转让与获得，从而在发展中国家实施温室气体减排项目。清洁发展机制（CDM）允许缔约方在非缔约方的领土上实施能够减少温室气体排放或者通过碳封存或碳汇作用从大气中消除温室气体的项目，并据此获得"经核证的减排量"，即通常所说的 CER。签约方可以利用项目产生的 CER 抵减本国的温室气体减排义务。

按照 CDM 的规定，CDM 项目包括如下方面的潜在项目：①改善终端能源利用效率；②改善供应方能源效率；③可再生能源；④替代燃料；⑤农业（甲烷和氧化亚氮减排项目）；⑥工业过程（例如水泥生产等减排二氧化碳项目）；⑦碳汇项目（仅适用于造林和再造林项目）。

由此可见，碳汇项目是CER碳信用项目的一个组成部分。国家核证减排量(CCER)可以称为中国的CER。在CCER中，碳汇项目也是一个重要方面。2023年10月24日，生态环境部制定并发布了造林碳汇、并网光热发电、并网海上风力发电、红树林营造等四项温室气体自愿减排项目方法学，其中的造林碳汇、红树林营造两项都归入依靠光合作用固碳的碳汇项目。2024年1月22日，全国温室气体自愿减排交易市场启动仪式在北京举行，中共中央政治局常委、国务院副总理丁薛祥出席活动，宣布全国温室气体自愿减排交易市场启动。CCER新项目市场的重启表明，我国的温室气体自愿减排进入了快速发展的新阶段。

1.3.2 碳会计概念及其与绿色会计的关系

通常我们把企业会计分为企业财务会计和企业管理会计两类。财务会计方面，其工作内容是编制财务报表，为企业内部和外部用户提供信息。其重点在于报告财务状况和营运状况，主要是对外部提供参考。管理会计方面，主要是对企业的管理层提供信息，作为企业内部各部门进行决策的依据。管理会计没有标准的模式，不受会计准则的管控。

笔者认为，企业碳会计也可分为财务碳会计和管理碳会计两个组成部分。

财务碳会计是以国家碳战略相关执行政策、能源环境的法律法规为依据，对企业碳资产的取得、交易、清缴进行会计确认、计量、披露报告的一门新兴会计科学。财务碳会计的要点是做到“合规”，关注“碳核算”和“碳披露”，主要职责包括碳排放核算、碳减排核算、碳交易核算等，以及财政部政策要求的碳披露，规范开展相关财务会计工作。

管理碳会计是以支持企业的低碳转型、可持续商业成功为目的，对企业在碳约束下的生产经营活动的碳表现进行计量和报告、考核，职责范围覆盖碳足迹管理、碳减排管理、碳预算管理、碳资产管理、碳交易管理、碳履约管理(如有)、碳中和管理(如有)等，助力各级管理层制定和实施适合的碳战略，是支持低碳供应链构建、低碳产品发展、低碳生产经营而开展的一门新兴会计科学。管理碳会计的要点是支持“战略”，关注“碳成本”与“碳机遇”，利用全球产业链、供应链“洗牌”的低碳重构机会，谋求实现企业的“弯道超车”发展。

在管理碳会计策略上，要关注碳资产的财务特征。碳资产具有四个财务特征，即额外的产品、市场的定价、买方高信用、涉公共形象。所谓额外的产品，指碳资产是在现有生产产品之外的、与生态价值关联的额外产品，可以出售且还具备储备性；所谓市场的定价，指碳资产是有价证券产品，其价格随行就市，由碳市场决定；所谓买方高信用，指碳资产的买方通常都具备相当的经营实力和资金实力而信用较高，对于纳入控排范围、需要买入碳资产来做“碳履约”的企业通常规模都不小，对于买入碳资产来实施“碳中和”的企业也具备相当的市场影响力；所谓涉公共形象，指开发碳资产、买入碳资产都与承担社会责任相关联，都会产生提升企业公共形象的效果，从而为企业获得无形的社会附加值。

在管理碳会计实施上，要关注内部“碳定价”。在内部碳定价(internal carbon pricing，ICP)机制下，企业会依据内外部碳排放成本，给生产活动碳排放设定内部价格，将其纳入商业和投资决策，从而推动企业内部的节能减碳。根据全球环境信息研究中心（CDP）的研究，包括迪士尼、微软等在内，2020 年全球已有 853 家企业采用内部碳定价机制。企业的内部碳定价应用包括两种形式：第一种是影子价格，用于计算企业的投资、成本和支出等，主要服务于企业的商业和投资决策；第二种则是实际征收内部碳费的方式，企业的各部门需要按照实际产生的碳排放，基于内部定价缴纳碳费成本，累积的碳费则可以用于企业的节能、节水和屋顶光伏等可持续发展投资。

在管理碳会计发展上，要留心“碳货币”这个概念，并关注其发展。“煤炭-英镑”和“石油-美元”的崛起展示了一条简单而明晰的关键货币地位演化之路。在讲求可持续发展的新能源时代，“碳货币”及其与主权结算货币的关联被赋予了广阔的想象空间。“碳货币”一般指碳资产的货币化，计价单位是吨二氧化碳当量（tCO_2e）。碳配额的生命起点是政府主管部门核发碳配额，这也可看作是“货币发行”的过程，碳配额的生命终点是重点排放单位的碳履约，将不少于自身实际碳排放量的碳配额缴交给政府主管部门，这也可看作是“货币回收”的过程；市场上可交易的碳配额，可看作是流通中的“碳货币”；政府主管部门的防止碳价大起大落、碳价监控应对调节机制，也可被看作“碳货币”的监管应对措施。

在管理会计视野上，要理解碳循环机制，从更大的视野看待和服务企业碳战略管理的发展。地球上的生命都是碳生命，包括地球陆地和海洋的植物、动物都是以“碳”元素为核心的生命体。碳生命的繁衍生息的过程，就是地球碳循环的过程。这些碳生命都可被看作储存“碳”的“碳库”。

自然界本身就存在一个基于各类碳库的，从地面到大气层的具有平衡性的碳循环。例如，森林生产在做碳汇，森林野火在产生碳排放。人类经济活动的开展、化石燃料的大量使用，使得这个自然界的碳循环的平衡被破坏。现在需要采取的措施，就是基于循环经济的思维来开展经济活动的计量与评价，推动碳循环的改进，进而识别每个产业链、供应链的碳循环，从改善碳循环、促进企业与社会的可持续发展去充分发挥会计工作的作用和价值。

碳会计的支撑理念是“排碳有成本，减碳有收益”，成本与收益两个方面都需要进行会计确认、计量、披露。在这个理念落地上，第一是被动的碳排放成本的碳会计，体现“排碳有成本”；第二是主动的碳减排成本的碳会计，即为了降低排碳的成本，而主动投入减碳成本，这个主动投入的成本肯定要小于之前的排碳成本，从而体现减碳的经济性，体现“减碳有收益”；第三要从碳收入的视角来应用碳会计，也就是说，固碳、减碳可以被当作一门生意，一门赚钱的生意，且国家的政策一直在往这个方向引导。

碳会计与绿色会计存在内涵上的差异。绿色会计与环境会计是等同的概念，环境会计是估量某个特定经济主体的活动对环境影响的会计。碳会计所关注的是与气候影响相关的碳排放、碳减排、碳交易的会计业务，这是环境主题的一个局部而不是全部。可以说，绿色会计的内涵中包含了碳会计。对于某次化石燃料的燃烧，同时产生了二氧化硫、一氧化碳、二氧化碳等气体，其中的二氧化硫和一氧化碳是直接影响人类健康的大气污染物，不是带来地球温室效应的碳排放，这里只有二氧化碳才是碳排放，才与碳会计相关；也就是说，此次化石燃料的燃烧，相关的全部环境影响都属于环境会计（绿色会计）的范围，但却不全是碳会计的范畴。

1.3.3 碳会计核算制度

为了配合我国碳排放权交易试点工作的开展，规范碳排放权交易试点地区参与碳排放权交易机制的企业，以及参与碳排放权交易的其他企业有关业务的会计核算，财政部在2016年9月23日发布了《关于征求〈碳排放权交易试点有关会计处理暂行规定（征求意见稿）〉意见的函》（财办会〔2016〕41号），面向各地财务厅（局）进行修订意见征集。2019年12月16日，《财政部关于印发〈碳排放权交易有关会计处理暂行规定〉的通知》（财会〔2019〕22号）发布，标志着2013年启动的我国各地试点碳排放权交易体系也拥有了配套的碳会计核算制度。

《碳排放权交易有关会计处理暂行规定》中规定了适用范围，这个范围就是开展碳排放权交易业务的相关企业。相关企业是通过碳配额资产交易连接在一起的。显然，这个范围不是局限在重点排放单位范围内，而应是碳配额资产交易买卖的所有相关方。

《碳排放权交易有关会计处理暂行规定》给出了碳会计处理的两条原则，其一是"重点排放企业通过购入方式取得碳排放配额的，应当在购买日将取得的碳排放配额确认为碳排放权资产，并按照成本进行计量"；其二是"重点排放企业通过政府免费分配等方式无偿取得碳排放配额的，不作账务处理"。简而言之，就是花钱买的与免费获得的碳配额的待遇不同，虽然在资产使用上都是一样，都可以做卖出交易，都可以做质押融资等，但在账务处理上是不同的，一个要做账务处理，另一个则不用。

这里只提到碳配额，没提到碳信用，是因为后面有条款明确规定："重点排放企业的国家核证自愿减排量相关交易，参照本规定进行会计处理"。这个条款也就是说，国家核证自愿减排量等碳信用资产的会计处理，也需参照这两条原则来进行。

《碳排放权交易有关会计处理暂行规定》对会计科目设置进行了规定："重点排放企业应当设置'1489 碳排放权资产'科目，核算通过购入方式取得的碳排放配额。"在产业实践中，这里的碳排放权资产实际上就是我们所称的碳资产，包含碳配额和碳信用两大类，因此需要有二级科目来区分。此外，碳配额还需根据强制减排碳市场划分为全国碳市场（资产符号为CEA）和8个地方试点碳市场（例如北京碳市场是BEA，湖北碳市场是HBEA，广东碳市场是GDEA，上海碳市场是SHEA），碳信用也存在全国自愿减排碳市场的CCER以及各省碳信用资产的交易，从而碳资产在会计科目上就需要有三级科目设置。

2020年12月23日，《成都市生态环境局关于进一步明确"碳惠天府"机制碳减排量有关会计处理事项的通知》发布，这里的"碳惠天府"机制碳减排量简称为CDCER，是一种成都政府开展金融机制创新的碳信用资产。该通知给出了碳信用资产交易的三级会计科目设置的样例，即"碳排放权资产-碳减排量-CDCER"，这里的CDCER，与北京市的BCER、广东省的PHCER、武汉市的WHCER等类似，都是碳信用资产。

《碳排放权交易有关会计处理暂行规定》的账务处理规则如表1-1所示。

表1-1　《碳排放权交易有关会计处理暂行规定》的账务处理规则

分类	场景	借记	贷记
取得碳配额	市场购入碳配额	按照购买日实际支付或应付的价款(包括交易手续费等相关税费),借记“碳排放权资产”科目	按照购买日实际支付或应付的价款(包括交易手续费等相关税费),贷记“银行存款”“其他应付款”等科目
	免费领取碳配额	不作账务处理	不作账务处理
碳配额履约	使用购入碳配额履约	按照所使用配额的账面余额,借记“营业外支出”科目	按照所使用配额的账面余额,贷记“碳排放权资产”科目
	使用免费碳配额履约	不作账务处理	不作账务处理
出售碳额	出售购入碳配额	按照出售日实际收到或应收的价款(扣除交易手续费等相关税费),借记“银行存款”“其他应收款”等科目	按照出售配额的账面余额,贷记“碳排放权资产”科目,按其差额贷记“营业外收入”科目或借记“营业外支出”科目
	出售免费碳配额	按照出售日实际收到或应收的价款(扣除交易手续费等相关税费),借记“银行存款”“其他应收款”等科目	按照出售日实际收到或应收的价款(扣除交易手续费等相关税费),贷记“营业外收入”科目
碳配额注销	注销购入碳配额	按照注销配额的账面余额,借记“营业外支出”科目	按照注销配额的账面余额,贷记“碳排放权资产”科目
	注销免费碳配额	不作账务处理	不作账务处理

对表1-1中的履约、注销两个场景做以下补充说明。履约是指重点排放单位缴交不小于自身碳排放量的碳配额量的行为,这是碳配额的生命周期终点之一。注销是指企业自身开展碳中和活动中的自愿注销行为,如为获得企业碳中和证书而开展的碳配额注销行为,或是为了获得向大型活动(如亚运会)的碳中和的捐赠证书而开展的碳配额注销,这是碳配额的另一个生命周期终点。

理解碳会计核算制度,需要认识到,免费碳配额的发明是碳定价机制的重大创新。免费碳配额解决了两个方面的问题,实现了低碳经济的“协调”发展。第一个方面,解决了行业之间的碳排放贫富不均的问题,有的行业碳排放水平高,有的行业碳排放水平低,如果按照一种尺度去衡量的价值导向,那么高碳行业因为碳成本高就没人愿意去经营,但高碳行业又是国计民生以及产业链完整所必需的行业,其缺失将影响到我国供应链的安全、粮食安全、能源安全等。免费碳配额的分配,则为解决这一问题提供了手段,不同行业企业的超排标准是不同的,可以在相同的碳成本机制下开展市场竞争。第二个方面,解决了从外部成本到内部成本的观念意识的逐步导入和渗透问题,大大降低了碳定价机制初期的实施成本。从最开始的100%免费配额,到逐步降低免费配额的比例,最后实现全部配额付费,这是一个需要不短时间逐步实现的过程，也是一个在企业承受能力范围内的碳成本逐步上升的过程。免费碳配额机制提供了产业企业逐步适应低碳转型升级压力，逐步提高心理承受力和经济承受力的手段。

1.3.4 碳会计与人社部碳排放管理员等新职业的关系

2021年4月29日，中国石油和化学工业联合会、中国电力企业联合会、中国钢铁工业协会、中国建筑材料联合会、中国有色金属工业协会、中国航空运输协会、冶金工业规划研究院，以线上直播方式联合召开碳排放管理员新职业宣介会，共同按下碳排放管理员人才培育“启动键”。宣介会上，生态环境部应对气候变化司、人力资源和社会保障部职业技能鉴定中心、六大行业协会相关领导分别就碳排放管理员新职业相关政策要求、碳排放管理员人才培育和评价的工作计划等做了介绍。

碳排放管理员新职业是在人力资源和社会保障部、生态环境部的指导和支持下，由中国石油和化学工业联合会牵头，会同其他六家单位共同申请设立的。碳排放管理员新职业的发布标志着其正式列入国家职业序列。

1. 碳排放管理员

碳排放管理员在《中华人民共和国职业分类大典》中编码为4-09-07-04，其职业相关说明如下：

(1)定义：从事二氧化碳等温室气体排放监测、统计核算、核查、交易和咨询等工作的人员。

(2)主要工作任务：①监测区域及企事业单位等碳排放现状；②统计、核算区域及企事业单位等碳排放数据；③核查企事业单位碳排放情况；④购买、出售、抵押企事业单位碳排放权、碳抵消信用等；⑤提供碳排放管理咨询服务。

(3)本职业包含但不限于下列工种：民航碳排放管理员、碳排放监测员、碳排放核算员、碳排放核查员、碳排放交易员、碳排放咨询员。各工种的工作内容如图1-5所示。

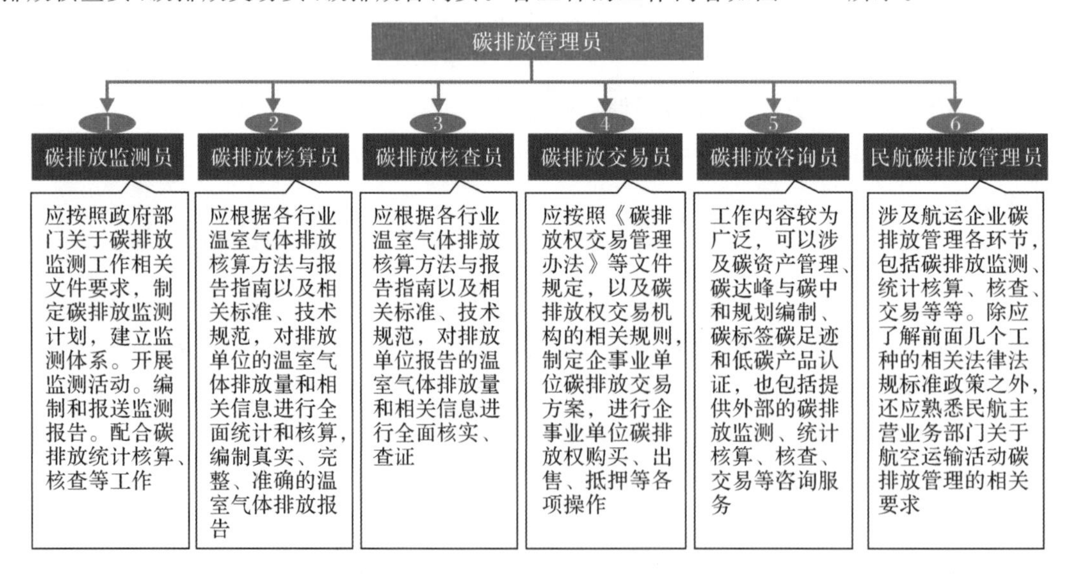

图1-5 碳排放管理员职业的工种

碳会计与碳排放管理员之间是职业协作关系。碳排放核算员的工作也可看作是碳会计工作的组成部分;碳排放监测员的工作是为碳排放核算提供输入,也可看作是碳会计工作的组成部分;碳排放核查员则是监督碳会计的碳排放核算工作的开展;碳排放交易员的工作也是为碳会计提供输入,且碳排放交易员开展了碳资产交易、抵押等业务操作,后面就需要碳会计进行账务处理。

2. 碳汇计量评估师

2022年6月14日,人力资源社会保障部发布了《关于对拟发布机器人工程技术人员等职业信息进行公示的公告》,其中包含有碳汇计量评估师这个新职业。碳汇计量评估师的职业相关说明如下:

(1)定义:运用碳计量方法学,从事森林、草原等生态系统碳汇计量、审核、评估的人员。

(2)主要工作:①审定碳汇项目设计文件,并出具审定报告;②现场核查碳汇项目设计文件,并出具核证报告;③对碳汇项目进行碳计量,并编写项目设计文件;④对碳汇项目进行碳监测,并编写项目监测报告;⑤对碳中和活动进行技术评估,编制碳中和评估文件。

碳会计与碳汇计量评估师之间也是职业协作关系。对碳汇项目进行碳监测、碳计量,这可看作是碳会计的工作内容,而审定碳汇项目设计文件,现场核查碳汇项目设计文件,以及对碳中和活动进行技术评估,则是监督碳会计工作的碳审计的工作范围。

碳信用的审定核查机构需要碳汇计量评估师,让其从事授权范围的碳汇资产签发前的项目审定、减排量核查工作,这一用人需求是有限的,且政府部门只审批有限数量。但涉及碳汇资产的业主单位则是无限的,从事森林、草原、湿地、海洋、耕地等生产经营且与碳汇开发相关的组织,都可配置碳汇计量评估师。两类组织的人才配置有点类似在会计师事务所、被审计企业两类组织的注册会计师之间的关系。

1.4 碳会计的就业方向

碳会计的就业方向是一个受到广泛关注的话题,与碳会计的生态体系相关。从就业视角应该看到,碳会计所体现的是传统会计的升级,并不是传统会计的替代;碳会计是在传统会计的基础之上,基于新的会计业务场景拓展出的新的会计职责和要求。

习近平总书记指出:“绿色发展是高质量发展的底色,新质生产力本身就是绿色生产力。必须加快发展方式绿色转型,助力碳达峰碳中和。”中国企业正处于绿色低碳转型之中,绿色生产力表现的度量需要碳会计,碳会计相关的知识技能是企业会计不可或缺的组成部分。

从财务会计上看,大量企业不可避免会涉及碳资产交易场景,如果企业会计因不懂碳会计而不知如何做会计处理,那就是岗位胜任能力出了问题。从管理会计上看,企业碳会计与企业碳战略之间是紧密联系的关系,产品“低碳化”、计量“碳成本”、推动“碳改进”、抓住“碳机遇”都需要依靠碳会计提供碳数据。从工作价值上看,企业碳会计更加偏向管理碳会计,助力解决企业低碳转型的管理问题。

在此，需要对碳会计与岗位之间的关系做个说明。在企业流程分析后的岗位设置中，岗位工作负荷是需要考虑的一个重要因素，如果某个岗位的工作负荷高，就可能设置专岗，通过"专注"而成就能力的"专业"；如果岗位负荷不是很高，就可能设置兼岗，通过"综合"而达成组织的"精干"。碳会计着眼于工作场景下的工作任务，在对应到企业的岗位上有多种表现形式。碳会计的首要表现形式是兼岗，岗位设置可能在财会部门，也可能在战略管理部门（如可持续发展部门、数据分析部门），还可能在运营管理部门（如碳监测、碳计量等部门）。设置有碳会计的专岗，表明相关工作负荷是很高的，如环境、社会和公司治理（ESG）投资的企业的财会部门，以低碳产品为亮点的企业的财会部门，重点用能单位的财会部门等。

本书就碳会计的重点就业方向做一个简要介绍。

1.4.1 控排和报告单位

控排和报告单位需要碳会计。

控排单位需要完成碳履约任务，履约前出现配额缺口必然涉及碳市场的碳交易，为了降低履约成本风险，还会采取套期保值等碳金融工具，或是采用碳保险工具。另外，在履约前，可能会为了提高资产流动性进行碳配额质押融资。所有这些交易操作，都需要碳会计来进行。

全国碳市场的门槛为年二氧化碳排放量在 2.6 万吨以上。全国碳市场的第一个履约周期共纳入发电行业重点排放单位 2162 家，第二个履约周期共纳入发电行业重点排放单位 2257 家。预期全国碳市场将于"十四五"期间率先纳入水泥、电解铝和民航 3 个行业，碳市场覆盖的企业数量将提升至 3500 余家。

2024 年 2 月 26 日，在国务院新闻办公室举行的《碳排放权交易管理暂行条例》政策例行吹风会上，生态环境部副部长指出，中国的碳排放主要集中在发电、钢铁、建材、有色、石化、化工、造纸、航空等重点行业，除了发电行业之外，其他 7 个行业虽然没有纳入配额管控，但是其碳排放核算报告核查工作已经开展起来了，争取尽快实现我国碳排放权交易市场的首次扩围。

全国碳市场的重点排放单位由各个省生态环境主管部门报送。2021 年 11 月 2 日，陕西省生态环境厅发布了陕西省参与全国碳排放权交易市场第一个履约周期应清缴配额重点排放单位名单。2022 年 4 月 15 日，西安市生态环境局公示了西安市的重点碳排放企业名单，如表 1－2 所示。

表 1－2 西安市重点碳排放企业

序号	企业名称	行业代码	行业子类
1	大唐陕西发电有限公司西安热电厂	4412	热电联产
2	大唐陕西发电有限公司灞桥热电厂	4412	热电联产
3	西安蓝田尧柏水泥有限公司	3011	水泥熟料
4	陕西鑫辉钢铁有限公司	3130	钢压延加工

续表

序号	企业名称	行业代码	行业子类
5	陕西渭河发电有限公司	4412	热电联产
6	大唐陕西发电有限公司渭河热电厂	4412	热电联产
7	中玻(陕西)新技术有限公司	3041	平板玻璃
8	西安咸阳国际机场股份有限公司	5631	机场
9	西安热电有限责任公司	4412	热电联产

备注:温室气体排放量达到 2.6 万吨二氧化碳当量及以上的排放单位。

地方碳市场包括北京、天津、上海、武汉、广东、深圳、重庆、福建 8 个地方试点碳市场。目前各地方碳市场均有降低门槛、扩展行业覆盖市场规模的趋势。

按照北京市的政策文件规定,北京市行政区域内年能耗 2000 吨标准煤(含)以上的法人单位应当按规定向市政府应对气候变化主管部门报送年度碳排放报告。其中,年碳排放量 5000 吨(含)以上的法人单位为重点碳排放单位,应按照要求开展碳排放报告、核查报告报送和配额清缴等工作;年综合能源消费总量 2000 吨标准煤(含)以上且未列为重点排放单位的法人单位为一般报告单位,应报送年度碳排放报告。

2023 年 4 月 14 日,北京市生态环境局、北京市统计局发布了关于 2022 年度北京市重点碳排放单位和一般报告单位名单的通知,2022 年度北京市重点碳排放单位共 909 家、一般报告单位共 388 家。例如,北京大学是北京市的重点排放单位,为了满足碳履约的要求,2023 年 9 月 28 日发布了碳配额公开招标公告,项目预算金额为 350 万元,拟一次性购买 25212 吨北京市碳配额(BEA)。北京市的重点排放单位门槛是 5000 吨,而北京大学却一次性采购 25212 吨,约是 5000 吨的门槛碳排放量的 5 倍。北京西苑医院是北京市的重点排放单位,2022 年 11 月 1 日发布了碳配额公开招标公告,项目预算金额为 8 万元,拟采购 800 吨北京市碳配额(BEA),用于 2021 年度碳排放履约。全国各地类似北京西苑医院规模的单位很多,未来都有碳会计的人才需求。

2023 年 12 月 13 日,《湖北省碳排放权交易管理暂行办法》发布,启动了湖北碳市场扩容的序幕。之前湖北碳市场仅纳入工业企业,纳入门槛为年碳排放达到 2.6 万吨。此次修订后,湖北碳市场工业企业的纳入门槛降低至 1.3 万吨,同时,湖北碳市场将逐步纳入非工业行业,而非工业行业的纳入门槛,肯定要低于工业企业。

2022 年 7 月 1 日起施行的《深圳市碳排放权交易管理办法》(2024 修正)的第十条规定,符合两个条件之一的需列入重点排放单位名单,参加碳排放权交易;其一是“基准碳排放筛查年份期间内任一年度碳排放量达到 3000 吨二氧化碳当量以上的碳排放单位”;其二是“市生态环境主管部门确定的其他碳排放单位”。北京市的门槛是 5000 吨,深圳市的门槛是 3000 吨,比北京市更低,意味着更多的企事业单位会纳入管控。

2020 年 5 月 12 日修订的《广东省碳排放管理试行办法》第六条规定:“年排放二氧化碳

1万吨及以上的工业行业企业，年排放二氧化碳5000吨以上的宾馆、饭店、金融、商贸、公共机构等单位为控制排放企业和单位；年排放二氧化碳5000吨以上1万吨以下的工业行业企业为要求报告的企业。”

纳入控排和报告的企事业单位，都需要碳会计工作的支持。

1.4.2　强制碳披露上市企业

强制碳披露上市企业需要碳会计。

上市企业面临着投资人以及政府主管部门所提出的编制ESG报告、披露ESG绩效指标的压力，在完成这项工作中，碳会计的参与是必须的。

典型的企业ESG报告中需披露的绩效指标如表1-3所示。

表1-3　典型企业的ESG绩效指标摘要

教学指标		单位	数值	教学指标		单位	数值
经济方面	销售收入	亿美元	54.43	环境方面	废气排放总量	万立方米	5505055
	归属于上市公司股东的净利润	亿美元	17.02		氮氧化物总量	吨	108
	研发投入	亿美元	6.39		二氧化硫总量	吨	5
社会方面	员工数量	人	17681		挥发性有机溶剂	吨	30
	女性员工比例	%	39%		温室气体排放总量	吨 CO_2 当量	2239093
	劳动合同签订率	%	100%		直接排放总量(范畴1)	吨 CO_2 当量	680308
	员工培训覆盖率	%	100%		间接排放总量(范畴2)	吨 CO_2 当量	1558785
	员工人均培训时长	小时	29		危险废弃物	吨	47578
	近三年因工作关系死亡人数	人	0		一般工业固体废弃物	吨	41285
	因工伤损失工作日数	天	517		生活垃圾	吨	2686
	年度新增职业病数量	例	0		电力消耗总量	百万千瓦时	2501
	企业累计职业病数量	例	0		天然气消耗总量	千立方米	16691
	安全培训次数	次	808		蒸汽消耗总量	千吨	212
	安全培训参加人次	人次	98765		水资源消耗总量	千吨	20619
	安全生产事故数(按国家标准计)	次	0		制成品所用包装材料总量	吨	417.63
	年度安全总投入	亿元	3.98		制成品所用包装材料强度	吨/亿美元	7.67
	社会捐款金额	万元	912.5		年度环保总投入	亿元	10.98
	员工志愿服务时数	小时	13049		环保培训次数	次	86
	累计申请专利数量	件	17980		环保培训参加人次	人次	18715
	累计获得授权专利数量	件	12467		ISO 14001通过比例	%	100%

2024年2月8日，上海证券交易所、深圳证券交易所和北京证券交易所就《上市公司持续监管指引第X号——可持续发展报告(征求意见稿)》(下称《可持续发展信息披露指引》)，向社会公开征求意见。这一指引采用强制披露与自愿披露相结合的方式，建立了上市公司可持续发展信息披露框架，强化碳排放相关披露要求，明确环境、社会、公司治理披露议题。

根据《可持续发展信息披露指引》，沪深交易所均采取了强制披露和自愿披露相结合的方式。以披露主体为例，上交所明确规定，报告期内持续被纳入上证180、科创50指数样本公司，以及境内外同时上市的公司应当披露可持续发展报告，鼓励其他上市公司自愿披露。披露议题方面，按照强制披露、不披露即解释、引导披露和鼓励披露的层级对不同议题设置披露要求。深交所明确规定，报告期内持续被纳入深证100、创业板指数样本公司，以及境内外同时上市的公司应披露可持续发展报告，鼓励其他上市公司自愿披露。

1.4.3 强制碳披露国有企业

强制碳披露中央企业需要碳会计。

2021年11月27日，国资委发布《关于印发〈关于推进中央企业高质量发展 做好碳达峰碳中和工作的指导意见〉的通知》(国资发科创〔2021〕93号)，文件提出“加快清理处置不符合绿色低碳标准要求的资产和企业”“构建绿色低碳供应链体系”“提升碳排放管理能力”“提升碳交易管理能力”“提升绿色金融支撑能力”等，这些要求都涉及碳会计工作。

央企的下属二级(局级)、三级(处级)、四级(科级)、五级(股级)企业等，在央企的“加快清理处置不符合绿色低碳标准要求的资产和企业”态势下，都面临着不符合绿色低碳标准要求就要被淘汰出局的政策环境，在碳会计的碳数据报告支撑下，针对性地开展碳减排措施，是其摆脱困境的必由之路。

另外，国资委的ESG报告披露要求也是国有企业需要碳会计的另一个重要理由。2022年3月，国资委成立社会责任局，社会责任局的重点工作任务围绕推进“双碳”工作、安全环保工作以及践行ESG理念等，与生态环保工作紧密相连。央企通常是大型国企，下属企业层次、数量众多；国资企业在执行国家“双碳”政策上非常坚决、不打折扣，相关碳会计工作开展是必须的。

ESG之所以受到国资委的重点关注，是因为ESG理念与新发展理念高度契合。推进中国ESG体系建设，提升中国企业ESG实践和绩效，是工商领域完整准确全面贯彻新发展理念、推动高质量发展、助力中国式现代化建设的重要实践。

1.4.4 受碳关税影响的出口企业

受碳关税影响的出口企业需要碳会计。

2023年10月1日起，全球首个“碳关税”欧盟碳边境调节机制(CBAM)正式启动并试运行，涉及钢铁、水泥、铝、化肥、电力、有机化学品、塑料、氢、氨等，涉及的碳排放范畴包括直接碳排放和外购电力产生的间接碳排放。具有出口欧盟业务的企业将涉及碳关税增加，需要开展企业经营的碳排放核算、碳成本核算的问题，因此需要碳会计。这些具有出口欧盟业务的企业，可能是大企业，也可能是中小企业。

一般看法上，如果中国企业不能有效控制产品的碳排放，将面临额外的碳关税成本，导致产品在欧盟市场上的竞争力下降，欧盟进口商可能会要求中国企业降低产品碳排放量。

欧盟碳关税的推出，也为中国企业提供了绿色低碳转型升级的机遇。通过加大对绿色技术和环保措施的投入，企业可以提升产品的绿色竞争力，进而拓展国际市场份额。碳关税机制对企业了解和学习碳排放以及计算碳排放提出了更高要求，提高了合规性的学习成本和压力。

欧盟碳关税运行时间如表1-4所示。

表 1-4 欧盟碳关税运行时间

时间节点	管控要求
2023 年 10 月 1 日(过渡期)	在过渡期内只需申报产品的进口量及产品碳排放,无须缴纳任何费用。在此期间,进口商应在每个季度结束后的一个月,按季度报告(第一次报告时间为 2024 年 1 月 31 日前)
2026 年 1 月 1 日(实施期)	企业需要报告每年进口产品的碳排放数据,还需缴纳对应的碳排放费用。碳排放免费额度将会逐年减少,与欧盟排放交易体系(EU-ETS)免费额度逐步取消的速度一致
2034 年 1 月 1 日(正式实施阶段)	企业需要报告每年进口产品的碳排放数据,并全额缴纳对应的碳排放费用

在美国方面,也存在未来面向中国企业征收碳关税的可能。

1.4.5 低碳供应链配套中小企业

低碳供应链配套中小企业需要碳会计。

2023 年 12 月 11 日,中央经济工作会议在北京举行。在深入推进生态文明建设和绿色低碳发展方面,会议指出,积极稳妥推进碳达峰碳中和,加快打造绿色低碳供应链。“打造绿色低碳供应链”的要求,预示着各个行业的供应链将根据绿色低碳发展的要求进行重构,供应链中将实行绿色低碳采购,且在低碳供应链中的配套中小企业也需要绿色低碳发展,否则将被排除在绿色低碳供应链之外,因此这些配套中小企业也需要碳会计。

与低碳供应链密切相关的一个概念就是“碳足迹”,“碳足迹”在产品标签上进行标识就是“碳标签”。按中国电子节能技术协会发布的团体标准《电器电子产品碳足迹评价通则》进行定义,“碳足迹”是企业机构、活动、产品或个人通过交通运输、消费以及各类生产过程等引起的温室气体排放的集合。在产品碳足迹测量的系统边界确定中,有 5 种方法,即:

(1)涵盖整个生命周期阶段(从摇篮到坟墓)的产品碳足迹评价;

(2)从原材料获取到产品离开生产组织(从摇篮到大门)的产品碳足迹评价;

(3)从生产阶段到使用阶段的产品碳足迹评价;

(4)生产阶段的产品碳足迹评价;

(5)使用阶段的产品碳足迹评价。

“从摇篮到坟墓”的产品碳足迹涉及产品全生命周期过程碳排放范围如图 1-6 所示。

从国内的碳足迹认证评价看,2023 年 12 月 3 日,被誉为“橘橙皇后”的蒲江爱媛橙,获得由中国电子节能技术协会颁发的“碳标签”,成为全国橙类水果首个“碳标签”农产品,不仅填补了橙行业产品碳足迹的空白,同时更为大举进军欧美发达国家高端市场铺平了道路。

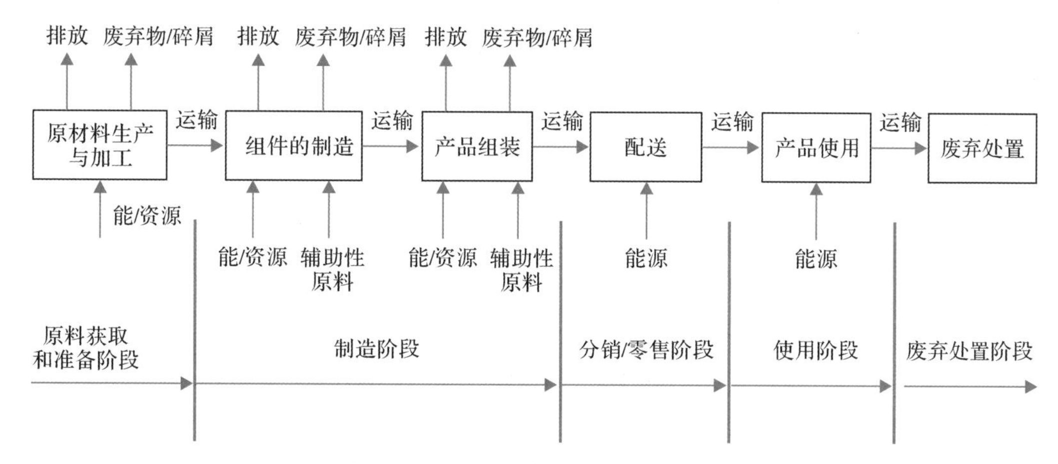

图1-6　电器电子产品生命周期过程图

从国际的碳足迹认证评价看，早在2009年4月，沃尔玛要求其10万家供应商在5年内必须完成碳足迹验证，然后根据碳排放量，沃尔玛将为商品分等级，并贴上不同颜色的碳标签。

2023年11月13日，国家发展改革委等部门发布《关于加快建立产品碳足迹管理体系的意见》(发改环资〔2023〕1529号)，提出要“丰富产品碳足迹应用场景”。具体措施要求包括：充分发挥碳足迹管理对企业绿色低碳转型的促进作用，将产品碳足迹水平作为重要指标，推动企业对标国际国内先进水平查找生产和流通中的薄弱环节，支持企业开展工艺流程改造，强化节能降碳管理，挖掘节能降碳潜力。鼓励龙头企业根据行业发展水平和企业自身实际建立产品碳足迹管理制度，带动上下游企业加强碳足迹管理，推动供应链整体绿色低碳转型。这里的“带动上下游企业加强碳足迹管理”，也就是提出了对龙头企业的配套中小企业的碳会计的需求。

意见还提出，适时将碳足迹管理相关要求纳入政府采购需求标准，加大碳足迹较低产品的采购力度。以电子产品、家用电器、汽车等大型消费品为重点，有序推进碳标识在消费品领域的推广应用，引导商场和电商平台等企业主动展示商品碳标识，鼓励消费者购买和使用碳足迹较低的产品。支持银行等金融机构将碳足迹核算结果作为绿色金融产品的重要采信依据。这些要求也都涉及企业战略的制定、实施以及配套的相关碳会计数据报告工作的开展。

1.4.6　CCER与碳普惠业主单位

CCER与碳普惠业主单位需要碳会计。

CCER是碳信用资产的一种类型。按照生态环境部公告，国家气候战略中心负责全国CCER注册登记系统的运行和管理，通过该系统受理CCER项目和减排量的登记、注销申请，记录CCER项目相关信息和核证自愿减排量的登记、持有、变更、注销等信息，并依申请出具相关证明。

碳普惠减排量也是碳信用资产的一种类型，不过不是国家级，而是省级或城市级的。例如：广东省搞的碳普惠减排量叫PHCER；北京搞的低碳出行碳普惠减排量叫PCER；武汉市搞的碳普惠减排量叫WHCER；成都市搞的碳普惠减排量叫CDCER；等等。

无论是国家层面的CCER或是各地搞的(XX)CER，都是碳信用资产，都可在碳市场上交易买卖，拥有碳信用资产的单位可以在碳履约场景、碳中和场景中使用这些碳信用资产。

所谓CCER业主、碳普惠业主，是指开发、拥有这些碳信用资产的单位。在开发这些碳信用过程中，需要花钱，如植树造林，请咨询机构进行咨询，请审定核查机构做碳信用项目的审定，进行减排量的核查等，同时也可以挣钱，把开发出来的碳信用资产在自愿减排碳市场中卖出，以获得回报。森林碳汇的投入回报可以看作是"绿水青山就是金山银山"的典型实践。

在国家碳金融政策导向中，碳信用开发都是鼓励金融服务企业开展碳金融支持的，如以碳信用的收益作为还款来源的碳信贷、碳信用的期货交易等。

碳信用的方法学是确定碳信用核算的基准线、额外性，计算减排量的标准。2023年10月24日，生态环境部发布了四项CCER方法学，其中涉及造林碳汇的方法学有《温室气体自愿减排项目方法学 造林碳汇》。该方法学中定义了"项目计入期"的概念，"项目计入期"为可申请项目减排量登记的时间期限，从项目业主申请登记的项目减排量的产生时间开始，最短时间不低于20年，最长不超过40年。项目计入期须在项目寿命期限范围之内。例如，一个造林碳汇项目，项目计入期是20年，每年都有减排量产生，假如在第3年时进行的项目减排量的核证为3万吨CCER，这一CCER现货资产可以在自愿减排碳市场中卖出获取现金，同时也可将该项目后续17年的减排量作为期货进行卖出获取现金。

在碳普惠减排量方面，各地生态环境主管部门发布的相关方法学就多得多了。例如广东省林业碳汇碳普惠方法学、广东省红树林碳普惠方法学、广东省废弃衣物再利用碳普惠方法学、四川竹林经营碳普惠方法学、河北省住宅建筑居住节能碳普惠降碳产品方法学、承德市景区碳普惠降碳产品方法学、武汉市分布式光伏发电项目运行碳普惠方法学等。

2021年9月4日，在2021年中国国际服务贸易交易会上，北京建工旗下市政路桥建材集团与阿里巴巴旗下高德地图正式签订全国首单PCER(北京认证自愿减排量)碳交易协议。该次签约涉及1.5万吨PCER碳交易，是全国首个全方式绿色出行碳普惠减排量交易，标志着国内绿色出行碳激励机制形成闭环。高德地图获得的低碳出行减排核证报告的封面如图1-7所示。

高德北京低碳出行项目

减排量核证报告

（监测期：2022 年 4 月 29 日-2023 年 3 月 31 日）

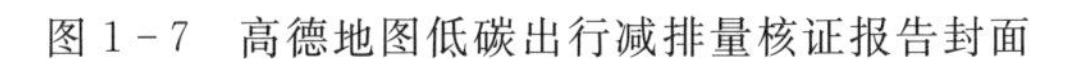
图 1－7　高德地图低碳出行减排量核证报告封面

1.4.7　碳市场投资企业

碳市场投资企业需要碳会计。

碳市场投资企业会在碳市场上进行碳资产的买卖交易操作，自然需要碳会计来进行之后的账务处理。我国主要的地方试点碳市场都已有投资机构在开展碳市场投资业务。

2021 年 5 月 18 日，天津市生态环境局发布碳排放配额有偿竞价发放的公告，该次有偿竞价发放的碳排放配额数量为 200 万吨；由天津排放权交易所通过碳排放权交易系统组织竞价发放；天津市试点纳入企业和天津排放权交易所会员投资机构可参与竞买；单个试点纳入企业竞买量不得超过 2019 年度实际排放量的 2%，单个投资机构竞买量不得超过 8 万吨。

2023 年 6 月 30 日，北京市生态环境局发布碳排放配额有偿竞价发放的通告，该次有偿竞价发放的碳排放配额数量为 150 万吨；委托北京绿色交易所有限公司通过北京市碳排放权电子交易平台实施；北京市 2022 年度重点碳排放单位及其他自愿参与交易的单位均可参与竞买；单个其他自愿参与交易的单位申报的竞买量不得超过本次发放总量的 5%。这里的“其他自愿参与交易的单位”就是指投资机构。

2023 年 10 月 30 日，上海市生态环境局发布碳排放配额有偿竞价发放的公告，该次配额有偿发放的数量为 100 万吨；由上海环境能源交易所通过上海碳排放现货交易系统组织竞价发放；上海市重点排放单位以及上海环境能源交易所碳排放交易机构投资者均可参与竞买；单个投资机构申报竞买量不得超过 5 万吨。

2023 年 2 月初，中金公司、华泰证券、申万宏源、东方证券、中信建投纷纷发布公告称，收到了证监会的关于自营参与碳排放权交易的无异议函。根据该无异议函，证监会对公司在境内合法交易场所自营参与碳排放权交易无异议。

中信建投在2023年半年公报中表示，公司持续布局碳金融业务，落实国内碳市场交易的各项基础建设工作，在上海环境能源交易所完成公司首笔碳配额交易，是公司拓展碳金融产品和服务广度与深度路径上的关键一步，也是公司服务国内建立健全碳排放权交易体系的重要里程碑。

2024年1月22日上午，全国温室气体自愿减排交易(CCER)市场启动仪式在北京举行。据统计，市场启动首日总成交量37.53万吨，总成交额2383.53万元。中国石化、中国海油、国家电投、中金公司、国泰君安、中信证券、华泰证券等企业参与了首日交易。中信证券表示，在启动仪式上，作为获准参与该市场的首批交易机构，中信证券挂牌买入5000吨国家核证自愿减排量(CCER)，紧密参与并推动中国碳市场发展进程。

1.4.8 碳中和企业

进行低碳场景的碳中和承诺的企业需要碳会计。

在消费领域，低碳消费理念正在渗透到各个方面。消费类生产和服务企业也正在围绕着市场的低碳需求而进行相关的产品和服务的低碳化或者碳中和化。所谓低碳化就是在产品和服务提供过程中，深入开展节能减碳措施，“减无可减”时，剩下的碳排放就采用购买碳信用的方式来抵消中和所产生的碳排放量，之后注销这些用来抵消的碳信用资产，获得碳中介机构颁发的碳中和证书。

我们看到的各地宣传广告中出现的“碳中和酒店”“碳中和商场”“碳中和景点”“碳中和银行”等，都是在消费领域里迎合消费者低碳消费理念的充分表现。这些表现是在碳核算、碳交易支持下实现的，自然需要碳会计工作的支持。

2020年3月，成都市人民政府在国内首次提出构建以“碳惠天府”为品牌、以“公众碳减排积分奖励、项目碳减排量开发运营”为双路径的碳普惠机制，旨在引导形成绿色低碳的生产生活方式，助力地方“双碳”目标的实现。在“碳惠天府”机制中构建了低碳场景的评估机制，相关的评价规范包括：《成都市“碳惠天府”机制公众低碳场景评价规范 餐饮(试行)》《成都市“碳惠天府”机制公众低碳场景评价规范 商超(试行)》《成都市“碳惠天府”机制公众低碳场景评价规范 酒店(试行)》《成都市“碳惠天府”机制公众低碳场景评价规范 景区(试行)》。成都市的餐饮、商超、景区、酒店等企事业单位可按照评价规范实施低碳管理，创建低碳场景，经第三方评价后被授予“碳惠天府”低碳场景标识。消费者到低碳场景消费可获得积分，积分可兑换商品或服务。这些获得低碳场景的企业每年需购买CDCER实施碳中和。

餐饮、商超、酒店、景区等低碳场景评价规范中的评价指标如表1-5所示。

表1-5　餐饮、商超、酒店、景区等低碳场景评价指标

餐饮评价指标		商超评价指标		酒店评价指标		景区评价指标	
管理制度		管理制度		管理制度		管理制度	
节能措施	厨房系统	节能措施	供配电系统	节能措施	供配电系统	旅游服务	低碳交通
			空调系统				游览设施
	空调系统		照明系统		空调系统		智能化系统
			冷藏系统			低碳能源及节能措施	
	照明系统		电梯系统		照明系统		
资源利用	水资源利用	资源利用	水资源利用	资源利用	水资源利用	资源利用	水资源利用
	废弃物处理		废弃物处理		废弃物处理		废弃物处理
环境保护		环境保护		环境保护		环境保护	
餐饮服务		销售服务		低碳客房		公共设施	
宣传引导	对顾客的宣传引导	宣传引导	对顾客的宣传引导	宣传引导	对顾客的宣传引导	宣传引导	对顾客的宣传引导
	对供应商的宣传引导		对供应商的宣传引导		对供应商的宣传引导		对供应商的宣传引导
碳中和	计算温室气体排放量	碳中和	计算温室气体排放量	碳中和	计算温室气体排放量	碳中和	计算温室气体排放量
	碳中和抵消		碳中和抵消		碳中和抵消		碳中和抵消

1.4.9　非试点省的碳管控企业

在北京、天津、湖北、上海、广东、深圳、重庆、福建等8个地方试点碳市场之外，有的省份如河北省，也拥有由省政府发文构建的强制碳管控市场机制，纳入其管控范围的企业也需要碳会计。可以预见，这种机制未来将在8个试点省市之外其他非试点省份推广应用。

2021年9月20日，河北省政府发布《关于建立降碳产品价值实现机制的实施方案（试行）》的通知，在河北省推动降碳产品开发销售，这里的降碳产品就是河北省政府自己背书的“碳信用资产”。2022年11月7日，河北省人民政府发布《关于深化碳资产价值实现机制若干措施（试行）》，进一步强化了降碳产品的生产和消费机制。

针对《关于建立降碳产品价值实现机制的实施方案（试行）》，河北省发布了《河北省塞罕坝草原固碳生态产品项目方法学》《河北省碳捕集项目减排量核算方法学》《氢基竖炉生产直接还原铁和提高转炉废钢比方法学》《河北省住宅建筑居住节能碳普惠降碳产品方法学》《河北省中深层地热能替代化石燃料集中供热项目降碳产品方法学》等数10种开发降碳产品的标准，依照这些标准核算出来的碳信用产品，就可以在河北省的碳交易市场进行销售，那些排放量高的河北钢铁企业、水泥企业就是这些碳信用产品的消费者。

《关于深化碳资产价值实现机制若干措施（试行）》中提出：“自2022年起，对发电、钢铁、石化、化工、建材、造纸等重点行业企业实行月度碳排放台账信息化存证和年度碳排放核算报告制度。”这条要求对相关的行业企业提出了“刚性”的碳监测、碳核算、报告的要求,这是碳资产的生产和消费的基础前提条件。

《关于深化碳资产价值实现机制若干措施(试行)》中提出:“2022 年制定并发布钢铁行业碳排放基准值,2023 年制定并发布水泥、玻璃、石化、化工等行业碳排放基准值,形成较为科学完善的碳排放基准值体系。”有了行业基准,就有了考核评价的依据,超排就需“买”,结余就可“卖”。

《关于深化碳资产价值实现机制若干措施(试行)》中提出:“根据碳排放单位年度核查碳排放量和行业碳排放基准值,对排放企业超行业碳排放基准值排放量部分按 10%的比例购买降碳产品抵消碳排放。”这条要求涉及碳信用消费企业(超排企业)需要动用资金购买降碳产品来做抵消,碳资产买卖双方的财务部门需要做碳资产买卖的账务处理。

《关于深化碳资产价值实现机制若干措施(试行)》中提出:“建立健全碳减排量化考核体系,在重点行业企业开展碳减排量评估,对企业低于年度基准排放部分碳排放量,以及实施碳捕集利用与封存、技术改造和环保绩效创 A 等产生的碳减排量进行核定,并在全省碳排放综合管理平台建立碳减排项目数据库进行登记。”这里说的就是减碳产品的核定登记,为后续的碳市场买卖交易提供了条件。

1.5 产业案例:融和科技碳资产管理系统

北京融和友信科技股份有限公司(简称“融和科技”)创立于 2014 年 1 月,是超级 ERP 系统与平台提供商、金融行业数智化管理解决方案提供商,同时也是企业管理软件领域的国家信创品牌。融和科技拥有超过 500 家金融企业客户及数百家企业客户(含大型央企)。

融和科技于 2023 年 3 月率先推出了“数字化碳资产管理解决方案”,2023 年 10 月,由融和科技承建的能源行业某大型央企“基于智能型算法的碳交易决策系统”成功上线应用。该方案可适用于电力、煤炭、石化、汽车、制造、物流等诸多行业企业的碳资产管理体系的建立健全。

1.5.1 碳资产管理系统的应用功能

融和科技碳资产管理系统,实现了以碳资产和碳交易为核心,融合统计数据、监测数据、能源结构数据构建碳数字平台,形成集碳数据治理、碳交易策略、碳绩效分析、履约风险控制为一体的信息平台。通过多源数据整合,实现碳账本、配额、CCER、绿能、碳金融、核查报告等碳资产管理功能;对碳排放数据进行跟踪,进行数据特征处置,智能算法分析,满足碳平衡分析、风险预测预警、碳绩效画像的要求。平台已经具备了钢铁、电力、煤炭、汽车、制造、物流等行业多规模、多层次的碳治理和碳金融服务能力。

在融和科技碳资产管理系统平台中,实现了以下核心应用功能:

1. 碳数据管理

利用智能设备与数字手段监测排放源头,核查碳排放量、排放强度,分析碳排放变化趋势和碳排放占比结构,帮助企业快速碳盘查,摸清自身碳家底,形成控排企业碳数据平台。

2. 碳资产管理

引入账本账户体系，构建企业碳账本，设立多层次的碳资产账户，管理碳资产信息，对碳配额、CCER 项目、绿能、碳金融实行量化管控，帮助减排主体建立碳排放与碳资产平衡体系。

3. 碳交易管理

整合碳排放数据，使用配额预测模型分析模拟，预测配额量、排放量及分析盈余量、盈余比例等信息；过程中可灵活调整预测参数；引入机器学习模型开展碳价格预测；形成交易策略，生产年度、月度交易计划；为交易主体提供碳交易过程服务和交易记录管理；辅助集团企业对内部和外部单位开展碳资产调配和碳金融服务。

4. 履约与风险管理

制订年度履约计划，将履约事项按时间划分；动态调整执行计划，分析企业履约情况，督导任务期内定额完成履约内容；通过运行数据和风险模型测算，预警持仓风险、履约风险，提醒管理人员保持合理持仓，避免风险发生；记录风险事件，为交易、履约提供历史事件借鉴。

5. 碳绩效管理

监测碳排放与生产数据，引入碳绩效指标模型，采用 OCED/TAPIO 模型、熵值法、模糊算法等，实现碳脱钩精准画像，关键绩效指标（KPI）管理，实现对各个排放主体的碳绩效跟踪和管理。

6. 碳能驾驶舱

以碳能驾驶舱为窗口，展示排放单位的碳绩效指标数据、碳账户情况（碳排放、碳资产、配额缺口、CCER 项目）、履约情况、碳市场行情、国家政策导向和监管报告等信息，为企业领导者提供决策支持。

融和碳资产管理系统的功能如图 1 - 8 所示。

图 1 - 8　融和科技碳资产管理系统功能图

1.5.2 碳资产管理系统的应用价值

依托融和科技碳资产管理系统平台，在践行新发展理念、助力企业绿色低碳转型的可持续发展过程中，可实现如下应用价值：

1. 监管合规

国家正在逐步加强企业碳排放管控力度，企业可以基于自身精细化的碳家底，制定科学可行的减排策略，输出合规监管报告。

2. 提质增效

实现有效管理碳资产，用好碳配额、CCER 和碳金融工具，分析市场行情，科学决策，规避履约风险，有利于企业提质增效，降低生产成本和管理成本。

3. 顺应市场

通过信息化系统构建产业绿色供应链，形成碳中和管理体系符合行业趋势与客户要求，顺应品牌商、供应商对产品碳足迹提出的市场需求，可助力绩效追踪、供应商和客户关系维护，增加客户价值。

4. 发掘潜力

通过数字化应用，可以精准管理自身碳资产，推动节能减排及产业链协同创新，打造生产全周期的持续减排模式，升级产业、产能定位，发掘企业低能耗营运潜能。

5. ESG 发展

积极应对绿色贸易壁垒，有效提升企业形象，提升国际贸易竞争力，赢得社会荣誉，更是履行企业社会责任的具体体现。

1.6 碳配额流转实验

1.6.1 实验介绍

1. 实验背景

A 企业与 B 企业为北京市的控排单位(年碳排放量超过 5000 吨)，每年 3 月份接受政府发放的碳配额，4 月份提交企业的碳排放报告和第三方机构出具的碳核查报告，8 月底进行碳配额履约。

2. 实验目标

(1)理解碳配额分配、交易及履约的业务场景。

(2)初步了解碳配额资产核算对应的会计科目。

(3)初步了解碳配额资产业务对应的财务处理。

3. 实验流程

整个实验流程如图 1－9 所示。具体为：

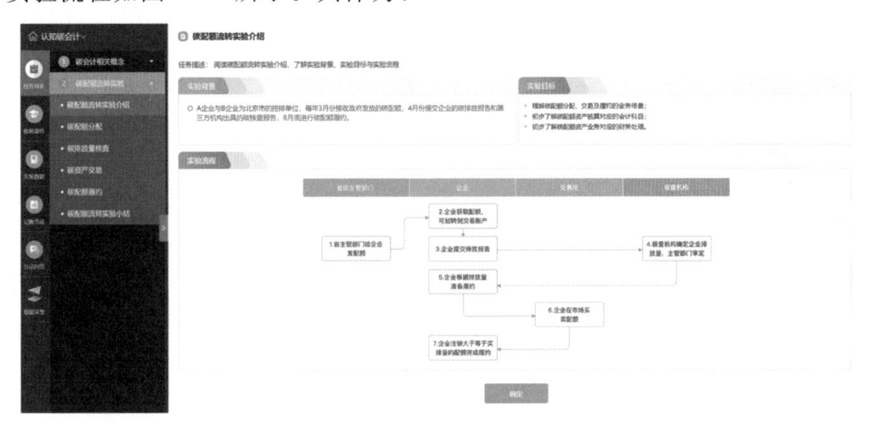

图 1－9　碳配额流转实验流程

省级生态环境主管部门给企业核发配额，企业获得配额后，将配额划转到交易账户；企业提交碳排放报告给省级生态环境主管部门，省级生态环境主管部门采用政府采购服务方式，委托第三方核查机构对企业的碳排放报告进行核查，提交碳核查报告由省级生态环境主管部门审定；企业根据审定的碳排放量准备履约，计算配额缺口情况，在碳市场进行买入（如果超排）或卖出（如有结余）碳配额；企业注销与碳排放量相等的配额量，完成履约。各个步骤的实验操作，包含按照财政部文件要求的企业财务处理内容。

1.6.2　碳配额分配

1. 任务说明

在本项实验中，选择 A、B 两家企业，分别进行企业配额的分配计算、配额领取和账务处理操作。相关主要操作界面如图 1－10、图 1－11 所示。

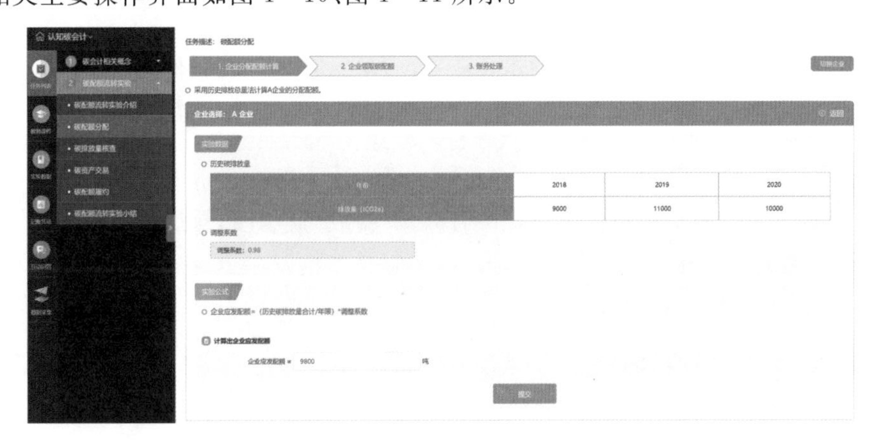

图 1－10　应发碳配额计算

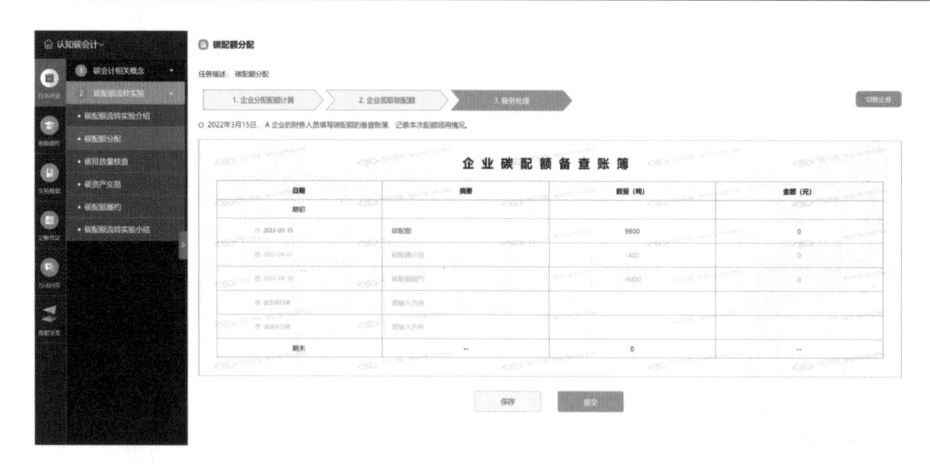

图 1－11　碳配额领取登录

2. 任务操作

(1)企业选择。选择 A、B 两家企业，进行配额分配的实验任务。

(2)企业分配配额计算。针对选定的企业，按照给定的公式和数据，进行企业应发配额的计算，然后提交计算结果；如果计算结果有误，系统会提示错误，需重新计算提交，直到提交成功。

(3)企业配额领取。选择"碳配额分配"的页签 2，使用平台提供的企业实验数据的账号和密码，进行系统登录的模拟操作，完成企业免费获得配额的领取。

(4)账务处理。按照财政部文件要求，"重点排放企业通过政府免费分配等方式无偿取得碳排放配额的，不作账务处理"；选择"碳配额分配"的页签 3，企业的财务人员填写碳配额的备查账簿，记录本次配额领用情况。

1.6.3　碳排放量核查

1. 任务说明

在本项实验中，将分别针对 A、B 两家企业，查看第三方出具的碳核算结果，并计算配额盈缺情况。相关主要操作界面如图 1－12、图 1－13 所示。

2. 任务操作

(1)企业选择。选择 A、B 两家企业，分别进行碳排放量核查和缺口计算任务。

(2)根据所提供的核查确认结果，填写"核查的排放量"。

(3)根据上个任务的碳配额计算结果，填写"持有的配额量"。

(4)进行碳配额履约缺口的计算，即碳配额履约缺口＝核查的排放量－持有的配额量，填入缺口数量，然后提交。如存在碳配额不足，就需要在碳市场购买欠缺的碳配额；反之，可卖出富余的碳配额。

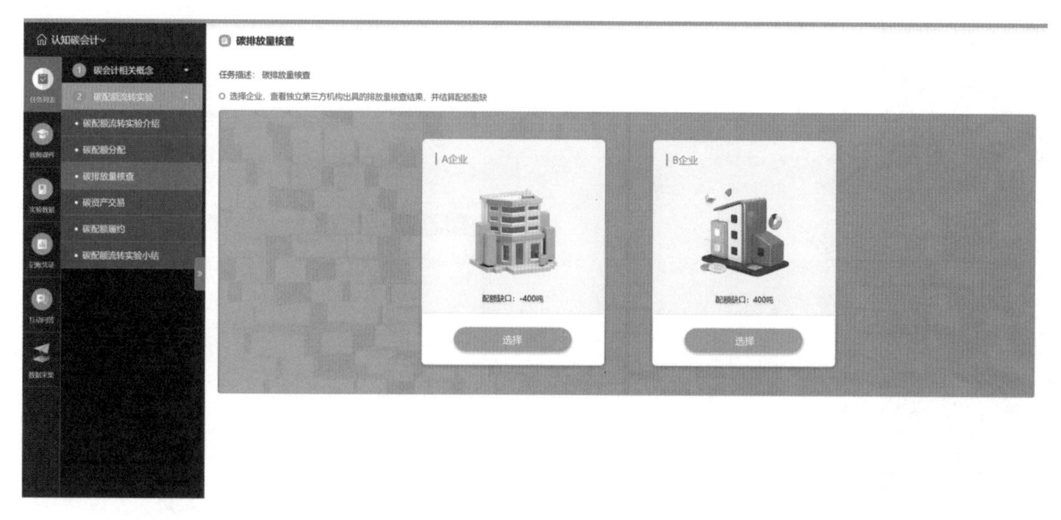

图 1-12 选择企业进行碳核查

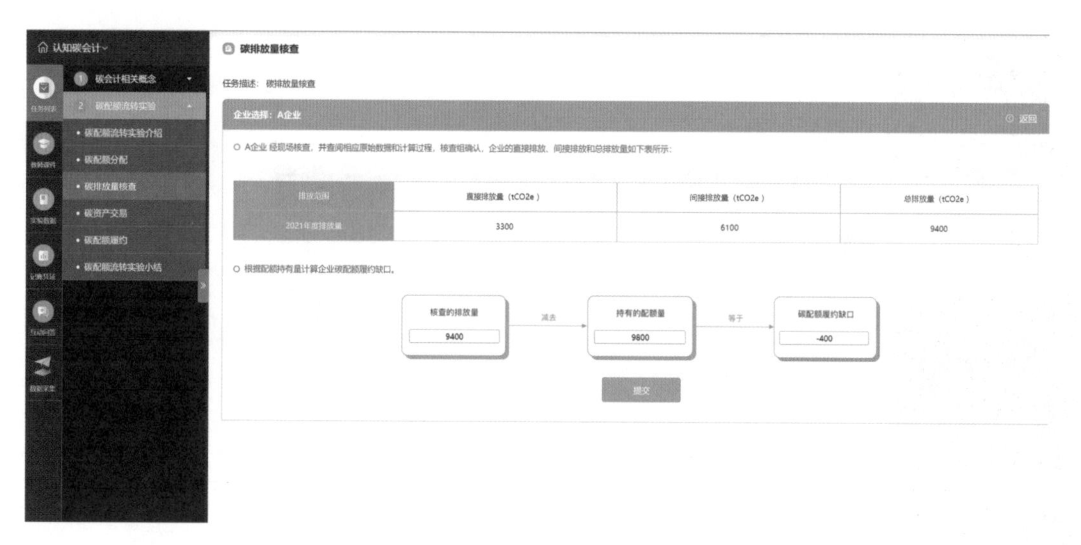

图 1-13 碳配额缺口计算

1.6.4 碳资产交易

1. 任务说明

在本项实验中，将分别针对A、B两家企业，根据碳配额缺口情况，在碳市场中进行买入或卖出的交易。相关主要操作界面如图1-14、图1-15所示。

2. 任务操作

(1)企业选择。选择A、B两家企业，分别进行配额碳资产交易任务。

(2)A企业碳配额转出。按确定的账号密码进行登记结算系统的模拟登录，将配额富余的A企业的400吨碳配额转出到交易账户。

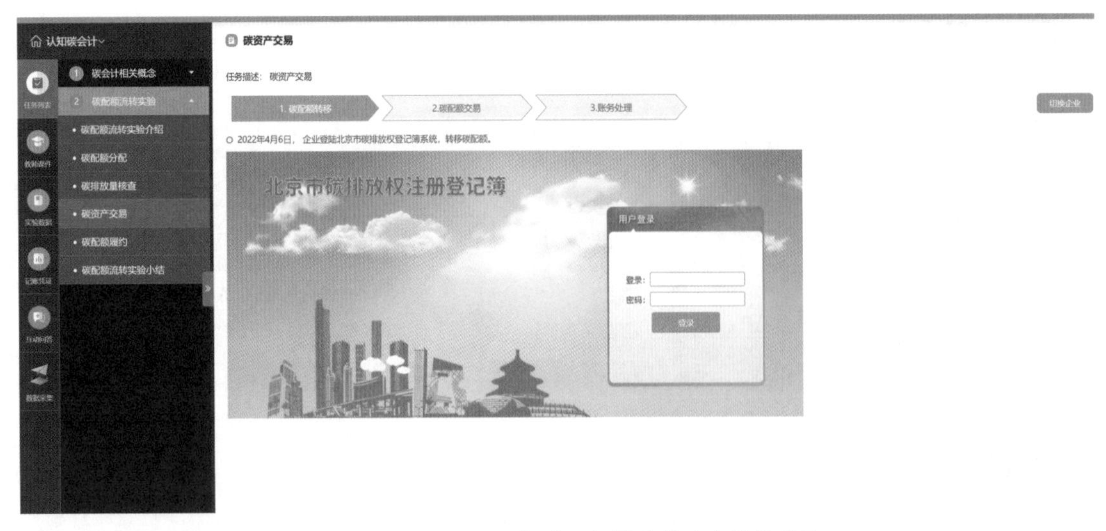

图 1-14 选择企业进行碳配额转移的账户模拟登录

图 1-15 从登记结算账户向交易账户转出碳配额

(3)A 企业碳配额卖出。以 A 企业的交易系统的账号密码进行模拟登录，在模拟交易申报系统中，申报类型选择“卖出”，申报价格选择“55”元/吨，申报数量选择“400”吨，交易方式选择“整体交易”，提交申报。

说明：整体交易指每笔申报数量必须一次性全部成交。

(4)B 企业碳配额买入。以 B 企业的交易系统的账号密码进行模拟登录，在模拟交易申报系统中，申报类型选择“买入”，申报价格选择“55”元/吨，申报数量选择“400”吨，交易方式选择“整体交易”，提交申报成交。

(5)B 企业碳配额转入。以 B 企业的登记结算系统的账号密码进行模拟登录，转入所买入的碳配额 400 吨。

(6)分别进行 A 企业的碳配额卖出、B 企业的碳配额买入交易的会计处理相关操作任务。

1.6.5　碳配额履约

1. 任务说明

在本项实验中,将分别针对 A、B 两家企业,完成碳履约注销和相应的账务处理任务。相关主要操作界面如图 1 - 16、图 1 - 17 所示。

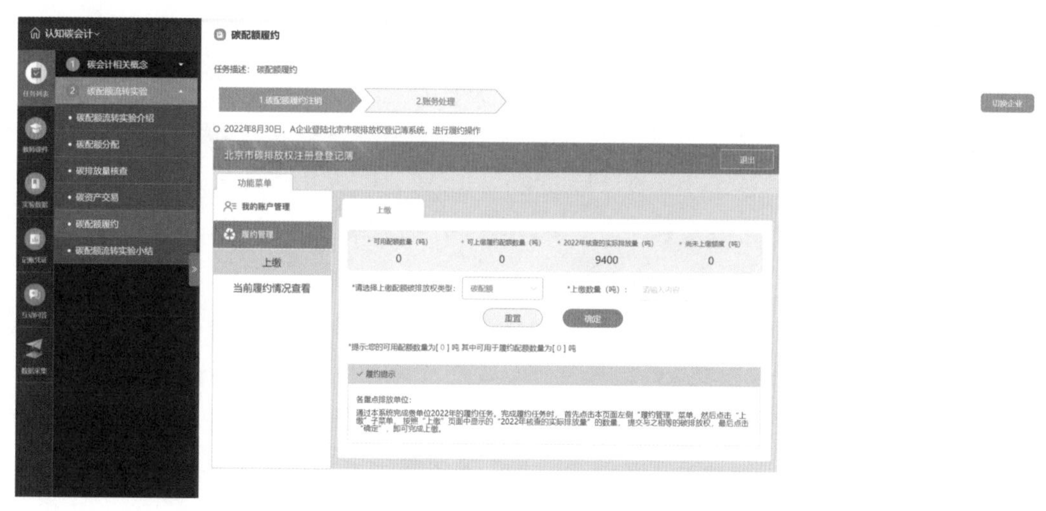

图 1 - 16　碳配额履约注销

企 业 碳 配 额 备 查 账 簿

日期	摘要	数量（吨）	金额（元）
期初			
2022-03-15	碳配额	9800	0
2022-04-07	碳配额交易	-400	0
2022-08-30	碳配额履约	-9400	0
请选择日期	请输入内容		
请选择日期	请输入内容		
期末	--	0	--

图 1 - 17　碳配额履约注销的财务处理

2. 任务操作

(1)企业选择。选择 A、B 两家企业,分别进行碳履约、碳配额注销、会计处理等任务。

(2)A 企业碳配额履约注销。按 A 企业的账号密码进入碳配额登记结算系统中,查看当前履约情况,显示为“未履约”,选择“上缴”操作,选择上缴碳排放权类型为“碳配额”,选择上缴数量为“9400”吨，然后点击“确定”进行履约操作。完成履约后，企业的9400吨碳配额资产就注销掉了。

(3)采取同样方式，进行B企业碳配额履约注销。

(4)按照财政部相关文件要求，对A企业的碳配额履约注销进行财务处理相关操作。

(5)按照财政部相关文件要求，对B企业的碳配额履约注销进行财务处理相关操作。

本章小结

实现“双碳”目标，不是别人要我们做，而是我们自己必须要做的事。其原因有四：其一，推进“双碳”工作是破解资源环境约束的突出问题、实现可持续发展的迫切需要；其二，是顺应技术进步趋势、推动经济结构转型升级的迫切需要；其三，是满足人民群众日益增长的优美生态环境需求、促进人与自然和谐共生的迫切需要；其四，是主动担当大国责任、推动构建人类命运共同体的迫切需要。

新质生产力是创新起主导作用，摆脱传统经济增长方式、生产力发展路径，具有高科技、高效能、高质量特征，符合新发展理念的先进生产力质态。新质生产力的特点是创新，其关键在质优，本质是先进生产力。绿色发展是高质量发展的底色，新质生产力本身就是绿色生产力。必须加快发展方式绿色转型，助力碳达峰碳中和。生产关系必须与生产力发展要求相适应。发展新质生产力，必须进一步全面深化改革，形成与之相适应的新型生产关系。要根据科技发展新趋势，优化高等学校学科设置和人才培养模式，为发展新质生产力、推动高质量发展培养急需人才。

“排碳有成本、减碳有收益”是开展碳管控的基本理念，这一理念促使了碳定价与碳市场的发展，诞生了碳配额和碳信用两类碳资产，分别在强制减排碳市场、自愿减排碳市场中开展交易。排碳的成本要核算，减碳的收益要核算，碳市场的交易要核算，从而催生了碳会计概念诞生的3个组成部分，即碳排放会计、碳减排会计和碳交易会计。

“企业碳会计”“企业碳审计”“碳数据造假”“碳金融”是彼此密切依存的概念。碳金融服务于碳战略，没有碳金融支撑，“双碳”目标无法落地；碳会计服务于碳金融，是“业财融合”的关系，碳市场中的碳资产交易，均需会计来作账务处理；碳审计监督碳会计，严防碳数据造假；碳审计服务于碳金融，碳审计解决的是碳数据质量可信问题，这是碳金融的生命线。

企业碳会计可分为财务碳会计和管理碳会计两个方面。财务碳会计的要点是做到合规，关注碳核算和碳披露，包括碳排放核算、碳减排核算、碳交易核算等以及财政部政策要求的碳披露，规范企业开展相关财务会计工作。管理碳会计的要点是支持“战略”，关注“碳成本”与“碳机遇”，利用全球产业链供应链、低碳重构的机会，谋求实现企业的“弯道超车”发展。

碳会计涉及价值观和国家政治。全球气候应对的碳排放管控，解决的是人类命运共同体的问题，涉及价值观层面的道德制高点。在当前低碳生产生活理念逐步渗透的时代，同样应用功能的产品，在使用价值上是一样的，但生产过程的碳排放不一样，就会带来产品市场表现的会计价值的差异，该差异的产生来自叠加了涉及低碳消费观念的产品生态价值。

在当前我国打造绿色低碳供应链、推进美丽中国建设、发展绿色生产力的大环境下，碳会计的人才市场需求处于发展之中，我国的企业碳会计制度正在完善中，碳会计在企业中的作用将越来越重要。

本章复习思考题

1. 我国为什么要提出“双碳”目标？
2. 为什么说新质生产力本身就是绿色生产力？
3. 我国实现“双碳”目标是迫于国际压力吗？
4. “固碳”与“减碳”的概念差异是什么？
5. 如何理解碳配额资产、碳信用资产在推动实现碳中和目标中的作用？
6. 如何理解碳资产的公益性？
7. 碳金融、碳数据、碳会计、碳审计概念之间是什么关系？
8. 企业碳会计的主要工作职责是什么？
9. 碳会计的主要就业方向有哪些？

第 2 章　碳排放核算会计

本章学习目标

本章主要介绍碳排放核算、碳排放成本等内容。通过本章的学习，要达到以下学习目标：

1. 掌握碳排放核算的 3 个范围、3 种方法。

2. 掌握碳排放核算的实施步骤。

3. 理解控排单位的履约成本、出口企业的碳关税成本、地方高碳企业的碳成本等场景。

4. 了解商务部标准《饭店业碳排放管理规范》的内容要点。

本章逻辑框架图

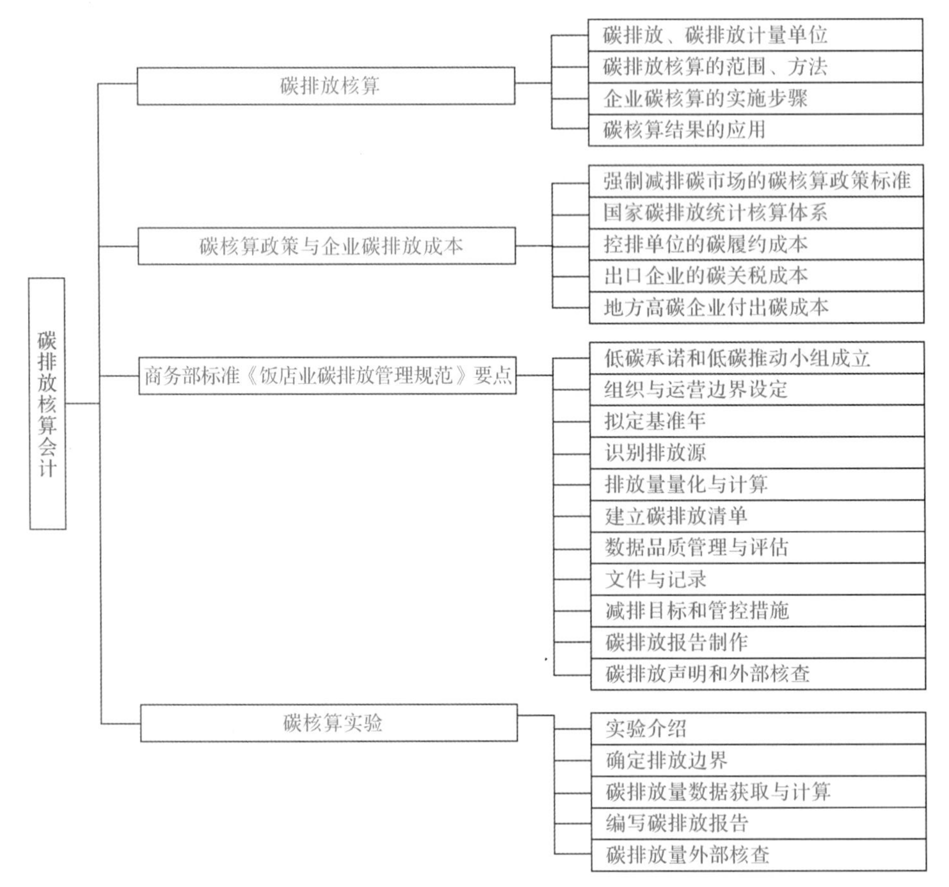

2.1　碳排放核算

“排碳有成本”是首要的低碳理念。要核算排碳的成本，就必须先把碳排放量给核算出来，也就是说，碳排放核算会计的首要工作，是核算碳排放。企业只要开工生产就要排碳，这是不以人的意志为转移的行为，是企业必须接受的低碳时代的商业规则。在第一次、第二次工业革命时代，碳排放是免费的，没有“排碳有成本”这个说法。随着大气中碳含量升高带来的温室效应愈加严重，控制温室气体排放，实现碳中和成为国际社会的共识。“排碳有成本”的价值导向进入了世界各国的经济政策之中，推动着全球企业向低碳转型发展，同时也推动了碳成本核算工作的开展。

2.1.1　碳排放、碳排放计量单位

随着“双碳”目标的推进，企业的低碳发展已经成为必然。什么是低碳发展？低碳是指以较低的碳排放量来支撑企业发展。这里的碳排放量是与社会经济活动中的资源能源消耗密切相关的一个概念，企业只要开工生产，就必然会存在资源能源的消耗，那么也就存在着碳排放量。

这里的“碳排放”一词只是一个通俗的简称，更准确的用词是“温室气体(greenhouse gas，GHG)排放”，即“温室气体排放＝碳排放”。温室气体排放之所以受到全球的广泛关注，原因在于大气中温室气体含量的增加带来了温室效应，而温室效应给人类社会的生存环境带来了诸多负面的影响。例如：气温升高导致海平面上升，对全球 60％以上人口生活的沿海地区构成严重威胁；温室效应导致地球上的病虫害增加，全球气温上升令北极冰层融化，被冰封十几万年的史前致命病毒可能会重见天日，而现在的人类对其没有抵抗力。此外，温室效应还会导致土地沙漠化、全球农业生产减产、冰川期来临等恶劣后果。

温室气体是指大气中吸收和重新放出红外辐射的自然的和人为的气态成分。《京都议定书》中规定了 7 种温室气体：二氧化碳(CO_2)、甲烷(CH_4)、氧化亚氮(N_2O)、氢氟碳化物(HFCs)、全氟化碳(PFCs)、六氟化硫(SF_6)、三氟化氮(NF_3)。这 7 种温室气体的主要排放源如表 2－1 所示。

表 2－1　7 种温室气体主要排放来源表

气体名称	主要排放来源
CO_2(二氧化碳)	化石燃料(煤炭、石油、天然气)的燃烧，煤炭、石油等的生产和加工过程
CH_4(甲烷)	畜牧业、动物粪便、水稻种植、生物质燃烧、化石燃料开采、垃圾填埋
N_2O(氧化亚氮)	农业耕种、汽车排放、污水处理、硝酸和脂肪酸生产
HFCs(氢氟碳化物)	冰箱与空调机组制冷剂的常规泄露
PFCs(全氟化碳)	太阳能电池的生产、精炼铝、半导体制造
SF_6(六氟化硫)	输配电、半导体材料加工
NF_3(三氟化氮)	微电子工业、高能燃料

为了统一衡量不同温室气体对全球增温的影响，人们采用了一个被称为“全球增温潜势”(global warming potential，GWP)的参数，GWP是以CO_2为基准来衡量各种温室气体产生温室效应影响的一个指数。CO_2的GWP值固定为1，其余气体与二氧化碳的温室效应影响比值作为该气体的GWP值。GWP值能够评价温室气体在未来一定时间的破坏能力。各种温室气体的GWP值如表2－2所示。

表2－2 各种温室气体的GWP值

气体名称	化学分子式	全球增温潜势(GWP)值
二氧化碳	CO_2	1
甲烷	CH_4	25
氧化亚氮	N_2O	298
氢氟碳化物(HFCs)		
HFC-125	CHF_2CF_2	3500
HFC-134a	CH_2FCF_3	1430
HFC-227ea	CF_2CHFCF_3	3220
HFC-236fa	$CF_3CH_2CF_3$	9810
HFC-245fa	$CHF_2CH_2CF_3$	1030
HFC-365mfc	$CH_3CF_2CH_2CF_3$	794
HFC- 43-10mee	$CF_3CHFCHFCF_2CF_3$	1640
氢氟醚类化合物(HFEs)		
HFE-449sl(HFE-7100)	$C_4F_9OCH_2$	297
HFE-569sf2(HFE-7200)	$C_4F_9OC_2H_5$	59
全氟碳化物(PFCs)		
PFC-14	CF_4	7390
PFC-116	C_2F_6	12200
PFC-218	C_3F_8	8830
PFC-318	$c\text{-}C_4F_8$	10300
PFC-3-1-10	C_4F_{10}	8860
PFC-4-1-12	C_5F_{12}	9160
PFC-5-1-14	C_4F_{14}	9300

有了GWP值，衡量各种温室气体排放带来的温室效应影响就有了统一的标准，这就引出了二氧化碳当量(CO_2e)的概念。二氧化碳当量是温室气体排放量的计量单位。

例如某次温室气体排放，共排放了3种温室气体，包括2吨二氧化碳、1吨甲烷、1吨一氧化二氮，那么其温室气体排放量＝2＋1×25＋1×298＝325吨二氧化碳当量(tCO_2e)，简称为碳排放325吨。

2.1.2　碳排放核算的范围、方法

1. 碳排放核算的范围

刚接触到“碳排放”这个概念时，人们会想一个问题，“碳排放”排的碳是从哪里冒出来的？这关系到核算口径问题，做数据核算要先了解核算口径。

企业碳排放包括三个方面的排放，即范围一、范围二、范围三的排放。如图 2-1 所示。

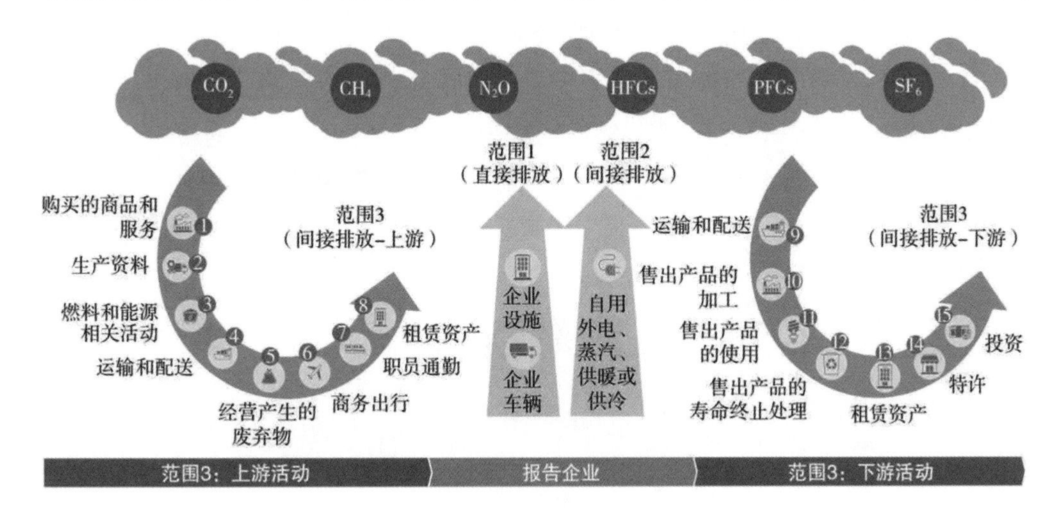

图 2-1　企业碳排放的 3 个范围

范围一的碳排放也称为直接排放。这是指组织拥有或控制的排放源所产生的温室气体排放，如锅炉化石燃料的燃烧、车辆汽柴油的燃烧、灭火器的逸散、制程过程的排放等。对于组织边界内的生物质或生物燃料燃烧产生的温室气体排放应予以识别，并尽可能量化，但该排放量不计入直接温室气体排放或组织排放总量。

范围二的碳排放也称为间接排放。这是指城市基础设施方面提供的能源资源服务带来的碳排放，此部分的排放并非直接发生在组织边界中，如企业外部提供的电力、自来水、蒸汽、暖气等。发电厂发电是要烧煤的，将所烧煤产生的碳排放分摊到每度电上，企业就可从用电数据核算出用电的碳排放数据。

范围三的碳排放也称为其他排放。这指的是在范围二之外的，企业的供应链上下游带来的碳排放量。在企业上游，涉及 8 个方面，即购买的商品和服务、生产资料、燃料和能源相关活动、运输和配送、经营生产的废弃物、商务出行、职员通勤、租赁资产等；在企业下游，涉及 7 个方面，即运输与配送、售出产品的加工、售出产品的使用、售出产品的报废处置、租赁资产、特许经营、投资等。

在北京大学光华管理学院发布的 2022 年度碳核算报告中，我们可以看到，范围一、范围二和范围三口径上的碳排放分别为 38.73 吨、4116.47 吨、316.79 吨二氧化碳当量，共计 4471.99 吨

二氧化碳当量。相比2021年，学院的范围一、范围二和范围三口径二氧化碳排放当量分别减少了71.01吨、362.32吨、201.68吨，共计减少了644.01吨二氧化碳当量。就具体排放而言，电力占比79.47%（范围二），市政热力占比12.58%（范围二），飞机（公务出行，范围三）占比3.19%，汽车（公务出行，范围三）占比2.2%，纸张和印刷品（范围三）占比1.19%，天然气和市政自来水（范围二）、火车（公务出行，范围三）、自有车辆（范围一）合起来占比约1%。由此可见，用电在类似机关行政事业单位碳排放中的占比相当高。

2022年2月24日，IT巨头腾讯公司正式发布《腾讯碳中和目标及行动路线报告》，其中提出，将不晚于2030年实现自身运营及供应链的全面碳中和。同时，腾讯也将于不晚于2030年，实现100%绿色电力。2021年，腾讯碳排放总量511.1万吨。横向对比下，阿里巴巴2020年的温室气体排放总数为951.4万吨，硬件厂商苹果2020年的碳排放是2260万吨。用电是腾讯最大的排放来源，大概占了65%。腾讯公司在范围一、范围二、范围三的碳排放量分别为1.9万吨、234.9万吨、274.3万吨。如图2-2所示。

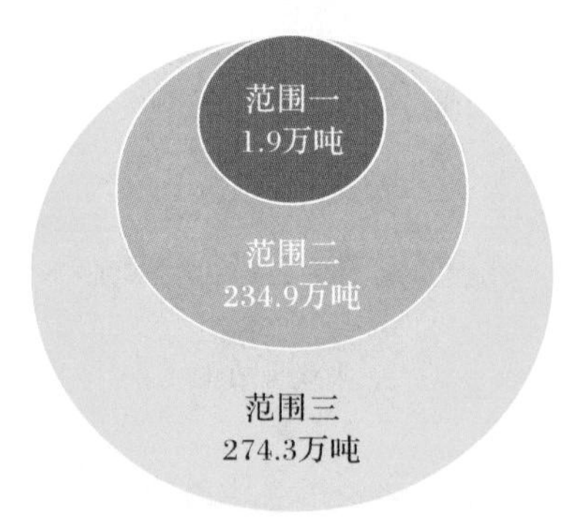

范围一	范围二	范围三
由腾讯拥有或控制的温室气体排放源所产生的直接排放量为1.9万吨二氧化碳当量，约占0.4%，主要包括自有车辆运行、柴油发电、制冷剂逃逸等	由腾讯购买的电力或其他能源所产生的温室气体间接排放量为234.9万吨二氧化碳当量，约占45.99%，主要为自有及合建数据中心及办公楼用电	腾讯供应链中所产生的所有其他间接排放量为274.3万吨二氧化碳当量，约占53.7%，主要为资本货物(如基建耗材、数据中心设备)、租赁资产(如租赁的数据中心用电)及员工差旅等

图2-2　2021年腾讯的3个范围的碳排放量

2022年1月28日北京冬奥组委在北京发布的《北京冬奥会低碳管理报告（赛前）》，明确了北京冬奥会核算的温室气体，不仅包括1992年6月4日联合国大会通过的《联合国气候变化框架公约》（UNFCCC）规定的CO_2、CH_4、N_2O、HFCs、PFCs和SF_6，还包括联合国气候变化框架公约第18次缔约方会议追加的NF_3，共7类温室气体。北京冬奥会3类碳排放的范围界定如图2-3所示。

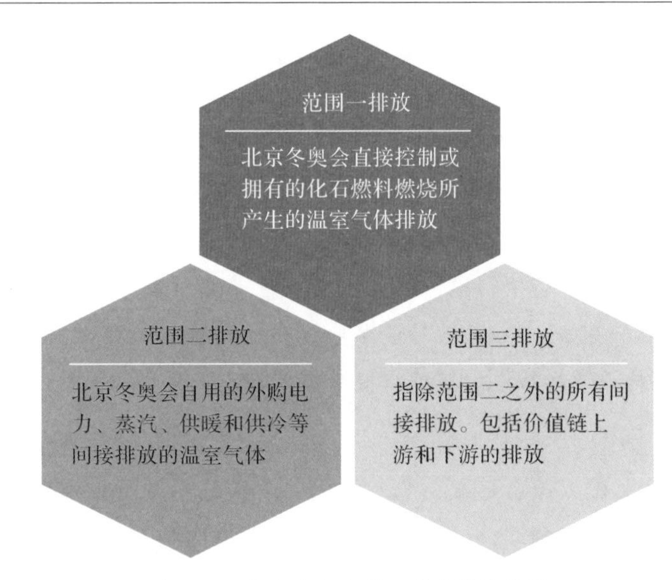

图 2-3　北京冬奥会的 3 类碳排放范围

按照产权标准和控制力标准确定北京冬奥会温室气体排放核算的组织边界，具体分为以下 3 类，如图 2-4 所示。

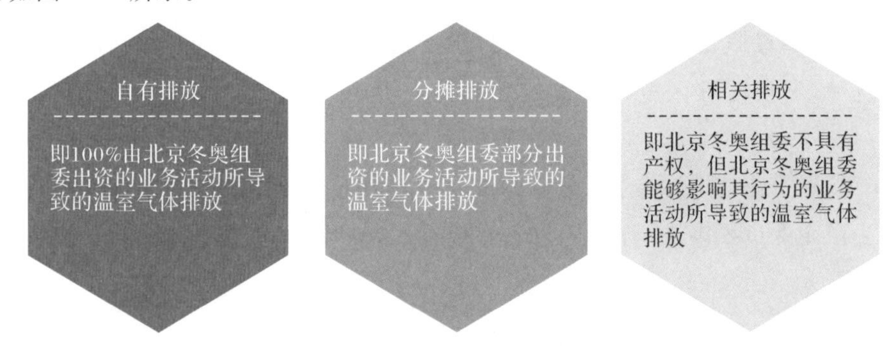

图 2-4　北京冬奥会的组织边界分类

按 2018 年的预估计算，北京冬奥会 2016—2022 年温室气体基准线排放总量为 163.7 万吨二氧化碳当量，基准线排放量前三位的排放源分别是观众（占基准线排放总量的 49.6%）、场馆建设改造（21.4%）和交通基础设施新建（6.2%）。经核算，北京冬奥会 2016—2021 年 6 月温室气体排放总量为 48.9 万吨二氧化碳当量，各年度排放量占比依次分别为 1.1%、1.6%、25.3%、42.4%、18.1%和 11.5%。前三大排放源分别为交通基础设施（占实际排放总量的比重为 50.0%）、场馆建设改造（占比 41.3%）和北京冬奥组委（占比 7.5%）。

2. 碳排放核算的方法

目前，碳排放量的核算主要有 3 种方法，即排放因子法、质量平衡法、实测法。

1）排放因子法

排放因子法是适用范围最广、应用最为普遍的一种碳核算办法。计算公式为

碳排放量=活动数据(AD)×排放因子(EF)

式中,AD是导致温室气体排放的生产或消费活动的活动量,如每种化石燃料的消耗量、石灰石原料的消耗量、净购入的电量、净购入的蒸汽量等;EF是与活动数据对应的系数,包括单位热值含碳量或元素碳含量、氧化率等,表征单位生产或消费活动量的温室气体排放系数。EF既可以直接采用联合国政府间气候变化专门委员会(IPCC)、美国国家环境保护局、欧洲环境机构等提供的已知数据(即缺省值),也可以基于代表性的测量数据来推算。我国已经基于实际情况设置了国家参数,例如《工业其他行业企业温室气体排放核算方法与报告指南(试行)》的附录二提供了常见化石燃料特性参数缺省值数据。

2)碳质量平衡法

在碳质量平衡法下,输入碳含量减去非二氧化碳的碳输出量可得到碳排放。具体做法就是,在生产设备的输入和输出两端,分别进行物质的碳含量的测算,两者之间的差值就是排放出去的碳。计算公式为

碳排放量=(原料投入量×原料含碳量-产品产出量×产品含碳量-废物输出量×废物含碳量)×44/12

式中,(44/12)是碳转换成CO_2的转换系数(即CO_2与C的相对原子质量之比)。

采用基于具体设施和工艺流程的碳质量平衡法计算碳排放量,可以反映碳排放发生地的实际排放量,不仅能够区分各类设施之间的差异,还可以分辨单个和部分设备之间的区别。

一般来说,对企业碳排放的主要核算方法为排放因子法,但在工业生产过程(如脱硫过程排放、化工生产企业过程排放等非化石燃料燃烧过程)中可视情况选择碳质量平衡法。

3)实测法(基于测量)

实测法是基于排放源实测基础数据,汇总得到相关碳排放量的核算方法。这里又包括两种实测方法:现场测量和非现场测量。

现场测量一般是在烟气排放连续监测系统(CEMS)中搭载碳排放监测模块,通过连续监测浓度和流速直接测量其排放量。

非现场测量是通过采集样品送到有关监测部门,利用专门的检测设备和技术进行定量分析。二者相比,由于非现场实测时采样气体会发生吸附反应、解离等问题,故现场测量的准确性要明显高于非现场测量。

在3种方法的数据质量对比上,直接测量法的数据质量最高,因为它是通过传感器直接获取的碳排放结果数据;碳质量平衡法的数据质量其次,它是通过输入和输出的碳质量数据,通过计算而得到碳排放量数据;排放因子法的数据质量第三。

在3种方法的实施条件对比上,直接测量法的实施要求最高,需要专门的设备设施系统支持;碳质量平衡法的实施要求次之,需要进行碳输入+碳输出的计量;排放因子法的实施要求最低,简便易行。

应该看到，碳核算方法的不同会影响到碳数据质量，进而影响到碳资产的质量，并进一步带来碳资产投资风险，进而影响到碳市场的活跃度。

2.1.3　企业碳核算的实施步骤

企业碳核算的实施，包括"边""源""量""报""核"5个步骤，如图2-5所示。

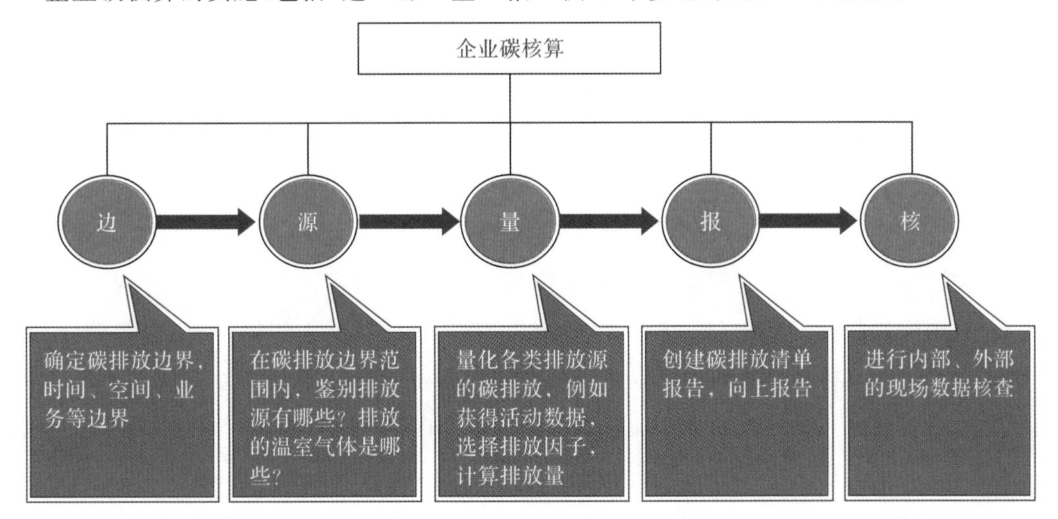

图2-5　企业碳核算实施步骤

1."边"

"边"即确定碳排放核算的边界。

边界包括时间空间边界和运营边界两个方面。

所谓时间空间边界，是指要核算的是哪个时间段内的碳排放，就如同财务核算时，要核算哪个时间段内的费用支出一样。为了避免企业间在进行碳核算时重复计算或者漏算，需要界定企业在碳排放活动中的空间边界。这个空间边界理论上被定义为"组织边界"。

确定组织边界的方法包括股权比例法和控制权法，根据确定控制权的角度不同，又可将控制权法分为财务控制权和运行控制权两种方法。组织应根据目标用户的要求和自身的实际情况选择确定组织边界的方法。

在采用股权比例法确定组织边界时，组织应根据其在具体业务中所占的股权比例确定其在该业务中所占的排放量。选择股权比例作为确定组织边界的依据是因为股权比例反映了经济利益的实质，与组织在盈利和风险分担上的权利和义务相一致。通常情况下，组织的股权比例和所有权比例是一致的，但也有相背离的情形。组织应根据目标用户的要求，结合自身实际进行选择。

在使用控制权法确定组织边界时，组织只核算其拥有控制权业务所产生的温室气体排放，对于那些拥有所有权但不控制的业务，不应出现在组织确定的组织边界中。选择控制权作为确定组织边界的原因是对于某些业务，组织可对其财务或运行策略做出决策，并从中获得收益，则应对这些业务带来的排放风险承担责任。一般来说，组织的财务控制和运行控制是一致的，采用运行控制权法和财务控制权法确定的组织边界不会有太大的变化，但少数情况下两者会出现不一致的情形，譬如对于一些业务单元，组织享有部分财务控制权但不享有运行控制权。

不同类型的组织在使用股权比例法或控制权法确定组织边界时会获得不同的结果。例如，集团公司旗下的母公司和子公司，如按照股权比例法确定组织边界，则其母公司和子公司的温室气体排放需按照股权比例进行分割。如按照控制权法确定组织边界，因母公司能够直接对子公司的财务与运行策略做出决定，并从中获得经济利益，则子公司的排放量应全部纳入母公司的组织边界内。

确定组织边界之后，需要进一步识别该地理范围内各排放源所属的运行边界。组织边界内的所有排放源，应当清楚地界定运行边界，简而言之，就是将不同的排放源分为直接温室气体排放（范围一）、能源间接温室气体排放（范围二）和其他间接温室气体排放（范围三）。通过运行边界的区分，可以协助组织识别温室气体减排的机会，管控在排放权交易体系下经营的风险。组织在识别组织边界后，应关注确定的运行边界之内是否存在重复计算、遗漏或者重大偏差的问题。

确定企业的运营边界，就是在确定属于公司运营产生的碳排放部分的排放源。设定企业的运营边界主要考虑两件事情。第一件事情是确定温室气体种类，一般情况下，企业的运营边界需要考虑这7大类温室气体：二氧化碳（CO_2）、甲烷（CH_4）、氧化亚氮（N_2O）、氢氟碳化物（HFCs）、全氟碳化物（PFCs）、六氟化硫（SF_6）和三氟化氮（NF_3）。但是并非所有排放类型都需要考虑所有的温室气体排放。第二件事就是确定运营边界的范围。运营边界的设定根据企业对温室气体排放的控制能力划分为范围一排放（直接排放）、范围二排放（间接排放）和范围三排放（其他排放），这在前面已讲述过。

2.“源”

“源”即确定排放源是哪些。

确定边界后，就需要识别排放源，也就是在边界内找到那些产生碳排放的设施。

直接温室气体排放源分为以下四类。

（1）固定燃烧排放：制造电力、热、蒸汽或其他能源的固定设施（如锅炉、蒸汽轮机、焚化炉、加热炉、发电机等）由于燃料燃烧而产生的温室气体排放。

（2）移动燃烧排放：组织拥有或控制的原料、产品、固体废弃物与员工通勤等运输过程产生的温室气体排放，可能涉及的设施包括汽车、火车、飞机和轮船等。

（3）制程排放：生产过程中由于生物、物理或化学过程产生的温室气体排放，如制造产品中使用的乙炔焊、炼油过程中的催化裂解、半导体制造中的蚀刻过程等。

（4）逸散排放：有意或无意的排放，包括设备接合处的泄露、制冷设备冷媒的逸散、污水处理厂厌氧过程中温室气体的逸散等排放。

首先，组织应当完整识别上述 4 类直接温室气体排放源（见表 2-3）。值得注意的是，有些未重视的排放源往往会产生大量的排放，如挥发性有机物的燃烧所产生的排放。对于制程排放，一般只出现在部分行业的生产过程中（如煤电的碳酸盐脱硫过程、水泥生料烧制成熟料过程、铝的生产过程中白云石的煅烧等）。

表 2-3　直接温室气体排放源

范围	分类	排放源
直接温室气体排放源	固定燃烧排放	制造电力、热、蒸汽或其他能源的固定设施燃烧设备（如锅炉、柴油炉等厨房餐具炉灶、紧急发电机等）由于燃料燃烧而产生的直接排放
	移动燃烧排放	组织拥有或控制移动燃烧排放源的燃料燃烧（如商务车、大巴车、货车、叉车等）
	制程排放	生产过程中由于生物、物理或化学过程产生的温室气体排放，如制造产品中使用的乙炔焊、炼油过程中的催化裂解、半导体制造中的蚀刻过程等
	逸散排放	逸散排放包括冰柜、冰箱、中央空调、消防器材、废水处理、化粪池等设备的温室气体释放。 冰柜、冰箱、中央空调等逸散排放量与其具有温室效应的制冷剂后续填充量相关。消防器材逸散排放量与其具有温室效应的灭火剂后续填充量相关。废水处理、化粪池逸散排放量是指由于厌氧反应产生的排放量

其次，组织还需要确认由于外购电力、热水、暖气和蒸汽（见表 2-4）消耗带来的能源间接温室气体排放。组织的生产一般都离不开外购电力，几乎所有的组织都会产生能源间接温室气体排放。

表 2-4　间接温室气体排放源

范围	分类	排放源
间接温室气体排放源	外购电力	该部分指外购电力消费带来的范围二温室气体排放的计算，不包括自己内部的发电量
	外购热水	该部分指外购热水消费带来的范围二温室气体排放的计算，不包括自己生产的热水
	外购暖气	该部分指外购暖气消费带来的范围二温室气体排放的计算，不包括自己生产的暖气
	外购蒸汽	该部分指外购蒸汽消费带来的范围二温室气体排放的计算，不包括自己生产的蒸汽

我国各行业碳核算指南或标准都已经把各行业的排放源识别出来，可以用来作为初步筛选。初步筛选过后，对于如石化、化工行业的碳核算指南或标准中的排放源描述得比较模糊的行业，需要进一步识别，识别步骤如下：

(1)获取重点用能设备清单。如果确实没有重点用能设备清单，那么可以通过现场调研问答的方式来确定重点用能设备。

(2)交流工艺流程。需要核算人员对涉及碳排放的工艺流程有一定的敏感性。

(3)巡场。去现场逐个确认排放源，识别可能遗漏的排放源。按照工艺流程顺序巡场（针对工艺流程复杂的工厂），或按照工厂建筑布局巡场（针对工艺流程不那么复杂的工厂）。

(4)列清单。将这些排放源按照范围一排放、范围二排放的分类方式制作一个列表，为之后的碳排放计算做准备。

(5)碳排放量剔除。考虑排放源的1%比例：如果某个排放源的碳排放低于总碳排放量的1%，则可以考虑将其剔除；考虑数据获取难易程度：若获取特别容易，即使比例低，也不应该剔除。

3. "量"

"量"即进行活动数据的监测，进行排放因子的获取，计算排放量。

在计算碳排放量的时候，绝大部分情况下采用"排放因子法"，即对每个排放源进行如下公式的碳排放量的计算，然后求和：

$$碳排放量=活动数据\times排放因子$$

其中，活动数据是导致温室气体排放的表征数据，如燃煤锅炉的燃煤消耗量；排放因子是活动数据与实际碳排量转换系数，如单位燃煤消耗的碳排量。

活动数据可通过日常生产经营活动的涉碳数据监测而获得。

排放因子选择相对活动数据选择简单很多，大部分排放因子在对应的碳核算指南或标准中（如IPCC、24个行业标准、平均电网排放等因子库）都有默认值，我们只需根据碳核算指南或标准的要求选择对应的排放因子。需要注意的是，在我国的碳核算指南或标准中，即使是同一类型的排放源，在不同行业中对排放因子的要求也可能不一样。

电力排放因子是众多排放因子中最重要且最麻烦的。目前有全国电网平均排放因子、区域电网平均排放因子、省级/市级电网平均排放因子等。其计算公式为：电网平均排放因子＝电网一年内因发电产生的碳排放量/电网的发电量。

当排放因子有多个来源时，应遵循准确性、相关性的原则，选取优先级最高的排放因子，参考图2-6。对于采用何种排放因子，应在量化报告中说明，根据数值质量评价方法标明排放因子的数据质量等级。

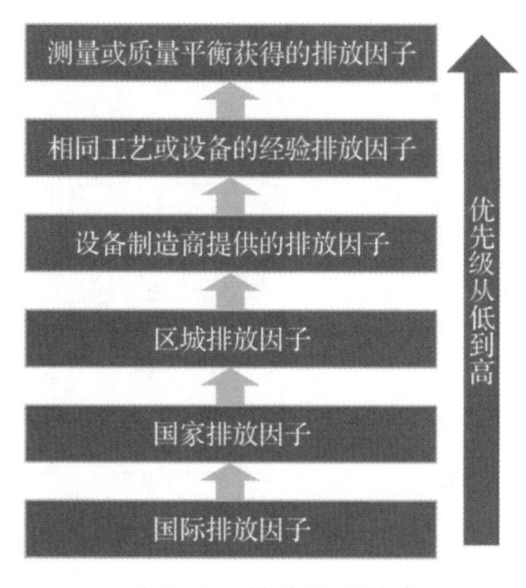

图2-6　排放因子排序

4."报"

"报"即创建碳排放清单,进行报告。

按照确定的碳排放报告模板,进行企业碳排放报告的编写,这个动作也称"碳盘查"。

盘查报告的编写可以遵循ISO 14064或GHG Protocol(《温室气体核算体系》)标准的要求,需体现影响企业碳排放量计算的所有相关信息。其中包括:所有排放源,以及排放设施或工艺的名称、型号、所处位置与涉及的温室气体类型;排放源的剔除原则;排放源的碳排放量计算方法;数据来源及管理情况(包括数据的监测方式、记录方式、报送方式,以及数据缺失时的处理方式等);不确定性分析等信息内容。

一般情况下,各个行业均具有相关的碳排放报告编写标准,可以将其作为编写报告时的参考依据。

5."核"

"核"即进行内部、外部的碳排放数据核查。

在完成碳排放报告后,要进行报告中的碳排放数据的内部、外部核查。如果说碳排放的核算归属碳会计的范围,那么对碳会计核算结果的碳排放报告中的碳排放数据所开展的碳核查工作就是碳审计。对外发布的碳排放报告,一般是需要外部碳中介机构进行核查的,内部的核查则是为发现问题支持碳改进而服务的。

对于碳排放报告,通常会涉及MRV机制的这个概念。MRV指measurable(可监测)、reportable(可报告)、verifiable(可核查)。"可监测、可报告、可核查"的"三可"原则,是国际社会对温室气体排放和减排量化的基本要求,也是《联合国气候变化框架公约》下的国家温室气体排放清单和《京都议定书》下的3种履约机制的实施基础,更是各国建立碳交易体系的基石。

MRV的内涵表述可参见图2-7。

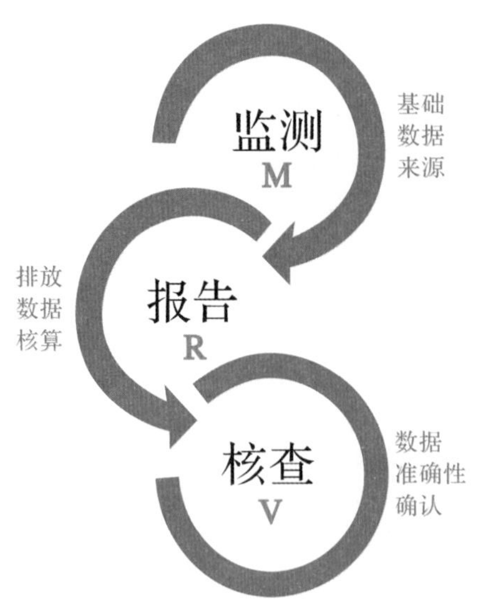

- 监测：是指为了计算企业的碳排放而采取的一系列技术和管理措施，包括能源、物料等数据的测量、获取、分析、记录等

- 报告：是指企业将碳排放相关监测数据进行处理、整合、计算，并按照统一的报告格式向主管部门提交碳排放结果

- 核查：是指第三方独立机构通过文件审核和现场走访等方式对企业的碳排放信息报告进行核实，出具核查报告，确保数据相对真实可靠

图 2-7　MRV 的内涵

碳核查也有相应的核查标准政策作为依据，既有国际标准，也有国家政策。例如，我国生态环境部办公厅于 2023 年 10 月发布的《关于做好 2023—2025 年部分重点行业企业温室气体排放报告与核查工作的通知》中就明确了全国碳市场的相关要求，全国碳市场所覆盖的企业，包括石化、化工、建材、钢铁、有色、造纸和民航等重点行业，其年度温室气体排放量达到 2.6 万吨二氧化碳当量（综合能源消费量约 1 万吨标准煤）及以上的，将被纳入该通知的年度温室气体排放报告与核查工作范围。

通常企业在开展碳核算之前，首先要进行企业的碳排放数据管理信息体系的建设，并形成文件。这个体系的构建，一般包括确定职责和权限、人员培训和建立碳数据管理程序，并鼓励已有质量管理体系的组织建立内审和管理评审程序。

建立碳数据管理体系首先需确定组织完成量化和报告的内部机构、岗位和人员，在程序文件中明确相关人员的职责和权限。碳排放量化和报告涉及多部门的配合，具体工作由推进小组执行，碳管理负责人对重大事宜进行协调。碳管理负责人职责包括：负责组织和领导碳排放量化工作；负责按照相关要求建立、实施和保持碳管理文件；负责碳量化数据质量管理，确保数据的真实性和准确性；负责领导企业内部和外部碳管理运行的协调；向最高管理者报告碳量化报告与核查的情况；等等。程序文件应当清晰明确职责和权限，避免在实际执行过程中出现权责不清的情形。

明确职责和权限后，企业应对参与碳量化和报告工作的相关人员进行培训。这里的培训包括对相关人员开展的初次培训，以及在后续年份进行量化与报告工作时开展的持续性培训。企业应保存每次培训形成的相关文件和记录（例如培训教材、培训记录或签到表等），以备第三方机构的核查。培训的内容包括边界的确定、量化方法的选取、数据的收集和传递及数据质量管理等。

组织对于碳排放的信息管理程序至少包括文件和记录管理程序、量化和报告管理程序、数据质量管理程序。文件和记录管理程序应保存并维护用于碳排放清单设计、编制和保持的文档,以便第三方机构核查。该程序对文档的管理不仅仅针对纸质文件,也适用于电子或其他形式的文件。量化和报告管理程序应包括组织边界、运行边界和基准年的设定,排放源识别和排放量计算等内容;数据质量管理程序应制定保证数据完整性和准确性的方案、常规检查和温室气体数据质量评价方法,以寻求数据质量改进的机会。

2.1.4　碳核算结果的应用

碳核算结果的首要用途是为政府推动的自上而下的考核提供依据。控制碳排放成为全球共识的结果,就是形成了由各国政府推动的全球从整体到局部的碳排放考核机制,用以实现全球碳排放量的总量控制。伴随这一考核机制的,是相关的碳排放核算标准体系。

这一机制涉及的标准如图 2-8 所示,包括国家层次、行业层次、省份层次、城市层次、企业层次、项目层次、社区层次,还有就是金融机构层次。

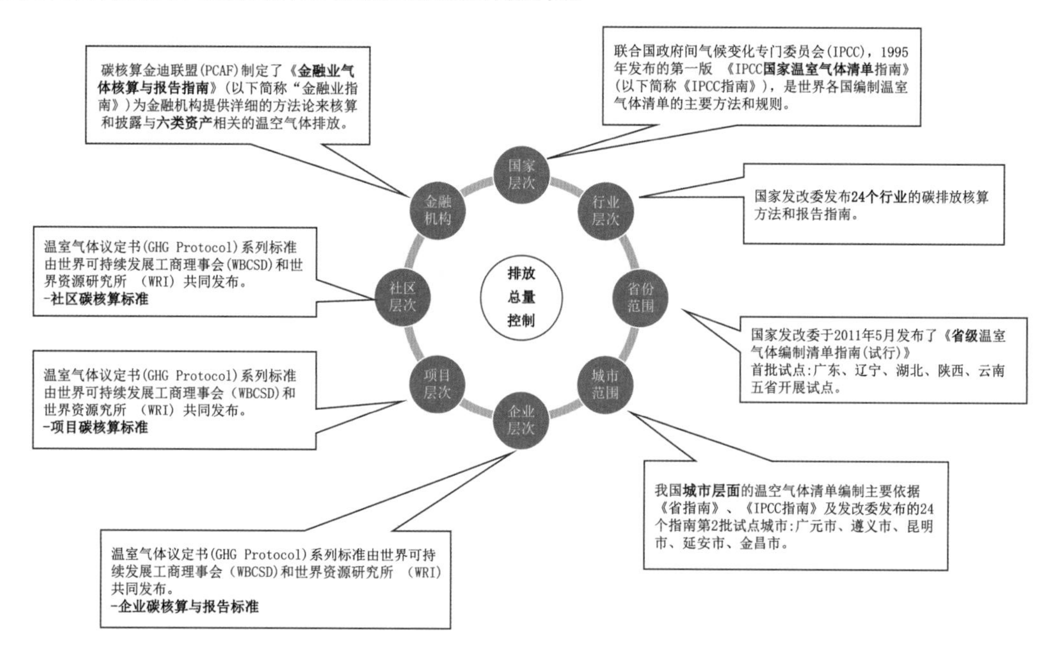

图 2-8　不同层次的碳核算标准

作为政府考核用途的延展,碳核算报告具有其他多种用途。

用途之一,是在强制减排碳市场上的应用。政府通过强制减排碳市场,建立了一套碳排放总额控制机制,纳入强制减排碳市场的每个企业,都会被要求进行碳履约,也就是企业生产过程中排放了多少碳,就必须要缴交多少碳配额来履约。企业获得碳配额的途径有两个,一个是免费获得,另一个是竞价获得。可见,碳排放核算的结果,直接影响到企业的经营成本。

用途之二,是摸清家底的应用。企业在当前的低碳转型、低碳发展成为趋势的时代,需要随时掌握自身的碳排放情况，以便针对性地开展碳减排行动，也就是说，碳核算报告的用途，是支持企业的碳战略的落地执行，开展碳减排决策行动。

用途之三，是对外声明的用途。如果企业的碳排放较低，在行业里处于碳减排前列水平，那么就肯定希望能在市场上把自己的这个低碳优势体现出来，所采取的方式就是进行碳核算报告的对外披露，打造企业的低碳品牌形象。

用途之四，是加入低碳供应链的用途。当前，构建低碳供应链已经成为很多大型企业的刚需，其配套中小企业要加入其供应链，就必须证明自身供应的产品是低碳产品，证明方式就是提供产品碳排放足迹报告。

用途之五，是出口商品的用途。欧盟提出了碳关税制度，并在2023年10月1日已经启动试运行，2026年全面实施。碳关税的计算，需要在碳核算数据支持下进行。

企业开展碳盘查核算，发布碳核算报告，可以给企业带来多方面的益处，主要包括以下方面：

(1)遵守国内外法规。碳排放管控是政府在推动，采用的方式就是形成了一系列的相关政策法规，企业如果不遵守这些政策法规，将会付出很大的代价。

(2)满足客户需求。对企业而言，尤其是出口类企业，需要满足国外客户碳排放披露的要求。例如，沃尔玛等国外企业要求其供应商提供碳核算报告，这样也对中国的出口企业进行碳核算带来了压力和动力。

(3)减少成本。企业通过碳核算能够清楚地了解各个时段各个部门或生产环节产生的二氧化碳排放量，有利于企业制定针对性的节能减排措施来降低成本。

(4)提升企业形象。企业越来越重视其社会形象。碳排放信息的披露，能有效地提升企业形象和信任度，赢得投资者和消费者的信赖。企业进行碳核算就是履行企业社会责任的具体实践。

2.2 碳核算政策与企业碳排放成本

2.2.1 强制减排碳市场的碳核算政策标准

我国构建有9个强制减排碳市场，其中包括8个地方试点碳市场和1个全国碳市场。8个地方碳市场指北京、天津、上海、湖北、重庆、福建、广东、深圳等碳市场。按照政府确定的门槛规则纳入这些碳市场的重点排放单位，每个月都要进行碳监测，采集碳排放数据，每年都必须提交碳核算报告，然后通过政府采购服务方式，由省生态环境主管部门委托有资格的第三方机构，对所提交的碳排放报告进行碳核查，形成碳核查报告，然后重点排放单位以碳核查报告中的碳排放数据进行碳履约。

这里的碳核算和碳核查，都是以强制减排碳市场相关的政府生态环境主管部门发布的文件为依据来进行的。

在全国碳市场方面，为进一步提升碳排放数据质量，完善全国碳排放权交易市场制度机制，增强技术规范的科学性、合理性和可操作性，2022年12月19日，生态环境部发布了《企业温室气体排放核算与报告指南 发电设施》《企业温室气体排放核查技术指南 发电设施》两个文件，前者为碳排放核算与报告提供依据，后者为碳排放核查提供依据。

2023 年 10 月 14 日，生态环境部发布《关于做好 2023—2025 年部分重点行业企业温室气体排放报告与核查工作的通知》(以下简称《通知》)，提出了 2023—2025 年石化、化工、建材、钢铁、有色、造纸、民航等重点行业企业温室气体排放报告与核查有关重点工作要求。在确定报告与核查工作范围方面，《通知》明确了石化、化工、建材、钢铁、有色、造纸、民航等重点行业，年度温室气体排放量达 2.6 万吨二氧化碳当量(综合能源消费量约 1 万吨标准煤)及以上的重点企业纳入本通知年度温室气体排放报告与核查工作范围。《通知》要求，各重点行业企业应按照生态环境部公布的最新版技术文件要求进行核算与报告。其中，2023 年版水泥、电解铝和钢铁行业核算与报告要求，按所发布的《企业温室气体排放核算与报告填报说明 水泥熟料生产》《企业温室气体排放核算与报告填报说明 铝冶炼》《企业温室气体排放核算与报告填报说明 钢铁生产》进行。在核算企业层级净购入电量或设施层级消耗电量对应的排放量时，直供重点行业企业使用且未并入市政电网、企业自发自用(包括并网不上网和余电上网的情况)的非化石能源电量对应的排放量按 0 计算，重点行业企业应提供相关证明材料。通过市场化交易购入使用非化石能源电力的企业，需单独报告该部分电力消费量且提供相关证明材料(包括《绿色电力消费凭证》或直供电力的交易、结算证明，不包括绿色电力证书)，对应的排放量暂按全国电网平均碳排放因子进行计算。2022 年度全国电网平均碳排放因子为 0.5703t CO_2/MWh，后续年度因子通过管理平台发布。

北京市作为首批碳市场试点城市，重点碳排放单位覆盖了电力、热力、水泥、石化、工业、服务业、交通运输等 7 个行业，纳入门槛为年排放二氧化碳 5000 吨，纳入碳市场管理的重点碳排放单位 900 余家，占全市碳排放总量的 40%～45%。截至 2020 年 12 月底，北京市配额累计成交量 4143 万吨，成交额 17.4 亿元，线上成交均价为 62 元/吨。

北京市通过建立碳排放总量控制下的碳排放权交易市场，促使重点排放单位提高了减碳意识，增强了低碳和协同减排大气污染物的主动性，拓宽了履行减碳责任的途径。

2020 年 12 月 24 日，经北京市市场监督管理局批准，正式发布了 7 项碳核算地方标准，即:《二氧化碳排放核算和报告要求 电力生产业》(DB11/T 1781—2020)、《二氧化碳排放核算和报告要求 水泥制造业》(DB11/T 1782—2020)、《二氧化碳排放核算和报告要求 石油化工生产业》(DB11/T 1783—2020)、《二氧化碳排放核算和报告要求 热力生产和供应业》(DB11/T 1784—2020)、《二氧化碳排放核算和报告要求 服务业》(DB11/T 1785—2020)、《二氧化碳排放核算和报告要求 道路运输业》(DB11/T 1786—2020)、《二氧化碳排放核算和报告要求 其他行业》(DB11/T 1787—2020)。7 个地方标准的发布，旨在贯彻国家和北京市有关应对气候变化和节能减排的方针政策。北京市生态环境局结合北京市产业结构特点，首次以标准方式明确了上述 7 个行业二氧化碳排放核算报告的范围、核算步骤与方法、数据质量管理、报告要求等，并提出具有可操作性、统一的、标准化的要求和数据收集与监测方法。

7个地方标准的发布有助于北京的企事业单位按照统一标准进行碳排放量核算和报告，保证核算方法的规范与透明，引导各单位建立碳排放核算、报告、监测的制度体系，在日常工作中树立节能减碳的意识。同时，这些标准首先应用于支撑北京市碳排放权交易市场工作，进一步规范本市碳市场的管理工作，且通过执行标准，实现更加高效、规范、精细化的碳市场管理，通过科学管理实现节能减排效益，降低投入成本。

2023年4月19日，北京市生态环境局发布了《关于做好2023年本市碳排放单位管理和碳排放权交易试点工作的通知》，在碳排放核算和报告要求上，规定"电力生产业、水泥制造业、石油化工生产业、热力生产和供应业、服务业等行业碳排放核算和报告按照《二氧化碳排放核算和报告要求 电力生产业》(DB11/T 1781—2020)等8个地方标准执行"。同时，该通知指出，重点碳排放单位中数据中心和热水炉的核算边界、道路运输业报告等按照《北京市碳排放单位二氧化碳核算和报告要求》执行。重点碳排放单位通过市场化手段购买使用的"绿电"碳排放量核算为零。此外，通知还发布了5个附件，即：《北京市碳排放单位二氧化碳核算和报告要求》《北京市碳排放报告第三方核查程序指南》《北京市碳排放第三方核查报告编写指南》《北京市重点碳排放单位配额核定方案》《北京普惠型自愿碳减排项目要求》。

2.2.2 国家碳排放统计核算体系

2022年4月22日，国家发展改革委、国家统计局、生态环境部印发了《关于加快建立统一规范的碳排放统计核算体系实施方案》(发改环资〔2022〕622号)。该方案明确了碳排放统计核算工作的重要意义，指出"碳排放统计核算是做好碳达峰碳中和工作的重要基础，是制定政策、推动工作、开展考核、谈判履约的重要依据"。

《关于加快建立统一规范的碳排放统计核算体系实施方案》主要还是服务于国家的宏观管理工作，其中提出了4项重点任务。其简述如下：①由国家统计局统一制定全国及省级地区碳排放统计核算方法，明确有关部门和地方对能源活动、工业生产过程、排放因子、电力输入输出等相关基础数据的统计责任，组织开展全国及各省级地区年度碳排放总量核算。②企业碳排放核算应依据所属主要行业进行，有序推进重点行业企业碳排放报告与核查机制。生态环境部、人民银行等有关部门可根据碳排放权交易、绿色金融领域工作需要，在与重点行业碳排放统计核算方法充分衔接的基础上，会同行业主管部门制定进一步细化的企业或设施碳排放核算方法或指南。③建立健全重点产品碳排放核算方法。优先聚焦电力、钢铁、电解铝、水泥、石灰、平板玻璃、炼油、乙烯、合成氨、电石、甲醇及现代煤化工等行业和产品，逐步扩展至其他行业产品和服务类产品。④完善国家温室气体清单编制机制。持续推进国家温室气体清单编制工作，建立常态化管理和定期更新机制。

2024年国务院总理李强代表国务院向十四届全国人大二次会议作的政府工作报告中，在讲到2024年政府工作任务时提出，"积极稳妥推进碳达峰碳中和。扎实开展'碳达峰十大行动'。提升碳排放统计核算核查能力，建立碳足迹管理体系，扩大全国碳市场行业覆盖范围"，体现出碳排放统计核算核查能力对于"双碳"目标推进的重要作用。

碳排放统计核算依赖于碳计量标准，受控于国家的"双碳"标准体系。2022年10月18日，市场监管总局、国家发展改革委等9部委联合发布了《建立健全碳达峰碳中和标准计量体系实施方案》，其中就碳排放统计核算相关标准体系进行了规划。该实施方案提出了"双碳"标准计量体系的目标要求。"到2025年，碳达峰碳中和标准计量体系基本建立。碳相关计量基准、计量标准能力稳步提升，关键领域碳计量技术取得重要突破，重点排放单位碳排放测量能力基本具备，计量服务体系不断完善。碳排放技术和管理标准基本健全，主要行业碳核算核查标准实现全覆盖，重点行业和产品能耗能效标准指标稳步提升……。"

"到2030年，碳达峰碳中和标准计量体系更加健全。碳相关计量技术和管理水平得到明显提升，碳计量服务市场健康有序发展，计量基础支撑和引领作用更加凸显。重点行业和产品能耗能效标准关键技术指标达到国际领先水平，非化石能源标准体系全面升级……"

我国"双碳"标准体系框架如图2-9所示，碳排放核算标准归属其中的碳排放基础通用标准类。

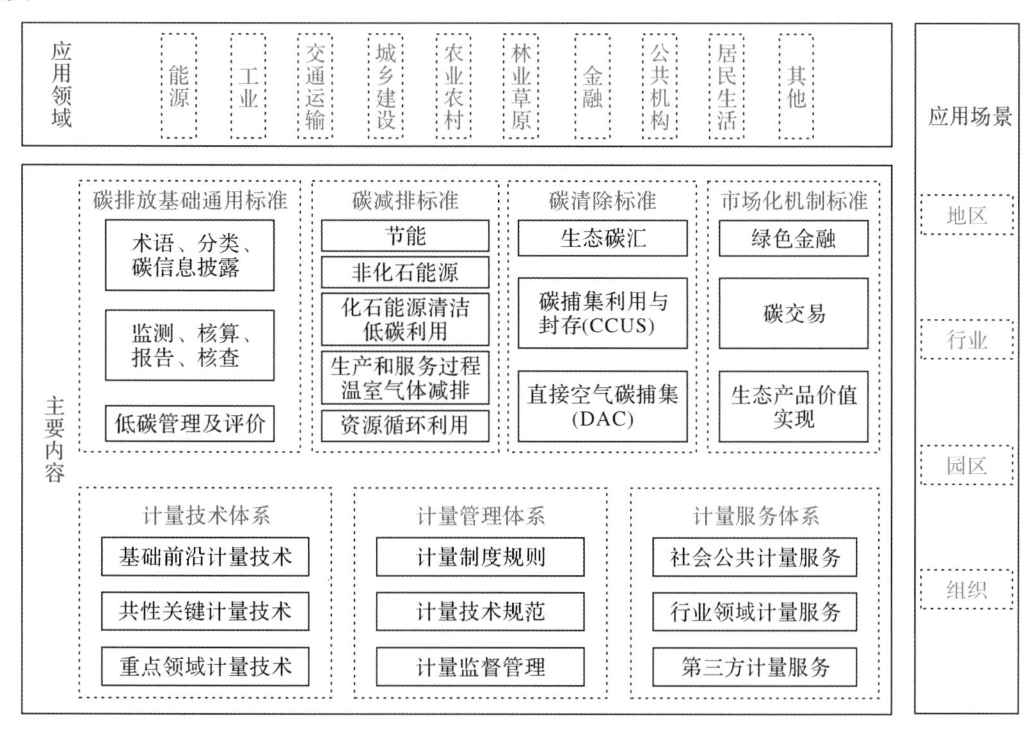

图2-9　"双碳"标准体系框架图

2.2.3　控排单位的碳履约成本

在我国9个强制减排碳市场，都按照确定的规则，确定有一定数量的控排单位，这些控排单位被要求强制履约，否则将面临严峻的后果。所谓强制履约是指，需要按期缴交不少于自身年度碳排放量的配额给生态环境主管部门进行注销。比如一个控排单位，某个履约期获得免费碳配额10万吨，年度实际碳排放量12万吨，那么在履约期到来时，这个企业就需要缴交12

吨碳配额给生态环境主管部门。扣掉所免费获得的10万吨碳配额,缺额就必须去碳市场购买。2024年3月26日的全国碳市场成交价为85.96元/吨,采购2万吨碳配额的成本就是171.92万元。

按照国际上碳市场发展趋势,企业所获得的免费碳配额会呈现逐步下降趋势。当前我国全国碳市场的拍卖比例是零,2021年欧盟碳市场的拍卖比例已经达到57%。假如上面的控排单位的免费碳配额下降了60%,政府只给分配4万吨免费碳配额,那么还是在实际排放12万吨的情况下,要实现碳履约,就必须采购8万吨碳配额,需要额外支付的成本就是687.68万元。

随着时间的推移,碳市场的碳价会呈现上升的趋势。按一些权威专家的预测,到碳达峰的2030年,中国的碳价将与国际接轨,当前我国的碳价85.96元/吨,2021年欧盟碳市场的碳价就是62.61美元,按1美元等于7.2249元的汇率,折合人民币是452.35元,是国内价格的5.26倍。

控排企业的排碳成本,是指企业在低碳发展时代因排碳而需额外支付的成本。这个成本不仅包含需多采购碳配额的成本,也包括相应的交易费用,还包括碳监测、碳检测、碳核算、碳核查、碳交易、碳诉讼、碳处罚等的直接费用、人员投入、设备使用等的费用支出,为了降低相关成本而支出的碳保险和其他碳金融交易成本,还可能存在因超排带来停业整顿等损失成本。

为了规范碳排放权交易及相关活动,加强对温室气体排放的控制,积极稳妥推进碳达峰碳中和,促进经济社会绿色低碳发展,推进生态文明建设,2024年1月25日,国务院发布了《碳排放权交易管理暂行条例》。

《碳排放权交易管理暂行条例》第二十一条规定:"重点排放单位有下列情形之一的,由生态环境主管部门责令改正,处5万元以上50万元以下的罚款;拒不改正的,可以责令停产整治:(一)未按照规定制定并执行温室气体排放数据质量控制方案;(二)未按照规定报送排放统计核算数据、年度排放报告;(三)未按照规定向社会公开年度排放报告中的排放量、排放设施、统计核算方法等信息;(四)未按照规定保存年度排放报告所涉数据的原始记录和管理台账。"相关的罚款就归入企业的碳成本。

《碳排放权交易管理暂行条例》第二十二条规定:"重点排放单位有下列情形之一的,由生态环境主管部门责令改正,没收违法所得,并处违法所得5倍以上10倍以下的罚款;没有违法所得或者违法所得不足50万元的,处50万元以上200万元以下的罚款;对其直接负责的主管人员和其他直接责任人员处5万元以上20万元以下的罚款;拒不改正的,按照50%以上100%以下的比例核减其下一年度碳排放配额,可以责令停产整治:(一)未按照规定统计核算温室气体排放量;(二)编制的年度排放报告存在重大缺陷或者遗漏,在年度排放报告编制过程中篡改、伪造数据资料,使用虚假的数据资料或者实施其他弄虚作假行为;(三)未按照规定制作和送检样品。"

在欧盟碳市场中，也有处罚机制。在第一阶段排放交易期间，每超出1吨二氧化碳应缴罚款40欧元，第二阶段则提高至100欧元。除了缴纳罚款之外，还有责任不可免除的强制性条款，即超额排放部分不会因缴纳罚金而免于承担该责任，必须在下一年的额度中予以扣除。这种大棒的政策对欧盟的碳排放交易机制的顺利实施和运作起到了重要的保护作用。如果惩罚机制缺位，必然导致机会主义盛行，减排的效果就会大打折扣。

在欧盟碳市场的第二阶段时，欧盟要求各成员国对在欧盟碳排放交易体系（EU ETS）内的企业履约情况实施年度考核，规定履约企业每年须在规定时间内提交上年度第三方机构核实的排放量及等额的排放配额总量，否则视为未完成，将面临成员国政府处罚。处罚主要包括3个方面：其一是经济处罚，对每吨超额排放量罚款100欧元；其二是公布违法者姓名；其三是要求违约企业在下年度补足本年度超排额等量的碳排放配额。

2.2.4 出口企业的碳关税成本

2023年4月25日，欧盟理事会投票通过了欧盟碳边境调节机制（Carbon Border Adjustment Mechanism，以下简称欧盟碳关税或CBAM），标志着欧盟碳关税的立法程序已全部走完，欧盟碳关税正式通过。具体来说，欧盟CBAM是在货物贸易进出口环节中，针对碳排放水平较高的进口产品征收相应的费用或配额，将涵盖铁、钢、水泥、铝、化肥、电力、氢等商品的进口，以及特定条件下的间接排放。欧盟CBAM是欧盟“绿色新政”战略的核心内容，旨在解决碳市场机制下可能存在的“碳泄漏”问题。碳泄漏是指当一个国家或地区采取较严格的温室气体减排政策时，导致其他国家或地区的温室气体排放量增加的现象。例如发达国家采取减排措施后，高耗能产品的生产可能会转移到未采取减排措施的国家。碳泄漏可能妨碍全球二氧化碳减排预期目标的实现，因为不同国家的排放量对全球气候变化的影响效果是相同的。

在CBAM实施中，2023年10月1日到2025年底为过渡期，在过渡期内企业只需履行报告义务而无须支付碳关税。从2023年10月份开始，企业必须开始报告其进口商品的排放量，包括为海外工厂供电的发电厂排放的间接排放量。与此同时，欧盟正在逐步取消根据排放交易体系向欧洲制造商提供的免费配额。欧盟通过的立法还批准了2026—2034年完全淘汰免费配额的时间表。

欧盟碳关税的计算公式为

CBAM税费＝CBAM税率×碳排放量

＝（EU ETS碳价－出口国碳价）×（产品碳排放量－欧盟同类产品企业获得的免费排放碳配额）

由此可见，欧盟碳关税与我国与欧盟两个碳市场的碳价有关，也与企业的产品碳排放量和欧盟同类产品获得的免费碳配额相关。假定欧盟碳价是60欧元/吨，按7.82的汇率，折合人民币是469.2元；假设我国全国碳价是86元/吨，那么CBAM税率＝469.2－86＝383.2（元）；假设这批出口产品碳足迹带来的碳排放量是10万吨，欧盟同类产品可获得的免费碳配额是5万吨，那么就可以计算出CBAM税费＝383.2×（10－5）＝1916（万元）。

需要注意的是，这里产品碳排放量是碳足迹的概念，涉及产品全生命周期的碳排放，而不仅仅是产品制造企业自身的碳排放。

为了应对欧盟碳关税，我国各地政府纷纷出台政策推动碳足迹评价认证以及相关的国际国内互认。

上海市发布的《关于开展2023年上海市工业通信业碳管理试点工作的通知》中提出："建立健全碳管理工作体系，实施产品全生命周期供应链碳管理，建立工业产品碳足迹数据库，推动建立碳标签制度，建设碳管理公共服务平台，初步实现碳足迹标识国际国内互认。"

山东省印发的《山东省产品碳足迹评价工作方案(2023—2025年)》中提出："到2025年，基本完成600家重点企业产品碳足迹核算，初步建立碳足迹核算评价体系、排放因子数据集及核算模型、碳足迹公共服务平台，推动产业结构、生产生活方式绿色低碳转型，初步实现碳足迹标识国内国际互认。"

河北省发布的《关于深化碳资产价值实现机制若干措施(试行)》中提出："实施绿色低碳产品标识认定，积极探索与国际互认，应对国际碳边境调节机制。"

浙江省人民政府《关于加快建立健全绿色低碳循环发展经济体系的实施意见》中提出："在外贸企业推广'碳标签'制度，积极应对欧盟碳边境调节机制等绿色贸易规则。"

2023年11月13日，国家发展改革委等部门《关于加快建立产品碳足迹管理体系的意见》中提出的"加强碳足迹背景数据库建设""推动碳足迹国际衔接与互认"，均是为了应对国际碳关税，为企业开展产品碳足迹核算提供公共服务。在"丰富产品碳足迹应用场景"的政策导向下，从企业视角来看，龙头企业带动上下游企业加强碳足迹管理，其实就是一个依托产品碳足迹数据进行低碳供应链的构建；从政府视角上看，依托产品碳足迹的低碳产品将被纳入政府采购标准要求中；从金融机构视角看，银行等金融机构将碳足迹核算结果作为绿色金融产品的重要采信依据；从消费者视角看，消费者购买低碳产品的低碳消费行为会受到鼓励。

2.2.5 地方高碳企业付出碳成本

一些地方政府出台相关政策，要求当地的某类企业购买碳信用资产来进行抵消，相关的采购成本就成了这些企业的刚性成本支出。

2022年11月7日河北省发布的《关于深化碳资产价值实现机制若干措施(试行)》提出："自2022年起，对发电、钢铁、石化、化工、建材、造纸等重点行业企业实行月度碳排放台账信息化存证和年度碳排放核算报告制度。根据碳减排工作任务需要，逐步向其他行业延伸。"这表明，河北省的这些重点行业企业将面临严格的碳减排要求。

《关于深化碳资产价值实现机制若干措施(试行)》提出："2022年制定并发布钢铁行业碳排放基准值，2023年制定并发布水泥、玻璃、石化、化工等行业碳排放基准值。"这些行业碳排放的基准值出台后，面向企业的强制减排措施就有了优劣判别的参照，超过基准值的企业就是高碳企业。

《关于深化碳资产价值实现机制若干措施(试行)》提出："根据碳排放单位年度核查碳排放量和行业碳排放基准值，对排放企业超行业碳排放基准值排放量部分按10%的比例购买降碳产品抵消碳排放。重点行业新改扩建项目按批复的环境影响评价文件中碳排放总量的 1%购买降碳产品。”由此可见,高碳企业将付出额外成本。

随着“双碳”目标的推进、经济发展理念的变化,金融也在不停变化。金融资产的估值在变化,低碳转型过程中高碳资产贬值,绿色资产增值。现有金融存量资产也会发生变化,国家、金融机构、企业甚至个人资产负债表都会随着碳中和的进展而发生变化。

金融监管机构对金融企业提出了降低金融资产碳含量的政策要求,企业在获得金融服务上也面临着碳制约,高碳企业将面临更高的金融服务成本。

各地在推进企业的碳减排过程中,纷纷对企业进行等级划分并标识以不同颜色(见图 2-10),同时采取不同的金融政策,促进高碳企业快速采取行动降碳。

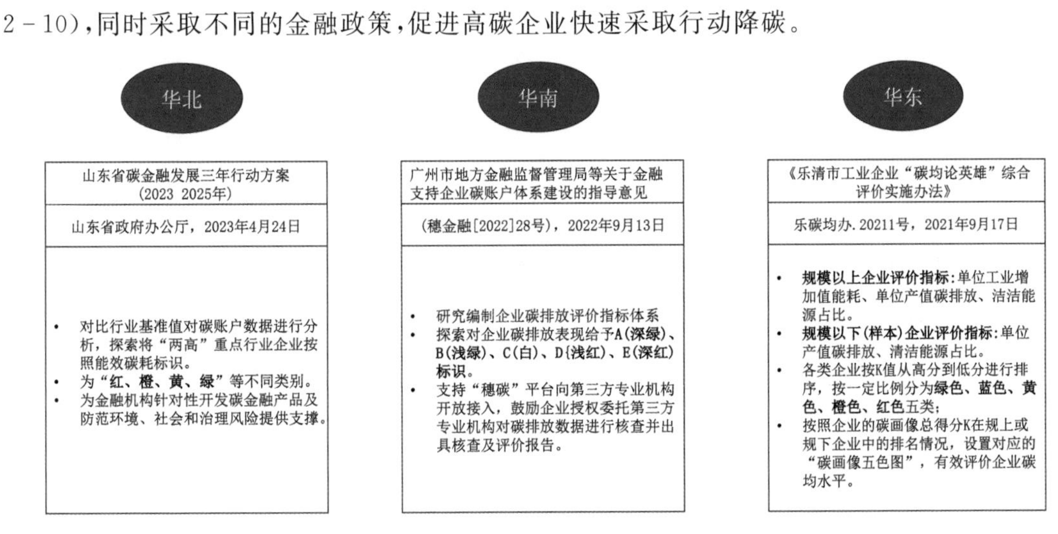

图 2-10　通过企业分级来配套不同的金融服务政策

2.3　商务部标准《饭店业碳排放管理规范》要点

饭店建筑是大型公共建筑中能耗较高的建筑类型,具有巨大的节能潜力和社会示范效应。饭店行业的低碳节能,不仅是饭店实现自身可持续发展、为全社会低碳节能树立典范的需要,同时也是实现建筑领域低碳节能、减少建筑领域碳排放的重要工作,对推动全社会的低碳发展及应对全球气候变化意义重大。

2014 年 4 月 6 日,商务部发布了国内贸易行业标准《饭店业碳排放管理规范》(SB/T 11042—2013),为我国饭店行业规范开展碳排放管理提供了标准。《饭店业碳排放管理规范》的资料性附录中,给出了碳排放量化和报告的主要工作流程:

(1)低碳承诺和低碳推动小组成立。

(2)组织与运营边界设定。

(3)拟定基准年。

(4)识别排放源。

(5)排放量量化与计算。

(6)建立碳排放清单。

(7)数据品质管理和评估。

(8)文件与记录。

(9)减排目标和管控措施。

(10)碳排查报告制作。

(11)碳排放声明和外部核查。

以下就《饭店业碳排放管理规范》中提出的饭店企业在这11个方面的工作指引内容进行整理,做个简要介绍。

2.3.1 低碳承诺和低碳推动小组成立

《饭店业碳排放管理规范》要求,饭店的最高管理层应在绿色低碳管理战略中作出承诺,组织制定和实施相关的碳管理制度,进行培训和宣传,确保全体员工和相关方能够意识到:碳排查量化与管理工作的重要性、减少碳排放带来的收益、违反管理要求带来的后果。

推行碳排放管理的饭店应成立碳排放管理小组,规定小组各成员的职责,对碳排放量化与工作进行统一策划。饭店应确保管理小组人员具备必要的能力,并保存必要的培训与考核记录。

饭店应建立和保持渠道用以收集内部和外部有关碳排放管理的意见和建议。

低碳承诺是饭店的最高管理者确定的低碳战略管理方向,可包括提升能效、使用清洁能源、减少浪费、绿色采购策略等。

低碳承诺的范例如下:

××饭店低碳承诺

××店的绿色、低碳、节能贯穿于饭店的设计、建设和运营过程中,始终坚持以节约能源资源、保护环境为理念,以科学的设计、有效的管理及先进的技术为手段,以能源和资源利用最大化、环境影响最小化为目标,并不断鼓励、培养消费者与员工的节能环保理念,倡导绿色消费,实现可持续发展,最终为消费者提供舒适、安全、健康的绿色服务。

制定清楚的碳排放管理职责、对碳排放量化和报告工作有影响的员工进行培训并进行有效的内外部宣传和沟通是碳排放管理工作成功的关键。

一个固定的或非固定的碳排放管理小组或委员会是常见的组织形式,用来定期讨论和沟通饭店的碳管理绩效和内外部要求。

饭店应建立并维持碳排放信息管理程序。程序应包括:①负责拟定碳排放清单的职责与职权;②碳排放管理小组成员的培训计划与实施;③碳排放管理边界识别和评审;④温室气体源识别和评审;⑤选择评审量化方法,包括温室气体活动数据、排放因子的选择和变更;⑥若适用时，使用、维护及校正测量设备；⑦发展与维护健全的数据收集系统；⑧定期进行准确度核查；⑨定期进行内部审核与技术评审；⑩定期评审信息管理过程的改善机会。

2.3.2　组织与运营边界设定

饭店的碳排放量化边界是指饭店进行碳量化时，所有可能造成温室气体排放的范围。

在碳排放组织边界设定上，饭店应使用运营控制权进行碳排放组织边界确定，并说明包括的地理区域和位置。运营控制权是指一家饭店或其子属饭店享有提出和执行一项业务的运营政策的完全权利。

在碳排放运营边界设定上，饭店确定运营边界包括识别与饭店运营有关的排放，并按范围进行分类，将排放源分成直接排放（范围一）、能源间接排放（范围二）、其他间接排放（范围三）这 3 种类别，并分开计算范围一、范围二、范围三的碳排放。

直接排放（范围一）：由饭店所拥有或控制的排放源排放，如锅炉、厨房炉灶等。

能源间接排放（范围二）：饭店能源使用的间接排放，外购电力、热能或蒸汽产生有关的间接温室气体排放。

其他间接排放（范围三）：由饭店其他相关活动产生的碳排放，非属能源间接温室气体排放。如采购的设备和物品和供应商活动、其他商务活动等。

饭店边界设定是选用合适方法将饭店边界完整清楚地展现出来。饭店业也可辅助使用地理位置或地图方式加以展现，对于在边界内不属于报告饭店所管理的设施和位于地理区域外但属于报告饭店运营管理的设施需要额外加以说明。

确定碳排放运营边界在于识别与运营有关的排放，报告饭店至少应报告范围一、范围二的碳排放。

饭店的运行边界示意如图 2 - 11 所示。

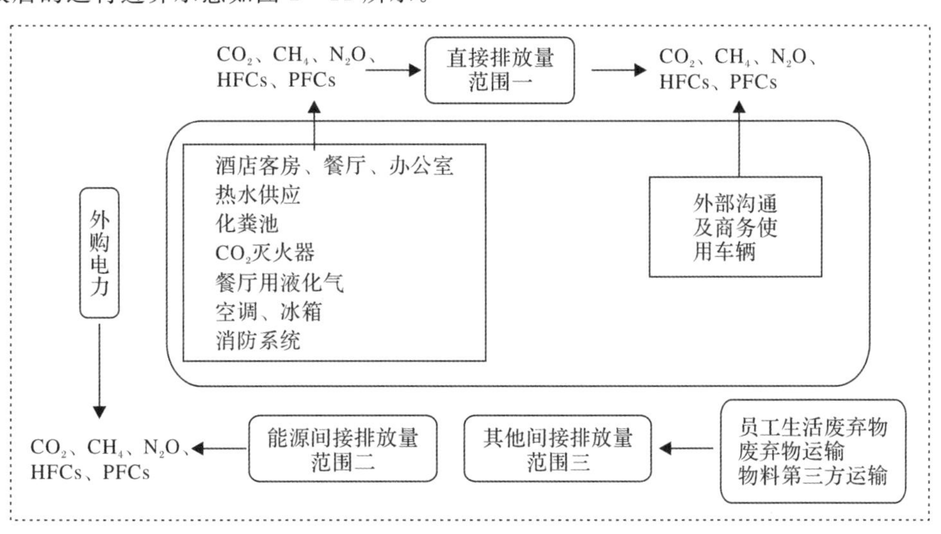

图 2 - 11　饭店运行边界

2.3.3 拟定基准年

为体现温室气体减排方案的绩效和公司的管理业绩，饭店应选择和报告有可供核验的排放数据的基准年，说明选择这一特定年份的理由。

除可选择单一年份作为基准年，亦可选择连续几年的平均作为其基准年。基准年设定对于温室气体管理整体而言，具有相当的重要性。

基准年选定原则及方法如下：①选择具可供查证完整资料的年份为基准年，并说明选择理由；②选择进行相关温室气体减量计划前的年份。

根据行业实际情况，饭店应采用一个较近的年份作为参考，并以第一次进行盘查工作的年份当作盘查起始年，提供未来作为基准年设定的参考。未来饭店业亦可依此盘查年或自行前溯或后推之盘查年作为基准年。

2.3.4 识别排放源

实施碳排放管理的饭店应组织识别并文件化全部直接温室气体排放源和能源间接排放源。饭店可按管理需要选择量化和报告全部或部分其他间接温室气体排放源或免除量化。

饭店的排放源分为 4 大类，即固定燃烧源、移动排放源、逸散排放源、外购能源排放源。典型的饭店排放源如表 2 - 5 所示。

表 2 - 5 饭店排放源说明表

序号	职能部门	设备	排放源	温室气体种类	范围	类别
1	餐饮部	餐具炉灶	天然气 液化石油气	CO_2、CH_4、N_2O	范围一	固定燃烧源
2		锅炉	柴油	CO_2、CH_4、N_2O	范围一	固定燃烧源
3	工程部	紧急发电机	柴油	CO_2、CH_4、N_2O	范围一	固定燃烧源
4		废水处理	废水	CH_4	范围一	逸散排放源
5		化粪池	废水	CH_4	范围一	逸散排放源
6		消防器材	制冷剂	HFCs	范围一	逸散排放源
7		商务车	汽油	CO_2、CH_4、N_2O	范围一	移动燃烧源
8		大巴车	柴油	CO_2、CH_4、N_2O	范围一	移动燃烧源
9	办公室 财务部	空调	制冷剂	HFCs	范围一	逸散排放源
10		饮水机	制冷剂	HFCs	范围一	逸散排放源
11		冰箱	制冷剂	HFCs	范围一	逸散排放源
12		办公设备	外购电力	CO_2	范围二	外购能源排放源

续表

序号	职能部门	设备	排放源	温室气体种类	范围	类别
13	客房部	照明设备	外购电力	CO_2	范围二	外购能源排放源
14		热水供应	外购热水	CO_2	范围二	外购能源排放源
15		暖气	外购暖气或蒸汽	CO_2	范围二	外购能源排放源
16	人力资源部	消耗品设备	供应商制程排放	未纳入此次报告	范围三	其他排放源
17	销售部	出差	飞机、火车、客车			

2.3.5 排放量量化与计算

饭店应选择和使用能合理地将不确定性降到最低，并能得出准确、一致、可再现的结果的量化方法。根据饭店行业特点，宜采用排放系数法进行量化和计算。

碳排放量计算方法具体表示如下：

某个排放源的碳排放量＝活动数据×排放因子×GWP 值

饭店应收集和记录与排放源有关的活动数据，如天然气/柴油的消耗量、电的消耗量、汽车里程数、热水消耗量、采暖面积，活动数据的选择和收集应与选择的量化方法要求一致。

活动数据的来源分为连续计量数据（如电表、燃气表数据）、间歇计量数据（如加油量、采购量数据）和估算值（采暖面积、制冷剂逸散量数据）等 3 种，3 种数据质量依次递减。饭店应优选质量较高的数据。

各个排放源的活动数据的来源和记录方式如表 2－6 所示。

表 2－6　活动数据来源表

序号	排放源	对应活动/设施	活动数据记录方式及表单	保存部门
1	天然气	厨房餐具炉灶	每月发票	餐饮部
2	液化石油气	厨房餐具炉灶	每月采购单	餐饮部
3	柴油	紧急发电机	每月发票	工程部
4	柴油	厨房餐具炉灶	每月发票	餐饮部
5	汽油	商务车	车辆油费报销发票	工程部
6	柴油	大巴车、火车	每月发票	工程部
7	R134a	冰柜/冰箱/中央空调冰水机	设备维修记录	人力资源
8	七氟丙烷灭火器	消防器材	设备维修记录	工程部
9	CO_2	消防器材	设备维修记录	工程部
10	污水	废水处理	每月水处理记录	工程部
11	污水	化粪池	每月用水记录	工程部
12	外购电力	用电设备	供电局电费通知单	客房部
13	外购热水	客房洗浴	供水月结发票	客房部

使用排放系数法应确保选择的排放因子:①满足相关性、一致性、准确性的准则;②取自认可的来源并且是最新的;③适合所选择量化的排放源;④在计算期内有实效性。

各类排放源碳排放量的计算方法如表 2-7 所示。

表 2-7 各类排放源碳排放量的计算方法

职能部门	设备	排放源	计算方法
餐饮部	餐具炉灶	天然气	天然气 CO_2e 排放量=天然气使用量×2.19
工程部	紧急发电机	柴油	柴油 CO_2e 排放量=柴油使用量×3.21
	废水处理	废水	废水处理 CH_4 排放量=废水处理量×0.0024
	化粪池	废水	化粪池 CH_4 排放量=自来水用量×0.85×0.0015
	消防器材	制冷剂	制冷剂排放量=制冷剂添加量×GWP 值
	商务车	汽油	汽油 CO_2e 排放量=汽油使用量×3.11
	大巴车	柴油	柴油 CO_2e 排放量=柴油使用量×3.21
人力资源部	空调、饮水机	制冷剂	制冷剂 HFCs 排放量=制冷剂添加量×GWP 值
	办公设备	外购电力	外购电力 CO_2 排放量=排放因子×外购电力量
客房部	热水供应	外购热水	外购热 CO_2 排放量排放因子×外购热量
	暖气	外购暖气	外购暖气 CO_2 排放量=排放因子×外购暖气量

在饭店的碳核算中,各类排放源的排放因子的参考选择或数值来源,具体如下。

1. 固定燃烧排放

固定源燃烧指的是与饭店相关的燃烧设备(如锅炉、柴油炉等厨房餐具炉灶、紧急发电机等)由于燃料燃烧而产生的直接排放。

固定燃料排放量计算:

固定燃料排放量=燃料消耗量×CO_2e 排放因子

柴油的 CO_2e 排放因子=3.12

液化石油气的 CO_2e 排放因子=3.17

天然气的 CO_2e 排放因子=2.19

2. 移动燃烧排放

移动源燃烧指的是来自饭店自有/控制的移动燃烧排放源的燃料燃烧(如商务车、大巴车、货车、叉车等)。

移动燃料排放量计算:

移动燃料排放量=燃料消耗量×CO_2e

车用汽油的 CO_2e 排放因子=3.11

车用柴油的 CO_2e 排放因子=3.21

若燃料消耗量不可得时,可以基于里程数计算。

3. 逸散排放

逸散排放包括冰柜、冰箱、中央空调、消防器材、废水处理、化粪池等设备的温室气体释放。

冰柜、冰箱、中央空调等逸散排放量与其具有温室效应的制冷剂后续填充量相关。

消防器材逸散排放量与其具有温室效应的灭火剂后续填充量相关。

废水处理、化粪池逸散排放量是指由于厌氧反应产生 CH_4 的排放量。废水若以好氧程序处理，其所产生的 CO_2 不列入计算；若以厌氧程序处理，仅计算厌氧分解后产生的 CH_4 逸散。

(1)废水处理排放量计算：

废水处理排放量＝废水处理量×CO_2e 排放因子(CH_4)

废水处理 CO_2e 排放因子＝0.0024

(2)化粪池甲烷排放量计算：

化粪池甲烷排放量＝自来水用量×排污系数×甲烷 CO_2e 排放因子

甲烷 CO_2e 排放因子＝0.0015

注意：排污系数一般按照 0.75～0.85 计算。

(3)制冷剂 HFCs 排放量计算：

制冷剂排放量(t)＝制冷剂添加量×GWP 值

4. 外购电力

外购电力排放量计算公式：

外购电力排放量(t)＝电力使用量(kW・H)×电力排放因子/1000

5. 外购热水

该部分指外购热水消费带来的范围二温室气体排放的计算，不包括自己生产的热水。热水生产的排放总量与蒸汽生产的效率因数由供应商提供，得出热水生产的排放因子。

外购热水的排放量计算公式：

外购热水产生的排放量＝外购热水总量×热水生产排放因子

6. 外购暖气

该部分指外购暖气消费带来的范围二的温室气体的计算，不包括自己生产的暖气。

依据所在地区的供暖能耗算出全年暖气生产所需标煤，再乘标煤的 CO_2 排放因子，得出暖气生产排放因子。

外购暖气的排放量计算公式：

外购暖气产生的排放量＝外购暖气总量×暖气生产排放因子

该暖气生产排放因子可由供应商提供。

7. 外购蒸汽

该部分指外购蒸汽消费带来的范围二温室气体排放的计算，不包括自己生产的蒸汽。

外购蒸汽的排放量计算公式：

外购蒸汽的排放量＝外购蒸汽总量×蒸汽生产排放因子

该蒸汽生产排放因子可由供应商提供。

下列情形下，饭店可以免除其量化温室气体源，并记录其免除的原因：①其量化不具技术可行性或成本效益时；②对于碳排放量或移除量的贡献并不重要。

2.3.6 建立碳排放清单

饭店在对碳排放进行量化时，应对下列事项予以文件化并形成量化和管理清单：①温室气体的直接温室气体排放量；②能源间接温室气体排放量；③其他间接温室气体排放量（可选择）；④单位面积温室气体排放量；⑤单位成本温室气体排放量（可选择）；⑥源自生物质燃烧的直接 CO_2 排放量。

饭店应使用吨作为测量单位，并应将每种类型的温室气体量使用适合的全球暖化潜势（GWP）值转化成二氧化碳当量（CO_2e）。

目前依据前述碳排放识别和量化程序，所建立的碳排放清单内容至少应包括：①温室气体饭店边界调查表；②温室气体排放源鉴别表；③温室气体盘查活动强度数据管理表；④温室气体排放系数管理表；⑤碳排放量计算表。

有关表格范例见《饭店业碳排放管理规范》的附录 B。

2.3.7 数据品质管理和评估

饭店应定期对碳排放数据进行质量检查和校核，包括以下几个方面：①数据收集、输入及处理；②活动数据的获得；③计算过程；④表格处理过程。

数据管理和检查的内容参考《饭店业碳排放管理规范》的附录 B。

饭店应对已完成的碳排放清单的数据质量进行分析和评估。数据质量的不确定性评估应考虑活动数据类别、排放因子等级两个方面，分别按照数据来源的赋值、排放等级赋值的要求加权平均计算出每一数据的级别，且把数据的级别分成 6 级。级别愈高，数据品质质量愈好，据此来判断数据的精确度。加权平均积分总计的划分等级如图 2－8 所示。

表 2－8 数据质量等级表

数据等级	平均积分数据范围	说明
第一级	1～6	不确定性极高，数据质量极不佳
第二级	7～12	不确定性偏高，数据质量不佳
第三级	13～18	不确定性高，数据质量差
第四级	19～24	不确定性略高，数据质量较差
第五级	25～30	不确定性低，数据质量佳
第六级	31～36	不确定性极低，数据质量极佳

与数据质量等级相关的活动数据赋值表(用以活动数据评分)、排放因子赋值表(用以排放因子评分)如表 2－9、表 2－10 所示。

表 2－9　活动数据赋值表

项目	活动数据分类	赋予分值
1	自动连续量测	6
2	定期量测(含抄表)	3
3	自行推估	1

表 2－10　排放因子赋值表

项目	排放因子来源	排放因子等级	备注
1	量测/质量平衡所得系数	6	排放因子类别是计算排放量时所使用参数,可分成 6 类,数字越小表示其精确度越高。排放因子等级分值代表数据的精确度,越精确数据越大,由 1～6 描述
2	相同制程/设备经验系数	5	
3	制造厂提供系数	4	
4	区域排放因子	3	
5	国家排放因子	2	
6	国际排放因子	1	

数据质量等级相关的加权平均积分的计算公式如下:

整体数据得分＝活动数据评分×排放因子数据评分

占总排放量比例＝排放源排放量/总排放量

加权平均积分＝整体数据得分×占总排放量比例

$$加权平均积分总计 = \sum 加权平均积分$$

饭店碳排放数据质量评估表参考案例如表 2－11 所示。

表 2－11　饭店碳排放数据质量评估表参考案例

排放源	对应活动/设施	活动数据等级	排放系数等级	整体数据得分	排放量/(tCO_2e)	占总排放量比例	加权平均积分
天然气	厨房	3	1	3.00	284.55	8.07%	0.24
液化石油气	厨房	3	1	3.00	15.85	0.45%	0.24
柴油	发电机	3	1	3.00	0.00	0.00%	0.00
柴油	厨房	3	1	3.00	0.13	0.00%	0.00
汽油	商务车	3	1	3.00	62.29	1.77%	0.05
柴油	大巴车	3	1	3.00	0.19	0.01%	0.00
R134a	冰柜	1	6	6.00	28.60	0.81%	0.05
七氟丙烷灭火器	消防器材	1	6	6.00	0.00	0.00%	0.00

续表

排放源	对应活动/设施	活动数据等级	排放系数等级	整体数据得分	排放量/(tCO_2e)	占总排放量比例	加权平均积分
CO_2	消防器材	1	6	6.00	0.02	0.00%	0.00
污水	废水处理	6	6	36.00	1.20	0.03%	0.01
污水	化粪池	3	6	18.00	0.83	0.02%	0.00
外购电力	用电设备	6	3	18.00	1897.80	53.79%	9.68
外购热水	客房洗浴	6	3	18.00	59.58	1.69%	0.30
外购暖气	供暖设备	4.00	4	4.00	1176.93	33.36%	1.33
加权平均积分总计		11.69					
加权平均积分数据等级		第二级					

2.3.8 文件与记录

在饭店的碳排放管理体系中，饭店应建立并维持文件保留与记录保存的程序。饭店应保留并维持温室气体清单的设计、发展及维持的证明文件，使之能进行核证。这些文件无论是纸张、电子媒体或其他形式，应依据饭店的温室气体信息管理程序进行文件保留与记录保存。

2.3.9 减排目标和管控措施

1. 减排目标

饭店的管理者应确定碳减排战略并策划减少碳排放量的目标指标，目标指标可设置为绝对减排量指标或排放密度减排指标；目标指标的设定应符合法律法规和应遵守的其他管理要求。

2. 管控措施

饭店宜考虑并实施有效的管控措施，以减少碳排放量。因采取管控而减少的排放量可记录于饭店的碳排放清单中。

饭店有效的低碳节能减排管控措施包括管理措施和技术措施。

(1)饭店行业低碳节能管理措施包括：①完善的低碳节能管理体制；②准确的能源资源消耗统计；③低碳节能方案的制定与实施；④低碳节能理念和创意激励计划；⑤对绿色消费的引导。

(2)饭店行业低碳节能技术措施包括：①低碳节能设计与建筑；②绿色、低碳、节能技术及产品的应用；④新能源及可再生能源的利用；⑤废物废水的循环利用及垃圾的分类回收；⑥餐厨垃圾生物降解。

饭店碳减排目标设置案例如表 2-12 所示。

表 2－12　饭店碳减排目标设置案例

目标	指标	减排措施	实施方案	预计目标达成	负责部门	减少碳减排量
绝对减排量	2012 年碳排放比基准年减少 20%	技术措施	将中央空调系统进行移动供热改造	5%	工程部	2012 年碳排放量比基准年减少 700t
			将卤素灯更换为节能灯或 LED 灯	2%	工程部	
			改进炉灶燃烧装置，实现感应控制	3%	餐饮部	
相对减排量	单位面积碳排放密度比基准年减少 18%	管理措施	安装能源监控系统	8%	工程部	2012 年单位面积碳排放量比基准年减少 0.02t
			对客户进行宣传和推行低碳积分计划		客房部	
			制定和实施低碳管理考核细则		人事部	

饭店行业典型的减排措施案例如表 2－13 所示。

表 2－11　饭店行业典型的减排措施案例

序号	部门	碳减排措施
1	客房部	·将不在使用的宴会厅及其他地方的电灯及空调系统关掉。 ·关掉没有人使用的客房中的所有电灯。 ·可在客房、公众地方、办公室、户外等地方使用节能光管及电子镇流器，以取代灯泡及旧式光管。 ·在所有客房内使用节能的空调系统。 ·当酒店入住率较低时，可将房客集中安排到酒店的某部分，并关闭空置的楼层。 ·用锁匙卡开关房间电源。 ·采用动态感应器，当没有人使用储物房及按摩池等地方时，电源会自动关掉
2	洗衣部	·在洗衣房贴上告示，通知员工每个洗衣机可处理的衣物量。 ·装满衣物后才开动洗衣机及干衣机。 ·装设余热回收洗衣系统。 ·确保水温、用水量、洗涤液及蒸汽压力是按照制造商的说明操作。 ·使用高效能的洗衣机(例如隧道式洗衣机)
3	餐厨部	·在洗碗机处安装热能回收系统，以回收过水过程中的热能。 ·采用高效能的炉具。 ·定期清洗冰箱的盘管及空调过滤网，使电器更有效率地运作。 ·定期检查及维修冷藏食物用的冻柜或冷房，例如定期融雪，保持其能源效率。 ·安装省气罩以使用户外空气来补充，而不是排出已调温的室内空气。 ·为抽油烟系统安装控制装置，当厨房关闭时，抽油烟系统会自动关掉

续表

序号	部门	碳减排措施
4	工程部	·安装一个能源管理系统。 ·定期监察、记录和分析耗电量及用水量。 ·制定耗电量的基准或目标。 ·制定周期的耗电量报告，供管理层参考。 ·安装电灯控制器(时间掣或室内感应器)。 ·设立一个余热循环再用系统，例如安装热泵，在鲜风柜、抽气扇和送风机处安装制冷器，按序控制及可变速驱动器。 ·为供暖、通风及空调的设备和系统预设运作时间，安装定时器。 ·根据所需要的负荷来操作制冷器、锅炉、水泵及冷却塔等设备

2.3.10　碳排放报告制作

饭店应当准备碳排放报告，以便于碳排放清单的核证、碳排放管理方案的参与、通知外部或内部使用者。碳排放报告应当完整、一致、准确、相关及透明。饭店应当根据适用的温室气体方案、内部报告需求、报告的预期使用者需求等要求，决定温室气体报告的内容、架构、可公开性及传播方法。

饭店的碳排放报告中应阐述饭店的碳排放清单，并包括下列内容：

(1)所报告饭店的描述；

(2)饭店碳排放清单责任人；

(3)报告所覆盖的时间段；

(4)对饭店边界的文件说明；

(5)饭店碳方针、战略和方案的说明；

(6)针对每种温室气体排放进行量化，并将其结果折合为二氧化碳当量；

(7)说明在碳排放清单中如何处理生物质燃烧所产生的二氧化碳；

(8)对量化中排除的任何温室气体源作出的解释；

(9)说明碳排放数据准确性方面的不确定性影响；

(10)说明其他有关指标，如效率或碳排放强度比(单位面积或单位成本的排放)；

(11)关于碳排放清单、报告或声明是否经过核查，以及核查的类型和保证等级的说明。

2.3.11　碳排放声明和外部核查

若饭店对外做出宣称符合商务部《饭店业碳排放管理规范》的公开性声明，则该饭店应对大众公开依据《饭店业碳排放管理规范》所准备的碳排放报告，或是与碳排放声明相关的独立第三者核证证书。

外部核查的整体目的是对报告的碳排放量与碳排放声明，依据所参与的核证规范和评估标准要求事项，进行公正与客观的评审。

2.4　碳核算实验

2.4.1　实验介绍

1. 实验背景

随着低碳理念的产生和发展，低碳发展方式已成为人类的共识，低碳经济、低碳旅游应运而生。酒店作为旅游业的重要组成部分，其低碳化发展已成为不可逆转的发展趋势。低碳酒店的产生是绿色酒店、生态文明等理念的进一步深化和发展，是顺应低碳经济、低碳旅游发展潮流的先进发展方式。要实现酒店的低碳化发展，对低碳酒店的概念与酒店碳排放过程和范围的确定以及碳排放量的测算是基础性的工作。因此，明晰低碳酒店的概念和内涵，确定酒店碳排放的边界，探寻合适合理的碳排放量核算方法是推进低碳酒店建设、实现酒店可持续发展的关键性步骤，也为低碳酒店的实施和推广打下了坚实的理论基础。

2. 实验目标

(1)掌握组织边界和排放边界的确定方法，能够识别不同的排放源，知晓排放因子的计算和选取，能够编制碳排放清单和碳排放报告。

(2)理解外部碳核查的工作流程和核查要点，能够配合第三方机构完成碳核查工作。

3. 实验流程

整个实验流程如图 2 - 12 所示，共有 5 个步骤。第一个步骤简称为“边”，即确定企业的排放边界，如空间边界、时间边界、组织边界、业务边界等；第二个步骤简称为“源”，即识别企业的排放源，例如需覆盖的温室气体有哪些，如范围一的锅炉等固定排放源，燃油车等移动排放源，范围二的煤电排放源等；第三个步骤简称为“量”，即对企业的碳排放量数据进行获取与计算，主要包括两个部分的数据，即活动数据和排放因子数据；第四个步骤简称为“报”，即根据前面获取的碳排放原始数据，编制企业的碳排放报告；第五个步骤简称为“核”，即企业提供碳排放报告给政府主管部门，主管部门委托第三方机构对碳排放报告进行核查，且企业需配合第三方机构的碳核查。

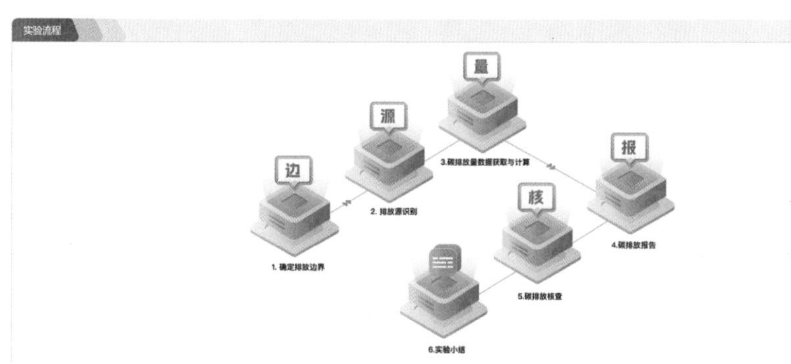

图 2 - 12　碳排放测量及核查实验流程

2.4.2 确定排放边界

1. 任务说明

在本项实验中，根据给定的方法确定组织边界，根据给定的企业活动确定运行边界，主要操作界面如图 2-13、图 2-14 所示。

图 2-13 确定组织边界

图 2-14 确定运行边界

2. 任务操作

（1）确定组织边界。进入任务后依据企业持有的下属机构股份，选择纳入知链集团 GHG 核算的酒店，选择完成后点击【提交】按钮进行提交。

（2）确定给定酒店的组织边界和空间边界。根据侧边栏实验数据中的内容和页面给出的数据，填写组织边界与空间边界，填写完成后点击【提交】按钮进行提交，提交成功后进入下一步骤。

（3）确定运行边界。将左侧活动项目中罗列的各项活动，拖动至右侧，对直接排放、间接排放以及其他排放进行准确划分，拖拽完成后点击【提交】按钮，完成当前实验任务。

2.4.3　排放源识别

1. 任务说明

在本项实验中，需要将工程部、餐饮部、财务部、客房部的排放源类别进行分类。相关主要操作界面如图 2 - 15 所示。

图 2 - 15　排放源识别

2. 任务操作

（1）工程部排放源识别。进入任务后点击页面下拉框选择排放源类别。当前部门选择完成后点击下方【提交】按钮。

（2）进行餐饮部、财务部、客房部排放源识别，同工程部操作一致。

2.4.4 碳排放量数据获取与计算

1. 任务说明

在本项实验中,将进行碳排放因子的计算和碳排放量的计算。碳排放因子计算和碳排放量计算的主要操作界面如图 2-16、图 2-17 所示。

图 2-16 碳排放因子计算

图 2-17 碳排放量计算

2. 任务操作

(1)碳排放因子计算。根据项目简介中实验数据以及实验公式,计算柴油排放因子以及汽油排放因子,两项内容输入完成后点击【提交】按钮,完成本步骤。

(2)碳排放量计算。根据部门全年活动数据以及相关公式,完成各部门碳排放量计算。点击部门可进行切换查看,排放因子点击实验数据进行查看,填写完成后点击【提交】按钮进行保存。

2.4.5　编写碳排放报告

1. 任务说明

在本项实验中,按照实验步骤填写企业简介、温室气体排放量、排放因子及其来源说明,系统会自动生成温室气体量化报告。主要操作界面如图 2-18、图 2-19、图 2-20 所示。

图 2-18　企业简介

图 2-19　温室气体排放量

图 2－20　排放因子及其来源说明

2. 任务操作

（1）进入任务，根据侧边栏的实验数据中的信息填写报告的封面内容，填写完成后点击【下一步】按钮。

（2）填写企业简介。根据侧边栏的实验数据中的数据对企业信息进行补充，下方需要进行直接排放和间接排放的选择，填写完成后点击【提交】按钮，提交成功点击【下一步】按钮。

（3）填写温室气体排放量。根据页面中温室气体排放汇总清单中的数据填写企业直接排放、间接排放以及排放量汇总，填写完成后点击【提交】按钮，提交成功点击【下一步】按钮。

（4）填写排放因子及其来源说明。根据侧边栏的实验数据中的信息填写排放因子的来源，填写完成后在“声明”下进行盖章操作。完成后点击【提交】按钮，提交成功后，系统会生成完整的温室气体量化报告。

2.4.6　碳排放量外部核查

1. 任务说明

本项实验共有 5 个步骤，分别是温室气体核查流程、成立核查小组、文件评审、现场核查、温室气体核查报告。主要相关操作界面如图 2－21、图 2－22、图 2－23 所示。

图 2-21　温室气体核查流程

图 2-22　现场核查

图 2-23　温室气体核查报告

2. 任务操作

（1）温室气体核查流程。将左侧碳核查步骤中各项指标依次拖拽至右侧碳核查流程中，完成正确流程排序，拖拽完成后点击【提交】按钮进行提交，成功后进入下一步骤。

（2）成立核查小组。仔细阅读核查组成员角色以及各个角色的职责分工，阅读完成后点击【了解】按钮完成本步骤。

（3）文件评审。根据提供的温室气体相关文件，完成文件审核工作。点击文件可以进行查看，点击【上传文件】按钮，4 个文件全部上传成功后，点击【确定】按钮。文件提交成功后下方会出现需要审核的信息，根据侧边栏的实验数据和温室气体排放汇总清单进行审核，审核完成后点击【确定】按钮，成功后就完成了当前步骤。

（4）现场核查。阅读案例，结合案例内容判断题目是否正确，错误的地方请说明理由。题目全部作答后，点击【确定】按钮，提交成功后，系统自动显示错误理由的解释。

（5）温室气体核查报告。阅读企业核查报告完成任务，内容填写完成后，点击【提交】按钮，提交成功后，当前实验任务完成。

本章小结

“排碳有成本”是首要的低碳理念，核算排碳成本就成为碳会计的首要工作内容，这一工作的基础就是要开展碳排放核算。碳排放的计量单位是吨二氧化碳当量（tCO_2e）。

碳排放核算有 3 个范围，即直接排放（范围一）、间接排放（范围二）和其他排放（范围三）。通常在考核场景下，只需要核算范围一和范围二。

碳排放核算主要有 3 种方法，即排放因子法、碳质量平衡法和直接测量法。从数据质量来看，排放因子法最差，但从可操作性来看，排放因子法最好。在商务部发布的《饭店业碳排放管理规范》中，推荐的方法就是排放因子法。

企业开展碳排放的实施步骤包括有“边”“源”“量”“报”“核”等，碳市场的MRV(监测-报告-验证)机制是国际通行的做法。

我国制定和发布了关于碳排放核算的诸多行业标准，整个国家碳标准体系正处在完善之中。

在当前低碳转型成为经济社会发展主流的商业环境中，企业开工生产就有碳排放，就存在碳成本。碳成本对企业经营影响最大的企业类型有：各个强制减排碳市场的控排企业，符合国外碳关税控制范围的产品出口企业，各地政府为了落地“双碳”目标而要求强制减排的高碳企业。

商务部发布的《饭店业碳排放管理规范》中，提出了饭店开展碳排放管理的11个主要工作流程，即：低碳承诺和低碳推动小组成立；组织与运营边界设定；拟定基准年；识别排放源；排放量量化与计算；建立碳排放清单；数据品质管理和评估；文件与记录；减排目标和管控措施；碳排查报告制作；碳排放声明和外部核查。

本章复习思考题

1. 温室气体排放和碳排放是什么关系？
2. 举例说明碳排放核算的3个范围都有哪些排放源。
3. 企业碳核算的实施步骤有哪些？
4. 碳核算结果应用在哪些地方？
5. 出口企业的碳关税如何计算？
6. 数据质量等级相关的加权平均积分如何计算？
7. 饭店企业可采取哪些绿色低碳措施？

第3章　碳减排管理会计

本章学习目标

本章主要介绍碳减排的技术途径、支持碳减排的政策以及酒店业的碳减排措施。通过本章的学习，要达到以下学习目标：

1. 理解“减耗”“替碳”“埋碳用碳”“固碳”等碳减排的技术途径。

2. 了解地方政府、中国人民银行、财政部等关于支持碳减排的政策。

3. 理解酒店业的碳管理政策、碳减排措施及碳减排实践。

本章逻辑框架图

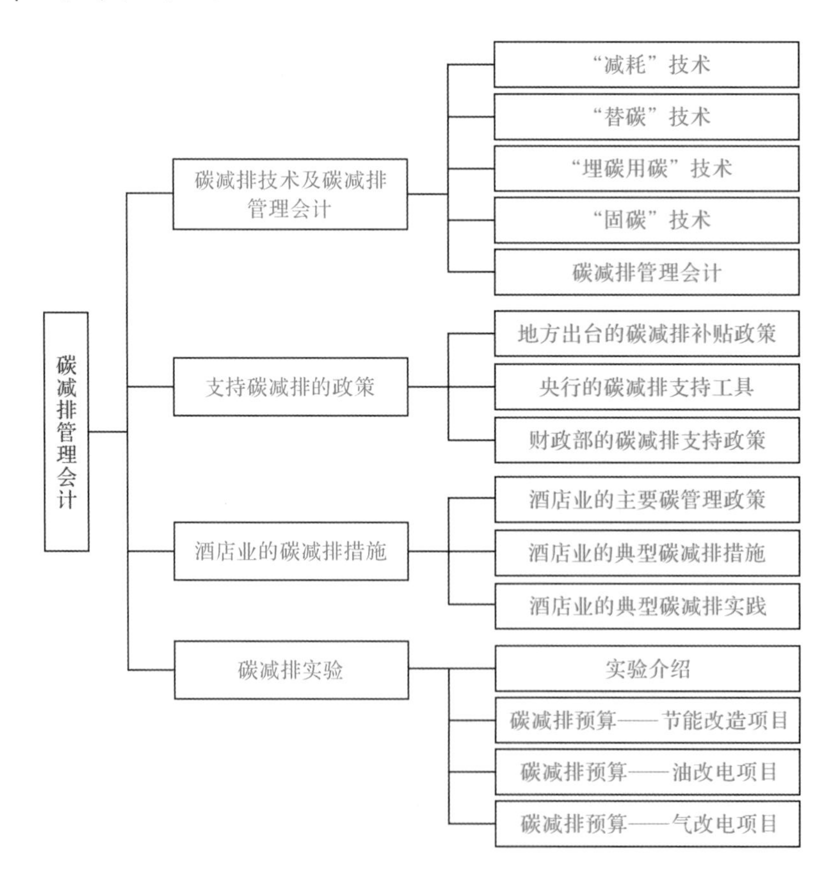

3.1　碳减排技术及碳减排管理会计

随着“双碳”战略的推进，传统企业都面临着紧迫的低碳转型的要求，企业必须做碳减排，但怎么减就涉及一系列的减碳技术。从整体来看，减碳技术可以分为 4 类，即“减耗”技术、“替碳”技术、“埋碳用碳”技术、“固碳”技术。企业的碳减排举措，本质上是通过支付一个较小的短期的碳减排投入成本，来减少要长期支付的大额碳排放成本。如何抉择，需要管理碳会计数据来提供决策支持。

3.1.1　“减耗”技术

“减耗”技术是指通过减少能源资源的消耗，来达成碳减排效果的技术。这是在碳减排中应首先采取的举措。《中共中央 国务院关于完整准确全面贯彻新发展理念 做好碳达峰碳中和工作的意见》中指出：“把节约能源资源放在首位，实行全面节约战略，持续降低单位产出能源资源消耗和碳排放，提高投入产出效率，倡导简约适度、绿色低碳生活方式，从源头和入口形成有效的碳排放控制阀门。”这说明了“减耗”技术的重要性。

这里的“减耗”是指，在达成相同应用目标的情况下，实现所消耗的能源资源的减少。例如生产某个产品，之前需要消耗 2 度电，采用新技术后，只需消耗 1.5 度电就可以了，这就是减少能源消耗的“减耗”。另外，资源消耗的减少也很重要，因为资源的产生过程就是碳排放的过程。例如生产某个产品，之前需 2 千克原料，采用新技术后，只需消耗 1.5 千克原料，生产过程的损耗大大降低了。

这里的“减耗”是从整个全产业生态的视角来开展的，而不是局限于某单个企业，既涉及技术因素，也涉及人员、管理因素。对于后者，如人员培训、人员考核、低碳产品设计、低碳供应商评价选择、低碳生产过程、低碳包装、低碳储运等，必然需要相应的碳管理会计数据来提供决策支持。“减耗”技术也涉及很多类型，如何来取舍，也需要从管理视角来获取碳数据进行分析决策，这一要求离不开碳管理会计的支持。

“减耗”技术的实现方式有多种类型。例如：各种节能产品所使用的节能技术，降低产品的能耗；采用新的产品包装技术，减少耗料或易于回收包装材料；能源余热的循环利用技术，如生产中产生的热水用于供暖；废物的回收利用，也属于“减耗”的范围；等等。凡是循环经济、共享经济旗下的经济活动，通常都具备“减耗”的作用与价值。

节能服务公司（energy service company，ESCO）是常见的“减耗”技术应用企业。节能服务公司是指提供用能状况诊断、节能项目设计、融资、改造（施工、设备安装、调试）、运行管理等服务的专业化公司，是以提供一揽子专业化节能技术服务的以营利为目的的专业公司。

节能服务公司提供的节能服务，主要有以下 4 种模式：

1. 节能效益分享模式

此种模式是在节能改造项目合同期内，由节能服务公司与企业双方共同确认节能效率后，双方按比例来分享节能效益。在项目合同期结束后，先进高效的节能设备将无偿移交给企业，企业享有以后产生的全部节能收益。

2. 能源费用托管模式

此种模式是指由节能服务公司负责改造企业的高能耗设备，并管理其新建的用能设备的模式。在项目合同期内，节能服务公司按照双方约定的能源费用和管理费用承包企业的能源消耗和日常维护工作；在项目合同结束后，也要将先进高效的节能设备无偿移交给企业，企业享有以后产生的全部节能收益。

3. 节能量保证支付模式

此种模式是在项目合同期内，节能服务公司向企业承诺某一比例的节能量，用于支付工程成本，而达不到承诺的节能量部分，则由节能服务公司自己承担；超出承诺节能量的部分双方分享，直到节能服务公司收回全部节能项目投资。项目合同结束后，先进高效的节能设备无偿移交给企业，企业享有以后产生的全部节能收益。

4. 能源管理服务模式

此种模式是指企业委托节能服务公司进行能源规划，给予整体节能方案设计、节能改造工程施工和节能设备安装调试。节能服务公司不仅要提供节能改造业务，还要提供能源管理服务。在节能设备运行期内，节能服务公司通过能源管理服务获取合理的利益；企业所获得的收益在于，因先进节能设备能耗降低而降低的成本和费用。

体现“减耗”的碳信用方法学有：河北省生态环境厅发布的《河北省住宅建筑居住节能碳普惠降碳产品方法学》《河北省氢基竖炉生产直接还原铁碳减排量核算方法学》《河北省提高转炉废钢比碳减排量核算方法学》《河北省再制造汽车用起动机降碳产品方法学》；广东省生态环境厅发布的《广东省使用高效节能空调碳普惠方法学》(2022年修订版)、《广东省使用家用空气源热泵热水器碳普惠方法学》(2022年修订版)、《广东省废弃衣物再利用碳普惠方法学》(2022年修订版)；深圳市生态环境局发布的《深圳市居民低碳用电碳普惠方法学》；武汉市生态环境局发布的《武汉市基于电力需求响应的居民低碳用电碳普惠方法学(试行)》。

3.1.2 “替碳”技术

“替碳”技术指不减少资源能源的消耗总量，而是采用碳排放更低的方式达到碳减排效果的技术。例如：新能源替代煤电，“以电代油”“以电代煤”“以电代气”等技术；地热、光热替代油气生产传统用热；氢能制取与规模应用。“替碳”技术是碳减排技术的核心，本质上体现的是能源转型技术。我国“双碳”目标设定中的碳达峰指标承诺，就包含有承诺新能源装机量的定量指标约束。

采用风、光等新能源替代传统煤电的技术，目前发展很快。

在海洋风电方面，例如我国建设的“海油观澜号”项目。“海油观澜号”是我国首座水深超百米，离岸距离超百公里的“双百”深远海浮式风电项目，也是全球首座“双百”半潜式深远海浮式风电平台。“海油观澜号”服役于距海南文昌136公里的海域，装机容量7.25兆瓦，由9根锚链系泊固定在水深120米的海域。其产生的绿色电力，通过1条5公里长动态海缆接入海上油田群电网。投产后，年均发电量将达2200万千瓦时，全部用于油田群生产用电，每年可节约燃料近1000万立方米天然气，减少二氧化碳排放2.2万吨。

光伏治沙是指通过光伏板上太阳能发电，板下撒播沙生植物，达到既投产新能源，又治理沙漠的双重功效，兼具经济效益与生态效益。近年来，在“双碳”目标引领下，甘肃省已成为西部重要的新能源基地和新能源装备制造业基地之一，清洁能源开发和生态环境治理结合的效果日益显著。据全国第六次荒漠化和沙化监测结果显示，甘肃荒漠化和沙化土地分别减少2627平方公里和1045平方公里。在甘肃省武威市凉州区有一处20万千瓦光伏治沙项目，项目建设方中国电建水电七局在凉州区光伏治沙项目中大胆尝试、科学探索，成立了植被协同固沙生态修复技术及示范科研项目团队，科研团队经过场址区域类型及周边植被调查，并根据植物的适应性、耐旱性、造林难度、生态经济价值等，选定了灌、草结合的方式，采用沙米、沙蒿1：1混播的形式，对固沙区和造林区进行撒播，同时采用地埋式蓄水桶配合“水罐车＋人工浇灌”的灌溉方法，保障植物前期存活率。据了解，该项目建成投运后，年平均上网电量将达到4亿多千瓦时，可节约标准煤12.35万吨，减少二氧化碳排放量37.15万吨。

屋顶光伏发展也很快。2023年3月15日，腾讯青浦数据中心光储项目一期光伏并网发电成功。该项目安置于园区三栋数据中心空闲屋面上，总覆盖面积约17000平方米，共安装2376块550Wp单晶双面双玻光伏组件，光电转换率达21.3％，该组件具有更高的电力输出、更可靠稳定的发电能力、更小的遮挡损失及优异的温度系数特性。光伏部分总装机容量1.3MW，并网后的年均发电量约150万千瓦时，每年可节约标准煤折合约458吨，对应可减少约1253吨二氧化碳排放量。该项目二期规划了2MW/5MW·h的储能电站，在光伏发电的基础上配置大容量储能进行光储协同控制，以实现削峰填谷，提供电力市场辅助服务等功能，助力电网提升弹性的同时，为数据中心的绿色能源利用带来更多模式和更大价值。

实施能源变革的“气改电”的技术应用也发展很快。2021年7月15日的北京日报显示，为推进首都商业餐饮液化石油气改电、优化电力营商环境，国网北京市电力公司积极推行零审批、零上门、零投资的“三零＋全电餐饮”服务。2021年3月至6月末，首都核心区已有1149户餐饮企业完成改造，每年可减少二氧化碳排放约2.6万吨。

“以电代油”项目也在快速发展之中。来自人民日报客户端的报道显示，2023年12月13日，由国网辽宁综合能源服务有限公司投资建设的锦州港运集装箱运输有限公司充换电站项目顺利通过验收并进入试运行阶段。该项目投运后，可满足锦州港运集装箱场站150台电动集卡的补能需求，同时为社会化车辆提供充电服务。预计每年可为用户节约柴油4160吨，折合标煤6061.12吨，减少二氧化碳排放量14910.35吨。锦州港位于北纬40°48′，是我国纬度最高的港口，也是距我国东北中部和西部、内蒙古东部、华北北部乃至蒙古国、俄罗斯西伯利亚和远东地区陆域距离最近的进出海口，是海岸线全面对外开放的国际商港。该电站的建设，可为锦州港运集装箱场站提供以充换电为主要技术手段的高效电动汽车补能服务。电站通过全谷时段补充能量，最大限度压缩了用户充换电的电费成本，通过这种换电的高效补能模式以及便捷的补能服务，利用数据分析和智能控制等技术手段，可有效提高港口运输业务能源利用效率，实现港站枢纽低碳节能的目标，助力锦州港实现绿色低碳港口转型。

北京冬奥会的100%“绿电”应用，也体现了“替碳”技术的快速发展应用。北京冬奥会三大赛区26个场馆全部实现了100%绿色供电，在奥运史上尚属首次，为人类可持续发展打造了一个前所未有的“绿色”样本。这些源源不断的绿色电力，其中有很大一部分来自河北省张家口市的可再生能源示范区。通过可再生能源示范项目，张家口张北地区丰富的风、光资源转化为清洁电力，保障了北京、延庆、张家口三大冬奥赛区稳定运行。为了充分利用“张北的风”，国家能源集团、中国华电、中国华能等多家能源央企响应国家号召，投身当地风电开发。金风科技、远景集团、中国海装、运达风电等众多整机商精益求精，全力打造高质量风机产品。一座座风电场接连并网，一度度清洁“绿电”跨越山川，奔赴北京。大规模可再生能源装机的背后，是不容小视的电源间歇性和波动性问题，而要同时实现冬奥会供电的可靠性和清洁性，必须借力绿色的调节电源。2021年12月30日，世界装机规模最大的河北丰宁抽水蓄能电站首批2台机组投产，相当于给电网配备了一个“超级充电宝”。

实施低碳材料替代高碳材料的技术应用也发展很快。联合国数据显示，纺织服装行业的总碳排放量超过所有国际航班和海运的排放量总和，占据全球碳排放量的10%，是仅次于石油产业的第二大污染产业。中国循环经济协会数据显示，中国每年约有2600万吨旧衣服被扔进垃圾桶，综合利用率不到10%。而再生面料的出现，将重新定义未来服装，构筑绿色消费新时尚。工信部、国家发改委联合发布的《关于化纤工业高质量发展的指导意见》提出：“到2025年，绿色制造体系不断完善，绿色纤维占比提高到25%以上，生物基化学纤维和可降解纤维材料产量年均增长20%以上，废旧资源综合利用水平和规模进一步发展，行业碳排放强度明显降低。”

再生面料是指通过对废弃物品进行再利用和回收，制成新的纤维材料。再生面料在环保意识日益提高的今天越来越受到人们的关注。常见的再生面料包括：①再生聚酯面料。再生聚酯面料是由回收的聚酯纤维或塑料瓶经处理后制成的。这种面料柔软、舒适，同时具有防皱和抗褪色的特点。再生聚酯面料可广泛用于服装、床上用品、窗帘以及户外用品等领域。②再生棉面料。再生棉面料是由废弃的棉织品碎料、剩余纱线和废弃衣物等再利用制成的。与传统棉花相比，再生棉面料能够减少对自然资源的消耗和环境污染。再生棉面料可用于制作T恤、牛仔裤、毛巾等产品。③再生尼龙面料。再生尼龙面料是由回收的尼龙纤维或其他塑料制品经过加工制成的。这种面料具有高耐用性和防水性能，可用于制作户外运动装备、泳衣等产品。

体现“替碳”的碳信用方法学有：生态环境部发布的《温室气体自愿减排项目方法学 并网光热发电(CCER-01-001-V01)》《温室气体自愿减排项目方法学 并网海上风力发电(CCER-

01-002-V01)》，武汉市生态环境局发布的《武汉市分布式光伏发电项目运行碳普惠方法学（试行）》(WHCER-01-001-V01)，广东生态环境厅发布的《广东省安装分布式光伏发电系统碳普惠方法学》(2022 年修订版)，中国科学院广州能源研究所发布的《废弃农作物秸秆替代木材生产人造板项目减排方法学》，河北省生态环境厅发布的《河北省中深层地热能替代化石燃料集中供热项目降碳产品方法学》《河北省农林生物质能发电项目降碳产品方法学》《张家口市风力发电项目降碳产品方法学》。

3.1.3 "埋碳用碳"技术

"埋碳用碳"技术是指 CCUS(carbon capture，utilization and storage)技术，即碳捕捉封存利用技术。其实现的结果就是原本要向大气中排放的碳改方向了、不排放了。所谓封存就是将捕捉的二氧化碳给埋到地下去，即"埋碳"，所谓应用就是将捕捉的二氧化碳作为生产原材料进行使用。这两种方式带来的结果都是，原本生产中要向大气中排放的二氧化碳不再排放了。《中共中央 国务院关于完整准确全面贯彻新发展理念 做好碳达峰碳中和工作的意见》《2030 年前碳达峰行动方案》等文件明确指出，CCUS 技术是我国实现碳中和的重要技术选择。

在中国石油的"双碳"行动中，曾系统地提出了 4 项举措，即"减碳""用碳""替碳""埋碳"。其中："减碳"指从源头减少碳排放；"用碳"，即不断提高碳的利用率，加大二氧化碳化工利用与产业化发展布局；"替碳"，即对传统化石能源进行有效接替，大力推进地热、光热替代油气生产传统用热，推进清洁电力替代煤电，加快氢能制取与规模应用，扩大"绿电"利用规模，持续提高电气化水平；"埋碳"，即积极探索完善碳捕集、碳封存的技术路径和效益路径，规模实施 CO_2 驱油、CO_2 埋存。我们这里的"埋碳用碳"技术的概念内涵，与中国石油的"用碳""埋碳"的概念内涵是一致的。

CCUS 技术主要应用于电力或钢铁、化工、水泥等大型工业设备用能过程，将 CO_2 从工业过程、能源利用或大气中分离出来，直接加以利用或注入地层。按照技术流程，CCUS 主要分为碳捕集、碳运输、碳利用、碳封存等技术环节。其中：碳捕集主要方式包括燃烧前捕集、燃烧后捕集和富氧燃烧等；碳运输是将捕集的 CO_2 通过管道、船舶等方式运输到指定地点；碳利用是指通过工程技术手段将捕集的 CO_2 实现资源化利用的过程，利用方式包括矿物碳化、物理利用、化学利用和生物利用等；碳封存是通过一定技术手段将捕集的 CO_2 注入深部地质储层，使其与大气长期隔绝，封存方式主要包括地质封存和海洋封存。

2022 年 1 月底，中国石化新闻办发布 CCUS 的应用案例消息，我国首个百万吨级 CCUS 项目——齐鲁石化-胜利油田项目全面建成。该项目由齐鲁石化二氧化碳捕集和胜利油田二氧化碳驱油与封存两部分组成，于 2021 年 7 月启动建设。该项目中，在二氧化碳捕集环节，通过深冷和压缩技术回收齐鲁石化所属第二化肥厂尾气中的 CO_2，提纯处理后的液态 CO_2 纯度可达到 99%以上；在二氧化碳运输环节，利用绿色运输方式将液态 CO_2 从齐鲁石化送至胜利油田；在二氧化碳利用与封存环节，胜利油田将超临界 CO_2 注入油井，从而增加原油流动性，驱替微孔中的原油，达到大幅提高石油采收率的目的。与此同时，还能通过置换油气、溶解与矿化作用等方式实现 CO_2 封存。齐鲁石化-胜利油田项目是目前国内最大的CCUS全产业链示范基地和标杆工程，实现了二氧化碳捕集、驱油与封存一体化应用。该项目预计每年可减少 CO_2 排放量100万吨，相当于900万棵树1年的固碳量，或60万辆车1年产生的 CO_2 排放量。

体现"替碳"的碳信用方法学有河北省生态环境厅发布的《河北省碳捕集项目减排量核算方法学》。

3.1.4 "固碳"技术

"固碳"技术，在这里指的是，通过陆地的植物、海洋的藻类和贝类等生物体的光合作用，吸收大气中的二氧化碳并固化在生物体中的技术，即"生物固碳"技术。其产业表现上有森林碳汇、草原碳汇、湿地碳汇、海洋碳汇等类型。农业农村部在相关文件中提出了"茶园果园碳汇"的概念，所指的也是植物的固碳价值。

地球上的生命都是"碳生命"，动物、植物等生命体的繁衍生息过程，其实就是地球上的碳循环过程。每个生命体也可看作是"碳库"，即存储"碳"的"仓库"。

"固碳"技术主要包括3个方面：一是保护现有碳库，即通过生态系统管理技术，加强农业和林业的管理，从而保持生态系统的长期固碳能力；二是扩大碳库来增加固碳，主要是改变土地利用方式，并通过选种、育种和种植技术，增加植物的生产力，增加固碳能力；三是可持续地生产生物产品，如用生物质能替代化石能源等。

森林是陆地生态系统的主体，具有显著的固碳功能，在减缓全球气候变化中有着不可替代的地位和作用。据估算，陆地碳汇中约有一半储存在森林生态系统中。中国森林储碳量在20世纪70年代末期约为43.8亿吨，20世纪90年代末期达到47.5亿吨。但我国森林的平均碳密度仍远远低于世界平均水平，现有森林生态系统的实际储碳量也只达到潜在的植物储碳量的一半左右，固碳潜力还很大。

草地作为陆地植被巨大的碳库，在减少和固定二氧化碳过程中具有重要功能。在各种陆地生态系统中，气候变化将首先对草地生态系统产生影响。天然草地覆盖了几乎20%的陆地面积，中国是世界第二大草地大国，草地碳库蓄碳量是十分可观的。

我国陆地植被的固碳能力巨大，可为温室气体的减排提供重要保障。因此，在保护天然林和天然草地的同时，我国应大力发展速生丰产用材林和建设稳产高产的人工草地，实施生态农业，充分利用边际土地发展生物质能。同时，我国具有先进的选种、育种技术，今后还应从提高植物生产力和固碳能力的角度出发，加强草种和树种的培育，为温室气体减排提供保障。

体现"固碳"的碳信用方法学有：生态环境部发布的《温室气体自愿减排项目方法学 造林碳汇（CCER-14-001-V01）》《温室气体自愿减排项目方法学 红树林营造（CCER-14-002-V01）》，河北省生态环境厅发布的《承德市湿地固碳生态产品项目方法学》《河北省塞罕坝草原固碳生态产品项目方法学》《河北省白洋淀芦苇固碳生态产品项目方法学》《河北省海水养殖双壳贝类固碳项目方法学》，四川省市场监督管理局发布的《竹林经营碳普惠方法学》(DB51/T 2985—2022)、《森林经营碳普惠方法学》(DB51/T 2982—2022)。

3.1.5　碳减排管理会计

“排碳有成本”，企业只要开工生产，就必然产生碳排放，就必然带有碳成本。碳成本的约束已经成为企业开展生产经营必须考虑的一个重要方面，每个企业在发展生产的同时均需注意节能减排协调发展，要考虑碳成本对企业的影响以及应对。这时碳减排管理会计的重要性就体现出来了。

对于碳排放量较高的重点排放单位，如果碳排放超标就必须到碳市场购买配额来清缴，这样造成了一个很高的碳成本，且这个成本还是逐年升高的。由于碳配额是有限供给的，存在出多少价都买不到配额的可能，导致企业无法履约清缴的后果将非常严重。

另外，当前国内重点排放单位的配额获取，免费配额占比非常高(90%以上都是免费的)，而同期欧盟的配额拍卖比例已达 57%以上。随着 2030 年碳达峰的到来，国内碳市场逐步与国际接轨，配额拍卖的比例必然将大幅上升，所带来的影响就是企业的碳成本大幅增长。今年是 2024 年，离 2030 年只有 6 年时间，如果不抓紧在有限的 6 年时间内通过碳减排使碳排放大幅降低，那么到了 2030 年，企业所面临商业环境的碳成本约束，很可能是企业无法承受的。

低碳供应链已经成为国际商业规则，也正在成为国内商业规则。对于大量的中小企业来说，加入产业链供应链是其生存的基础。在绿色低碳供应链重构时代，高碳企业如果不减排，将没有出路。

企业的碳减排举措，本质上是通过支付一个较小的短期的碳减排投入成本，来减少要长期支付的大额碳排放成本，如何抉择，需要管理碳会计数据来提供决策支持。另外，碳减排涉及的各种碳减排技术都有各自特点，如何来抉择，同样也需要会计数据来提供决策支持。

在企业开展的碳减排行动中，“减耗”“替碳”等工程技术是核心，但是减碳相关“商业技术”和“数字技术”也同样不可或缺。减碳工程技术与商业技术、数字技术是一个不可分割的整体，涉及碳数据的全生命周期管理。减碳商业技术包括碳交易技术、碳定价技术等；减碳数字技术包括碳区块链技术、碳遥感技术、碳监测无人机技术、碳数据分析技术、碳数据采集技术等。

3.2　支持碳减排的政策

3.2.1　地方出台的碳减排补贴政策

2020 年我国宣布“双碳”目标以来，各省市碳达峰碳中和规划基本已经制定完成。为了有效推动“双碳”工作的开展，围绕碳减排的奖励、补贴政策陆续出台。通过这些补贴政策我们可以发现，各地区政策的亮点各有不同。

1. 北京市

北京市经济和信息化局、北京市财政局发布的《2022年北京市高精尖产业发展资金实施指南》中规定:“对2021年1月1日至申报截止日期间竣工的,建设期不超过3年,固定资产投资不低于200万元的,在污染治理、污水资源化利用、高效节能设备利用、低碳发展、工业互联网+绿色制造等领域开展专项提升,或在清洁生产、节能节水、碳减排等方向实现绩效提升的项目,按不超过纳入奖励范围总投资的25%给予奖励;实施主体达到国家级绿色工厂、国家级绿色供应链管理企业(含下属企业)标准、空气重污染应急减排绩效评价B级以上(含绩效引领),或项目实施后单位产品能耗或水耗达到国家、行业或地方标准先进值的,按不超过纳入奖励范围总投资的30%给予奖励,单个企业年度奖励金额最高不超过3000万元。”

2. 上海市

上海市黄浦区人民政府发布了《黄浦区节能减排降碳专项资金管理办法》,支持范围广、力度大。

(1)产业节能减排降碳。对年节能量在20吨标准煤(含)以上或年降碳量30吨二氧化碳(含)以上的节能技改项目,给予1200元/吨标准煤或800元/吨二氧化碳的节能降碳量补贴,单个项目补贴金额最高不超过100万元。

(2)建筑节能减排降碳。对建筑节能减排降碳项目,经认定,按建筑规模、受益面积给予补贴。对获得市有关部门补贴的示范项目,按市级补贴金额,对项目给予1∶1匹配补贴。单个项目补贴金额最高不超过100万元。

(3)交通节能减排降碳。对创建充电桩示范小区给予一次性补贴不超过30万元。停车场、库公共充电桩和60千瓦以上快充充电桩占共享泊位总数的比例分别达到15%和5%以上,经认定,按项目投资额的10%给予扶持,最高不超过30万元。

(4)新能源技术应用。对纳入本区分布式光伏发电规模管理的光伏发电示范项目,按并网规模给予项目投资主体1800元/千瓦的补贴,或按项目实际投资额的30%给予补贴,对示范试点项目按实际投资额的40%给予补贴;对提供场地建设光伏且完成并网的产权所有者,按照固定资产投资和实施效果给予不超过实际投资额5%的一次性奖励。

2022年3月2日,《徐汇区节能减排降碳专项资金管理办法》印发,其中指出:

(1)鼓励产业节能减排降碳。①企业实施节能技改及产品应用项目,并实现明显的节能减排降碳效果的,按项目实现的年节能量给予每吨标准煤1200元的扶持,或按项目投资额中用于实现节能减排降碳功能部分给予20%的扶持。以上扶持最高不超过300万元。②企业获市级节能技改、清洁生产、循环经济项目扶持的,根据企业对本区节能减排降碳的贡献,最高按1∶1比例给予不超过300万元的区级资金匹配。

(2)鼓励建筑节能减排降碳。①企业在本区范围内实施建筑节能项目,且被列入上海市绿色建筑、整体装配式住宅建筑、既有建筑节能改造、超低能耗建筑、可再生能源与建筑一体化示范项目等建筑节能和绿色建筑示范项目的,根据项目对本区节能减排降碳的贡献,最高按

1∶0.5比例给予区级资金匹配。单个示范项目最高不超过300万元。②企业在本区范围内实施既有大型公共建筑节能改造，单位建筑面积能耗下降不低于10%(按标准煤折算)，经认定的，按受益面积每平方米不超过10元的标准给予补贴；或实现年节能量30吨标准煤以上，经认定的，按实现的年节能量给予最高每吨标准煤1200元的补贴。单个项目最高按项目投资总额的30%，给予最高不超过200万元的扶持。③采用调适、用能托管等建筑节能创新模式的楼宇节能低碳项目，单位建筑面积能耗下降不低于10%(按标准煤折算)，经认定的，按受益面积每平方米不超过7.5元的标准给予补贴，单个项目最高不超过100万元。

3. 江苏省

2022年2月25日，江苏省人民政府办公厅发布《省政府关于实施与减污降碳成效挂钩财政政策的通知》，其中指出：

2021年度起，将各市、县(市)排放的化学需氧量、氨氮、总氮、总磷、氮氧化物、颗粒物、挥发性有机物等7项污染物总量作为考核挂钩标的，将碳排放强度作为调节因子，省财政依据挂钩标的和调节因子收取污染物排放统筹资金。纳入标的的污染物种类可结合环境变化和政策执行情况做适当调整。

对空气质量优良天数比率、PM2.5年均浓度、地表水省考以上断面优良比例(达到或优于Ⅲ类比例)、城市集中式饮用水水源地达到或优于Ⅲ类比例、单位地区生产总值二氧化碳排放下降率5项指标达到目标任务的市、县(市)，各按收取该市、县(市)统筹资金总额的10%进行返还。

对单位地区生产总值二氧化碳排放下降率达到年度目标任务且有进一步改善的市、县(市)进行奖励。下降率每比目标任务改善0.1个百分点的按收取该市、县(市)统筹资金总额的1%进行奖励，奖励上限为10%。

4. 浙江省

2021年5月，中国人民银行杭州中心支行联合浙江银保监局、省发展改革委、省生态环境厅、省财政厅发布《关于金融支持碳达峰碳中和的指导意见》，在全国率先出台金融支持碳达峰碳中和10个方面25项举措。该指导意见明确指出将建立信贷支持绿色低碳发展的正面清单，支持省级“零碳”试点单位和低碳工业园区的低碳项目，支持高碳企业低碳化转型；拓宽绿色低碳企业直接融资渠道，支持符合条件企业发行碳中和债等绿色债务融资工具。

2021年9月24日，杭州市科学技术局印发《杭州市科创领域碳达峰行动方案》，行动方案围绕“四个创新”，面向能源、工业、建筑、交通、农业、居民生活等6大领域，构建杭州市绿色低碳技术创新体系；围绕6大领域，聚焦绿色低碳、减污降碳和碳负排放技术研究方向，支持西湖大学牵头建设能源与碳中和省实验室，鼓励企事业单位建设科技创新服务平台，符合条件的，按《杭州市科技创新券实施管理办法》给予支持，对平台建设期内的设备投入，给予30%的补助，最高不超过500万元。

5. 广东省

2021 年 5 月 22 日,《广州市黄埔区 广州开发区 广州高新区促进绿色低碳发展办法》印发,进一步放大财政资金的带动作用。文件指出,对纳入监管的重点用能单位实施节能降耗,最高补贴 1000 万元;对企业实施循环经济和资源综合利用项目的按实际投资总额给予最高 200 万元补助;对建设充电基础设施项目的给予最高 100 万元补贴;对在区内举办国际级或国家级新能源绿色产业峰会、重大论坛、创新大赛等活动的给予最高 100 万元补贴。

列入国家、省、市、区监管的重点用能单位,在完成节能主管部门下达的能源“双控”目标的前提下,对 2025 年度较 2020 年度产值未下降而年综合能源消费总量下降 200 吨标准煤以上,或 2025 年度较 2020 年度产值增长 25%以上、万元产值能耗下降 10%以上的,按节能量给予 500 元/吨标准煤补贴,补贴最高 1000 万元。

6. 云南省

2022 年 1 月 30 日,云南省发布《关于 2022 年稳增长的若干政策措施》,文件指出:“支持重点园区优化提升。力争发行不低于 200 亿元地方政府专项债券,用于标准化现代产业园区建设。对列入园区循环化改造清单的项目,优先争取中央预算内资金支持。选取 5 个园区开展清洁生产改造先进技术应用示范,每个示范点给予 200 万元奖励。对成功创建为国家绿色低碳示范园区、循环化改造示范园区、绿色低碳工业园区、生态工业示范园区的,给予一次性 500 万元奖励。”

3.2.2 央行的碳减排支持工具

中国人民银行 2021 年 11 月 8 日宣布,推出碳减排支持工具。人民银行通过碳减排支持工具向金融机构提供低成本资金,引导金融机构在自主决策、自担风险的前提下,向碳减排重点领域内的各类企业一视同仁提供碳减排贷款,贷款利率应与同期限档次贷款市场报价利率(LPR)大致持平。

碳减排支持工具发放对象暂定为全国性金融机构,人民银行通过“先贷后借”的直达机制,对金融机构向碳减排重点领域内相关企业发放的符合条件的碳减排贷款,按贷款本金的 60%提供资金支持,利率为 1.75%,期限 1 年,可展期 2 次。金融机构获得碳减排支持工具支持后,需按季度向社会披露碳减排支持工具支持的碳减排领域、项目数量、贷款金额和加权平均利率以及碳减排数据等信息,接受社会公众监督。

为保障碳减排支持工具的精准性和直达性,人民银行要求金融机构公开披露发放碳减排贷款的情况以及贷款带动的碳减排数量等信息,并由第三方专业机构对这些信息进行核实验证,接受社会公众监督。碳减排支持工具重点支持清洁能源、节能环保和碳减排技术 3 个碳减排领域。初期的碳减排重点领域范围突出“小而精”,重点支持正处于发展起步阶段,但促进碳减排的空间较大,给予一定的金融支持可以带来显著碳减排效应的行业。

3.2.3 财政部的碳减排支持政策

2022年5月25日，财政部发布《财政支持做好碳达峰碳中和工作的意见》，明确了财政支持实现“双碳”目标的主要目标、6大重点方向和领域，并推出5大政策举措和4大保障措施。

意见提出，到2025年，财政政策工具不断丰富，有利于绿色低碳发展的财税政策框架初步建立，有力支持各地区各行业加快绿色低碳转型。2030年前，有利于绿色低碳发展的财税政策体系基本形成，促进绿色低碳发展的长效机制逐步建立，推动碳达峰目标顺利实现。2060年前，财政支持绿色低碳发展政策体系成熟健全，推动碳中和目标顺利实现。

财政支持做好碳达峰碳中和工作的重点方向和领域包括6个方面：一是支持构建清洁低碳安全高效的能源体系；二是支持重点行业领域绿色低碳转型；三是支持绿色低碳科技创新和基础能力建设；四是支持绿色低碳生活和资源节约利用；五是支持碳汇能力巩固提升；六是支持完善绿色低碳市场体系。

意见中还提出了具体的财政政策举措，主要包括以下5个方面：

(1)强化财政资金支持引导作用。财政资金安排紧紧围绕党中央、国务院关于碳达峰碳中和有关工作部署，资金分配突出重点，强化对重点行业领域的保障力度，提高资金政策的精准性。

(2)健全市场化多元化投入机制。充分发挥包括国家绿色发展基金在内的现有政府投资基金的引导作用。鼓励社会资本以市场化方式设立绿色低碳产业投资基金。将符合条件的绿色低碳发展项目纳入政府债券支持范围。采取多种方式支持生态环境领域政府和社会资本合作(public-private-partnership，PPP)项目，规范地方政府对PPP项目履约行为。

(3)发挥税收政策激励约束作用。落实环境保护税、资源税、消费税、车船税、车辆购置税、增值税、企业所得税等税收政策；落实节能节水、资源综合利用等税收优惠政策，研究支持碳减排相关税收政策，更好地发挥税收对市场主体绿色低碳发展的促进作用。按照加快推进绿色低碳发展和持续改善环境质量的要求，优化关税结构。

(4)完善政府绿色采购政策。建立健全绿色低碳产品的政府采购需求标准体系，分类制定绿色建筑和绿色建材政府采购需求标准。大力推广应用装配式建筑和绿色建材，促进建筑品质提升。加大新能源、清洁能源公务用车和用船政府采购力度，机要通信等公务用车除特殊地理环境等因素外原则上采购新能源汽车，优先采购提供新能源汽车的租赁服务，公务用船优先采购新能源、清洁能源船舶。

(5)加强应对气候变化国际合作。立足我国发展中国家定位，稳定现有多边和双边气候融资渠道，继续争取国际金融组织和外国政府对我国的技术、资金、项目援助。积极参与联合国气候资金谈判，推动《联合国气候变化框架公约》及《巴黎协定》全面有效实施，打造“一带一路”绿色化、低碳化品牌，协同推进全球气候和环境治理。密切跟踪并积极参与国际可持续披露准则制定。

3.3 酒店业的碳减排措施

3.3.1 酒店业的主要碳管理政策

作为旅游业的重要支柱，酒店业一直都是“高排放、高能耗”的行业。根据联合国世界旅游组织的数据，酒店对全球碳排放的贡献率约为1%。在2022年全球排放的363亿吨二氧化碳中，酒店贡献了大约3.63亿吨。截至2023年3月，全球酒店业的碳排放量仍超过全球平均水平。可持续酒店业联盟数据显示，酒店业需要在2030年前减少66%的绝对碳排放量，在2050年前减少90%的绝对碳排放量，才能确保酒店业经济增长与碳排放脱钩，实现可持续发展。酒店业减碳不仅任务繁重，而且迫在眉睫。

近年来，我国先后出台了一系列酒店业碳减排制度。

2006年，我国首次发布《绿色旅游饭店》(LB/T 007—2006)，规定了创建绿色旅游饭店、实施和改进环境管理的要求。此后，又相继出台了有关绿色酒店的标准，如《绿色饭店等级评定规定》(SB/T 10356—2002)、《绿色饭店》(GB/T 21084—2007)、《绿色饭店建筑评价标准》(GB/T 51165—2016)等。

2007年，商务部出台“绿色饭店”评分标准，重在强调有无节能减排系统运用、有无环境保护类的设计等方面，但是对酒店碳排放量的范围及测算并没有明确的界定与标准。

2011年，《旅游饭店节能减排指引》(LB/T 018—2011)给出了饭店综合能源的计算方法，但是该方法中测算的能耗都来自一次能源与二次能源，对酒店间接产生的碳排放，如一次性用品的使用、污染物排放等没有进行计算。

2021年，《国务院关于加快建立健全绿色低碳循环发展经济体系的指导意见》出台，指出我国需有序发展出行、住宿等领域共享经济，规范发展闲置资源交易，需倡导酒店、餐饮等行业不主动提供一次性用品。

2023年，国内酒店行业已开始探索可量化、可检测、可视化的酒店低碳化解决方案。3月，“零碳酒店”“零碳景区”团体标准立项论证会议在北京举行。4月，国内首个低碳酒店碳标签标准正式启动，对酒店投资人及从业者在项目规划、建筑设计、用能排放、运维消耗、用品采购等方面进行相关碳标签评价技术规范的设定分析，同时还对标准的边界、范围、评价方法及星级判定等方面进行完善。10月，携程在全球合作伙伴峰会上率先推出可量化、可检测、可提升的低碳酒店标准，以合作酒店提交的燃气费、电费账单(酒店碳排放主要来源)和低碳举措为计算池，推动酒店业界朝着可持续方向迈进。11月，深圳市罗湖区率先发布《低碳酒店评价规范》团体标准，这是深圳第一个酒店行业方面的低碳专业标准。2024年起，深圳酒店行业碳排放将被纳入政府整体碳管理范围。

我国有关酒店业的主要碳管理政策如表3-1所示。

表 3-1　我国有关酒店业的主要碳管理政策

政策名称	发布时间	政策内容
《绿色旅游饭店》	2006 年	规定了创建绿色旅游饭店、实施和改进环境管理的要求
《绿色饭店》	2007 年	强调有无节能减排系统运用、有无环境保护类的设计
《旅游饭店节能减排指引》	2011 年	给出了饭店综合能源的计算方法
《国务院关于加快建立健全绿色低碳循环发展经济体系的指导意见》	2021 年	倡导酒店、餐饮等行业不主动提供一次性用品

3.3.2　酒店业的典型碳减排措施

我国作为全球主要的旅游市场之一，酒店业的快速发展带来了高能耗和高碳排放问题，中国酒店业已然表现出迫在眉睫的低碳转型需求。《中国饭店业务统计》2021 年的能耗数据显示，全服务酒店平均每间住客房的能耗为 182kW · h，通过与酒店产业更为成熟的市场横向对比来看，中国酒店业的能耗还有较大的优化空间。

国内碳中和酒店试点建设已经迈出第一步，行业内绿色低碳实践、低碳酒店建设探索也逐渐增多。2013 年 3 月，北京稻香湖景酒店成为中国第一家 PAS 2060 碳中和酒店；2023 年 2 月，天津水晶宫饭店获得“碳中和证书”，成为天津首家碳中和酒店；2023 年 4 月，上海艾迪逊酒店完成了更新改造和相关认证工作，成为全国首家城市更新碳中和酒店。

近年来，洲际、雅高等多家酒店集团陆续宣布，推出环保解决方案，包括逐步停止使用一次性塑料制品、采用可再生生物降解材料制品取代客房洗浴用品的塑料包装，以及逐步改用大瓶装洗护用品等。此外，有调查显示，水费普遍占酒店日常运维总费用的 10%，选用不产生有害化学物质天然环保的洗涤用品也会减轻酒店污水处理负担。

实现低碳发展，并不是仅凭酒店自身就能完成的，对于酒店行业的上下游行业也是一种考验。酒店供应链的低碳化探索只是开始，需要以更高格局与更广视角来看待低碳问题。对酒店而言，要想真正推进低碳建设，除节能降耗外，还要从设计、建设、运营和管理各个环节实现资源利用最大化，依托强大的供应链企业从细节开启酒店全周期的探索。

首先，酒店筹建是个综合性项目，涉及工程设计、建材选用、日化品配给等多个方面。在房间的基础施工阶段，区别于传统酒店，低碳酒店的硬装、软装往往会采用可循环再生材料。高科技的低碳环保设备意味着高额的前期投入，后期还存在维护、运营成本，对大型酒店集团来说尚可接受，但对中小型酒店，基于投资回报以及短期收益与长期收益间的考量，有一定的难度。

其次，酒店行业要想做好低碳建设，供应链的甄选也是一大难点。酒店作为典型的服务场所，其很多用品拥有“一次性”和“易耗”等特征，而且在运营过程中，这些产品的使用和更新无疑会造成浪费和污染。这就要求酒店在甄选酒店用品供应商时，应更加注重其原料品质和低碳技术以及创新研发水平，在保证酒店用品质量的同时，从产品端减少“碳排放”。

3.3.3 酒店业的典型碳减排实践

1. 万豪国际酒店集团公司的碳减排实践

万豪在2021年9月提出"最晚于2050年净零排放"目标，并将减少浪费、节能减排、尽责采购作为公司"全球2025年可持续发展目标"的具体举措。

在减少浪费方面，万豪计划完成所有中国酒店客房内大号可回收泵头瓶替换一次性塑料小瓶装沐浴用品，此举将使所有酒店有望每年减少1.4亿个小塑料瓶进入垃圾填埋场，但是发现一些宾客可能更喜欢小型塑料瓶，因为他们可以带回家以便今后重复使用。对此，公司积极倾听并对宾客予以引导，当得知替换举措能为当地社区和环境带来积极影响时，宾客对此表示十分支持与理解。

万豪还在中国的酒店试行通过人工智能和大数据来跟踪、控制和减少酒店的食物浪费，包括从食品出品、食材准备和储存3个环节进行改良，鼓励宾客在酒店用餐结束后将剩余食物打包，并提供可降解的打包餐盒。此外，万豪还推广咖啡胶囊（胶囊的铝箔包装可被回收再利用于零件或者衣服的部分材质，而咖啡渣则可以回收再加工为鞋子的部分材质）和肥皂回收计划（重新加工的回收皂将寄往有需要的地区，帮助当地人提升个人卫生），通过实现相关用品回收再利用，从而提高废物资源化利用水平。

万豪对供应商采用"尽责采购"的准入标准，在采购每种产品之前，公司会去了解供应商是否能够提供相应的可持续产品证书和许可，同时向所有中国区酒店提供由海洋管理委员会认证的供应商，目的是支持可持续渔业的发展，促进海洋环境保护。此外，万豪推行非笼养鸡的方式帮助改善鸡群的健康，从而提供更高品质的鸡蛋。

为了助力全球碳减排目标的实现，万豪利用可再生能源来预热生活用水和发电，从而减少电能的消耗，并为每家酒店设立具体的碳减排目标，集团的环境可持续发展中心对各酒店的环境数据进行科学有效的监测和管理。相比于2016年，2021年，万豪的碳排放强度减少了30.36%，能源（电能、天然气等）消耗强度减少了21.44%。万豪计划于2024年在中国完成32家度假酒店的太阳能安装，并于2025年完成200多家管理酒店的绿色酒店认证。

此外，万豪还携手宝马倡导"绿色出行"，并打造"益起旅行"体验项目，全方位践行负责任的旅行。截至2023年1月30日，万豪在位于中国14座城市的42家酒店配置了145辆宝马新能源车，安装了42个充电桩，以完善充电配套设施，持续推动绿色出行新体验。"益起旅行"体验项目意在鼓励游客去探索海洋保护、环境保护和服务社区及文化体验，与目的地建立更深层次的联结。

2. 上海静安香格里拉酒店的碳减排实践

低碳环保视角下绿色酒店的创建与经营，就是将生态环境保护的理念与消费者身心健康的需求充分融合起来，在酒店的经营管理中贯彻低碳环保的原则，从各方面各环节控制资源浪费和环境污染，使酒店在追求经济效益的同时，必须关注生态和社会效益，三者达到有机统一，从而实现酒店的绿色、环保、健康、可持续发展。在低碳环保的大背景下，发展"绿色酒店"更加显现出其重要的现实意义。

作为面向社会消费者的服务性行业，酒店行业的绿色发展还受到绿色消费理念的影响。波士顿咨询公司2022年发布的《全球消费者可持续行为最新洞察》提到，中国消费者在可持续理念、行动及为可持续产品支付溢价的意愿领先世界。酒店行业加速绿色转型，不仅能提升消费者满意度，还将提升经济效益。因此，许多高端酒店结合自身特点，开始对酒店硬件进行节能改造。但是在改造前，酒店如何寻找设施的节能减耗突破点？改造中，如何降低对酒店日常运营的影响？在实际运行中，如何提升系统效率和节能成效？上海静安香格里拉酒店做了成功的探索和实践。

(1)着眼于"泵"，破解高耗能设施难题。酒店能耗的主要来源为与电、水、气相关的使用设施，如空调系统、给排水系统、热水锅炉系统等。锁定该类高耗能设施后，剖析其共有的关键部件——水泵，就可以很快地找到节能减耗突破点。

上海静安香格里拉酒店于2013年正式运营，酒店热水系统已运行十余年之久。为确保客人享受到一如既往的高质量入住体验，提升酒店绿色低碳水平，酒店急需对热水系统进行节能改造。上海静安香格里拉酒店采用蒸汽锅炉为酒店生活热水和冬季采暖提供热源。改造面临的挑战主要有：一是传统蒸汽锅炉的热源配置，导致系统运行能耗大；二是蒸汽系统存在噪声大、冷凝水回收难、蒸汽损失大等一系列问题，设备维护保养难度高；三是系统的改造不能影响酒店的正常运营，施工面临时间短、空间小的双重压力。针对上海静安香格里拉酒店的需求，格兰富水泵(上海)有限公司联合专业的节能服务合作伙伴，全面配合诊断酒店用能状况，对酒店能耗优化、节能减排技术方案进行探讨。

(2)多维赋能，见证水泵系统改造潜力。在此次项目中，格兰富同节能服务伙伴一起为酒店创新定制解决方案，通过高效智能的泵组模块为整个方案进一步赋能，协同合作多维优化酒店热水系统改造，帮助酒店加速实现绿色转型。最终的改造方案是，酒店采用了空气源热泵和水源热泵作为热源替代原有蒸汽锅炉系统。在空气源热泵机组的配置上，机组及其大部分配套循环水泵需要安装在室外。为了规避传统室外水泵安装方式防护性差、设备易被腐蚀、故障率高等问题，格兰富采用了箱体结构防护性好、紧凑又方便安装的智能泵组模块，以精巧、便捷、智能化的优势，大大减少了安装运维的成本，提升了节能效果。由于水源热泵机组安装于各设备层，靠近住宿区，因此需要在运行过程中尽可能降低噪声，保障客人入住的舒适度。在此过程中，格兰富智能E泵再次展现了静音、高效、省时省地的多维优势：机组静音运行震动小，为住户提供了更静谧的舒适环境；IE5永磁变频电机能效高、节省运行费用的同时还能降低碳排放量；模块化设备便于现场安装，可以缩短施工周期并节省安装空间，有效降低了改造对酒店正常运营造成的影响。格兰富创新的系统解决方案通过完成从蒸汽锅炉到热泵的绿色节能低碳改造，有效助推了上海静安香格里拉的低碳绿色转型。经过实际运行对比，智能E泵系统的能效水平比传统解决方案高出15%以上，能从系统、服务、运维的节能中更快回收改造成本，帮助酒店获得非常可观的年节能收益，提升消费者的住宿满意度。

3.4 碳减排实验

3.4.1 实验介绍

1. 实验背景

知链集团是一家总部位于北京海淀区的集住宿、餐饮、会议、休闲于一体的商务酒店集团，拥有多个酒店及公寓品牌，下属酒店数量有数十家，覆盖了从经济型到豪华酒店市场。知链集团 2021 年碳排放量超过 1 万吨，是北京市重点碳排放单位，接受北京市生态环境局的强制减排配额管理。为响应北京市“双碳”政策实施的要求，集团积极践行可持续发展理念，主动承担社会责任，维护社会公共利益，重视生态环境保护，推动酒店行业和社会的绿色可持续发展，为环境和社会的进步贡献力量。2024 年度将以上年为基准年，启动碳减排项目的目标规划工作。

2. 实验数据

(1)企业基准年碳排放总量:3 万吨。

(2)企业核算期碳排放减排比例:10%。

(3)企业核算期碳减排量:3000 吨。

(4)企业预算资金上限:2000 万元。

3. 实验目标

(1)认知和理解饭店开展碳减排的意义、实施过程;

(2)掌握碳减排目标设置和行动计划规划实施技能;

(3)理解相关成本支出主要类型以及碳减排量计算思路;

(4)强化绿色低碳理念与绿色低碳生产生活方式。

4. 实验流程

整个实验流程如图 3-1 所示。企业对自己碳家底进行分析并提出减排项目规划，提出技术减排和管理减排措施，制定项目预算，按确定的项目进行“绿贷”申请，然后进行碳减排实施，“绿贷”还贷，以及按照“绿贷”要求进行碳数据披露。

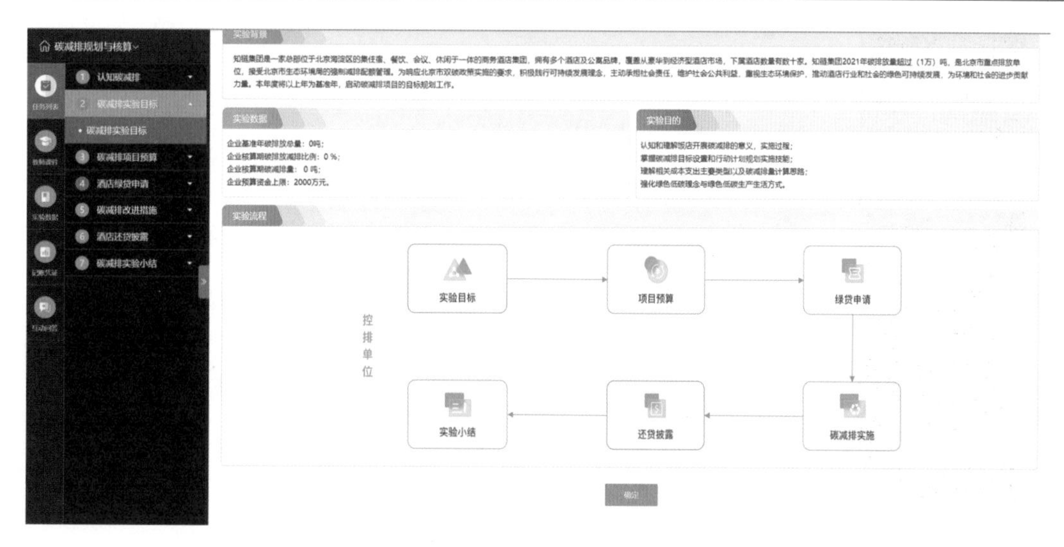

图 3－1　碳减排实验流程

3.4.2　碳减排预算——节能改造项目

1. 任务说明

本任务是对节能改造项目进行预算，根据提供的实验数据和实验公式，计算单个项目的减排量和节约费用金额，确定预算数量，系统自动计算项目总体减排量和减排金额。

相关主要操作界面如图 3－2、图 3－3 所示。

图 3－2　节能改造项目选择

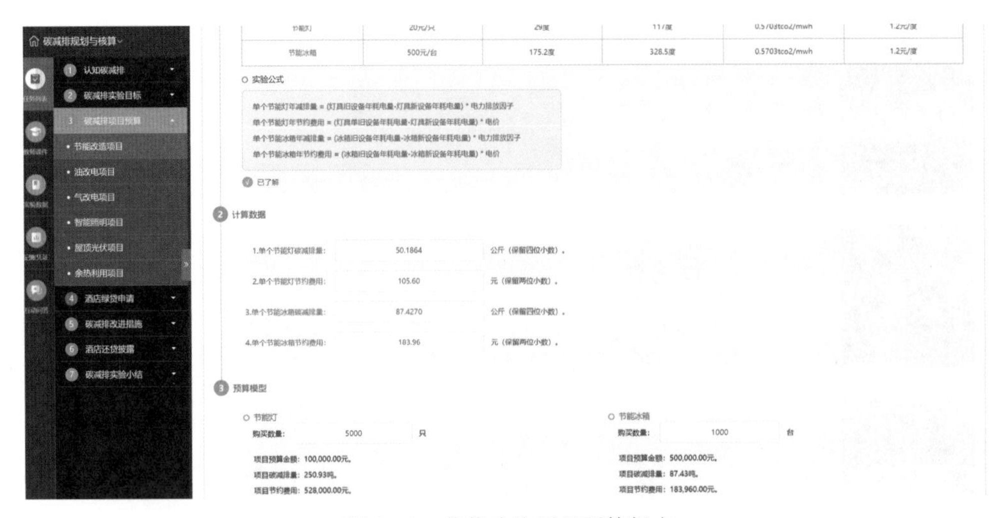

图 3-3　节能改造项目预算提交

2. 任务操作

(1)碳减排预算的技术措施中,选择节能改造项目。

(2)了解节能改造项目的案例数据。

(3)计算节能改造项目带来的碳减排量。

(4)填写节能改造项目预算,并提交。

3.4.3　碳减排预算——油改电项目

1. 任务说明

本任务是对油改电项目进行预算,根据提供的实验数据和实验公式,计算单个项目的减排量和节约费用金额,确定预算数量,系统自动计算项目总体减排量和减排金额。

相关主要操作界面如图 3-4、图 3-5 所示。

图 3-4　了解油改电项目案例数据

图 3－5　油改电项目预算计算和提交

2. 任务操作

(1)碳减排预算的技术措施中,选择油改电项目。

(2)了解油改电项目的案例数据。

(3)计算油改电项目带来的碳减排量。

(4)填写油改电项目预算,并提交。

3.4.4　碳减排预算——气改电项目

1. 任务说明

本任务是对气改电项目进行预算,根据提供的实验数据和实验公式,计算单个项目的减排量和节约费用金额,确定预算数量,系统自动计算项目总体减排量和减排金额。

相关主要操作界面如图 3－6、图 3－7 所示。

图 3－6　了解气改电项目案例数据

图 3-7 气改电项目预算计算和提交

2. 任务操作

(1)碳减排预算的技术措施中,选择气改电项目。

(2)了解气改电项目的案例数据。

(3)计算气改电项目带来的碳减排量。

(4)填写气改电项目预算,并提交。

3.4.5 碳减排预算——智能照明项目

1. 任务说明

本任务是对智能照明项目进行预算,根据提供的实验数据和实验公式,计算单个项目的减排量和节约费用金额,确定预算数量,系统自动计算项目总体减排量和减排金额。

相关主要操作界面如图 3-8、图 3-9 所示。

图 3-8 了解智能照明项目案例数据

图 3－9　智能照明项目预算计算和提交

2. 任务操作

(1)碳减排预算的技术措施中，选择智能照明项目。

(2)了解智能照明项目的案例数据。

(3)计算智能照明项目带来的碳减排量。

(4)填写智能照明项目预算，并提交。

3.4.6　碳减排预算——屋顶光伏项目

1. 任务说明

本任务是对屋顶光伏项目进行预算，根据提供的实验数据和实验公式，计算单个项目的减排量和节约费用金额，确定预算数量，系统自动计算项目总体减排量和减排金额。

相关主要操作界面如图 3－10、图 3－11 所示。

图 3－10　了解屋顶光伏项目案例数据

图 3-11　屋顶光伏项目预算计算和提交

2. 任务操作

(1)碳减排预算的技术措施中,选择屋顶光伏项目。

(2)了解屋顶光伏项目的案例数据。

(3)计算屋顶光伏项目带来的碳减排量。

(4)填写屋顶光伏项目预算,并提交。

3.4.7　碳减排预算——余热利用项目

1. 任务说明

本任务是对余热利用项目进行预算,根据提供的实验数据和实验公式,计算单个项目的减排量和节约费用金额,确定预算数量,系统自动计算项目总体减排量和减排金额。

相关主要操作界面如图 3-12、图 3-13 所示。

图 3-12　了解余热利用项目案例数据

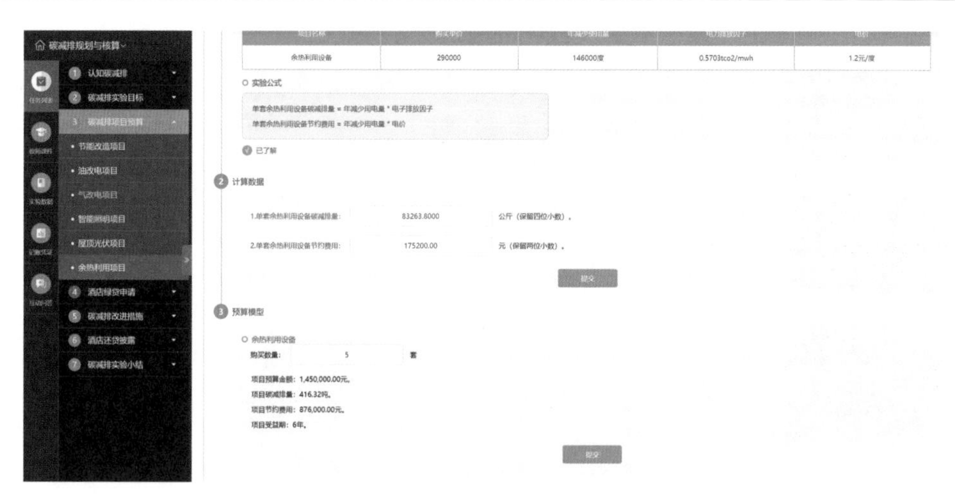

图 3－13　余热利用项目预算计算和提交

2. 任务操作

(1)碳减排预算的技术措施中,选择余热利用项目。

(2)了解余热利用项目的案例数据。

(3)计算余热利用项目带来的碳减排量。

(4)填写余热利用项目预算,并提交。

3.4.8　酒店绿贷申请

1. 任务说明

在前面碳减排预算中,确定了选择哪些碳减排项目,确定了项目碳减排的总预算。在本任务实验中,将根据上一任务确定的策略预算金额,完成所需资金筹措,选择贷款策略,进行绿贷申请,签订贷款合同,进行账务处理。

相关主要操作界面如图 3－14、图 3－15 所示。

图 3－14　贷款策略选择

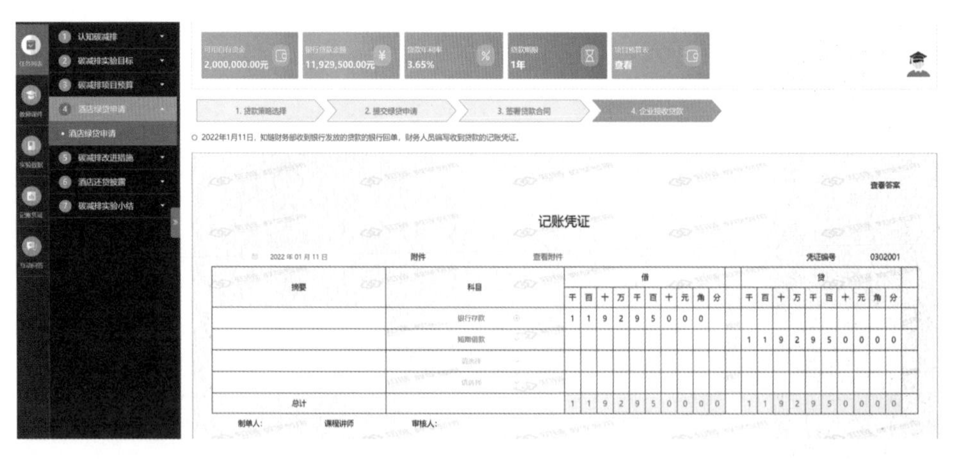

图 3-15　接受绿贷并填写记账凭证

2. 任务操作

(1)就碳减排预算的资金筹措事项,进行贷款策略选择,包括全额贷款、部分贷款。

(2)确定策略之后,填写绿贷申请表进行绿贷申请并向银行提交。

(3)所提申请获得银行批准后,签订贷款合同。

(4)收到银行贷款,填写记账凭证。

3.4.9　酒店碳改进——节能改造项目

1. 任务说明

本任务中,将根据预算制订采购计划,执行节能设备的采购,根据采购的原始凭证填写记账凭证;对旧设备进行报废处理,结转报废损益,填写相应的记账凭证。年末根据监测的数据计算节能设备的碳减排量。

相关主要操作界面如图 3-16、图 3-17 所示。

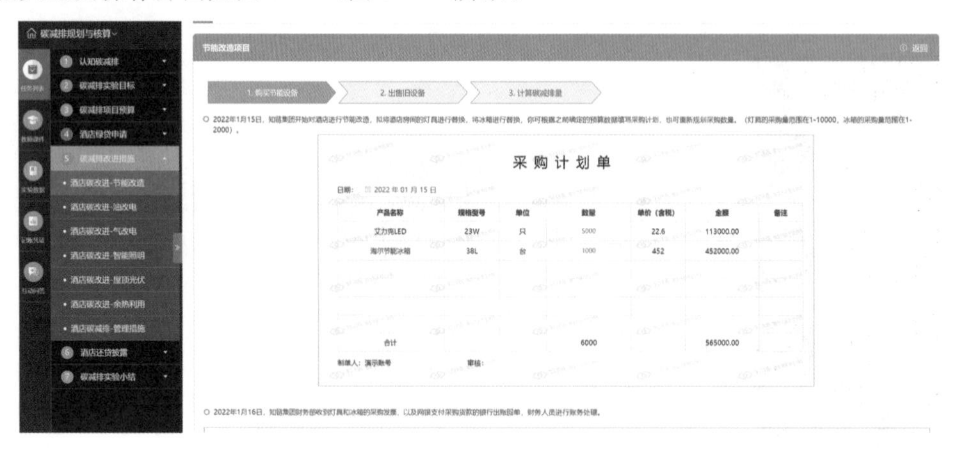

图 3-16　节能设备的采购计划单

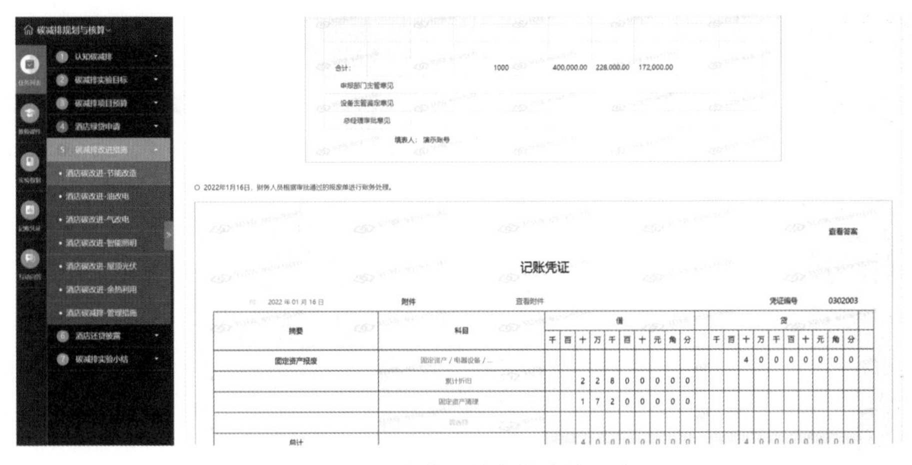

图 3 - 17　出售旧设备的会计记账

2. 任务操作

(1)购买节能设备,填写采购计划单。收到采购发票进行付款,财务人员作账务处理。

(2)对旧设备作报废处理,提交固定资产报废单,财务人员根据审批通过的报废单作账务处理。

(3)对旧设备变卖,收款和开票,之后作账务处理。

(4)进行节能改造所带来的碳减排量的计算。

3.4.10　酒店碳改进——油改电项目

1. 任务说明

在本任务中,将根据预算制订采购计划,执行新能源车的采购,根据采购的原始凭证填写记账凭证;对旧燃油车进行报废处理,结转报废损益,填写相应的记账凭证。年末根据监测的数据计算新能源车的碳减排量。

相关主要操作界面如图 3 - 18、图 3 - 19 所示。

2. 任务操作

(1)采购新能源汽车,收票付款,财务人员作账务处理。

(2)对达到报废年限的旧燃油车作报废处理,提交固定资产报废单,财务人员根据审批通过的报废单作账务处理;对旧燃油车作变卖、收款和开票,之后作账务处理。

(3)研究油改电项目数据,对油改电所带来的碳减排量进行计算。

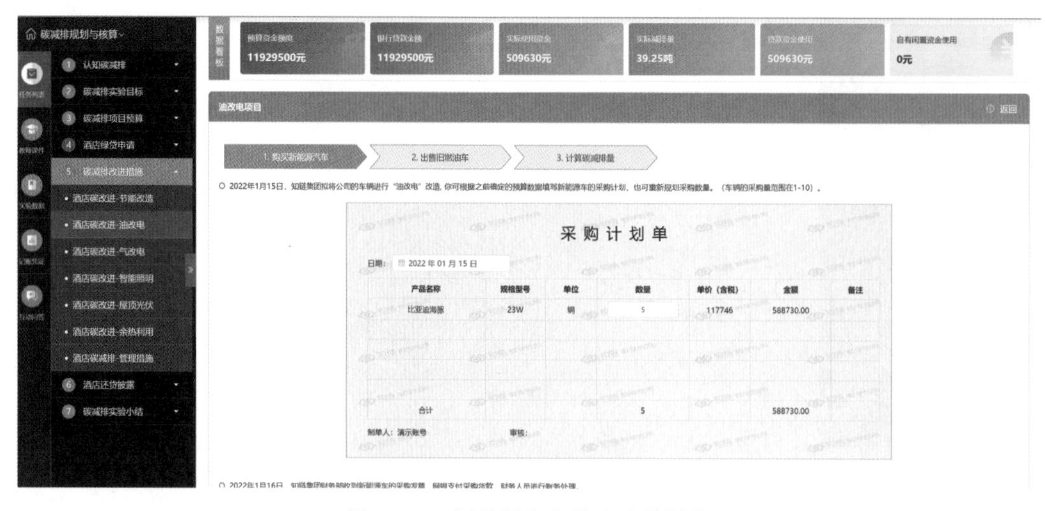

图 3－18 新能源汽车的采购计划单

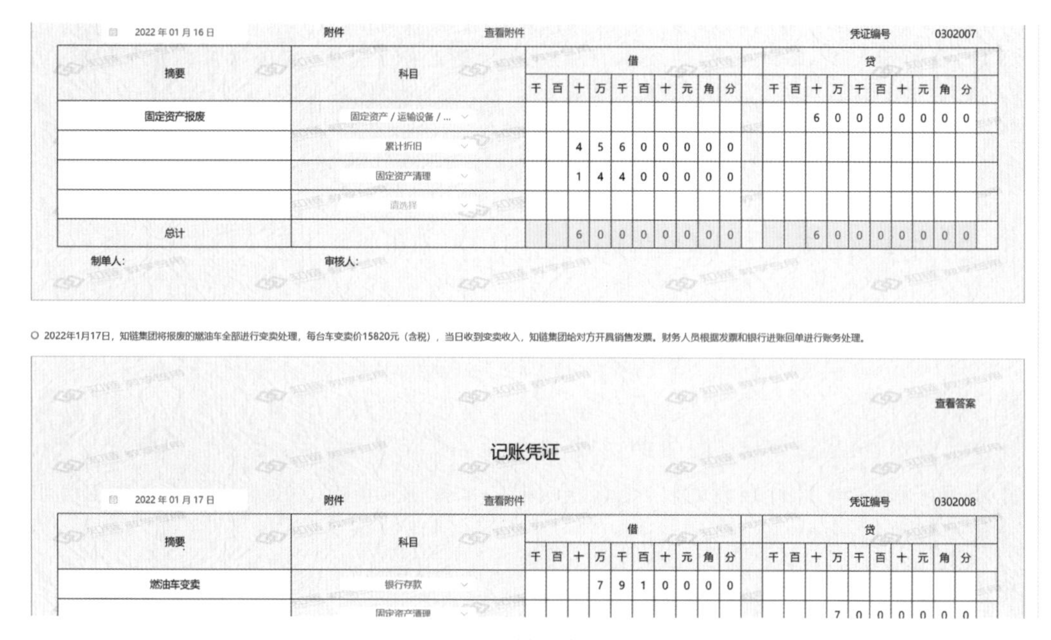

图 3－19 出售燃油车的会计记账

3.4.11 酒店碳改进——气改电项目

1. 任务说明

在本任务中，将根据预算制订采购计划，执行电灶具的采购和安装，根据采购与安装的原始凭证填写记账凭证；对旧燃气灶进行报废处理，结转报废损益，填写相应的记账凭证。年末根据监测的数据计算电灶具的减排量。

相关主要操作界面如图 3－20、图 3－21 所示。

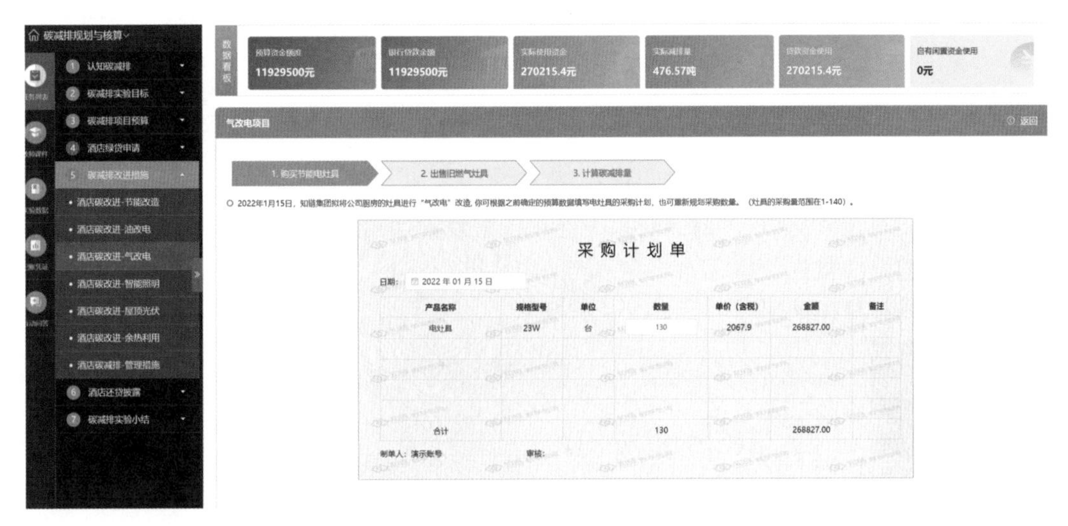

图 3－20　电灶具的采购计划单

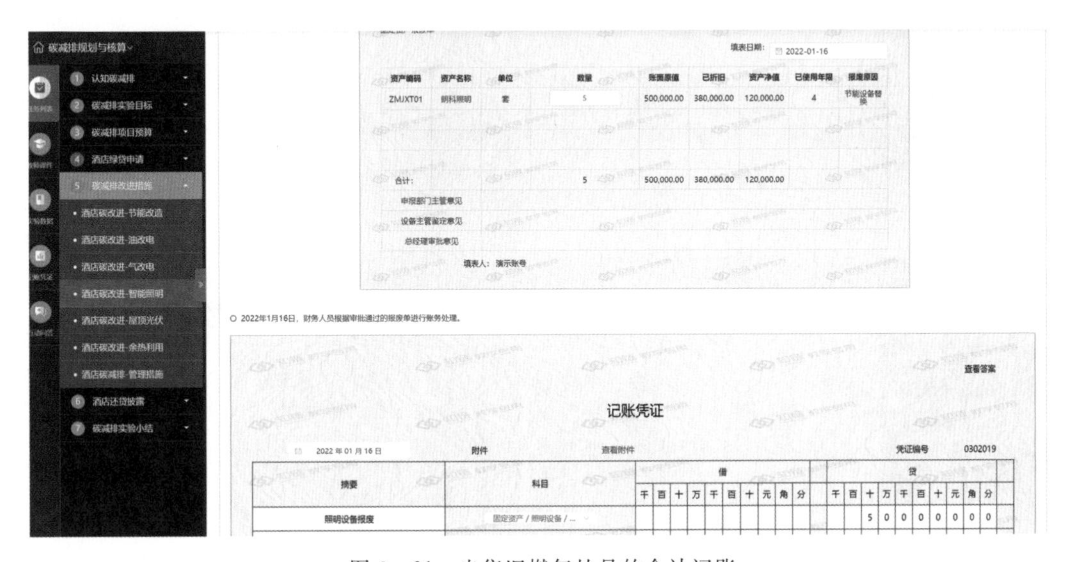

图 3－21　出售旧燃气灶具的会计记账

2. 任务操作

(1)购买节能电灶具并安装使用,付款收票,财务人员作账务处理。

(2)报废变卖原有燃气灶,获得变卖收入并开票,财务人员作账务处理。

(3)研究气改电项目数据,对气改电所带来的碳减排量进行计算。

3.4.12 酒店碳改进——智能照明项目

1. 任务说明

在本任务中，将根据预算制订采购计划，执行智能照明系统的采购和安装，根据采购与安装的原始凭证填写记账凭证；对旧照明系统进行报废处理，结转报废损益，填写相应的记账凭证。年末根据监测的数据计算智能照明系统的碳减排量。

相关主要操作界面如图 3-22、图 3-23 所示。

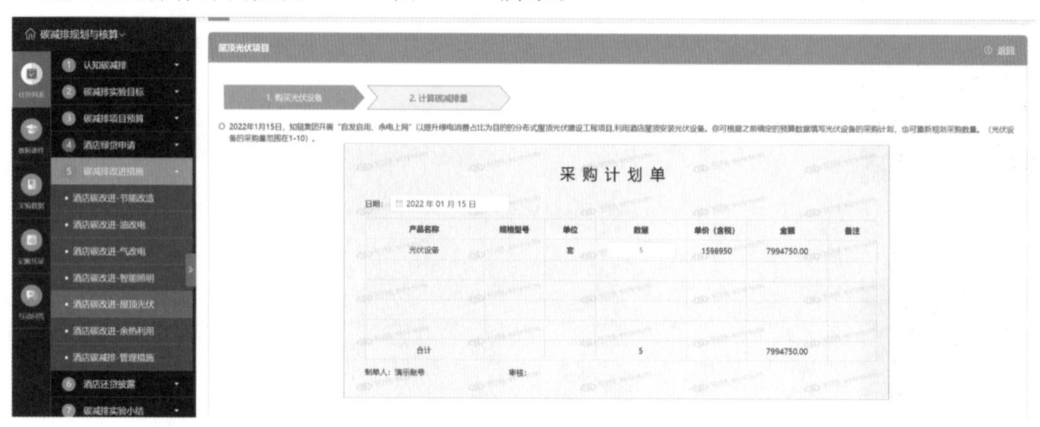

图 3-22 智能照明系统的采购计划单

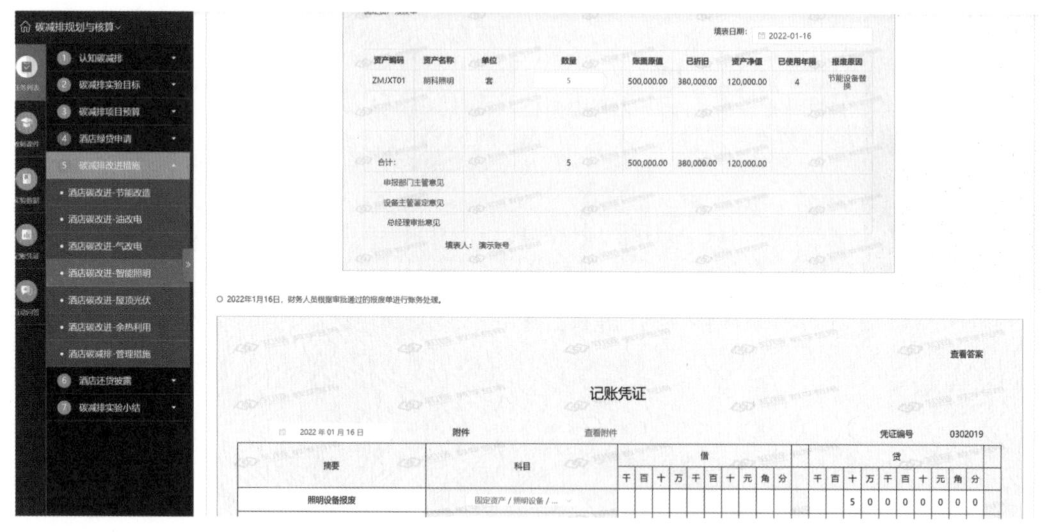

图 3-23 旧照明设备报废的会计记账

2. 任务操作

(1)制订采购计划，购买、安装新的智能照明系统，财务人员作账务处理。

(2)报废、变卖旧照明系统，财务人员作账务处理。

(3)根据监测数据，计算实施智能照明项目所带来的碳减排量。

3.4.13　酒店碳改进——屋顶光伏项目

1. 任务说明

在本任务中，将根据预算制订采购计划，执行屋顶光伏设备的采购和安装，根据采购与安装的原始凭证填写记账凭证；年末根据监测的数据计算屋顶光伏系统的碳减排量。

相关主要操作界面如图 3－24、图 3－25 所示。

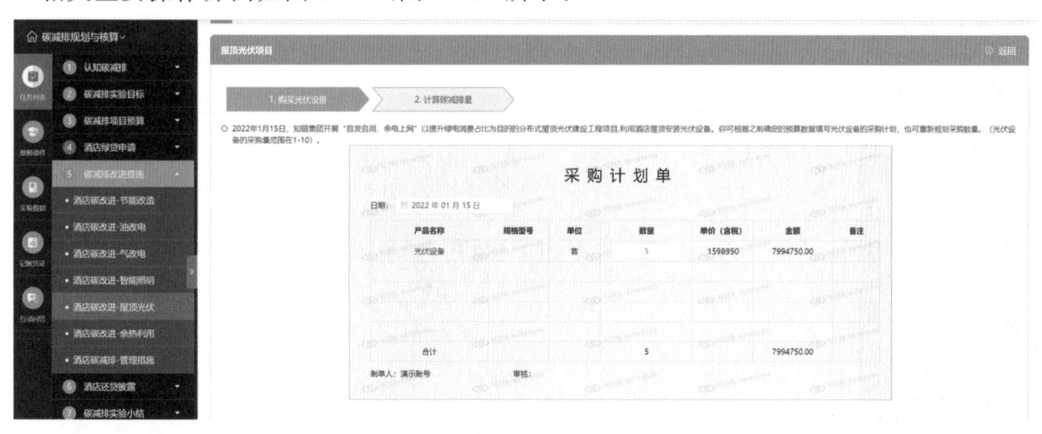

图 3－24　屋顶光伏设备的采购计划单

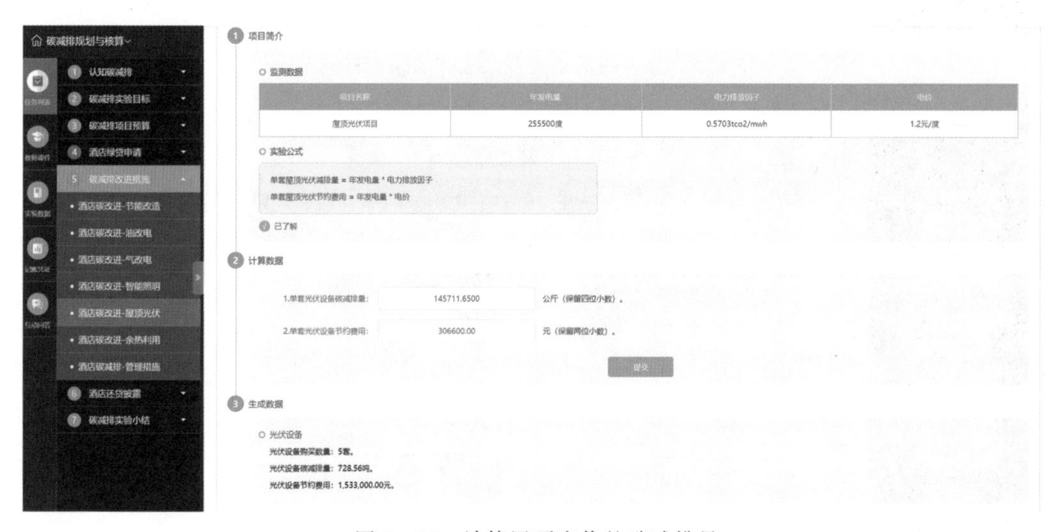

图 3－25　计算屋顶光伏的碳减排量

2. 任务操作

（1）制订采购计划，购买、安装屋顶光伏发电设备，财务人员作账务处理。

（2）根据屋顶光伏项目监测数据，计算实施屋顶光伏项目所带来的碳减排量。

3.4.14 酒店碳改进——余热利用项目

1. 任务说明

在本任务中，将根据预算制订采购计划，执行余热利用设备的采购和安装，根据采购与安装的原始凭证填写记账凭证；年末根据监测的数据计算余热利用系统的碳减排量。

相关主要操作界面如图 3-26、图 3-27 所示。

图 3-26 余热利用相关产品服务的采购计划单

图 3-27 计算余热利用项目的碳减排量

2. 任务操作

(1)对原有中央空调系统进行改造，制订相关产品服务的采购计划，采购余热利用项目相关产品服务，财务人员作账务处理。

(2)根据余热利用项目监测数据，计算实施该项目所带来的碳减排量。

3.4.15　酒店碳改进——管理措施项目

1. 任务说明

在本任务中，需了解酒店在管理方面进行的节能减碳措施，也可以进行创新，设计出合理的管理减排措施。年末根据实际监测数据计算管理措施执行后带来的碳减排量。

相关主要操作界面如图 3－28、图 3－29 所示。

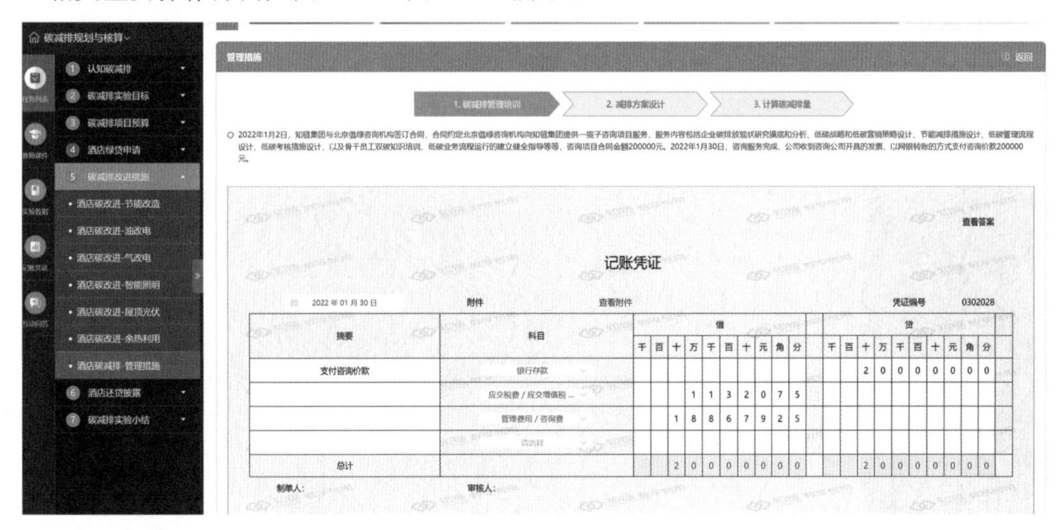

图 3－28　碳减排管理培训相关费用的记账凭证

图 3－29　管理措施项目的碳减排量计算

2. 任务操作

（1）按照案例说明的企业外聘咨询公司构建碳减排制度体系和支付相关费用，进行账务处理。

(2)进行酒店碳减排方案的设计,可包括:①物品洗涤碳减排;②减少客房的六小件消耗;③空调温控碳减排;④电视机开机碳减排;⑤酒店办公设备碳减排;⑥员工低碳工作碳减排。

(3)根据所采取的碳减排方案,计算所带来的碳减排量。

3.4.16 酒店还贷披露

1. 任务说明

在本任务中,首先计算可用于还贷的政府补贴金额和房费收入金额,填写还款单和还贷披露表,偿还企业贷款,并填写相应的记账凭证。

相关主要操作界面如图 3-30、图 3-31 所示。

图 3-30 政府补贴计算和会计处理

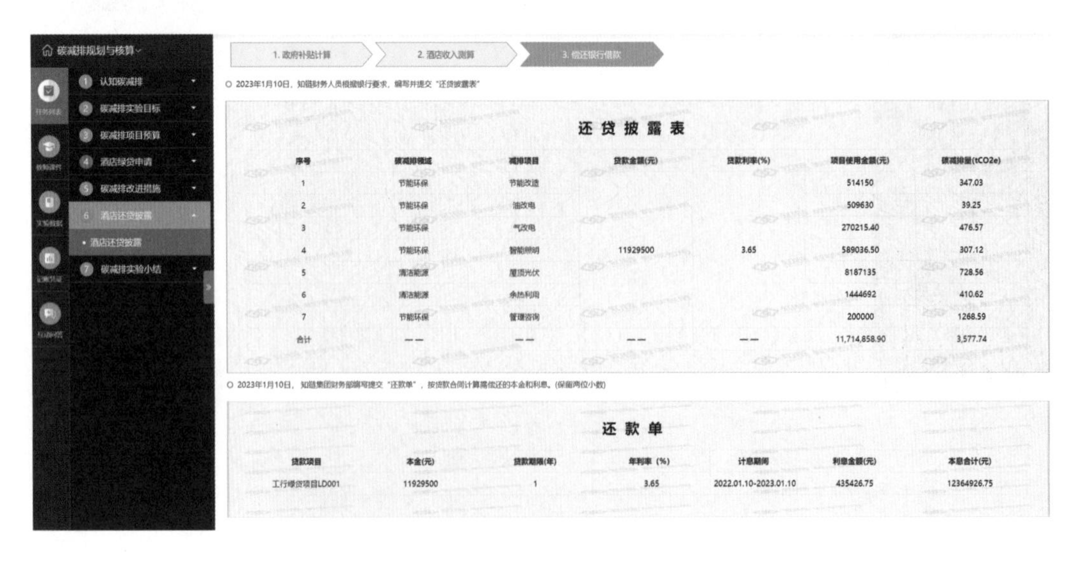

还贷披露表

序号	碳减排领域	减排项目	贷款金额(元)	贷款利率(%)	项目使用金额(元)	碳减排量(tCO2e)
1	节能环保	节能改造			514150	347.03
2	节能环保	油改电			509630	39.25
3	节能环保	气改电			270215.40	476.57
4	节能环保	智能照明	11929500	3.65	589036.50	307.12
5	清洁能源	屋顶光伏			8187135	728.56
6	清洁能源	余热利用			1444692	410.62
7	节能环保	管理咨询			200000	1268.59
合计	——	——	——	——	11,714,858.90	3,577.74

还款单

贷款项目	本金(元)	贷款期限(年)	年利率(%)	计息期间	利息金额(元)	本息合计(元)
工行绿贷项目LD001	11929500	1	3.65	2022.01.10-2023.01.10	435426.75	12364926.75

图 3-31 碳减排数据的还贷披露

2. 任务操作

(1)根据企业的碳减排资金投入,计算政府的补贴金额,收到补贴后进行财务处理。

(2)进行酒店的房费收入测算。

(3)按照"绿贷"要求,对所使用"绿贷"资金带来的碳减排量进行披露。

(4)进行"绿贷"还款,财务人员进行账务处理。

本章小结

实现"双碳"目标,既需要突破碳减排技术,也需要出台碳减排支持政策。

从技术层面来看,要强化"减碳""固碳""替碳""埋碳用碳"4类去碳举措,推动能源行业先行碳中和。要积极推动光电、风电、水电等"绿电"对火电的替代,加大"绿氢"对"蓝氢""灰氢"的替代;发挥石油工业在埋存空间、技术与运营经验等方面的优势,大力发展CCUS等负排放技术。从政策层面来看,要完善以碳市场为核心的法律法规,建立多源、多级、差异化财税支持体系;加快全国碳排放权交易市场建设,探索建立"碳市通"境内外交易体系;探索建立绿色金融改革实验区,鼓励金融机构参与碳市场交易,丰富交易品种。

在"双碳"目标的背景下,酒店业已经迎来绿色环保的发展契机,优先打造碳中和酒店将占据市场优势。我国酒店行业经过快速发展,数量已达近30万家,市场竞争日趋激烈。随着低碳环保理念的普及,有数据显示,78%的旅行者在预订全球旅行时优先选择低碳住宿,绿色发展已成为酒店提高营收的主要措施。而作为高排放、高能耗的酒店行业,减碳任务繁重且迫在眉睫。

本章复习思考题

1. 碳减排的技术途径有哪些?

2. "替碳"技术和"埋碳用碳"技术有何差异?

3. 地方出台的碳减排补贴政策的共同之处是什么?

4. 简述中国人民银行的碳减排支持工具的主要内容。

5. 简述财政部的碳减排支持政策的主要内容。

6. 简述酒店业的主要碳管理政策。

第 4 章　生态产品经营会计

本章学习目标

本章主要介绍生态产品概念以及生态产品经营的相关政策和产业实践等内容。通过本章的学习,要达到以下学习目标:

1. 掌握"两山理论"和生态产品的概念。

2. 理解"保护者受益、使用者付费、损害者赔偿"的生态产品价值导向的产业案例。

3. 了解习近平生态文明思想、国家的生态产品价值实现平台的各级政策探索。

4. 了解林业碳汇的开发实施过程。

5. 了解生态产品投资经营过程中的会计核算。

本章逻辑框架图

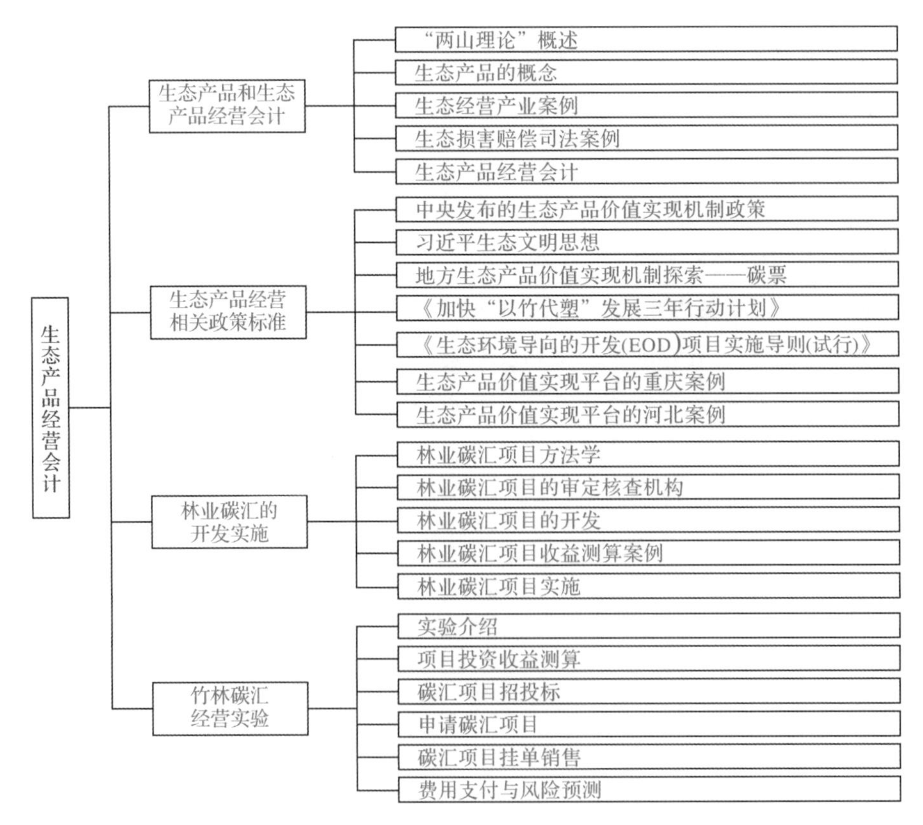

4.1　生态产品和生态产品经营会计

4.1.1　“两山理论”概述

2005年8月15日，时任浙江省委书记的习近平同志在湖州市安吉县天荒坪镇的余村调研时，首次提出“绿水青山就是金山银山”的重要理念。2015年3月24日，中央政治局审议通过的《关于加快推进生态文明建设的意见》，把“坚持绿水青山就是金山银山”正式写入了中央文件。2017年10月18日，习近平总书记在党的十九大报告中明确提出，“必须树立和践行绿水青山就是金山银山的理念，坚持节约资源和保护环境的基本国策，像对待生命一样对待生态环境，统筹山水林田湖草系统治理，实行最严格的生态环境保护制度，形成绿色发展方式和生活方式，坚定走生产发展、生活富裕、生态良好的文明发展道路，建设美丽中国，为人民创造良好生产生活环境，为全球生态安全作出贡献。”《中国共产党章程》也指出：“中国共产党领导人民建设社会主义生态文明。树立尊重自然、顺应自然、保护自然的生态文明理念，增强绿水青山就是金山银山的意识，坚持节约资源和保护环境的基本国策，坚持节约优先、保护优先、自然恢复为主的方针，坚持生产发展、生活富裕、生态良好的文明发展道路。”这就是我们通常所说的“两山理论”。

“两山理论”中的“两山”指的是“绿水青山”和“金山银山”，“绿水青山”喻指支撑经济社会发展的优质生态系统；“金山银山”则喻指经济发展及其基础上的社会发展，具有一定的经济价值。“两山理论”经历了从区域治理的思想萌发和实践探索到国家治理的思想升华和伟大行动，经历了三大发展演进阶段。第一个阶段是用绿水青山去换金山银山，绿水青山具有经济和生态价值，可以用金山银山衡量；第二个阶段是既要金山银山，但是也要保住绿水青山，绿水青山的经济和生态价值是金山银山不能取代的，一旦破坏，花费金山银山也换不回来；第三个阶段是认识到绿水青山可以源源不断地带来金山银山，绿水青山本身就是金山银山。绿水青山的经济和生态价值会随着时间推移而不断提高，保护绿水青山就是保护自然价值和增值自然资本，就是巩固金山银山的发展潜力和后劲。

“两山理论”的核心表述为“绿水青山就是金山银山”，强调了生态环境保护与经济社会发展之间的辩证统一关系，提倡在追求经济增长的同时必须注重环境保护和生态修复，倡导绿色发展理念，构建生态文明社会。

“两山理论”从绿色浙江建设的基本理念和战略思想上升到美丽中国建设的指导思想和治国理政的执政理念，具有多方面的现实意义。

首先，“两山理论”为各类市场主体绿色发展指明了方向和路径。它推动了各类市场主体从经济利益优先向经济利益和环境保护、绿色责任并重转变，再进一步推动环境保护、绿色责任成为内生变量的发展。这促成了绿水青山向金山银山的转化机制，为众多市场主体找到了可持续发展的理论依据。

其次,“两山理论”破解了资源短缺、生态保护和追求经济效益的“两难”悖论。它催化形成了绿色发展探索的内生动力,激发了各类组织绿色发展探索的活跃因子。这推动了一系列专门指导绿色发展的政策出台,从而形成了绿色发展的基本架构。

再次,“两山理论”深入解答了乡村文化振兴的价值,强调生态保护的有限性和自然资源的有限性,探索创新融合的发展之路。它强化绿水青山的资源转化,把自然之美和文化之光作为社会生产力统一起来,为文化创意引领乡村振兴提供理论基础,营造发展生态,优化拓展环境。

最后,“两山理论”也是化解全球生态危机的当代范例。它以解决全球生态问题为主要目的,提出了在人与自然关系上的解决方案。在当前全球生态环境问题日益严重的背景下,“两山”理论为全球生态危机的解决提供了重要的思路和参考。

综上所述,“两山理论”在推动绿色发展、促进乡村振兴和化解全球生态危机等方面都发挥了重要作用,是当代中国对生态文明理论的重要贡献。

4.1.2 生态产品的概念

在中国政策文件中,“生态产品”这一术语首次出现的官方文件是 2010 年发布的《全国主体功能区划》。这份文件指出当时我国提供工业品能力增强,但提供生态产品的能力却在减弱,且随着人民生活水平的提高,对生态产品的需求在不断增长。这标志着中国政府在规划和管理层面开始正式关注和重视生态产品及其供给问题。这一术语的提出标志着生态产品开始作为与农产品、工业品和服务产品相并列的重要产品类型,被纳入国家发展规划和生态文明建设的范畴。

在党的十八大报告中,生态产品作为生态文明建设的核心理念得到进一步强化,并在后续的政策制定和实践中不断发展和完善。2021 年 12 月 16 日,自然资源部办公厅关于印发《生态产品价值实现典型案例》(第三批)的通知中提出了生态产品的定义。生态产品是自然生态系统与人类生产共同作用所产生的、能够增进人类福祉的产品和服务,是维系人类生存发展、满足人民日益增长的优美生态环境需要的必需品。

生态产品根据公益性程度和供给消费方式,可以分为 3 种类型。其具体的分类及其价值导向如下:

一是公共性生态产品,主要指产权难以明晰,生产、消费和受益关系难以明确的公共物品,如清新空气、宜人气候等。这类生态产品是由自然生态系统提供的,具有非排他性和非竞争性,即任何人都可以无差别地消费这些产品,且一个人的消费不会影响其他人的消费。为了实现公共性生态产品的价值,需要采取政府路径,通过财政转移支付、财政补贴等方式进行“购买”和生态补偿。此外,还需要加强生态环境保护和修复,提高生态系统的质量和稳定性,从而确保公共性生态产品的可持续供给。

二是经营性生态产品,指那些源于自然生态系统,可以通过一定的经营管理活动产生经济效益,并能在市场上交易的生态产品。经营性生态产品产权明确。如生态农产品,如有机农产品、绿色食品、生态养殖品等,这些产品在生产过程中遵循生态农业理念,不破坏生态环境,同时能满足消费者对健康、安全食品的需求；再如生态旅游产品，如森林公园、湿地公园、自然保护区等开展的生态旅游项目，游客支付费用后可以享受到独特的自然风光和生态环境服务。这类产品的价值实现主要采取市场手段，通过生态产业化、产业生态化和直接市场交易实现价值。

三是准公共性生态产品，主要指具有公共特征，但通过法律或政府规制的管控，能够创造交易需求、开展市场交易的产品，如我国的碳排放权和排污权、德国的生态积分、美国的水质信用等。其主要采取政府与市场相结合路径，政府通过法律或行政管控等方式创造出生态产品的交易需求，市场通过自由交易实现其价值。

生态产品价值实现是践行绿水青山就是金山银山理念的关键路径，建立生态环境保护者受益、使用者付费、破坏者赔偿的生态产品价值导向，是贯彻落实习近平生态文明思想的重要举措。

4.1.3　生态经营产业案例

生态产品经营的价值导向，首要体现的是“保护者受益”和“使用者付费”，这里就明确了生态产品的“卖方”和“买方”。生态经营者是“生态产品”的生产者，其所开展的经营活动达成了生态保护的效果，这个效果就凝聚在“生态产品”上，例如“碳汇”，卖出去就体现“保护者收益”；所有的生产企业都是在一个生态环境中开展生产经营的，都是生态环境的使用者，都需要对生态环境的使用“付费”，也就是对生产经营中的“排碳”行为付费，碳汇的交易过程，也是生态环境使用的“付费过程”。

1. 案例1　承德市碳汇交易案例

承德是“八山一水一分田”的山区市，森林资源丰富，生态良好，资源富集，是京津唐重要的水源地和华北最绿的城市，被称为“华北之肺”。全市林地面积4019万亩，其中有林地面积3556万亩，森林覆盖率60.03%，林木蓄积量1.02亿立方米，林业碳汇开发优势和潜力巨大。

承德是习近平总书记亲自定位的“京津冀水源涵养功能区”和亲自批示的“塞罕坝精神”发源地，是京津冀北部生态环境支撑区。为了落实总书记指示，承德市积极探索生态优先、绿色发展新路径。

一是高度重视，精心谋划，高标准推动两山生态价值转化，制定印发一系列政策文件，明确目标、工作任务、工作举措和保障措施。

二是持续深入开展国土绿化，不断扩大森林经营面积，增强造林、营林碳汇储备能力。党的十八大以来，承德市坚守为京津“涵水源、阻沙源”的政治责任和为群众“增资源、拓财源”的经济责任，上下联动、多措并举，依托张承坝上造林、京津风沙源、京冀水源林等林业重点工程，每年以60万～70万亩的造林速度推进国土绿化，进一步优化国土绿化布局。特别是在千松坝、塞罕坝等国有林场先行先试，大力实施碳汇造林，造林碳汇储备显著提升。

三是探索固碳产品转化路径，多元化推进降碳产品开发。固碳产品是河北省在全国率先推行的一项改革措施，是实现省内降碳产品可度量、可交易、可变现的途径。承德市成功争列全省唯一森林固碳试点，塞罕坝集团成为全省首家核证机构，积极拓展降碳产品开发领域，创新草地、湿地、景区及清洁能源碳汇项目，率先在全省编制了森林、草原、湿地、景区等一系列降碳产品方法学，完成固碳量核证469.9万吨。

2. 案例2　浙江安吉试水“竹林碳汇”：开辟“双碳”共富新路径

浙江省安吉县被誉为“中国第一竹乡”，拥有毛竹林面积87万亩，曾以占全国1.8%的竹产量创造了占全国20%的产业产值。随着经济社会的转型升级，曾经依靠卖竹子就能致富的安吉竹产业出现新瓶颈。由于竹农个体经营技术传统、竹林机械化操作困难、劳动力成本不断上升等原因，竹产业发展面临产品市场持续萎缩、竹农收益逐年下降、竹林抛荒严重等问题。因此，如何激发农户经营竹林的积极性、推动竹林“重生”迫在眉睫。

2021年12月28日，安吉县上线中国首个“两山”竹林碳汇收储交易中心，构成“一中心、三平台”，即“两山”竹林碳汇收储交易中心和碳汇生产平台、碳汇收储平台、碳汇交易平台，建立起“林地流转—碳汇收储—基地经营—平台交易—收益反哺”的全链条体系，实现竹林碳汇可度量、可抵押、可交易、可变现。

截至2022年7月，已有4家企业按照59元/吨的均价成功交易56.28万元。其中，国家电网湖州供电公司购买的2000吨碳汇，成为首笔跨县交易。

早在2010年，安吉县就与专业学术机构合作进行竹林碳汇研究，建设了毛竹林碳汇通量观测塔，经过十多年来的科技攻关，形成了经国家发改委备案并公布的《竹林经营碳汇项目方法学》等研究成果。

“开展竹林碳汇交易试点，标志着安吉竹林碳汇工作从院校科研走向了市场化实践应用。”安吉县林业局森林碳汇科科长介绍，安吉预计到2025年达到碳汇项目储备80万亩以上，年产碳汇50万吨以上。

3. 案例3　三明市将乐县创新林业碳票典型案例

1997年4月，时任福建省委副书记的习近平同志到三明市将乐县常口村调研时殷殷叮嘱“青山绿水是无价之宝，山区画好‘山水画’，做好山水田文章”。三明市将乐县始终牢记习近平总书记嘱托，积极响应国家碳达峰碳中和号召，深化林业碳汇制度改革创新，探索出了以森林净固碳增量来核算碳汇量的创新方式，发放了全国第一张林业“碳票”，把空气变成了可交易、可收储、可贷款的“真金白银”，“碳票”变“钞票”。

(1)基本情况。林业碳票是以推动碳中和为目标，将行政区域内权属清晰的林地、林木，经第三方机构监测核算、专家审查、部门审定、备案签发后，制成具有收益权的碳汇量凭证(单位为吨，以二氧化碳当量衡量)，并赋予其交易、质押、兑现、抵消等权能，进一步增强林木价值和生态价值。

2021年5月，将乐县常口村发行了全国首张林业碳票，面积3197亩，合计12723吨二氧化碳当量。首发式上对林业碳票进行了流转、抵消和银行授信，获得了国家林草局和相关专家的认可，在全国深化林改中起到示范作用。截至 2023 年 8 月，全县累计开发林业碳票项目 21 个(村)，项目面积约 9 万亩，产生碳汇量 33.4 万吨，预计每年可为村集体增收 63 万元。“种树人”变身“卖碳翁”，“好生态就有好收益”“不砍树也致富”已成为将乐广大林农的普遍共识。

(2)经验做法。

①引导企业低碳发展。创新开发合作机制，鼓励市场主体主动参与碳汇市场，实现绿色低碳发展。支持福建金森林业股份有限公司与企业共同营造碳中和林 1 万亩，每年在将乐县境内营造碳中和林示范项目 2000 亩，产生碳汇量用于企业自身碳中和使用。与将乐县农村信用合作联社光明信用社合作，开展碳中和网点项目方案编制和碳排放计量工作，获得全省首个银行网点碳中和认证。

②助力生态司法保护。加强生态司法保护体系建设，在全省率先推行“生态司法＋碳汇”工作机制，设立“碳汇＋生态司法”基金，在破坏森林资源案件中，鼓励当事人通过认购林业碳汇或碳票替代修复生态环境，推动受损生态资源及时有效恢复，让“破坏者”变“修复者”。截至 2023 年 8 月，已办理碳汇修复生态环境案件 9 件，共 18 名当事人认购林业碳票 17594 吨。

③推动大型活动减排。建立以林业碳票推动大型会议活动碳中和机制，引导论坛展会、大型会议、体育赛事、活动演出等主办单位“绿色办会”，参与碳票交易，用于降低活动期间产生的碳足迹排放。福建金森林业股份有限公司连续三届承接数字中国建设峰会碳中和项目，并为习近平生态文明思想研讨会、全国林草碳汇高峰论坛等重要活动提供碳中和服务。

④融入绿色生态旅游。创新“碳票＋文旅”新模式，推动福建金森林业股份有限公司与将乐县玉华文旅康养集团合作，开发“旅游碳足迹＋碳票”App，倡导游客购买林业碳票抵消碳足迹，实现低碳旅游。

(3)取得成效。

①有效扩展林业碳汇项目开发范围。林业碳票不受起源、林龄和企业法人的限制，除了人工用材中幼林、经济林、竹林和灌木林外，只要权属清晰均可开发林业碳票，从碳中和市场获得相应补偿。

②有效提升森林生态补偿费用。天然林和公益林，国家年补助仅 22.5 元/亩，林权所有者扣除林地使用费和管护费，无多余资金开展生态修复。通过林业碳票开发和交易变现，可从碳中和市场中得到相应的投资回报，有助于调动经营主体加大森林经营投入、提升森林质量的积极性。

③有效缩短林业碳汇项目开发周期、降低开发成本。林业碳票从项目生成到备案签发只需 60 个工作日，且开发成本大幅下降(以项目碳汇量计算约 2～3 元/吨)，既缩短了项目开发流程，又减少了时间成本和资金成本。

(4)借鉴价值。林业碳票是以推动碳中和为目标，以森林净固碳增量来核算碳汇量的一种创新举措，具备多种创新应用场景，有利于碳普惠建设，能更加准确地体现林业在实现碳中和愿景中的重要作用。同时，林业碳票开发周期短、成本低，主体不受限制，真正实现普惠林农，让林农获得实在利益。

4.1.4 生态损害赔偿司法案例

人与自然是生命共同体。生态环境没有替代品，用之不觉，失之难存。当人类合理利用、友好保护自然时，自然的回报常常是慷慨的；当人类无序开发、粗暴掠夺自然时，自然的惩罚必然是无情的。在生态产品经营的价值导向中，还需体现“损害者赔偿”的价值导向。

1. 案例 1 全国首例！用“有价”蓝碳赔偿换“无价”渔业生态

2022 年 7 月 21 日，一场特别的签约会在福州举行。签约会上，违法行为人林某自愿委托福建海峡资源环境交易中心有限公司代为购买海洋碳汇 1000 吨并予以注销，用于弥补因非法捕捞对福州市海洋渔业生态环境造成的破坏。据了解，这种做法当时在全国尚属首次。

2022 年 7 月 18 日，福州市支队在南台岛南岸成功查获一艘涉嫌非法电鱼的船只和两名电鱼人员，并依法对其“三无”船舶、电鱼工具予以没收。之后，对违法行为人林某进行宣传教育和案例讲解，普及电鱼行为对闽江生态环境造成的破坏，使得林某认识到自己的错误，之后林某自愿购买海洋碳汇 1000 吨并予以注销，以对福州市海洋渔业生态环境给予补偿。

福建海峡资源环境交易中心有限公司业务总监高某介绍：“这是全国首例通过海洋碳汇弥补海洋渔业生态环境被破坏的案件。”违法行为人林某与福建海峡资源环境交易中心有限公司签订的海洋碳汇采购服务协议，对促进生态环境修复意义重大。

“与传统行政执法相比，今年首次引导违法行为人通过认购海洋碳汇进行替代性修复，改变了以往一罚了之的简单处罚方式，有利于违法行为的纠正，这是海洋与渔业行政执法的又一次有益尝试。”

2. 案例 2 探索生态修复新路径 渝东北首份“碳汇”修复性司法判决出炉

2023 年 1 月 17 日，重庆市第二中级人民法院审结一起破坏生态环境民事公益诉讼案，系渝东北首份“碳汇”修复性司法判决。

2019 年 11 月至 2020 年 9 月期间，张某、杨某、谢某三人在未办理采矿许可证的情况下，开采石料用于公路建设，破坏林地 623.55 平方米，虽已补植林木就地修复并通过修复评估，但仍造成生态系统服务功能损失 122366 元。

检察机关遂提起生态环境民事公益诉讼，要求张某等三人赔偿生态系统服务功能损失，并建议以购买碳汇方式进行生态环境替代性修复。

重庆市第二中级人民法院经审理认为，被告三人非法采矿造成的林地生态系统服务功能损失，包括保育土壤、林木养分固持、涵养水源和固碳释氧等功能损失，且不能通过其他修复行为弥补，遂判决三人赔偿生态系统服务功能损失 122366 元，并在判决主文中明确该费用用于购买等值碳汇进行替代性修复。

“碳汇”是指通过植树造林、森林管理、植被恢复等措施，利用植物光合作用吸收大气中的二氧化碳，并将其固定在植物和土壤中，从而减少温室气体在大气中浓度的过程、活动和机制。

在司法实践中,"碳汇"及"碳汇交易"是新名词,"以碳代偿"进行生态修复,相关交易平台和机制仍在探索中。重庆市第二中级人民法院充分考虑碳汇替代性修复的现实可行性,结合检察机关的建议、司法鉴定的意见和当事人的认购意愿,作出上述判决。

本案中,张某等人赔偿的生态系统服务功能损失费用,将通过认购等值的重庆"碳惠通"项目减排量进行替代性生态修复。

3.案例3 赔偿+道歉!湖北首例碳汇补偿民事公益诉讼案宣判

2022年12月27日,十堰市人民检察院提起的湖北首例碳汇补偿民事公益诉讼案公开开庭审理。检察机关诉请人民法院判令被告杜某贵赔偿生态功能损失费4926.91元用于购买碳汇,补种树木432棵,并在市级以上媒体向社会各界公开道歉。法院审理后当庭宣判,支持检察机关全部诉讼请求。

"我为自己滥伐林木的违法行为,向十堰市民道歉,以后再也不做违法乱纪的事情了!"庭审结束后,被告人杜某贵公开进行道歉,并表示会积极配合造林修复工作。

2021年8月20日至9月16日期间,杜某贵在未经林业行政主管部门批准并办理林木采伐许可证的情况下,非法在丹江口市土关垭镇龙家河村1组退耕还林地上采伐杨树144棵,折合林木立木蓄积达59.0527立方米。2022年8月1日,丹江口市人民法院对杜某贵以滥伐林木罪判处刑罚。

检察机关认为,杜某贵滥伐林木数量多、范围广,严重破坏了生态环境,损害了社会公共利益,在依法追究刑事责任外,还应承担民事侵权责任。因此,在诉请法院判令被告杜某贵补植复绿、公开道歉的基础上,还应承担赔偿滥伐林木的功能损失费。经十堰市林业调查规划设计院专家评估,杜某贵采伐59.0527立方米林木所造成的碳汇价值损失额为4926.91元。

4.案例4 深圳首试生态环境损害"买碳"赔偿

深圳市生态环境局罗湖管理局因一起非道路移动机械尾气超标违法事件与深圳某公司签署了一份《生态环境损害赔偿协议》,在广东省内首次探索通过购买碳普惠核证减排量开展替代性修复。根据协议约定,该公司在签约后需将生态环境损害赔偿费用存入在深圳排放权交易所开设的账户,完成资金冻结后将全额用于购买碳普惠产品。

"从以往行政处罚完成后再启动生态环境损害赔偿到如今形成'行政处罚+碳普惠替代性修复'同步开展新模式,罗湖区积极探索替代修复与碳普惠的正向互动。"深圳市生态环境局罗湖管理局局长说。

据了解,该宗案件是广东省首例高密度建成区探索开展非道路移动机械污染大气生态环境损害赔偿的案件,也是深圳市行政处罚案件办理过程中同步开展生态环境损害赔偿"双案并查""双案并结"的案件。

2022年5月,深圳市生态环境局罗湖管理局执法人员会同深圳市计量质量检测研究院工作人员对罗湖区某工地的非道路移动机械排气污染物进行检测,发现工地内一台旋挖钻机排放的尾气烟度不合格,随即对该环境违法行为进行立案。

以往，生态环境损害赔偿案件一般始于行政处罚案件作出处罚决定之后。此次，罗湖管理局采用了“同时调查、同时启动、同时追责”的模式，在行政处罚过程中启动生态环境损害索赔程序，实行行政处罚案件与生态损害赔偿案件同步开展，最终认定本案造成的环境损害价值总计 24502.5 元，同时处以行政处罚罚款。

4.1.5 生态产品经营会计

生态产品概念的提出，表明以市场手段来辅助解决生态问题的价值实现机制正在得到快速发展。无论是生态农产品，如有机农产品、绿色食品、生态养殖品等遵循生态农业理念的生态产品，还是采取政府与市场相结合路径，政府通过法律或行政管控等方式创造出的碳排放权等生态产品，都在推广和阐述一个经营理念：生态产品经营是一门可以赚钱的生意，而且是一门具备较高技术含量的生意。

既然生态产品经营是一门可以赚钱的生意，那么就需要考虑成本、收益、风险，从而催生了生态产品经营会计的需求。生态产品经营的战略决策和执行控制，都有赖于生态产品经营会计提供的会计数据支持；否则，生态产品就难以赚钱。

生态产品经营会计是碳会计的一个重要组成部分，它不是从被动的碳排放成本视角来看待碳管理，也不是从主动的碳减排举措满足政策要求的视角来看待碳管理，而是从更高层次的投资决策的收入视角来看待碳会计和碳管理，是“减碳有收益”的低碳理念在企业投资经营决策上的体现。生态产品经营会计的目标，是以生态经营为手段，将生态产品融入生态产业化和产业生态化的历史大潮中，使企业获得更好的商业收益。

植物通过光合作用吸收大气中的二氧化碳而形成的碳汇产品，是典型的生态产品。从碳汇的类型来说，碳汇产品包含森林碳汇、竹林碳汇、湿地碳汇、草原碳汇、耕地碳汇、海洋碳汇等，在农业农村部的发文中，还提出了“茶园果园碳汇”的概念。

从事碳汇生态产品经营的群体，可以从中获得碳汇产量，然后到自愿减排碳市场去出售，就获得真金白银的收益；碳汇的买方就是那些纳入强制减排碳市场的控排单位，或是自愿碳中和的单位，这样整个生态产品价值流动就循环起来了，如图 4－1 所示。

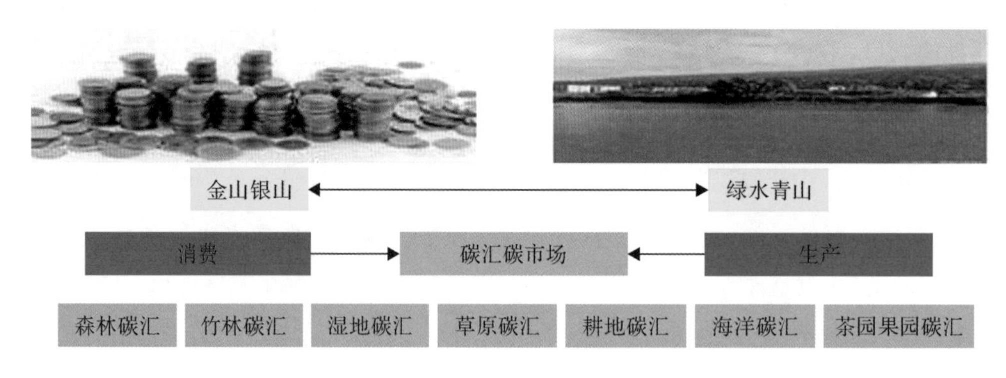

图 4－1 生态产品价值循环图

在这个价值循环过程中，体现了“生态产业化”和“产业生态化”的协同发展。碳汇的生产经营可以作为生态产品经营的重要组成部分，是生态产业化的一个典型体现，绿色资源成了市场上可接受的产品和服务，这里需要生态产品经营会计来提供数据支持；生态产业化推动着产业生态化发展，所有的产业企业在生态经营中，都要考虑生态影响，否则将付出更高的成本，并可能严重影响企业的市场竞争能力，这里也需要生态产品经营会计提供帮助与支持。

4.2　生态产品经营相关政策标准

4.2.1　中央发布的生态产品价值实现机制政策

1.《关于建立健全生态产品价值实现机制的意见》出台的时代背景

习近平总书记高度重视生态产品价值实现工作，且在多次重要讲话中指出，良好的生态蕴含着无穷的经济价值，能够源源不断创造综合效益，实现经济社会的可持续发展。2018 年，习近平总书记在深入推动长江经济带发展座谈会上强调指出，要积极探索推广绿水青山转化为金山银山的路径，选择具备条件的地区开展生态产品价值实现机制试点，探索政府主导、企业和社会各界参与、市场化运作、可持续的生态产品价值实现路径。2020 年，习近平总书记在全面推动长江经济带发展座谈会上指出，要加快建立生态产品价值实现机制，让保护修复生态环境获得合理回报，让破坏生态环境付出相应代价。

近年来，各地深入践行“绿水青山就是金山银山”理念。特别是长江经济带沿江省市积极探索绿水青山转化为金山银山的路径，在生态产品价值实现机制方面开展了大量探索，形成一批具有示范效应的可复制、可推广的经验做法，具备总结提炼成政策制度体系并加以推广应用的坚实基础。在此背景下，2021 年 2 月 19 日，中央全面深化改革委员会第十八次会议审议通过了《关于建立健全生态产品价值实现机制的意见》，并由中共中央办公厅、国务院办公厅印发实施。

2.《关于建立健全生态产品价值实现机制的意见》的主要内容

建立健全生态产品价值实现机制，核心要义就是从制度层面破解绿水青山转化为金山银山的瓶颈制约，建立生态环境保护者受益、使用者付费、破坏者赔偿的利益导向机制，引导和倒逼形成绿色发展方式、生产方式和生活方式，实现生态环境保护与经济发展协同推进。

《关于建立健全生态产品价值实现机制的意见》总体框架为“一个总体要求＋六个机制”，共 7 个部分 23 条。

第一部分为总体要求，明确了建立健全生态产品价值实现机制的指导思想、工作原则、战略取向，并提出了主要目标的两个方面：①到 2025 年，生态产品价值实现的制度框架初步形成，比较科学的生态产品价值核算体系初步建立，生态保护补偿和生态环境损害赔偿政策制度逐步完善，生态产品价值实现的政府考核评估机制初步形成，生态产品“难度量、难抵押、难交易、难变现”等问题得到有效解决，保护生态环境的利益导向机制基本形成，生态优势转化为经济优势的能力明显增强。②到 2035 年，完善的生态产品价值实现机制全面建立，具有中国特色的生态文明建设新模式全面形成，广泛形成绿色生产生活方式，为基本实现美丽中国建设目标提供有力支撑。

第二部分至第七部分明确了 6 个机制。一是建立生态产品调查监测机制，包括推进自然资源确权登记、开展生态产品信息普查等，这是价值实现的重要前提。二是建立生态产品价值评价机制，包括建立生态产品价值评价体系、制定生态产品价值核算规范、推动生态产品价值核算结果应用等，这是价值实现的关键基础。三是健全生态产品经营开发机制，包括推进生态产品供需精准对接、拓展生态产品价值实现模式、促进生态产品价值增值、推动生态资源权益交易等，这是发挥市场配置资源作用的实现路径。四是健全生态产品保护补偿机制，包括完善纵向生态保护补偿制度、建立横向生态保护补偿机制、健全生态环境损害赔偿制度等，这是发挥政府主导作用的实现路径。五是健全生态产品价值实现保障机制，包括建立生态产品价值考核机制、建立生态环境保护利益导向机制、加大绿色金融支持力度等，这是价值实现的重要支撑。六是建立生态产品价值实现推进机制，包括加强组织领导、推进试点示范、强化智力支撑、推动督促落实等，这是价值实现的组织保障。

3.《关于建立健全生态产品价值实现机制的意见》的意义

《关于建立健全生态产品价值实现机制的意见》的意义主要体现在如下 5 个方面：

第一，体现生态文明建设的战略需求。党的十八大以来，以习近平同志为核心的党中央把生态文明建设作为统筹推进“五位一体”总体布局和协调推进“四个全面”战略布局的重要内容。基于习近平总书记提出的“绿水青山就是金山银山”（简称“两山理论”）重要理念，我国致力于将生态文明建设提升至国家战略高度，亟须建立健全一套科学合理的机制，将生态产品的价值真正转化为经济和社会效益。

第二，解决生态环境保护与经济发展矛盾。长期以来，经济发展过程中存在的资源消耗大、环境污染严重等问题突出，如何在发展中保护、在保护中发展，实现生态环境保护与经济社会发展的和谐共生，是新时代面临的重要课题。建立生态产品价值实现机制，就是要打破原有发展模式的瓶颈，通过制度创新引导产业结构调整，推动绿色发展。

第三，解决生态产品价值计量与定价难题。生态产品具有公共物品属性，其价值往往难以通过传统的市场机制完全反映。建立健全生态产品价值实现机制有助于建立科学的生态产品价值核算体系，探索市场化、多元化的生态补偿和生态权益交易途径，使生态保护成果能够量化、可交易、有价值。

第四，回应国际社会对可持续发展的要求。在全球范围内，可持续发展目标已成为普遍共识。建立健全生态产品价值实现机制也是我国履行国际减排承诺、应对气候变化、实现联合国 2030 年可持续发展目标的具体举措之一。

第五，推进治理体系现代化。完善生态文明制度体系是中国特色社会主义制度建设的重要组成部分。建立健全生态产品价值实现机制，有助于深化生态文明体制改革，加快构建现代环境治理体系，从而提升国家治理能力和水平。

总之，《关于建立健全生态产品价值实现机制的意见》是在新时代背景下，国家针对生态环境保护与经济社会发展之间关系的重大政策安排，旨在通过制度创新和实践探索，构建起既能保护生态环境又能促进经济增长的新型发展模式。

4.2.2　习近平生态文明思想

1. 习近平生态文明思想的内涵

习近平生态文明思想是习近平新时代中国特色社会主义思想的重要组成部分。全面准确地理解和认识习近平生态文明思想，有助于从整体上把握习近平新时代中国特色社会主义思想，更好地贯彻党的二十大精神，推进绿色发展，实现中国的绿色崛起。

习近平生态文明思想提出了一套相对完善的生态文明思想体系，形成了面向绿色发展的四大核心理念，成为新时代马克思主义中国化的思想武器。四大核心理念包括：

(1)生态兴则文明兴、生态衰则文明衰，人与自然和谐共生的新生态自然观。

(2)绿水青山就是金山银山，保护环境就是保护生产力的新经济发展观。

(3)山水林田湖草是一个生命共同体的新生态系统观。

(4)环境就是民生，人民群众对美好生活的需求就是我们的奋斗目标的新民生政绩观。

2. 习近平生态文明思想在高校人才培养上的贯彻

实现碳达峰碳中和，是一场广泛而深刻的经济社会系统性变革，对加强新时代各类人才培养提出了新要求。2022 年 4 月，为贯彻落实《中共中央 国务院关于完整准确全面贯彻新发展理念 做好碳达峰碳中和工作的意见》和《国务院关于印发 2030 年前碳达峰行动方案的通知》(国发〔2021〕23 号)精神，以高等教育高质量发展服务国家碳达峰碳中和专业人才培养需求，教育部制定并下发了《加强碳达峰碳中和高等教育人才培养体系建设工作方案》。

《加强碳达峰碳中和高等教育人才培养体系建设工作方案》在“指导思想”中提出：“以习近平新时代中国特色社会主义思想为指导，深入贯彻新时代人才强国战略部署，面向碳达峰碳中和目标，把习近平生态文明思想贯穿于高等教育人才培养体系全过程和各方面，加强绿色低碳教育，推动专业转型升级，加快急需紧缺人才培养，深化产教融合协同育人。”这里的“全过程和各方面”体现了习近平生态文明思想教育的全员性和通识性。

《加强碳达峰碳中和高等教育人才培养体系建设工作方案》在“工作原则”中提出：“全面规划、通专结合。依据碳达峰碳中和人才培养体系建设覆盖面广、战线长的特点，进行系统性、全局性统筹规划。提升生态文明整体意识，实施面向全员的新发展理念和生态文明责任教育，加快培养工程技术、金融管理等各行业和各领域的专门人才。”这里所指出的专门人才包含两个方面，其一是工程技术领域的“双碳”技术专门人才，其二是金融类、管理类的“双碳”专门人才，即“双碳”新商科专门人才。

4.2.3 地方生态产品价值实现机制探索——碳票

1. 碳票的由来

碳票是在落地“双碳”目标的大背景下，地方政府对于生态产品价值实现机制的有益探索，也逐渐成为地方政府新型有力的融资工具。碳票代表了一种新的价值形态，即生态价值。碳票将空气中的碳减排量转化为一种可交易、可质押的有价证券，使得生态资源不再是免费的公共品，而具有了市场价值和金融属性。这有助于促进人们对生态环境的重视和保护，推动生态资源的可持续利用，是落实“绿水青山就是金山银山”理念、助力中国碳中和的重要举措。

2. 我国碳票发展现状

自2021年开始，我国各地积极探索“碳票”变“钞票”的生态产品价值实现机制。碳票作为碳减排量收益权凭证，碳资产交易的“身份证”，其常见种类有林业碳票、农业碳票、蓝色碳票等。

(1)林业碳票。2021年5月，福建省三明市印发了《三明市林业碳票管理办法(试行)》，并签发全国首批林业碳票。该办法规定了三明市行政区域内的权属清晰的林地和林木可以依据《三明林业碳票碳减排量计量方法》进行碳汇量的计算和认证。其中，碳票的制发流程包括第三方机构监测核算、专家审查、林业主管部门审定、生态环境主管部门备案签发等环节。该办法明确了林业碳票的持有者拥有对其所代表的碳汇量进行交易、质押融资以及其他合法权利。该办法还对碳票的登记、流转、监管等方面进行了详细规定，确保其合法合规、透明公正。同时提倡并鼓励通过林票、碳票、碳金融等多种手段，多元化探索生态产品的市场化路径，让绿水青山真正变为金山银山。

随后，安徽、陕西、贵州、甘肃、云南等地也先后出台了当地的碳票管理办法及方法学，并发行了林业碳票。2023年8月，全国首张跨省销售的林业碳票顺利签约——上海汇洲建设集团购买将乐县白莲镇墈厚村、安仁乡洞前村共2万吨林业碳票，成交价30万元。

2023年9月23日，中共中央办公厅、国务院办公厅印发的《深化集体林权制度改革方案》中明确提出：“建立健全能够体现碳汇价值的生态保护补偿机制。探索实施林业碳票制度，制定林业碳汇管理办法，鼓励碳排放企业、大型活动组织者、社会公众等通过购买林业碳汇履行社会责任。”这为全国探索林业碳票交易路径提供了政策支持。

(2)农业碳票。2022年5月7日，农业农村部、国家发展改革委联合印发《农业农村减排固碳实施方案》，强调了农业发展在“双碳”工作中的重要性，明确了农业农村减排固碳工作的主要目标，并对农业农村减排固碳工作作出了系统的指导。为贯彻落实中央、省、市决策部署，积极探索农业碳票新制度，福建省厦门市于2022年5月成立了全国首个农业碳汇交易平台并发出全国首批农业碳票，推动7755亩生态茶园、共计3357吨农业碳汇作为全国首批农业碳汇交易项目签约，助力碳达峰、碳中和战略与乡村振兴工作融合发展。2022年12月，贵州省遵义市首张茶园碳票颁发。2024年3月，江苏省首张碳票在南京高淳成功交易，这也是全国首个基于生物质炭有机水稻减排增汇农业碳票。

(3)蓝色碳票。2023年1月1日,中国自然资源部批准发布的行业标准《海洋碳汇核算方法》正式实施。在此基础上,2023年6月,全国首张蓝色碳票在福州市颁发,为全国乃至国际提供了海洋碳汇核算经验。2023年12月,漳州市成为全国首个完成全市海水养殖碳汇核算的地级市,建立了全国首个地市级渔业碳汇资源库,并通过海峡资源环境交易中心颁发了漳州市首张海水养殖蓝色碳票。

3. 我国碳票发展存在的问题

目前,各地都在陆续研究及规划碳票发行机制,但碳票发展仍存在较多的问题,极大阻碍了碳票的市场化推广和资产化演变。

(1)碳汇量核证机制不同,碳票标准未统一。不同地区用不同方法学、不同核证单位来核证碳汇,权威性严重不够。本地区碳票得不到外地区认可,碳票价值很低。

(2)地区内交易机制,市场信号价值不大。各地独立试点,导致碳票的有效性存在本地局限,碳票很难在全国范围内流通交易。同时,仅有的交易量无法担当价格发现和市场信号的功能。

(3)未纳入碳市场,对碳抵消的有效性不足。碳票与现有碳市场处于脱钩状态,碳票无法在全国碳市场和国际碳市场上进行交易,极大削弱了市场对于碳票的认可度。

4.2.4 《加快"以竹代塑"发展三年行动计划》

1."以竹代塑"提出的背景

"以竹代塑"为减少塑料污染带来的环境与健康威胁提供了一条可探索的希望之路。竹子有很强的固碳能力。数据表明,竹林固碳能力远超普通林木,是杉木的1.46倍、热带雨林的1.33倍。竹子是世界上生长速度最快的植物之一。竹子还具有收缩量小、弹性和韧性强、种植方便、可自然降解等优点,是理想的可再生纤维来源。

提出"以竹代塑"是基于我国在竹资源与竹产业方面的优势。我国竹林面积达701万公顷,有竹类植物39属857种,占世界竹子种类1642种的52%。截至2022年,我国竹产业总产值达4153亿元,从业人员总数达1742万人,而且产业链条全。竹产业上游包括竹子及其提取物,中游包括竹建材、竹食品、竹餐具等各类竹制品,下游应用领域广泛,包括但不限于造纸、旅游、家居等领域。

根据竹子本身的特性,以及我国竹资源与竹产业发展现状,2022年中国政府联合国际竹藤组织共同发起"以竹代塑"倡议,倡议提出各国制定"以竹代塑"支持政策,推进科技创新,鼓励科学研究,为"以竹代塑"新技术利用、新产品开发创造条件。

2023年10月12日,国家发展改革委、工业和信息化部、财政局、国家林草局联合印发《加快"以竹代塑"发展三年行动计划》,行动计划中提出了行动目标,即2025年,"以竹代塑"产业体系初步建立,并为竹产业产品质量、产品种类、产业规模、综合效益进一步提升作出更深入与细化的布局,同时有针对性地部署了7大行动,分别是科技创新提升行动、产业生态培育行动、产销对接促进行动、重点场景替代行动、特色地区引领行动、社会宣传引导行动和国际交流合作行动。

2023 年 11 月 7 日，在首届“以竹代塑”国际研讨会上，中国政府与国际竹藤组织联合发布《“以竹代塑”全球行动计划(2023—2030)》，在“以竹代塑”倡议基础上呼吁相关国际组织和有关国家的各级政府部门、科研教育机构等，在发展战略和规划中纳入“以竹代塑”元素，共同推动减少塑料污染。

2. 我国“以竹代塑”发展面临的挑战及对策

“以竹代塑”是推进生态文明建设、促进产业转型升级、区域协调发展的重要举措。其在减少塑料污染方面虽有优势，但也存在一些挑战。

相比塑料，竹制品的成本高，主要是在采收环节人力消耗大。以 1 吨毛竹为例，砍伐、装车、运输等环节的人工成本将近 450 元，而平均市场价格只有不到 600 元。同时，竹加工环节自动化水平也较低，规模效应较差。鉴于此，《加快“以竹代塑”发展三年行动计划》首先提出加强科技创新支持，组织“以竹代塑”相关科研攻关，突破一批关键共性技术及研发重大装备；加强“以竹代塑”产品深度研发，补齐天然材料性能短板；加快研发先进制造装备，优化产品生产工艺流程，提高竹林采伐、运输、加工环节机械化水平。

当前竹产业内多是中小微企业，尚未培育出龙头企业带动产业链发展，未能形成产业集聚效应。《加快“以竹代塑”发展三年行动计划》提出，鼓励主要竹产区因地制宜拓展“原料—加工—产品—营销”上中下游产业链，培育一批龙头企业，加速“以竹代塑”产品规模化和集约化生产；鼓励发展竹产业循环经济，推行全竹利用产业模式。《加快“以竹代塑”发展三年行动计划》还发布了“以竹代塑”主要产品名录，并提出要在重点场景进行替代，鼓励在日用、文旅等领域使用竹材替代购物袋、餐具等，充分减少购物、外卖场景中的塑料使用；鼓励在建筑建材领域使用竹缠绕复合材料管道管材，利用竹材纵向拉伸强度高、弯曲度高的特点，替代工程塑料管道。

当前竹产品在市场拓展上还存在一定阻力，要努力降低竹产品生产成本，争取对比塑料产品获得价格优势。《加快“以竹代塑”发展三年行动计划》提出产销对接促进行动，借助大型消费展会，加强政企对话，畅通销售渠道；开展特色地区引领行动，在全国选择竹资源丰富、竹产业基础较好的地区，建设 5～10 个“以竹代塑”应用推广基地，探索推广替代效果好、市场潜力大、公众易接受的“以竹代塑”产品，培育消费者市场。

3. 我国“以竹代塑”产业案例[①]

贵州省赤水市两河口镇黎明村党支部书记怎么也想不到，村里的竹子会随着联想集团的笔记本电脑走出国门、走向世界。“‘以竹代塑’不仅让黎明村更有名了，还能帮助乡亲们‘以竹致富’。”黎明村党支部书记说。

---

① 案例来源于《人民日报》(2023 年 09 月 11 日 19 版)。

这要从联想集团在全球电子信息行业率先推行“以竹代塑”说起。“我们一直把保护环境作为履行企业社会责任的重要内容，推进包装材料的绿色化、低碳化。”联想集团包装工程高级经理白某介绍，以前笔记本电脑产品的包装材料主要是发泡聚乙烯，难以降解。基于这种情况，公司从2008年开始大力提升塑料包装的回收比例，到2010年回收率接近100%。“为更好保护环境、降低碳排放，我们开始考虑用植物纤维替代塑料。”

经过多方调研，联想集团决定选用竹纤维。竹子资源丰富、生长期短，竹纤维可很快降解，是百分百的绿色材料。在全国广泛调研后，联想集团与赤水市建立了合作关系。当地竹林面积达132.8万亩，人均竹林面积全国第一。这里的竹子多为细、短的“杂竹”，适合制作竹浆。2016年，联想集团深圳创新实验室组建了多学科资深工程师参与的跨国研发团队，并挑选了3家包装加工企业合作，研发新型的竹纤维包装。

“研发的难度远超预想。”研发团队牵头人白某介绍，用于笔记本电脑的竹纤维包装既要表面平整光滑，又要轻量化，结构强度还要高，能提供缓冲保护。同时满足这3个条件，并不容易。白某带领团队不断探索，先是放弃了传统的“干压”工艺，开发出全新的“湿压”工艺和新型模具，解决了“干压”工艺容易掉屑、表面粗糙的问题，并实现了轻量化设计，产品重量从原来的130克减少到50～60克。之后，研发团队不断改进材料配方、开发新型设备、摸索合适的压合时间，以解决结构强度难题。

经过两年多持续攻关，他们开发的新型竹纤维包装产品在2018年5月定型，同年8月份开始量产，应用规模逐年扩大。“联想集团采用的新型竹纤维包装产品已经从最初的100多吨增加到2022年的400多吨。截至目前，采用这种绿色低碳包装的笔记本电脑累计达1600万台，销售到全球180多个国家和地区。”白某说。

竹纤维包装的环保效益非常可观。据白某介绍，联想集团通过竹纤维替代等技术创新，累计减少包装塑料3737吨。使用竹纤维包装也降低了联想产品的总体重量和外包装体积，运输中的二氧化碳排放量同比少了6.7%。

“2022年，我们的新型竹纤维包装连获多项国际大奖。”白某介绍，在联想的示范引领下，不少电子厂商也开始实行“以竹代塑”。“我们将继续在竹纤维包装的轻量化、降成本上下功夫，为实现‘双碳’目标作出新贡献。”

4.2.5 《生态环境导向的开发(EOD)项目实施导则(试行)》

为贯彻落实中共中央办公厅、国务院办公厅《关于建立健全生态产品价值实现机制的意见》《关于深化生态保护补偿制度改革的意见》等有关要求，推进生态环境导向的开发(Eco-environment Oriented Development，EOD)模式创新，依据有关法律法规和规章制度，结合模式试点实施情况，2023年12月22日，生态环境部办公厅、国家发展改革委办公厅、中国人民银行办公厅、金融监管总局办公厅四部门联合印发了《生态环境导向的开发(EOD)项目实施导则(试行)》。

1. EOD的内涵

EOD模式是以习近平生态文明思想为引领，通过产业链延伸、组合开发、联合经营等方式，推动公益性较强的生态环境治理与收益较好的关联产业有效融合、增值反哺、统筹推进、市场化运作、一体化实施、可持续运营，以生态环境治理提升关联产业经营收益，以产业增值收益反哺生态环境治理投入，实现生态环境治理外部经济性内部化的创新性项目组织实施方式，是践行绿水青山就是金山银山理念的项目实践，有利于积极稳妥推进生态产品经营开发，推动生态产品价值有效实现。

2. EOD项目主体

《生态环境导向的开发(EOD)项目实施导则(试行)》明确了EOD项目组织主体和实施主体等两大核心主体。

市、县(区)人民政府或园区管委会作为项目组织主体，负责组织领导、项目谋划、统筹协调、督促推进、评估指导等工作，鼓励有条件的乡镇探索组织实施。政府有关部门各司其职，为项目立项、生态环境治理、资源要素保障、关联产业发展、融资支持等提供服务和技术指导。

市场主体作为项目实施主体，按照自主决策、自负盈亏的原则，负责项目落地实施、运维经营，按照有关法律法规和标准以及约定的要求，承担相应的生态环境治理责任。

3. EOD项目实施流程

EOD项目实施流程包括项目谋划、方案设计、主体确定、项目实施及评估监督5个阶段。如图4-2所示。

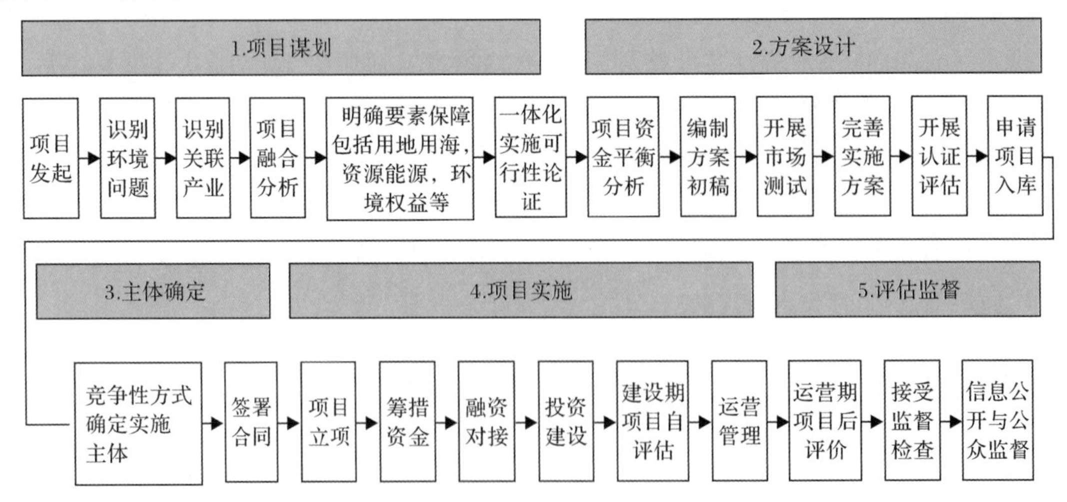

图4-2　生态环境导向的开发(EOD)项目实施流程图

4. EOD项目案例：湘西州花垣县十八洞紫霞湖美乡村振兴生态环境导向的开发项目

湘西州花垣县十八洞紫霞湖美乡村振兴生态环境导向的开发项目位于大十八洞景区、空港新区—麻栗场片区、三产融合园片区、古苗河大峡谷景区、龙潭矿场等地，涉及面积总计约70 km^2，目标定位为“全国脱贫地区乡村振兴示范区”和“大湘西三产融合发展先行区”。花垣县位于湖南省湘西土家族苗族自治州的西部，地处湘、黔、渝三省市交界处，铅锌矿、锰矿是花垣县优势矿产，素有“一脚踏三省”和“东方锰都”之称，也是全国减贫重要地标和新时代红色地标。

试点生态环境治理项目包括矿场污染综合整治、兄弟河流域水生态环境保护、尾矿库闭库及环境综合整治。产业开发项目包括十八洞景区建设、空港新区—麻栗场片区乡村振兴产业、三产融合园片区示范产业、古苗河大峡谷景区建设、花垣龙潭矿场生态治理片区新型产业。项目建设期3年，运营期12年。

试点项目中，生态环境综合治理与产业开发投资比例约为4∶6。试点项目自筹资金占总投资20%，其他资金占80%，包括商业银行贷款、申请上级补助资金及争取政策性银行贷款。项目收益来源于大十八洞景区产业、空港新区—麻栗场片区乡村振兴产业、三产融合片区示范产业、古苗河大峡谷景区经营收入、花垣龙潭矿场生态治理片区新型产业、商业开发产品销售、商业开发产品租赁收入等。项目税后财务内部收益率为6.23%，税后投资回收期为12.89年。

4.2.6　生态产品价值实现平台的重庆案例

1. 平台背景及意义

为贯彻落实习近平生态文明思想，加快推动绿色低碳发展，积极探索“绿水青山转化为金山银山”的实现路径，重庆市生态环境局早在2019年7月就启动了生态产品价值实现试点工作。2021年9月，为了进一步贯彻落实党中央、国务院关于碳达峰、碳中和的重要决策部署，深化重庆生态产品价值实现试点工作，重庆市生态环境局牵头开展了“碳惠通”生态产品价值实现平台建设工作，为规范平台建设运行及监督管理，结合重庆市实际，印发了《重庆市“碳惠通”生态产品价值实现平台管理办法（试行）的通知》（渝环〔2021〕111号）。

重庆生态产品价值实现平台是为贯彻落实党中央、国务院关于碳达峰、碳中和的重要决策部署以及中共中央办公厅、国务院办公厅联合印发的《关于建立健全生态产品价值实现机制的意见》而建设的，是“两山”转化路径的创新探索，目的是加快建立政府主导、企业和社会各界参与、市场化运作、可持续的生态产品价值实现平台，规范平台的建设运行及监督管理，补齐碳配额缺口，完成碳履约，激活碳减排动力，助推绿色低碳发展，引导公众培养绿色低碳生活方式。

2. 平台管理办法

《重庆市“碳惠通”生态产品价值实现平台管理办法（试行）的通知》共6章34条，概括如下：

一是总则。总则明确管理办法编制的目的和意义以及适用范围，对主管部门、运营主体、交易中心的职责进行界定，并确定了平台相关活动的参与主体范围。

二是“碳惠通”方法学、项目及减排量管理。该部分主要参照国家温室气体自愿减排交易有关规定，结合重庆实际情况制定，确定了“碳惠通”方法学、项目及减排量的备案原则、程序、资料等，明确了项目要求，规定了项目的投运时间应于 2014 年 6 月 19 日之后、减排量应产生于 2016 年 1 月 1 日之后、减排量均应产生在重庆市行政区域内。“碳惠通”方法学应由开发者向市生态环境局申请备案；“碳惠通”项目和减排量的开发需采用经市生态环境局备案的方法学，由第三方机构审定与核证合格后，向市生态环境局提交备案申请；市生态环境局根据工作需要组织技术评估，评估通过后予以备案；运营主体对以上备案、审定与核证、评估信息在“碳惠通”平台上进行登记管理。

三是“碳惠通”减排量抵消管理。该部分明确减排量交易应按照重庆市碳排放权交易有关规定执行，包括碳履约和碳中和两个层面。纳入重庆碳市场的配额管理单位按照碳排放权交易相关规定，购买一定比例的减排量抵消碳排放量，完成碳履约；企事业单位和个人购买减排量抵消实际活动中产生的碳排放，实现碳中和。

四是“碳惠通”低碳场景建设。该部分鼓励企事业单位、团体、协会等社会组织按照评价规范要求参与“碳惠通”低碳场景创建工作；运营主体负责制定及评估低碳场景评价规范，采集低碳行为数据、换算碳积分并发放至个人账户；碳积分用于个人在运营平台上兑换“碳普惠”商品或服务。

五是监督与管理。该部分明确了市生态环境局对运营主体、交易中心等的监督管理要求以及对积极参与“碳惠通”平台建设工作的政府机关、企事业单位及社会团体在气候投融资工作等方面的激励政策支持。

六是附则。该部分主要对文件中涉及的专业名词进行解释，并明确管理办法自 2021 年 10 月 14 日起施行。

3. 平台现状

自《重庆市“碳惠通”生态产品价值实现平台管理办法（试行）的通知》施行以来，至 2024 年 1 月，重庆市备案方法学 20 个、自愿减排项目 11 个，对促进经济社会绿色低碳转型发展发挥了积极作用。同时，重庆市也在管理办法施行中发现存在温室气体自愿减排项目开发流程不够明晰、收益分配机制不够完善等问题。

为进一步规范重庆市温室气体自愿减排交易及相关活动，以更加鲜明准确的绿色低碳政策导向，激励更广泛的行业、企业和社会各界参与温室气体减排行动，激发全社会绿色增长新动能，按照重庆市“碳惠通”生态产品价值实现平台助推“产业绿色低碳转型、生态扩绿和居民增惠”总体要求，重庆市生态环境局发布通知，从 2024 年 1 月 20 日起，暂缓受理温室气体自愿减排交易方法学、项目、减排量备案申请，并组织修订管理办法，待修订完成并发布后，将依据新办法受理相关申请。

4.2.7　生态产品价值实现平台的河北案例

实现碳达峰碳中和是一场广泛而深刻的经济社会系统性变革。作为能耗大省、碳排放大省，河北抢抓生态产品价值实现机遇，破题创新，推动降碳产品价值实现和碳减排资产化机制改革向深层次、宽领域迈进。2021 年，河北以开发林业固碳产品为突破口，率先在塞罕坝机械林场及周边区域开发降碳产品，开创了全国范围内降碳产品价值实现的先河。

2021 年 8 月 23 日，习近平总书记在承德塞罕坝机械林场考察时强调："希望你们珍视荣誉、继续奋斗，在深化国有林场改革、推动绿色发展、增强碳汇能力等方面大胆探索，切实筑牢京津生态屏障。""要传承好塞罕坝精神，深刻理解和落实生态文明理念，再接再厉、二次创业，在实现第二个百年奋斗目标新征程上再建功立业。"这为河北进一步做好生态产品价值实现工作提供了方向指引和根本遵循。

1. 河北省降碳产品相关政策文件

2021 年 9 月 20 日，河北省人民政府办公厅印发《关于建立降碳产品价值实现机制的实施方案（试行）》的通知。其中提出，以开发降碳产品为引领，建立降碳产品价值实现机制，助力"两高"行业绿色转型。

2021 年 11 月 18 日，河北省应对变化领导小组办公室印发《河北省降碳产品价值实现管理办法（试行）》。该办法是落实河北省政府《关于建立降碳产品价值实现机制的实施方案（试行）》的重要配套文件，为进一步推动河北省降碳产品价值实现提供了政策保障。

2022 年 11 月 7 日，河北省人民政府办公厅印发《关于深化碳资产价值实现机制若干措施（试行）》的通知。其中提出，加强降碳产品开发和价值转化。根据碳排放单位年度核查碳排放量和行业碳排放基准值，对排放企业超行业碳排放基准值排放量部分按 10%的比例购买降碳产品抵消碳排放。

2022 年 11 月 11 日，河北省生态环境厅、中国建设银行河北省分行联合印发《关于开展金融助力碳资产价值实现专项工作的通知》。其中提出，降碳产品开发为重点支持领域和方向。根据各地资源禀赋和经济社会发展水平，重点支持林业、湿地、海洋、可再生能源、超低能耗建筑、低碳交通等领域降碳产品项目开发和重点领域节能降碳项目开发。

2. 河北省降碳产品方法学

目前河北开发的降碳产品从传统的林业、湿地固碳产品，拓展到风电、光伏、低碳建筑、再制造产业等，已形成多个领域的降碳产品核算方法学。截至 2023 年 12 月底，河北省生态环境厅会同相关部门累计印发固碳生态产品项目方法学、降碳产品方法学和碳减排量核算方法学 22 个。相对于联合国清洁发展机制（CDM）或我国的 CCER，河北降碳产品方法学侧重于价值实现和还利于民，且实施中借助已有相关成果，让申报和核证更易操作。如湿地芦苇除了在生长中吸收二氧化碳，还通过根系将碳固定到土壤里，通过测算出容易获得的芦秆的生物质量，再依据芦秆和根系固碳比的研究成果测算出芦苇整体固碳量。

河北省降碳产品价值实现机制与国内外减排机制对比如表 4－1 所示。

表 4－1　河北省降碳产品价值实现机制与国内外减排机制对比

类别	国际机制			国内机制	河北省机制
	核证碳标准（VCs）	清洁发展机制（CDM）	黄金标准（GS）	国家核证自愿减排量（CCER）	河北省降碳产品
定义	是指由第三方核证机构用来核实产品、项目或组织的碳盘查过程是否符合标准要求时引用的标准依据	《京都议定书》中引入的灵活履约机制之一。核心内容是允许《联合国气候变化框架公约》缔约方（即发达国家）与非缔约方（即发展中国家）进行项目级的减排量抵消额的转让与获得。在发展中国家实施温室气体减排项目	由世界自然基金会、南南－南北合作组织和国际太阳组织发起成立于 2003 年	是指对我国境内可再生能源、林业碳汇、甲烷利用等项目的温室气体减排效果进行量化核证。并在国家温室气体自愿减排交易注册登记系统中登记的温室气体减排量。是 COM 机制衍生发展的一种本土化自愿减排机制	是指固碳产品、可再生能源、近零能耗建筑、碳普惠等
目的	通过制定和管理有助于私营部门、国家和民间团体实现可持续发展和气候行动目标的标准来帮助解决世界上最棘手的环境问题和社会挑战	协助未列入附件I的缔约方实现可持续发展和有益于《公约》的最终目标，并协助附件所列缔约方实现遵守第三条规定的其量化的限制和减少排放的承诺	确保减少碳排放的项目具有最高水平的环境完整性，并为可持续发展做出贡献	CCER 作为一种减排机制，为那些减少温室气体排放的项目提供了激励，促进了低碳经济的发展，同时也为企业提供了一种灵活的减排方式，是我国碳排放权交易市场的重要组成部分	建立健全生态产品价值实现机制。是贯彻落实习近平生态文明思想的重要举措，是践行绿水青山就是金山银山理念的关键路径，是从源头上推动生态环境领域国家治理体系和治理能力现代化的必然要求。对推动经济社会发展全面绿色转型具有重要意义
主管部门	VERRA	项目批准 CDM 项目需要得到东道国指定的本国 CDM 主管机构批准。中国的 CDM 主管机构是国家发展和改革委员会	世界自然基金会和其他国际非政府组织	国家发展改革委	河北省生态环境厅
项目范围	森林保护、可再生能源、矿业、制造业和废物处置等	森林碳汇、可再生能源，生产工艺、废物处置等	废物管理、可再生能源、土地利用活动和基于自然的（气候）解决方案等	绿色循环产业和控排行业两大类	固碳产品、可再生能源，近零能耗建筑、碳普惠等
现阶段是否可开发	可开发。VCs 计划是目前全球使用最广泛的自愿性资源温室体减排计划	自 2014 年之后再没有我国 CDM 项目的注册	可开发。中国有 3 个林业碳汇 GS 项目已成功备案	2017 年，由于 CCER 市场交易量小、部分项目不够规范等原因，国家发改委暂停了对 CCER 项目的审批备案	可用于河北省降碳产品价值实现
交易机构	Vena 登记系统、CTX 交易所	国际市场交易	黄金标准官方网站、CTX 交易所	经国家主管部门备案的交易机构	河北环境能源交易所

3. 河北省降碳产品发展现状

根据《关于建立降碳产品价值实现机制的实施方案(试行)》,河北省降碳产品包括但不限于固碳产品、可再生能源、近零能耗建筑、碳普惠等。截至 2023 年 12 月 29 日,河北全省累计完成降碳产品项目开发 26 个,核证总规模近 700 万吨;全省累计交易 131.5 万吨,实现价值转化 7390 万元。降碳产品生态价值实现机制是具有河北特色的制度机制创新,将吸引全社会参与、开发更多的降碳产品,逐步形成具有河北特色的政府主导、企业和社会各界参与、市场化运作、可持续发展的生态产品价值实现路径,为全国生态优先、绿色低碳高质量发展大局作出河北探索、河北贡献。

近几年,随着河北省降碳产品价值实现机制改革不断深化,降碳产品开发领域、开发区域和主动履行社会责任行业企业不断实现新突破,降碳产品开发领域已经从林业扩大到风电光伏等可再生能源、超低能耗建筑、湿地芦苇等多个领域,降碳产品开发区域已经从承德拓展到石家庄、张家口、雄安新区等,主动履行社会责任的企业从钢铁、焦化行业向水泥行业持续延伸,为降碳产品价值实现机制注入了新的活力,带来了新的机遇。同时,降碳产品价值实现仍面临一些难题,比如碳交易市场存在区域分割,各地对"降碳产品价值多少、如何体现""降碳产品交易范围以及如何交易"等问题有不同理解。目前河北降碳产品开发交易仅限于省内认可,并未实现跨省交易。

4.3　林业碳汇的开发实施

按照中国证监会发布的金融行业标准《碳金融产品》(JR/T 0244—2022)中的定义,碳汇(carbon sink)指"从大气中清除二氧化碳的过程、活动或机制"。

4.3.1　林业碳汇项目方法学

碳信用方法学是指用于确定项目基准线、论证额外性、计算减排量、制订监测计划等的方法指南。碳信用方法学依据项目所采用的技术编写,有方法学的项目才可以被开发,没有方法学的项目可以先申请方法学备案。

碳信用方法学中涉及碳汇的计算逻辑是,首先核算基准线碳排放量,也就是在没有实施减排项目情况下的碳排放量,然后再核算当前的碳排放量,也就是实施减排项目后的碳排放量,两者之间的差额就是实施碳减排项目所带来的碳减排量。

林业碳汇是碳信用的一种类型,对于林业碳汇项目方法学而言,其相关的核心概念简要列示如下:

(1)项目基准线。项目基准线是一个假设情景,描述在没有实施减排项目情况下的温室气体排放情况。在林业碳汇项目中,基准线通常是预测在未实施碳汇项目情况下,森林植被及其土壤在未来一定时期内自然演替或者按照现有管理措施下碳储量的变化情况。这一基准线会考虑诸如自然生长、砍伐、病虫害、火灾等因素对碳储存的影响，以便对比评估项目实施后的碳汇增量。

(2)论证额外性。额外性从字面意思上理解来看"项目所产生的减排量是额外的"，即得不到这个碳汇收益就不会有这个碳减排项目。假如在没有碳减排量机制下，植树造林就是一门盈利很好的生意，那么这类项目就没有额外性，因为开展这类项目的动因与给予的碳减排量的收益没有直接的联系；必须是给予碳汇收益，成为其愿意开展碳减排项目的必要条件，这类项目才具备额外性。在林业碳汇项目中，额外性论证可能涉及证明项目采用了更为积极的森林经营方式，比如改变采伐制度、推广再造林或改良树种，这些措施在没有碳汇收益支持下原本是不会实施的或者实施力度不够。

(3)计算减排量。减排量预估是评估项目预期收益的重要数据，一般项目设计文件中的减排量依据项目可研报告测算。计算减排量时，首先需要根据项目实施前设定的基准线预测碳储存变化，然后通过实地调查和遥感技术等手段，监测并计算项目实施后森林碳库的实际变化。减排量计算包括但不限于地上生物量、地下根系生物量、枯落物和土壤有机碳等各碳库的净增量。具体计算方法应遵循相关方法学的规定，包括考虑树木生长速率、死亡率、木质生物质产品的生命周期影响等多方面因素。

(4)制订监测计划。监测计划是为确保项目实际运行过程中产生的减排量能够准确可靠地计量而设计的一套系统，包括定期开展森林资源清查，测量树木胸径、高度、密度等信息，估算碳储量变化；监测项目区域内的经营活动是否按计划进行，如种植、抚育、保护等；同时，还需关注可能的碳泄漏情况，如周边地区因项目实施而导致的间接土地利用变化等。监测数据应定期汇总上报，并由独立第三方审核机构进行核查确认，以保证项目减排量的准确性和可靠性。

早期国家发展改革委已批准备案的 CCER 林业碳汇项目使用的方法学有 5 个，即《碳汇造林项目方法学》(AR-CM-001-V01)、《竹子造林碳汇项目方法学》(AR-CM-002-V01)、《森林经营碳汇项目方法学》(AR-CM-003-V01)、《竹林经营碳汇项目方法学》(AR-CM-005-V01)、《可持续草地管理温室气体减排计量与监测方法学》(AR-CM-004-V01)。

对于不同的方法学，林业碳汇项目的开发具备不同的适应条件，对项目开始时间、土地合格性、土地类型、土壤扰动、原有林木处理方式、枯木处理方式等方面均有不同的要求，具体如表 4-2 所示。

表 4-2 项目基本要求

指标	碳汇造林项目	竹子造林碳汇项目	森林经营碳汇项目	竹林经营碳汇项目
方法学编号	AR-CM-001-V01	AR-CM-002-V01	AR-CM-003-V01	AR-CM-005-V01
发布时间	2013-11-04	2013-11-04	2014-01-23	2016-02-25
土地范畴	不属于湿地和有机土壤	不属于湿地	矿质土壤	不属于湿地和有机土壤

续表

指标	碳汇造林项目	竹子造林碳汇项目	森林经营碳汇项目	竹林经营碳汇项目
土地合格性	造林地权清晰，具有县级以上人民政府核发的土地权属证书			
土地类型	无林地		人工幼、中龄林	
土壤扰动	符合水土保持要求，土壤扰动面积比例不超过地表面积的10%，且20年内不重复扰动	符合水土保持要求，土壤扰动面积比例不超过地表面积的10%	符合水土保持要求，土壤扰动面积比例不超过地表面积的10%，且20年内不重复扰动	符合水土保持要求
原有林木处理方式	禁止烧除	不清除	禁止烧除	不清除
枯木处理	不移除地表枯落物，不移除树根、枯死木及采伐剩余物	不移除原有的散生林木	除改善卫生状况外，不移除枯死木和地表枯落物	不移除枯落物

4.3.2　林业碳汇项目的审定核查机构

CCER(China certified emission reduction)是“中国核证自愿减排量”的简称，是可以全社会共同参与温室气体减排行动的一项制度创新。

1. 碳汇项目的审定核查机构概述

碳汇项目的审定和核查机构是指在国家或国际碳交易体系下，由政府主管部门授权或者认可的专业第三方服务机构。其对项目设计文件审定、项目实施监测与核查、减排量核证与签发、质量和风险管理和合规性检查等进行评估和确认。

审定与核查机构每年需要向市场监督管理总局和生态环境部提交工作报告。报告应当对审定与核查机构遵守项目审定与减排量核查法律法规和技术规范的情况、从事审定与核查活动的情况、从业人员的工作情况等作出说明。审定和核查机构对报告内容的真实性负责。

在管理上，审定和核查机构应遵守法律法规和市场监督管理总局、生态环境部发布的相关规定，在批准的业务范围内开展相关活动，保证审定与核查活动过程的完整、客观、真实，并做出完整记录，归档留存，确保审定与核查过程和结果具有可追溯性。对其出具的审定报告与核查报告的合规性、真实性、准确性负责，不得弄虚作假，不得泄露项目业主的商业秘密。

2. 碳汇项目审定核查机构的作用

中国碳汇项目的审定核查机构在推进低碳发展和应对气候变化方面扮演着至关重要的角色，其作用主要体现在以下几个方面：

（1）保证项目质量与有效性。审定核查机构通过对碳汇项目的全面评估和独立验证，确保其项目符合国家和国际标准，能够有效地增加碳汇、减少温室气体排放，实现真正的气候效益。

（2）促进市场公平与透明。通过严谨的审定与核查程序，确保碳汇项目的减排量数据准确可靠，防止虚假碳汇交易，维护碳市场秩序和公平竞争环境，增强市场参与者对碳信用额的信任。

（3）引导资金投入与资源配置。审定核查机构的作用有助于筛选出优质的碳汇项目，吸引国内外投资，引导社会资本流向符合可持续发展要求的林业和其他生态系统修复与保护项目。

（4）提升政策执行力度。通过第三方审定与核查，强化了国家有关碳汇管理政策的落地实施，确保了政策目标的有效达成，进而推动国家碳排放权交易体系的完善和发展。

碳汇项目的审定核查机构在中国的角色至关重要，它们通过对项目的全程监控与评估，保障了碳汇项目的透明度、公信力和有效性，是中国构建和完善碳市场机制、落实国家碳达峰与碳中和战略目标的重要支撑力量。

3. 新一批林业碳汇审定核查机构资格

2012 年国家发改委发布了《温室气体自愿减排交易管理暂行办法》，我国开启了 CCER 的崛起之路，关于 CCER 的审定与核证机构的确立和发展，历经了多次备案和增补。截至 2017 年，经国家备案、发改委审核认定的 CCER 审定机构与核证资质的机构总共有 12 家。其中，能作林业碳汇方面的第三方审定与核证的机构有以下 6 家：中国林业科学研究院林业科技信息研究所（RIFPI）、中国农业科学院（CAAS）、中国质量认证中心（CQC）、中环联合（北京）认证中心有限公司（CEC）、广州赛宝认证中心服务有限公司（CEPREI）和北京中创碳投科技有限公司。

随着我国“双碳”战略的推进和 CCER 市场的重启，原来的碳汇审定核查机构资质作废，相关的林业碳汇审定与核证机构的资质管理也出现了新的变化。

2024 年 1 月 19 日，国家认证认可监督管理委员会（简称“认监委”）发布了《关于开展第一批温室气体自愿减排项目审定与减排量核查机构资质审批的公告》，指出“经商生态环境部，决定开展第一批温室气体自愿减排项目审定与减排量核查机构资质审批工作”。这意味着资质审批由原先的发改委改为认监委同生态环境部共同开展，相关第三方机构需经过严格的审核流程以确保其具有准确、公正地评估和核实各类减排项目的能力，从而保证进入交易市场的 CCER 具有真实可信的减排效果。这一举措是《温室气体自愿减排交易管理暂行办法》落地实施的重要配套措施之一，对于构建和完善国内自愿减排交易市场的秩序和技术标准体系具有重要意义。

《关于开展第一批温室气体自愿减排项目审定与减排量核查机构资质审批的公告》显示，第一批审查机构能源产业（可再生/不可再生资源）有 4 家，林业和其他碳汇类型有 5 家（审查机构确定公布后，企业就可以按照方法学开发相应的 CCER 项目，进而促进自愿减排交易市场的正常运行)，具体需求信息见表 4－3 所示。

表 4－3　审定与核查机构需求信息

序号	行业领域	拟审批数量/家
1	能源产业(可再生/不可再生资源)	4
2	林业和其他碳汇类型	5

申请从事审定与核查活动的机构应满足认证机构法定条件要求，具备与从事审定与核查活动相适应的技术和管理能力，并且符合以下条件：

(1)具备开展审定与核查活动相配套的固定办公场所和必要的设施；

(2)具备 10 名以上相应领域具有审定与核查能力的专职人员，其中至少有 5 名人员具有两年及以上温室气体排放审定与核查工作经历；

(3)建立完善的审定与核查活动管理制度；

(4)具备开展审定与核查活动所需的稳定的财务支持，建立与业务风险相适应的风险基金或者保险，有应对风险的能力；

(5)符合审定与核查机构相关标准要求；

(6)近 5 年无严重失信记录。

这些机构将为林业碳汇项目的管理提供有力支持，继续推动我国林业碳汇事业的发展，为应对气候变化、保护地球家园贡献力量。

4. 林业碳汇项目咨询机构

中国碳汇项目的咨询机构主要是指提供碳汇项目开发、设计、实施、监测、核算、审定、核查以及交易策略等全过程服务的专业化公司或组织。这些机构为企业、政府、非营利组织以及其他社会团体提供全方位的碳资产管理咨询服务，包括但不限于项目规划与设计、碳排放盘查与碳足迹分析、了解方法学开发与应用、项目申报与审定核查咨询、碳资产开发与管理等，为中国碳汇市场的发展和碳中和目标的实现提供了有力的技术支撑和服务保障。

不同于由官方认可、主要职责是对碳汇项目的各个环节进行公正、独立、权威的技术评价和验证的审定核查机构，碳汇项目咨询机构是提供碳汇项目从策划到实施全流程辅助服务的商业或技术服务提供商，主要是为客户进行项目策划与设计、技术支持与辅导、培训与教育、项目申报与管理等工作。

碳汇项目的审定核查机构与咨询机构虽然在职能上有所区分，但它们在碳汇项目生命周期中存在密切的联系和协同作用。其简述如下：

(1)项目合作流程中的前后接力。咨询机构通常先介入，帮助项目发起方设计、规划碳汇项目，撰写项目设计文件，并确保项目满足碳交易机制的各项要求。当项目文件准备完成后，咨询机构会将文件提交给审定核查机构进行独立的审定和核查，以确保项目符合国家或国际碳交易市场的标准。

(2)共同服务于碳汇项目。审定核查机构和咨询机构都致力于推动碳汇项目的成功实施，一个是从技术角度提供专业咨询服务，另一个是从公正第三方角度提供权威的验证服务。

(3)信息交流与技术标准统一。两者都需要遵守相同的国家政策、法律法规和相关技术标准，例如《中国林业碳汇项目审定和核证指南》等，保持信息和经验的共享，共同促进碳汇市场的健康发展。

(4)审定核查机构不能同时提供咨询服务。如果说审定核查机构是“裁判员”的话，那么咨询机构就是“运动员”。从国家整体的碳汇生态系统来看，“裁判员”与“运动员”肯定要分开，否则，政策执行的符合性、“裁判”工作的公正性、项目质量的可靠性都难以得到保证。

审定核查机构是碳汇项目进入碳市场交易前的关键环节，负责的是公正客观的技术评审和认证；而咨询机构更多的是站在项目业主的角度，提供从项目构思到最终实施的一系列定制化解决方案和服务。审定核查机构着重于把关项目的合规性和碳减排的真实性，服务于公众利益；而咨询机构则更多关注于项目开发和优化，服务于业主利益。

4.3.3 林业碳汇项目开发

林业碳汇项目开发是指通过一系列植树造林、再造林、森林管理以及减少毁林等活动来增加森林生物量，进而吸收和储存大气中的二氧化碳等温室气体，从而抵消或减少人类活动产生的温室气体排放的过程。这些活动可以转化为碳信用额或碳汇指标，并在自愿减排碳市场上进行交易，帮助企业和国家实现其温室气体减排承诺。

1. CCER 项目开发流程

结合 2023 年颁布的《温室气体自愿减排交易管理办法(试行)》《温室气体自愿减排项目设计与实施指南》等相关文件的规定，温室气体自愿减排项目的开发流程如表 4-4 所示。

表 4-4 温室气体自愿减排项目设计与实施流程

名称	内容
1. 项目设计	编写项目设计文件，包含以下内容或步骤： · 选择适用的方法学 · 确定项目边界、排放源、汇总温室气体种类 · 识别基准线情景，论证额外性 · 确定项目开工时间以及计入期类型和期限 · 确定减排量核算方法并预先估算减排量 · 制订监测计划 · 环境影响评价和可持续发展分析

续表

名称	内容
2. 项目公示	· 通过注册登记系统公示项目相关材料 · 处理公示期间收到的相关意见
3. 项目审定	· 选择有资质的审定与核查机构实施审定 · 配合审定与核查机构开展审定工作
4. 项目登记申请	· 通过注册登记系统提交项目登记申请 · 注册登记机构对审核通过的项目进行登记
5. 项目实施、监测和减排量核算	· 按项目设计文件实施项目 · 按监测计划实施监测 · 核算减排量
6. 减排量公示	· 通过注册登记系统公示项目减排量相关材料 · 处理公示期间收到的相关意见
7. 减排量核查	· 选择有资质的审定与核查机构实施核查 · 配合审定与核查机构开展核查工作
8. 减排量登记申请	· 通过注册登记系统申请减排量登记申请 · 注册登记机构对审核通过的减排量进行登记
9. 项目结束	· 项目寿命结束 · 计入期结束 · 项目注销

需要注意的是，项目设计与实施流程中产生的数据、信息等原始记录和管理台账应当在该项目最后一次减排量登记后至少保存 10 年。

2. 其他事项

针对林业碳汇项目的开发环节，需要明确以下几个注意事项：

（1）开发依据。林业碳汇项目开发的依据是《温室气体自愿减排交易管理办法（试行）》《温室气体自愿减排项目设计与实施指南》《碳排放权交易管理暂行条例》，以及相关的林业碳汇项目方法学。

（2）开发方式。林业碳汇项目有以下 3 种开发方式：

①项目业主开发。由项目业主全部投资，承担全部开发风险。此种方式的优点是费用低；缺点是规模小，减排量少，成功率低，风险大，开发周期长。

②技术咨询机构开发。由技术咨询机构全部投资，承担全部风险。此种方式的优点是规模大，减排量多，成功率高，风险小，开发周期短；缺点是项目业主支出的费用相对较高。

③合作开发。由项目业主和技术咨询机构共同投资，按比例承担风险，按比例分红。

(3)开发条件。

①具备真实性、唯一性和额外性;

②属于生态环境部发布的项目方法学支持领域;

③2012 年 11 月 8 日之后开工建设;

④属于法律法规、国家政策规定有温室气体减排义务的项目,或者纳入全国和地方碳排放权交易市场配额管理的项目,不得申请温室气体自愿减排项目登记。

(4)计入期。林业碳汇项目的计入期分为以下两种:

①可更新计入期。最长为 20 年,最多更新两次,这种情况下项目最长有 60 年。

②固定计入期。最长为 30 年,不可更新。计入期的选择并不是越长越好,计入期的选择可根据所选树种的生长特征、土地使用情况、项目实施的时间长短等共同决定。

(5)监测频率。一般来说,监测期内项目所在地如果在没有发生火灾、虫害等自然灾害的情况下,通常是每隔 4～5 年进行一次碳汇量的监测和核证。当然,不计成本的话,也可以每年都监测。

(6)项目费用。针对不同主体的林业碳汇项目,其项目费用也不相同,具体如表 4 - 5 所示。

表 4 - 5 项目费用

项目	作业设计/(万元/次)	文件制作/(万元/次)	审定/(万元/次)	监测次数/次	监测费用/(万元/次)	核证次数/次	核证费用/(万元/次)
造林项目	15	20	10	2～4	15	2～4	10
经营项目	10	20	10	2～4	20	2～4	10

另外需要注意的是,不是所有的林地都可以开发林业碳汇项目,只有符合方法学要求的林地才可以参与林业碳汇项目开发。项目开发要按照有关规定和方法学进行,并按照规定流程进行备案,所产生的碳汇才能进入碳市场交易。

4.3.4 林业碳汇项目收益测算案例

对于林业碳汇项目收益的测算,将以设定的案例为背景,从基础数据、收益测算、项目开发费用测算 3 个方面展开。

案例的投资背景:某公司拟对位于 AJ 县的竹林碳汇经营项目进行投资以获取商业回报。目前在投资考察中,需要进行该项目的投资收益分析,从而为相关投资决策提供数据支持。

1. 基础数据

(1)投资数据。具体如下:

①投资亩数,5 万亩;

②投资年限,20 年;

③折现率，5%。

(2)成本数据。竹林碳汇经营项目成本数据如表 4－6 所示。

表 4－6　竹林碳汇经营项目成本数据

分类	明细项目	成本数据
土地成本	地租	每年每亩 20 元
造林成本	林地清理、打穴/种植、苗木、肥料成本	每年每亩 121 元
抚育成本	除草割灌、翻耕、施肥、清蔸除鞭成本	每年每亩 150 元
项目开发费用	作业设计费、项目设计文件制作费、项目审定费、检测费、核证费	一次性支付 120 万元
采伐成本	主伐费用、间伐费用	每两年采伐一次，每亩 480 元
其他成本	管护费	每年每亩 5 元

(3)收益数据。竹林碳汇经营项目收益数据如表 4－7 所示。

表 4－7　竹林碳汇经营项目收益数据

项目	收入数据
竹材收益	竹材每两年砍伐一次，每年每亩产量 2000 公斤，价格 0.5 元/公斤
竹笋收益	竹笋每两年采挖一次，每年每亩产量 80 公斤，价格 3 元/公斤
碳汇收益	竹林的固碳量为每年每亩 0.48 吨，碳汇价格 33 元/吨

2. 收益测算

(1)成本测算。

年土地成本＝投资亩数×每亩土地成本＝50000×20＝1000000(元)

年造林成本＝投资亩数×每亩造林成本＝50000×121＝6050000(元)

年抚育成本＝投资亩数×每亩抚育成本＝50000×150＝7500000(元)

年采伐成本＝投资亩数×每亩采伐成本＝50000×480＝24000000(元)(每两年采伐一次)

年其他成本＝投资亩数×每亩其他成本＝50000×5＝250000(元)

项目开发费用＝1200000 元(一次性支付，第一年支付，其他年份为 0)

年成本小计＝年土地成本＋年造林成本＋年抚育成本＋年采伐成本＋年其他成本＋项目开发费用

成本计算结果如表 4－8 所示。

表 4-8 成本计算表

年份/项目	土地成本/元	造林成本/元	抚育成本/元	项目开发费用/元	采伐成本/元	其他成本/元	成本小计/元
1	1000000	6050000	7500000	1200000		250000	16000000
2	1000000	6050000	7500000		24000000	250000	38800000
3	1000000	6050000	7500000			250000	14800000
4	1000000	6050000	7500000		24000000	250000	38800000
5	1000000	6050000	7500000			250000	14800000
6	1000000	6050000	7500000		24000000	250000	38800000
7	1000000	6050000	7500000			250000	14800000
8	1000000	6050000	7500000		24000000	250000	38800000
9	1000000	6050000	7500000			250000	14800000
10	1000000	6050000	7500000		24000000	250000	38800000
11	1000000	6050000	7500000			250000	14800000
12	1000000	6050000	7500000		24000000	250000	38800000
13	1000000	6050000	7500000			250000	14800000
14	1000000	6050000	7500000		24000000	250000	38800000
15	1000000	6050000	7500000			250000	14800000
16	1000000	6050000	7500000		24000000	250000	38800000
17	1000000	6050000	7500000			250000	14800000
18	1000000	6050000	7500000		24000000	250000	38800000
19	1000000	6050000	7500000			250000	14800000
20	1000000	6050000	7500000		24000000	250000	38800000
合计							537200000

(2)收益计算。

年竹材收益=投资亩数×每亩产量×竹材价格=50000×2000×0.5=50000000(元)(每两年出售一次)

年竹笋收益=投资亩数×每亩产量×竹笋价格=50000×80×3=12000000(元)(每两年出售一次)

年碳汇收益=投资亩数×每亩固碳量×碳汇价格=50000×0.48×33=792000(元)

年收益小计=年竹材收益+年竹笋收益+年碳汇收益

收益计算结果如表 4-9 所示。

表 4 - 9　收益计算表

年份/项目	竹材收益/元	竹笋收益/元	碳汇收益/元	收益小计/元
1			792000	792000
2	50000000	12000000	792000	62792000
3			792000	792000
4	50000000	12000000	792000	62792000
5			792000	792000
6	50000000	12000000	792000	62792000
7			792000	792000
8	50000000	12000000	792000	62792000
9			792000	792000
10	50000000	12000000	792000	62792000
11			792000	792000
12	50000000	12000000	792000	62792000
13			792000	792000
14	50000000	12000000	792000	62792000
15			792000	792000
16	50000000	12000000	792000	62792000
17			792000	792000
18	50000000	12000000	792000	62792000
19			792000	792000
20	50000000	12000000	792000	62792000
合计				635840000

(3)评价指标。林业碳汇项目的收益测算评价指标包括净现值和投资收益率两种。

①净现值。净现值是指投资方案所产生的现金净流量以资金成本为贴现率折现之后与原始投资额现值的差额。净现值法就是按净现值大小来评价方案优劣的一种方法。净现值大于零则方案可行,且净现值越大,方案越优,投资效益越好。项目净现值计算公式如下:

$$项目净现值 = \sum(年收益小计 - 成本小计) \times 现值系数$$

项目净现值如表 4 - 10 所示。

表 4－10　项目净现值

年份/项目	成本小计/元	收益小计/元	现值系数	净现值/元
1	16000000	792000	0.95238	－14483795.04
2	38800000	62792000	0.90703	21761463.76
3	14800000	792000	0.86384	－12100670.72
4	38800000	62792000	0.82270	19738218.40
5	14800000	792000	0.78353	－10975688.24
6	38800000	62792000	0.74622	17903310.24
7	14800000	792000	0.71068	－9955205.44
8	38800000	62792000	0.67684	16238745.28
9	14800000	792000	0.64461	－9029696.88
10	38800000	62792000	0.61391	14728928.72
11	14800000	792000	0.58468	－8190197.44
12	38800000	62792000	0.55684	13359705.28
13	14800000	792000	0.53032	－7428722.56
14	38800000	62792000	0.50507	12117639.44
15	14800000	792000	0.48102	－6738128.16
16	38800000	62792000	0.45811	10990975.12
17	14800000	792000	0.43630	－6111690.40
18	38800000	62792000	0.41552	9969155.84
19	14800000	792000	0.39573	－5543385.84
20	38800000	62792000	0.37689	9042344.88
合计	537200000	635840000		55293306.24

②投资收益率。投资收益率是指投资所获得的回报或利润与投资额之间的比率。在金融投资领域，投资收益率是衡量一项投资营利能力的重要指标，它反映了投资者获得每一元投入的回报率大小。投资收益率指标大于或等于无风险投资收益率的投资项目才具有财务可行性。

$$投资收益率=\frac{收益总计-成本总计}{成本总计}\times100\%$$

$$=\frac{635840000-537200000}{537200000}\times100\%$$

$$=18.36\%$$

3. 项目开发费用测算

对于林业碳汇项目的开发费用测算，其支付方式有 3 种，分别是一次性支付、分期支付和收益分成（一次性支付方式在此不过多阐述）。

【例 4－1】设定知链公司的项目开发费用的预算金额为 1200000 元，可以分期支付，如果分四期支付，每五年支付一次，在考虑资金时间价值的情况下，计算每期应支付的金额（注：折现率＝5%）。现值系数如表 4－11 所示。

表 4－11　现值系数表 1

年份	现值系数
1	0.95238
6	0.74622
11	0.58468
16	0.45811

计算如下：

每期的支付金额＝1200000/（现值系数之和）

＝1200000/（0.95238＋0.74622＋0.58468＋0.45811）

＝1200000/2.74139

＝437734.14（元）

【例 4－2】设定知链公司的项目开发费用采用收益分成的模式，按每年碳汇收入的一定比例进行分成，考虑资金时间价值，每年分成金额的现值合计小于等于预算金额 1200000 元，请计算分成比例（注：折现率＝5%）。现值系数如表 4－12 所示。

表 4－12　现值系数表 2

年份	现值系数
1	0.95238
2	0.90703
3	0.86384
4	0.82270
5	0.78353
6	0.74622
7	0.71068
8	0.67684
9	0.64461
10	0.61391

续表

年份	现值系数
11	0.58468
12	0.55684
13	0.53032
14	0.50507
15	0.48102
16	0.45811
17	0.43630
18	0.41552
19	0.39573
20	0.37689

计算公式如下：

每期的支付金额≤1200000/(现值系数之和)

分成比例=每期的支付金额/碳汇收入

在此只列出计算公式，感兴趣的同学可以自己计算。

4.3.5 林业碳汇项目实施

林业碳汇项目实施包括三方面内容，即林业碳汇项目招投标、林业碳汇销售、林业碳汇费用支付与风险预测，简要说明如下。在此以福建××县林业局林业碳汇项目为例。

1. 林业碳汇项目招投标

1）项目概况

福建省××县具有优秀的自然资源禀赋，碳中和项目得到本地人民政府和林业主管部门的高度重视，各职能部门数据详实可靠并拟定了具体的实施方案和保障措施，在项目调研过程中得到了充分肯定。基于此，××县林业局林业碳汇资源开发项目依托现有国家标准及相应方法学，开展亚热带季风性湿润气候林业碳汇核定技术，进行林业碳汇开发、设计及核证。

2）技术和服务要求（以“▲”标示的内容为不允许负偏离的实质性要求）

▲(1)技术目标。

依托现有国家标准及相应方法学，开展亚热带季风性湿润气候林业碳汇核定技术，并以福建××县为示范地，进行项目开发及核证工作。

(2)技术内容。

▲①开展××县林业碳汇开发项目，项目边界以国有经营（县属林场、林业建设投资公司）范围内人工林为主。

▲②以福建省××县为示范地，进行项目核证并保证项目顺利通过。

▲③开发的方法需符合国家相关规定。

▲④××县林业局林业碳汇资源开发项目开发路径：整体开发以符合国家政策许可和中国自愿减排(CCER)项目为主，辅助开发国际自愿减排(VCS)项目。

(3)技术方法和路线。

××县林业局林业碳汇资源开发项目开发路径：整体开发以 CCER 为主。就整体项目开发与交易流程来看，包含以下 8 个方面：

①项目设计。

A. 数据收集、计量；

B. 评估编写项目设计文件(PDD)；

C. 开展基准线识别，进行作业设计调查和编制作业设计文件；

D. 提供设计方案，并报地方主管部门审批，获取批复；

E. 地方环保部门出具环保证明文件(免环评证明)；

F. 项目实施根据(项目设计书/项目方法学等)；

G. 项目设计时间(2～6 个月)。

②项目审定。

A. 资料审定；

B. 现场审定；

C. 出具审定报告时间(4 个月)。

③项目备案。

A. 项目审定后，向主管机构申请项目备案；

B. 中国资源交易减排平台进行公示，公示结束进入答辩；

C. 第三方委托专家评估、审查，对符合条件的项目予以备案。

④项目监测。

A. 按照备案的项目设计文件、监测计划、监测手册实施监测活动；

B. 测量实际碳汇量；

C. 编写项目监测报告(MR)文件；

D. 准备核证所需的支持性文件。

⑤项目核证。

A. 委托具有核证资质的核证机构独立核证；

B. 项目业主陪同、跟踪项目核证、反馈提出的问题、修改完善项目监测报告。

⑥减排量备案签发。组织专家评估，符合要求的项目予以签发。

⑦项目交易。

A. 碳交易所交易[用于重点排放单位(控排企业)]履约或者有关组织机构开展碳中和、碳补偿等自愿减排、履约社会责任。

B. 负责控排企业对项目开发可交易的碳汇量进行收购(或预收购)。项目备案注册后,中标单位负责出售项目开发可交易的碳汇,且须承诺并保证该项目开发的可交易碳汇量交易结算单价参照合同签订当日结算价格[乙方兜底单价为 32 元/吨(含税)],整体交易结算机制参照碳汇交易基准流程。如中标单位未找到合适的购买企业,视为中标单位违约,没收中标人的项目履约保证金。

⑧项目履约保证金 30 万元。本项目所有流程(以上①～⑦点)要求中标单位自签约后 10 个月之内闭环完成,否则视为违约,中止合同。

(4)开发范围。

项目开发范围包括××县林业局所属国有经营范围中符合林业碳汇项目中国自愿减排(CCER)和国际自愿减排(VCS)标准方法学申报条件的林地。

(5)项目成果性交付内容。

①项目设计书 1 份,即详细的项目描述书。

②项目审定报告。

③项目核证报告,即项目监测报告,主要描述项目实施过程中,按照项目相应方法学和国家标准要求,对项目的运行情况进行监测和报告。

④减排量核证报告。对监测报告中的减排量进行核查并出具国家认可的第三方独立报告,由第三方审核和核证机构出具。

⑤方法学和国标要求的其他过程材料的编制和整理。

(6)项目效益、开发成本及服务费用。

①经招标人初测算,试点范围内项目年度可交易碳汇量约 12 万吨以上。要求中标单位承诺以我方测算结果为兜底开发量,最终结果以项目核证文件为准。

②要求中标单位负责协调碳排放控排企业以不低于人民币 32 元/吨(含税)的保底单价对项目碳汇量进行收购,若具体交易日单价高于保底单价时,以实际交易单价为准。

③项目开发服务过程中所产生的一切成本均由中标单位承担,相关税费按交易时国家相关规定执行。中标单位应依法按程序自行组织实施项目的各个环节,直到项目开发成功,其间所有支出均由中标单位全额投资,招标人不承担项目开发相关费用。如本项目涉及的国家或省市专项资金款项(或上级奖补资金、捐赠资金、政策性贴息、补助等)均由招标人或其授权单位申报,中标单位应予以协助,相应资金归招标人所有。

④交易价格。碳汇交易由中标人负责组织,交易价格应由双方确认达成一致意见后方能组织交易,如双方在价格方面存在争议,在实施过程中协商解决。中标人擅自进行交易的,招标人有权不支付本次合作开发费用,给招标人造成损失的,招标人有权没收履约保证金。中标人应按招标人要求负责进行交易价格谈判,争取最大利益。碳汇交易所有款项应汇入招标人账户。

(7)××县林业局林业碳汇资源开发参数与性能要求。

①项目团队组成要求。根据 CCER 项目开发设计和核证流程,项目团队由项目开发设计团队和项目核证团队构成。为保证项目独立性和公正性,要求项目开发设计与项目核证团队均由独立法人单位组成,项目开发设计团队承担项目开发设计、过程技术控制和方向性控制。

A. 项目设计单位团队要求:项目设计单位团队中原则上至少应有 3 名行业相关副高职称人员,其中至少 2 名国家注册审核员;

B. 核证人员具有相应行业要求的减排和核证资质;

C. 核证人员团队设置要求:核证团队原则上至少有 2 名行业相关的正高级职称人员;

D. 为保证核证的独立性和公正性,核证团队由第三方核证单位独立组成,由业主单位配合提供相应的资料文件,业主单位保证所提供文件的真实性和有效性;

②项目开发设计单位资质要求。

项目开发设计单位原则上需具有以下资质之一:

A. 国家认监委/生态环境部审批备案的温室气体自愿减排项目第三方审定核查机构资质;

B. 国际自愿减排机制(CDM/VCS/GS 之一)第三方审核机构资质;

C. PAS2060 碳中和验证服务资质;

D. 全国 23 个省市重点用能单位第三方核查/复核服务机构。

③核证范围。福建××县国有经营范围内的人工林项目的开发、设计及核证,以及开发的方法学需符合国家相关规定。

④项目开发路径。整体开发以符合中国自愿减排(CCER)项目为主。

3)碳汇项目招投标流程

碳汇项目招标流程图如图 4-3 所示。

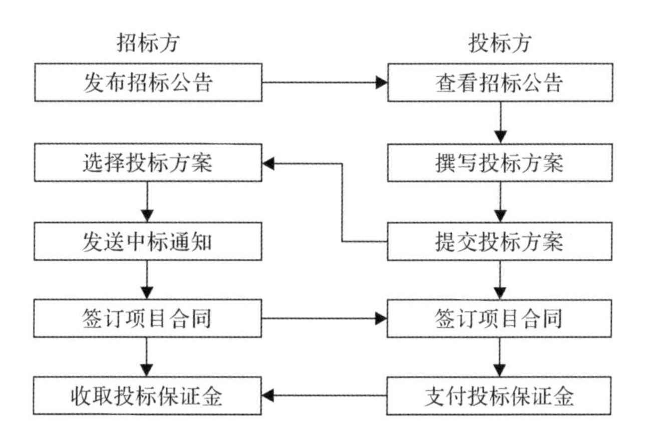

图 4-3　碳汇项目招标流程图

招投标涉及的会计核算如下：

(1)收到投标方支付的投标保证金。

借:银行存款

　贷:其他应付款

(2)碳汇项目减排量备案通过,返还投标方支付的投标保证金。

借:其他应付款

　贷:银行存款

2. 林业碳汇销售

(1)销售方式。林业碳汇在销售环节有协议转让和挂牌交易两种方式。

协议转让是指企业提前通过询价、招投标等场外协商方式确定交易对手方(机构或其他企业)并达成一致,提前签订合同后经交易所确认成交的交易方式。

挂牌交易是指企业将配额采购或销售意向在交易系统内进行申报,经系统撮合,与符合条件的对手方达成交易的方式。

无论挂牌交易或协议转让,交割都需要通过国家主管部门指定的交易所进行,并使用专门的资金存管账户进行资金结算。两种交易方式最主要的区别是对手方和交易量价的确定性。挂牌交易虽然流程和操作比较简单,但交易价格和交易量取决于市场上的买卖单数量,对市场流动性要求较高;协议转让虽然需要线下进行谈判筛选对手方,但交易量价均不存在不确定性。

(2)会计处理。

借:银行存款

　贷:营业外收入

3. 林业碳汇费用支付与风险预测

1)林业碳汇费用支付

碳汇项目的支付方式有 3 种:一次性支付、分期支付和收益分成。

(1)一次性支出的会计处理。

借:管理费用

　　应交税费-应交增值税-进项税额

　贷:银行存款

(2)分期支付的会计处理(非上市公司,简化处理,不考虑资金时间价值的处理)。

借:管理费用

　　应交税费-应交增值税-进项税额

　贷:银行存款(每期的实际支付价款)

【例 4-3】分期支付的会计处理。

上市公司严格遵守会计准则的财务处理,以现值 120 万,折现率 5%,分 4 期支付。

①签订合同时。

借:管理费用　1132075.47

　未确认融资费用　550936.56

　应交税费-应交增值税-进项税额　67924.53

　贷:长期应付款　1683012.03

　　银行存款　67924.53

②支付时。

借:长期应付款　420753.0075

　贷:银行存款　420753.0075

③摊销融资费用。

借:财务费用　137734.14

　贷:未确认融资费用　137734.14

④收益分成的会计处理。

借:管理费用

　应交税费-应交增值税-进项税额

　贷:银行存款(碳汇收入×分成比例)

2)林业碳汇常见的风险

林业碳汇项目在实施过程中也会遇到诸多风险。一般而言,按照类别,风险可划分为自然风险和市场风险,如图 4-4 所示。

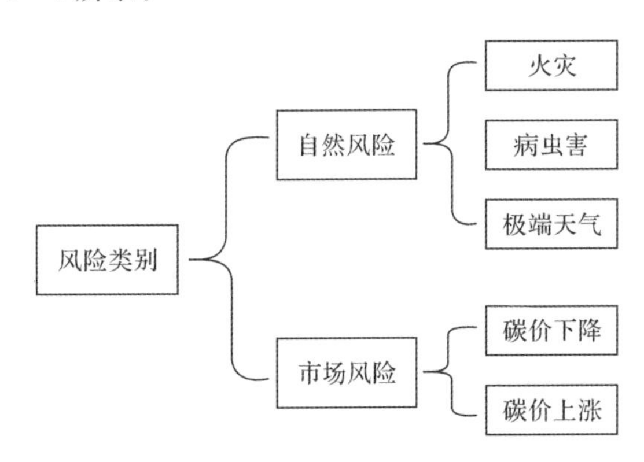

图 4-4　林业碳汇常见的风险

为最大化规避林业碳汇带来的风险损失,对于可能面临的自然风险,通常可以采用购买碳保险的方式,如林业碳汇指数保险。该险种以碳汇损失计量为补偿依据,将因火灾、冻灾、泥石流、山体滑坡等合同约定灾因造成的森林固碳量损失指数化,当损失达到保险合同约定的标准时,视为保险事故发生,保险公司按照约定标准进行赔偿。通常林业碳汇指数保险赔款可用于对灾后林业碳汇资源救助和碳源清除、森林资源培育及加强生态保护修复等与林业碳汇富余价值生产活动有关的费用支出。

对于可能面临的市场风险，通常可以采用期货交易的方式。碳期货具备传统期货“规避风险”和“价格发现”两大核心功能，是一种为控排企业提供规避价格风险的手段。

3）林业碳汇的风险后果

在面临林业碳汇风险后，需要对其可能会发生的损失率进行预估，举例如表 4-13 所示。

表 4-13　林业碳汇风险预估损失率

风险	火灾	病虫害	雪灾	碳汇降价	碳汇涨价
预估的损失率	20%	5%	10%	10%	−15%

一般风险的发生是随机的，很难预测。在预期发生林业碳汇风险后，可以通过风险预估大致测算一下未来的损失或收益。一般而言，预估的收入＝碳汇收入×(1－风险损失率)。

此外，如果风险发生时是选取以收益分成方式支付项目管理的，对方也要承担风险带来的损失。

4.4　竹林碳汇经营实验

4.4.1　实验介绍

1. 实验背景

竹林碳汇经营作为生态产品经营的一种重要方式，落地了生态产品价值实现机制，解决了生态产品的“难度量、难抵押、难交易、难变现”的难题，是生态产业化的重要构成。开展本项实验，进行竹林碳汇经营项目的投资经营与管理，是为了帮助学生深刻理解习近平生态文明思想，准确领悟“绿水青山就是金山银山”的内涵，充分认识到国家政策大力推动的生态产品的投资经营，是利国利民和“钱途无限”的生意。生态产品投资经营是在碳中和的投资大潮中，一个具备广阔发展前景的重要创新赛道。

2. 实验数据

(1)投资数据。

①投资亩数：50000 亩。

②投资年限：20 年。

③折现率：5%。

(2)成本数据。成本数据如表 4-14 所示。

表4-14　成本数据

分类	明细项目	成本数据
土地成本	地租	每年每亩20元
造林成本	林地清理、打穴/种植。苗木、肥料成本	每年每亩121元
抚育成本	除草割灌、翻耕、施肥、清理除鞭成本	每年每亩150元
项目开发费用	作业设计费、项目设计文件制作、项目审定费、检测费、核证费	三种支付方式：一次性支付、分期支付，收益支付
采伐成本	主伐费用、间伐费用	每两年采伐一次，每亩480元
其他成本	管护费	每年每亩5元

(3)收益数据。收益数据如表4-15所示。

表4-15　收益数据

分类	明细项目	收益数据
竹材收益	销售竹材的收益	竹材每两年砍伐一次，每年每亩产量2000公斤，价格0.5元/公斤
竹笋收益	销售竹笋的收益	竹笋每两年采挖一次，每年每亩产量80公斤，价格3元/公斤
碳汇收益	销售碳汇的收益	竹林的固碳量为每年每亩0.48吨，碳汇价格33元/吨

3. 实验目标

(1)熟悉竹林碳汇项目的申请、备案、签发、交易全流程。

(2)理解竹林碳汇项目的收益测算过程与评价指标。

(3)熟悉竹林碳汇项目各个节点的账务处理。

(4)强化收益与风险配比的财务管理理念。

4. 实验流程

整个实验流程如图4-5所示。

学生在了解整个竹林碳汇经营实验之后，首先要进行投资收益测算，掌握整体经营概况；其次要进行碳汇项目招投标实验，这是地方林业部门常采用的生态经营变现方式；再次是申请碳汇项目，由碳汇经营合作的开发商按照确定流程进行，完成碳汇开发签发后，就可在自愿减排碳市场进行挂单销售；最后进行费用支付与风险预测实验。

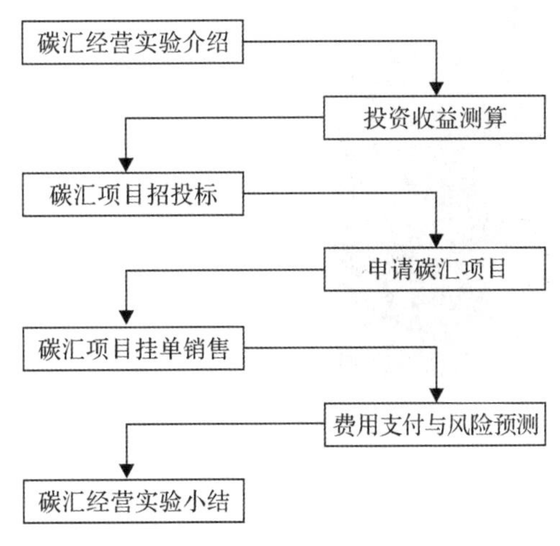

图4-5　竹林碳汇经营实验流程

4.4.2 项目投资收益测算

1. 任务说明

在竹林碳汇项目的收益测算中，项目开发费用测算值会因与开发商之间支付方式的不同而存在差异。项目开发费用支付方式一般有 3 种：一次性支付、分期支付、收益分成。请根据不同的支付方式进行项目投资收益的测算。

相关主要操作界面如图 4－6、图 4－7 所示。

图 4－6　开发费用支付方式选择

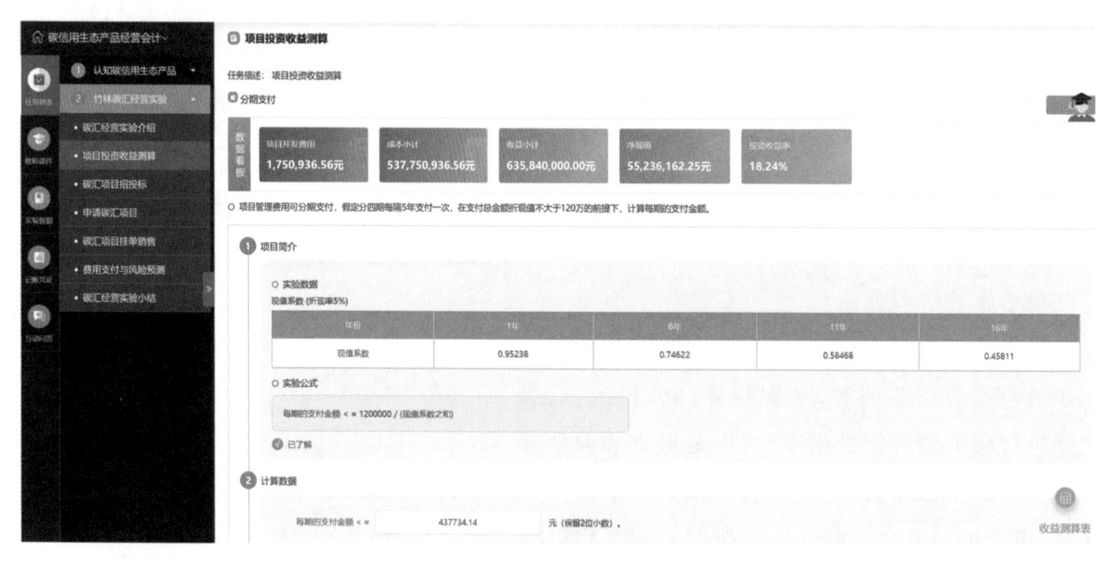

图 4－7　分期支付方式的收益测算

2. 任务操作

(1)选择【一次性支付】方式,点击【测算】按钮进入。

逐个选择收益测算指标,按照确定的数据,进行相应的数据测算。收益测算指标包括:

①土地成本,造林成本,抚育成本,项目开发费用,采伐成本,其他成本,成本小计。

②竹材收益,竹笋收益,碳汇收益,收益小计。

③净现值,投资收益率。

(2)选择【分期支付】方式,点击【测算】按钮进入。

①按照给定的实验数据,测算分期支付的每期支付金额。

②测算净现值、投资收益率。

(3)选择【收益分成】,点击【测算】按钮进入。

①根据给定的实验数据,测算项目收益分成比例。

②根据收益分成比例,计算项目的总成本和净现值、投资收益率。

4.4.3　碳汇项目招投标

1. 任务说明

在本任务中,进行竹林碳汇项目的招投标实验。

实验步骤包括发布招标公告、撰写投标方案、选择投标方案、签订项目合同、收取保证金。

相关主要操作界面如图4-8、图4-9所示。

图4-8　签署项目合同

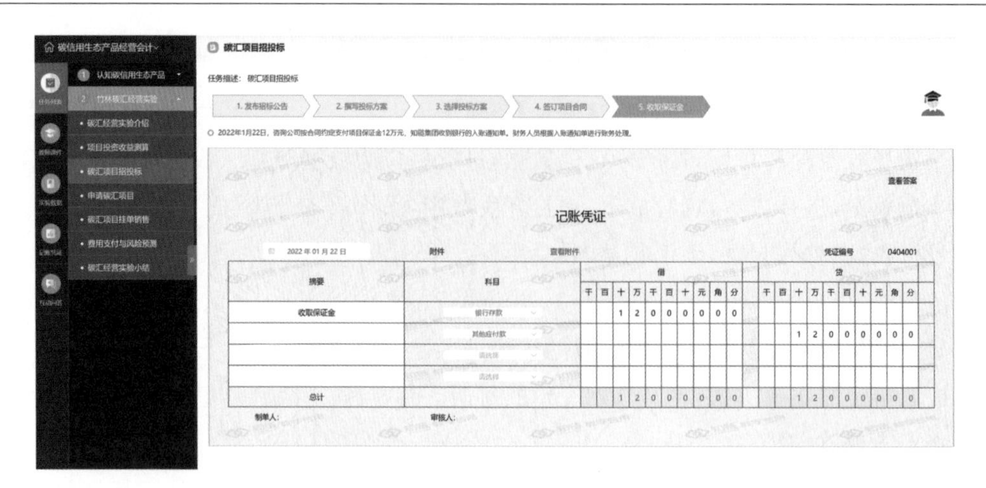

摘要	科目	借 千	百	十	万	千	百	十	元	角	分	贷 千	百	十	万	千	百	十	元	角	分
收取保证金	银行存款			1	2	0	0	0	0	0	0										
	其他应付款													1	2	0	0	0	0	0	0
	请选择																				
	请选择																				
总计				1	2	0	0	0	0	0	0			1	2	0	0	0	0	0	0

图 4－9　收取保证金及账务处理

2. 任务操作

(1)点击【发布招标公告】页签，进行招标公告发布。

(2)点击【撰写投标方案】页签，选择费用支付方式，填写投标方案资料。

(3)点击【选择投标方案】页签，进行投标方案选择。

(4)点击【签订项目合同】页签，发送中标通知书，签订项目合同。

(5)点击【收取保证金】页签，进行咨询公司支付的项目保证金收取，以及账务处理。

4.4.4　申请碳汇项目

1. 任务说明

在本任务中，进行竹林碳汇项目的核证减排量的申请。

实验步骤包括熟悉了解申请流程、碳汇备案申请、碳汇减排量备案申请、退还保证金。

相关主要操作界面如图 4－10、图 4－11 所示。

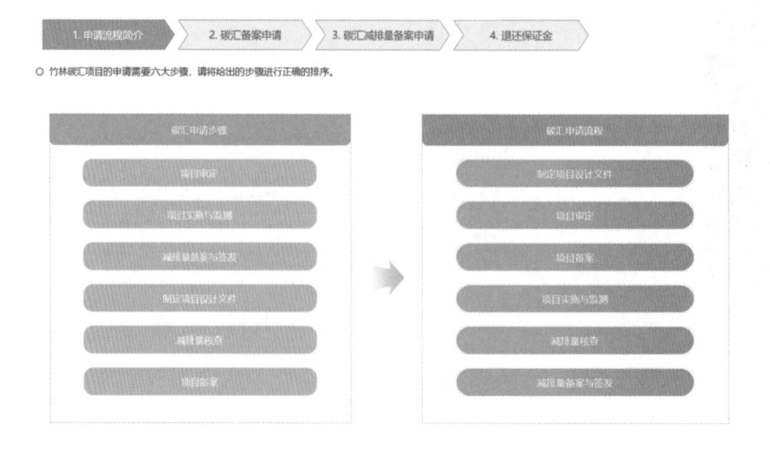

图 4－10　碳汇申请流程步骤排序

图 4－11　碳汇减排量申请

2. 任务操作

(1)申请流程简介。对竹林碳汇申请的 6 大步骤进行正确排序。

(2)碳汇备案申请。

①在经过第三方机构的碳汇项目审定后，登录进入在线审批系统，进行碳汇项目的审定备案。

②选择项目类型和对应的备案方法学。

③填写备案信息，例如预期减排量、计入期等。

④进行相关材料上传，获得碳汇项目备案成功的结果。

(3)碳汇减排量备案申请。

①碳汇项目实施一段时间产生碳减排量之后，在经过第三方机构的碳汇减排量核证后，登录进入在线审批系统，进行核证减排量的备案签发。

②选择项目类型和对应的备案方法学。

③填写备案信息，例如本期备案签发的核证减排量。

④进行相关材料上传，并保存。

⑤减排量备案结果查询。

(4)退还保证金。成功完成碳汇项目减排量备案后，按照合同约定退还咨询公司的保证金，财务人员进行相关账务处理。

4.4.5 碳汇项目挂单销售

1. 任务说明

在自愿减排碳市场中，将所获得备案的碳汇减排量进行挂单卖出。

实验动作包括卖出方的碳汇卖出、买入方的碳汇买入、卖出方的碳汇卖出核算。

相关主要操作界面如图 4－12、图 4－13 所示。

图 4-12 碳汇卖出登录

图 4-13 碳汇买入应价

2. 任务操作

(1)以卖方身份登录系统，进行交易操作，选择申报类型、申报价格、申报数量、交易方式，点击【申报】，碳配额卖出申报大厅生成一条数据，即申报成功。

(2)以买方身份登录系统后，在卖出大厅中进行应价，点击【应价】，进行应价操作。

(3)以卖方身份登录系统后，查看交易成交情况，计算扣除交易手续费后所获得的交易金额。

4.4.6　费用支付与风险预测

1. 任务说明

本任务包括两个部分：项目费用支付、项目风险预测。项目费用支付是向咨询公司进行费用支付，并作账务处理；项目风险预测是指对碳汇项目的生态产品经营风险进行预测分析。

相关主要操作界面如图 4－14、图 4－15 所示。

图 4－14　项目费用支付

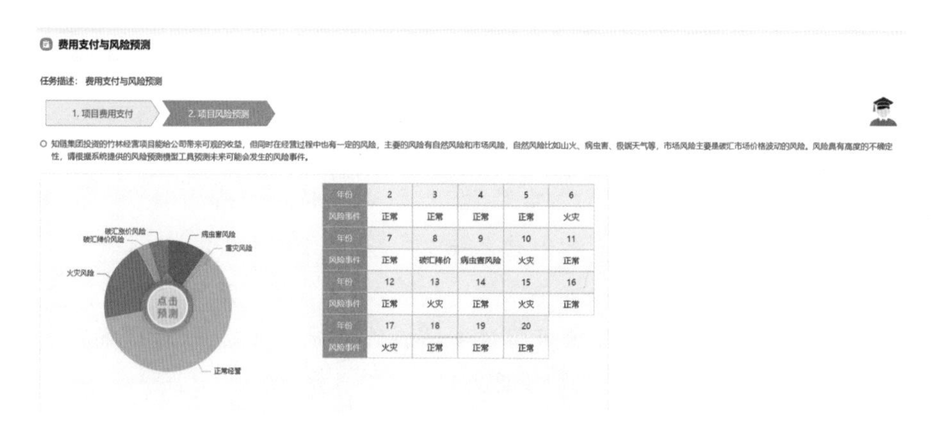

图 4－15　碳汇项目风险预测

2. 任务操作

(1)费用支付。

①根据选择的投标方案进行结算，点击结算方式下方的【立即转账】，进行结算。

②根据增值税专用发票及银行回单填写凭证，点击【查看附件】，查看原始凭证；点击【提交】，校验记账凭证；点击【查看答案】，查看正确答案。

③点击左侧列表中的【记账凭证】，可查看已提交成功的记账凭证；点击【凭证编号】，查看详情。

(2)风险预测。

①点击转盘中的【点击预测】，预测 2～20 年的风险事件概率。

②根据风险预测模型工具预测的风险事件，计算风险发生年份的碳汇收入和应支付的项目开发费用，点击【已了解】。

本章小结

生态产品是自然生态系统与人类生产共同作用所产生的、能够增进人类福祉的产品和服务，是维系人类生存发展、满足人民日益增长的优美生态环境需要的必需品。根据公益性程度和供给消费方式，生态产品分为公共性生态产品、经营性生态产品及准公共性生态产品三大类。生态产品价值实现是践行“绿水青山就是金山银山”理念的关键路径，是贯彻落实习近平生态文明思想的重要举措。

基于生态产品“难度量、难抵押、难交易、难变现”等特点，建立健全生态产品价值实现机制，核心要义就是从制度层面破解绿水青山转化为金山银山的瓶颈制约，健全生态环境保护者受益、使用者付费、破坏者赔偿的价值导向机制，引导和倒逼形成绿色发展方式、生产方式和生活方式，实现生态环境保护与经济发展协同推进。

中央全面深化改革委员会审议通过了《关于建立健全生态产品价值实现机制的意见》，意见的总体目标是建立健全一套科学合理的生态产品价值核算、评估、交易、补偿机制，推动生态优势转化为经济优势，实现经济社会发展与生态环境保护的和谐共生。《关于建立健全生态产品价值实现机制的意见》为生态投资、生态经营会计、林业碳汇经营提供了政策指引。

生态投资核心目标是支持和促进环境保护、生态修复、资源高效利用、可持续发展以及应对气候变化等，同时寻求在这一过程中实现经济回报。

生态经营会计是指在传统会计基础上，融入生态经济学原理和环境管理理念，对企业经营活动产生的经济、社会和环境影响进行综合计量、记录、报告和分析。

竹林碳汇经营作为生态产品经营的一种重要方式，是以竹林为载体，通过科学管理和优化经营措施，提升竹林生态系统吸收、存储二氧化碳的能力，并将这种碳汇价值转化为经济效益的一种经营活动。该方式落地了生态产品价值实现机制，解决了生态产品的“难度量、难抵押、难交易、难变现”的难题，是生态产业化的重要构成。

本章复习思考题

1. 两山理论的作用有哪些？
2. 简述生态产品分类及其价值导向。
3. 习近平生态文明思想的四大核心理念是什么？
4. EOD 模式的内涵是什么？
5. 什么是方法学？其用途是什么？
6. 林业碳汇的审定核查机构的审批部门有哪些？
7. 简述林业碳汇项目的开发流程。
8. 如何运用碳金融工具来规避林业碳汇风险？

第 5 章　碳配额资产交易会计

本章学习目标

通过对本章知识的学习，达到如下学习目标：

1. 了解强制减排碳市场的分类及碳履约概念；
2. 了解我国强制减排碳市场的重点排放单位；
3. 掌握强制减排碳市场的配额管理方法；
4. 能够用碳配额相关理论分析我国碳市场政策实践；
5. 掌握碳配额全生命周期管理的内涵及会计处理方法；
6. 能够进行碳配额交易及履约会计实验操作。

本章逻辑框架图

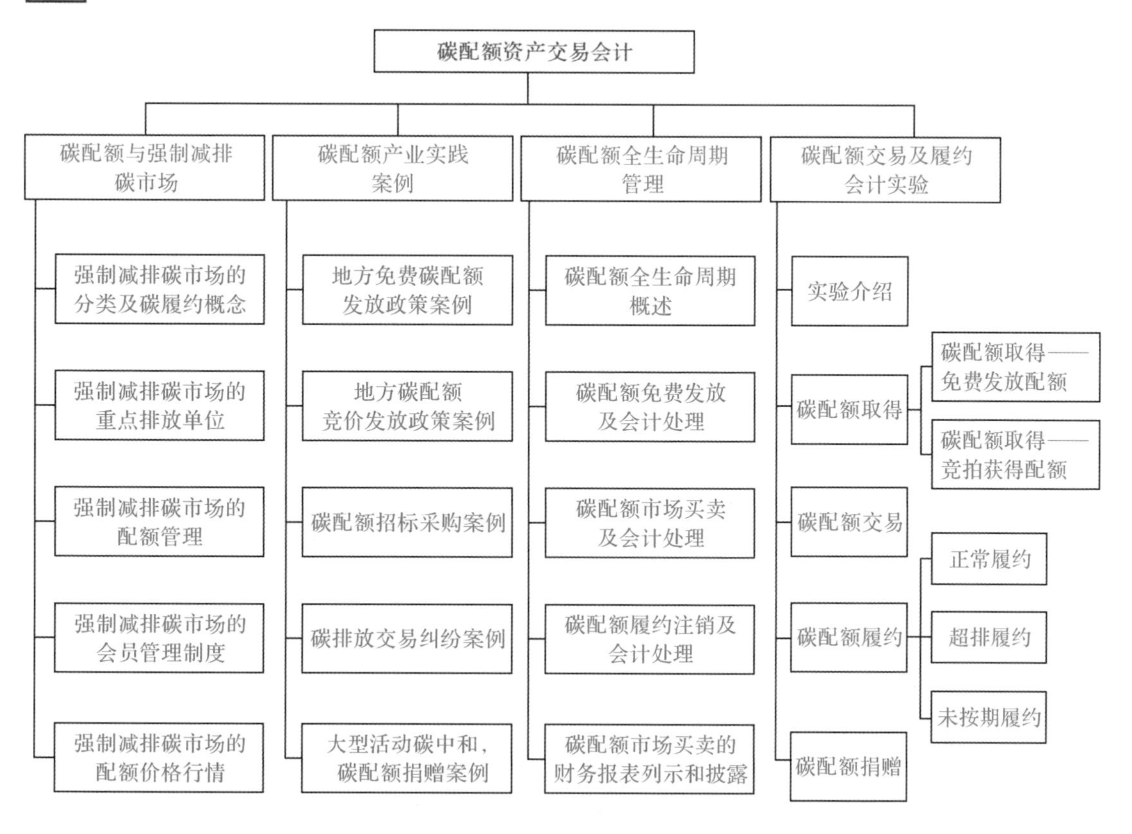

5.1 碳配额与强制减排碳市场

5.1.1 强制减排碳市场的分类及碳履约概念

在强制减排碳市场的概念理解中,“强制”二字很关键。所谓强制是指,进入碳市场接受管控的企业和社会组织行为不是自愿的,而是“被迫”的。强制的原因,源自强制减排碳市场的构建目的是为了整个人类社会的“公共利益”;强制的动作来自体现公共利益的各国政府机构;强制的策略,就是将外部成本内部化,碳排放影响的是社会公共利益,会给整个社会带来环境成本,通过强制减排碳市场,就是将原来由整个社会承担的环境成本,按照某种方式体现在企业的经营成本之中,也就是通过更改企业经营的外部商业规则,来推动企业节能减排。

强制是针对排放量较大的社会组织来进行的,也就是“抓大放小”的策略。高能耗和高排放的“双高”企业是关注重点,涉及煤电、石化、化工、煤化工、钢铁、焦化、建材、有色金属等8个行业。据有关研究,数字产业随着区块链、AI等技术和应用的高速发展,在2030年将成为我国第一大排放源,故也将成为碳减排关注的重点。

强制意味着强制减排碳市场的相关行为是政府主导开展的行为。碳市场的开设是政府规划的,碳市场的运行制度是政府制定的,碳市场纳入哪些企业和社会组织是政府通过确定标准和发布名单来确定的,谁来为碳市场提供中介服务支持也是由政府确定的。

强制的背后,是政府发布的政策法规的支持。2024年1月25日,国务院发布《碳排放权交易管理暂行条例》,自2024年5月1日起施行。其中的条款对违规行为给出了严厉的处罚措施。例如:技术服务机构出具不实或者虚假的检验检测报告的,由生态环境主管部门责令改正,没收违法所得,并处违法所得5倍以上10倍以下的罚款;重点排放单位未按照规定清缴其碳排放配额的,由生态环境主管部门责令改正,处未清缴的碳排放配额清缴时限前1个月市场交易平均成交价格5倍以上10倍以下的罚款;拒不改正的,按照未清缴的碳排放配额等量核减其下一年度碳排放配额,或责令其停产整治。

需要从强制的立法位阶提升来理解《碳排放权交易管理暂行条例》的出台背景。碳排放权交易是通过市场机制控制和减少二氧化碳等温室气体排放、助力积极稳妥推进碳达峰碳中和的重要政策工具。近年来,我国碳排放权交易市场建设稳步推进。2011年10月在北京、天津、上海、重庆、广东、湖北、深圳等地启动地方碳排放权交易市场试点工作。2017年12月启动全国碳排放权交易市场建设。2021年7月全国碳排放权交易市场正式上线交易。上线交易以来,全国碳排放权交易市场运行整体平稳,年均覆盖二氧化碳排放量约51亿吨,占全国总排放量的比例超过40%。截至2023年底,全国碳排放权交易市场共纳入2257家发电企业,累计成交量约4.4亿吨,成交额约249亿元,碳排放权交易的政策效应初步显现。与此同时,全国碳排放权交易市场制度建设方面的短板日益明显。此前我国还没有关于碳排放权交易管理的法律、行政法规,全国碳排放权交易市场运行管理依据国务院有关部门的规章、文件执行,立法位阶较低,权威性不足,难以满足规范交易活动、保障数据质量、惩处违法行为等实际需要,急需制定专门行政法规,为全国碳排放权交易市场运行管理提供明确法律依据,保障和促进其健康发展。党的二十大报告明确提出，健全碳排放权市场交易制度。制定《碳排放权交易管理暂行条例》是落实党的二十大精神的具体举措，也是我国碳排放权交易市场建设发展的客观需要。

在强制减排碳市场的分类上，按照影响范围，可以分为 3 类（如表 5－1 所示），即国外强制减排碳市场、国内地方试点碳市场和国内全国碳市场。国外强制减排碳市场的典型代表就是欧盟碳市场；国内地方试点碳市场包括深圳、广东、北京、天津、上海、湖北、重庆、福建等 8 个强制减排碳市场，各个碳市场的规则自行制定，差异较大；国内的全国碳市场自 2021 年开市，截至 2023 年底，纳入发电行业重点排放单位 2257 家，年均覆盖约 51 亿吨二氧化碳排放量，是全球规模最大的碳市场。在此之前，欧盟碳市场曾是全球规模最大的碳市场，是全球碳市场的领跑者。

表 5－1　强制减排碳市场分类

分类	发放组织示例	资产符号	名称
国家	中华人民共和国生态环境部	CEA	全国碳市场碳配额
试点省市	北京市生态环境部门	BEA	北京碳市场碳配额
	深圳市生态环境部门	SZEA	深圳碳市场碳配额
	湖北省生态环境部门	HBEA	湖北碳市场碳配额
	广东生态环境部门	GDEA	广东碳市场碳配额
	上海生态环境部门	SHEA	上海碳市场碳配额
国际	欧盟碳排放权交易体系	EIA	欧盟碳市场碳配额

图 5－1 体现了我国碳市场发展历程。我国的碳市场发展，首先是从自愿减排碳市场开始的。1997 年 12 月，联合国的《京都议定书》通过，其中将世界上的国家分为发达国家和发展中国家，2012 年之前发达国家承担碳减排责任，发展中国家自 2012 年之后要承担碳减排责任。

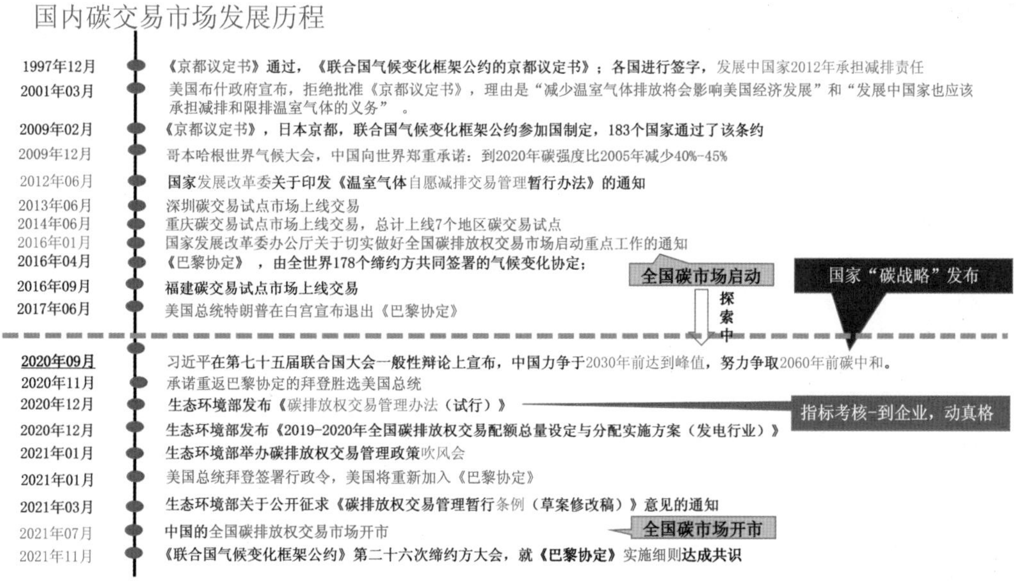

图 5－1　我国碳市场发展历程

2012 年之前,我国按照《京都议定书》所确定的 CDM 开展碳减排,形成 CER 碳资产卖给欧盟碳市场用于碳履约抵消。根据联合国气候变化框架公约网站统计,截至 2009 年 12 月 18 日,中国共有 694 个项目注册成功,占全部注册项目的 35.35%;被核证签发的减排量为 17211.86万吨二氧化碳当量,占 CDM 项目签发总量的 47.85%。2012 年之后,欧盟碳市场不再接受来自中国、印度等国家的 CDM 项目用于碳配额的抵消,国家发改委就发布了我国的 CCER 管理办法,建立了中国的 CER 机制。

按照国家发改委的安排,我国开始在各地布局试点碳市场,为建设我国的强制减排碳市场积累经验。2013 年 6 月,我国第一个强制减排碳市场——深圳碳市场开市运行,之后陆续上线了 7 个地方试点碳市场。2016 年 1 月,国家发改委发文,拟在 2017 年启动我国的全国强制减排碳市场,提出全国碳排放权交易市场第一阶段将涵盖石化、化工、建材、钢铁、有色、造纸、电力、航空等 8 个重点排放行业。

由于美国退出《巴黎协定》,导致我国全国碳市场的启动延期。2020 年 9 月,我国确定"双碳"战略;同年美国重返《巴黎协定》;之后我国全国碳市场又开始准备启动,到 2021 年 7 月,全国碳市场开市运行,与 2016 年的方案相比,所纳入的行业只包括发电行业,而不是 2016 年方案中的 8 个行业。

强制减排碳市场所实现的意图是碳排放量的总额控制,这一总额控制是从全国的角度来开展的,存在国家之间的利益和政策博弈,因此,我们不能孤立地从单个碳市场去理解。

不能测量就不能管理。强制减排的总额控制,是以碳核算为基础的,碳核算又以碳核算标准为支撑。碳核算相关的标准分类如图 5 - 2 所示。

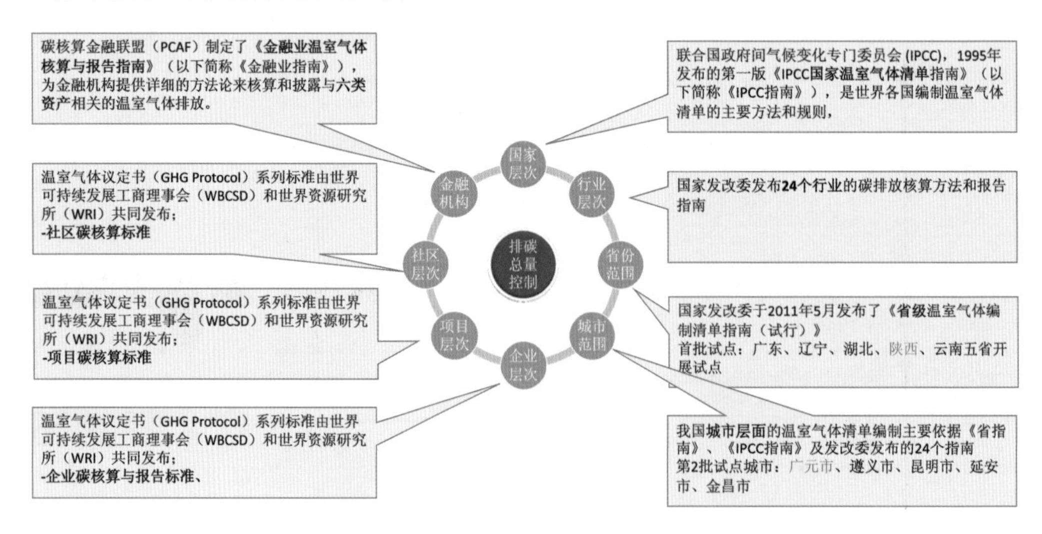

图 5 - 2 碳核算标准分类

在总额控制上，首先是国家的总额有个管理机制，这是联合国政府间气候变化专门委员会(IPCC)在管理。该委员会发布了《IPCC 国家温室气体清单指南》(注：温室气体清单即碳核算报告)，是世界各国编制温室气体清单的主要方法和规则。在国家层次之下的行业层次上，我国发布有 24 个行业的碳核算标准；国家的地区层次上，我国发布了《省级温室气体编制清单指南(试点)》，各个城市也都在开展温室气体清单编制；在城市之下，企业的碳核算、社区的碳核算、项目的碳核算、金融业的碳核算等，也都有自己的碳核算标准。

从强制减排碳市场来看，按区域进行的碳排放总额管控机制，最后都会以落实区域范围的重点排放单位来进行管理。

在强制减排碳市场的总额管控机制中，要对重点排放单位的排放总量进行管控，其方式就是"碳配额"。按照证监会发布的金融行业标准《碳金融产品》中的定义，碳配额是"主管部门基于国家控制温室气体排放目标的要求，给被纳入温室气体减排管控范围的重点排放单位分配的规定时期内的碳排放额度"。在这里，1 单位碳配额相当于 1 吨二氧化碳当量的碳排放额度。强制减排碳市场的强制，就体现在碳配额上，碳配额确定了一个尺度标准，企业的碳排放超过这个标准，就要多支付额外成本。这个尺度随着时间的推移将发生变化，倾向更加严格的碳排放标准，促使企业开展节能减排，降低企业的碳排放强度。

按照新发展理念的要求，企业的节能减排动作遵循的思路是"等不得"和"急不得"。所谓"等不得"是指要马上开展节能减排行动；所谓"急不得"是指达成"双碳"目标不是一日之功，而要考虑多个目标之间的协调发展。

碳履约是强制减排碳市场运行机制的重要环节，指要向政府部门缴交不低于自身碳排放配额的动作，这是政府对重点排放企业进行碳排放管控的一种约束机制。例如，政府给某个重点排放单位确定的年度碳配额是 100 万吨，企业需要经过政府指定的核查机构核查其年排放量，并每月自主报送排放量；企业需要根据核查机构提供的碳排放核查结果数据来进行履约，例如实际碳排放是 120 万吨，那么企业就必须缴交 120 万吨碳配额给政府才能实现履约，如果企业存在配额缺口，就必须去碳市场购买配额，从而增加企业经营的额外成本。

碳履约体现了碳市场的公信力和约束力。履约企业通过在交易所注册的账户管理其持有的配额，并进行配额的发放、持有、转移、变更、上缴、转存、注销等操作。履约期结束时，企业需要上缴一定数量的配额以完成其履约责任。如果企业没有完成履约，按照相关法规，企业就可能会收到政府的通报批评和高额罚单，甚至停业整顿的处罚。

5.1.2　强制减排碳市场的重点排放单位

重点排放单位指按照政府所确定的控排标准和流程制度，纳入政府部门所设立的强制减排碳市场，进行碳排放总额控制的排放单位。每年各强制减排碳市场相关的政府部门均会发布相关的重点排放单位名单。

不同的强制减排碳市场所纳入的行业差异较大，我国各个碳市场的上线时间、纳入行业如表 5 - 2 所示。

表 5-2 碳市场的上线时间和纳入行业

地点	上线交易时间	工业行业	其他行业
深圳	2013 年 6 月	电力、天然气、供水、制造	大型公共建筑、公共交通
北京	2013 年 11 月	电力、热力、水泥、石化、其他工业	事业单位、服务业、交通运输业
上海	2013 年 11 月	电力、钢铁、石化、化工、有色、建材、纺织、造纸、橡胶、化纤	航空、机场、水运、港口、商场、宾馆、商务办公建筑和铁路站点
广州	2013 年 12 月	电力、水泥、钢铁、石化、造纸	民航
天津	2013 年 12 月	电力、热力、钢铁、化工、油气开采、造纸、建筑材料	航空
湖北	2014 年 2 月	电力、热力、有色、钢铁、化工、水泥、石化、汽车制造、玻璃、陶瓷、化纤、造纸、医药、食品饮料、供水	
重庆	2014 年 6 月	电力、电解铝、铁合金、电石、烧碱、水泥、钢铁	
福建	2016 年 9 月	电力、石化、化工、建材、钢铁、有色、造纸、陶瓷	航空
全国	2021 年 7 月	发电行业	

(1)生态环境部。2020 年 12 月 31 日,生态环境部发布了《碳排放权交易管理办法(试行)》,对纳入全国强制减排碳市场的重点排放单位相关事项进行了规定:

①年度温室气体排放量达到 2.6 万吨二氧化碳当量,且属于全国碳排放权交易市场覆盖行业的排放单位,应当列入重点排放单位名录。

②省级生态环境主管部门应当按照生态环境部的有关规定,确定本行政区域重点排放单位名录,向生态环境部报告,并向社会公开。

③重点排放单位应当控制温室气体排放,报告碳排放数据,清缴碳排放配额,公开交易及相关活动信息,并接受生态环境主管部门的监督管理。

④纳入全国碳排放权交易市场的重点排放单位,不再参与地方碳排放权交易试点市场。

(2)广东省。2020 年 5 月 12 日,广东省发布了修订后的《广东省碳排放管理试行办法》,对纳入广州强制减排碳市场的重点排放单位相关事项进行了规定:

①年排放二氧化碳 1 万吨及以上的工业行业企业,年排放二氧化碳 5 千吨以上的宾馆、饭店、金融、商贸、公共机构等单位为控制排放企业和单位(以下简称控排企业和单位);年排放二氧化碳 5 千吨以上 1 万吨以下的工业行业企业为要求报告的企业(以下简称报告企业)。

②控排企业和单位、报告企业应当按规定编制上一年度碳排放信息报告,报省生态环境部门。

③控排企业和单位应当委托核查机构核查碳排放信息报告,配合核查机构活动,并承担核查费用。

(3)深圳市。2024年6月20日,深圳市发布了修正的《深圳市碳排放权交易管理办法》(2024修正),对纳入深圳强制减排碳市场的重点排放单位相关事项进行了规定:

①基准碳排放筛查年份期间内任一年度碳排放量达到3000吨二氧化碳当量以上的碳排放单位,应列入重点排放单位。

②纳入全国温室气体重点排放单位名录的单位,不再列入本市重点排放单位名单,按照规定参加全国碳排放权交易。

③市生态环境主管部门定期组织开展碳排放单位筛查,确定重点排放单位名单,对名单实行动态管理,并向社会公布。

④重点排放单位应当建立健全碳排放管理体系,配备碳排放管理人员,采取措施减少碳排放,报告年度碳排放数据和生产活动产出数据,完成碳排放配额履约,按规定公开碳排放相关信息。

2023年的深圳碳市场重点排放单位示例如表5-3所示。

表5-3　2023年度深圳碳市场重点排放单位名单

序号	重点排放单位名称	区	统一社会信用代码	既有或新增
649	深圳市百佳华百货有限公司	宝安区	91440300752546655J	新增
650	深圳市坂雪岗水质净化有限公司	福田区	91440300MA5F0DLT64	新增
651	深圳市宝亨达国际大酒店管理有限公司	龙岗区	91440300562770437P	新增
652	深圳市宝晖商务酒店有限公司	宝安区	91440300783910202H	新增
653	深圳市宝利来投资有限公司深圳宝利来国际大酒店	宝安区	91440300682028050X	新增
654	深圳市宝明城花园酒店实业有限公司	光明区	914403007084410982	新增
655	深圳市宝悦酒店有限公司	宝安区	91440300587934901L	新增
656	深圳市大润发商业有限公司	龙华区	91440300717880252L	新增
657	深圳市登喜路国际大酒店有限公司	宝安区	91440300088640925K	新增
658	深圳市东方银座酒店有限公司	福田区	91440300766390890K	新增
659	深圳市东华假日酒店有限公司	南山区	91440300708460133A	新增
660	深圳市枫叶酒店投资有限公司	南山区	91440300799222981R	新增
661	深圳市观澜东莱大酒店投资有限公司	龙华区	91440300676672026Y	新增
662	深圳市观澜污水处理有限公司	龙华区	91440300MA5F30874F	新增
663	深圳市广富百货有限公司	盐田区	91440300662673554L	新增
664	深圳市海雅缤纷城商业有限公司	宝安区	914403005598917720	新增
665	深圳市海雅商业有限公司	南山区	9144030071520025XE	新增
666	深圳市好又多量贩百货有限公司	罗湖区	91440300734162746T	新增
667	深圳市花园格兰云天大酒店有限公司	福田区	914403007771990128	新增
668	深圳市华安正源酒店管理有限公司	罗湖区	91440300792593915Q	新增

续表

序号	重点排放单位名称	区	统一社会信用代码	既有或新增
669	深圳市华动飞天网络技术开发有限公司	南山区	91440300715299448E	新增
670	深圳市尖莎咀峦山谷购物中心有限公司	龙岗区	914403000602549346	新增
671	深圳市金皇大酒店有限公司	龙华区	914403000679976422	新增
672	深圳市金茂园大酒店有限公司	坪山区	91440300791744320P	新增
673	深圳市金沙湾大酒店有限公司佳兆业万豪酒店	大鹏新区	91440300MA5DKNA111	新增
674	深圳市金证科技股份有限公司	南山区	91440300708447860Y	新增
675	深圳市京基海湾酒店管理有限公司	盐田区	91440300667059449Q	新增
676	深圳市京基晶都酒店管理有限公司	罗湖区	91440300667086412H	新增
677	深圳市君尚百货有限公司	福田区	91440300680379324H	新增
678	深圳市君胜百货有限公司	宝安区	91440300791740506N	新增
679	深圳市君逸酒店有限公司	龙岗区	9144030074517964XY	新增
680	深圳市龙岗区东江工业废物处置有限公司	龙岗区	914403007504983972	新增
681	深圳市绿景酒店有限公司	福田区	91440300571969050P	新增
682	深圳市南方水务有限公司	龙岗区	914403006853795855	新增
683	深圳市南湖置业有限公司乐安居国际酒店分公司	坪山区	91440300586717921H	新增
684	深圳市楠柏布吉污水处理有限公司	龙岗区	91440300MA5DFYQY6Q	新增
685	深圳市麒麟山景酒店有限公司	宝安区	91440300668500726R	新增
686	深圳市前岸国际酒店有限公司	宝安区	91440300685396158E	新增
687	深圳市人人乐商业有限公司	南山区	91440300782757269K	新增

(4)北京市。2024 年 3 月 12 日，北京市发布《北京市碳排放权交易管理办法》，对纳入北京强制减排碳市场的重点排放单位相关事项进行了规定：

①本办法所称碳排放单位是指本市行政区域内年综合能源消费量 2000 吨标准煤(含)以上，且在本市注册登记的企业、事业单位、国家机关等法人单位。其中，固定设施和移动设施年度二氧化碳直接排放与间接排放总量达到 5000 吨(含)以上的单位，且属于本市碳排放权交易市场覆盖行业的，为重点碳排放单位；其他的为一般报告单位。

②纳入全国碳排放权交易管理的碳排放单位，在其核算边界之外的碳排放量如满足前款规定，应纳入本市碳排放权交易管理。

③碳排放单位名单实施动态管理。市生态环境部门会同市统计部门确定名单，并按年度向社会公布。

2023 年 12 月 20 日，北京市生态环境局发布《关于公布 2024 年度本市纳入全国碳市场管理的排放单位名录的通告》，公布了 2024 年度北京市纳入全国碳市场的重点排放单位名单，共有 14 家发电企业(天然气发电机组)被纳入全国碳市场重点排放单位名录，7 家石化、钢铁、建材、民航(机场)等部分重点行业企业被纳入温室气体排放报告与核查工作范围,并要求这些单位应按照国家要求开展年度温室气体排放报告、核查工作。

2022 年北京市重点排放单位名单示例如表 5-4 所示。

表 5-4 2022 年度北京市重点碳排放单位名单

序号	机构代码/统一社会信用代码	单位名称	核算行业	所属区
1	400013601	中国食品药品检定研究院	其他服务业	东城区
2	400005599	北京医院	其他服务业	东城区
3	700217454	北京国天物业管理发展有限公司	其他服务业	东城区
4	722611700	中国移动通信集团北京有限公司	其他服务业	东城区
5	777078763	北京新中纺正金物业管理有限公司	其他服务业	东城区
6	710920506	北京东方广场有限公司	其他服务业	东城区
7	681953105	中国电信股份有限公司北京分公司	其他服务业	东城区
8	796700319	昆仑数智科技有限责任公司	其他服务业	东城区
9	700006921	北京光环新网科技股份有限公司	其他服务业	东城区
10	10112001X	华夏银行股份有限公司	其他服务业	东城区
11	40000318X	中国国家博物馆	其他服务业	东城区
12	400008191	国家体育总局训练局	其他服务业	东城区
13	400012916	中国医学科学院北京协和医院	其他服务业	东城区
14	101651232	北京必胜客比萨饼有限公司	其他服务业	东城区
15	801102701	中国银行股份有限公司北京市分行	其他服务业	东城区
16	400686320	首都医科大学附属北京天坛医院	其他服务业	东城区
17	801234675	北京首华物业管理有限公司	其他服务业	东城区
18	634305455	北京泰利丰瑞物业管理有限公司	其他服务业	东城区
19	101316805	北京稻香村食品有限责任公司	其他服务业	东城区
20	400686347	首都医科大学附属北京同仁医院	其他服务业	东城区
21	600004523	北京麦当劳食品有限公司	其他服务业	东城区
22	600007281	北京肯德基有限公司	其他服务业	东城区
23	633097949	北京银达物业管理有限责任公司	其他服务业	东城区
24	MA00GXCN9	工人日报社	其他服务业	东城区
25	000028898	北京市公安局东城分局	其他服务业	东城区
26	100010601	首都宾馆	其他服务业	东城区
27	400005353	故宫博物院	其他服务业	东城区

5.1.3 强制减排碳市场的配额管理

在各个强制减排碳市场的交易管理办法中，都会体现出强制减排的总额控制思路，在配额管理的总额与分配方案确定等细节上又会体现出差异和不同，在文字表述上可以说是各有特点。

(1)生态环境部。在生态环境部发布的《碳排放权交易管理办法(试行)》中，有关配额管理要点事项的表述有：

①生态环境部根据国家温室气体排放控制要求，综合考虑经济增长、产业结构调整、能源结构优化、大气污染物排放协同控制等因素，制定碳排放配额总量确定与分配方案。

②省级生态环境主管部门应当根据生态环境部制定的碳排放配额总量确定分配方案，向本行政区域内的重点排放单位分配规定年度的碳排放配额。

③碳排放配额分配以免费分配为主，可以根据国家有关要求适时引入有偿分配。

④省级生态环境主管部门确定碳排放配额后，应当书面通知重点排放单位。重点排放单位对分配的碳排放配额有异议的，可以自接到通知之日起 7 个工作日内，向分配配额的省级生态环境主管部门申请复核；省级生态环境主管部门应当自接到复核申请之日起 10 个工作日内，作出复核决定。

(2)深圳市。在《深圳市碳排放权交易管理办法》中，有关配额管理要点事项的表述有：

①市生态环境主管部门会同市发展改革部门，根据应对气候变化目标、产业发展政策、行业减排潜力、历史排放情况和市场供需等因素拟定碳排放权交易的碳排放控制目标和年度配额总量。

②年度配额总量由重点排放单位配额和政府储备配额构成，政府储备配额包括新建项目储备配额和价格平抑储备配额。

③市生态环境主管部门根据碳排放强度下降目标、行业发展情况、行业基准碳强度等因素确定重点排放单位的年度目标碳强度，采用基准法、历史法进行配额预分配，并核定实际配额。重点排放单位年度目标碳强度的设定不得超出上一年度目标碳强度。

④重点排放单位配额、新建项目储备配额分配以免费为主，适时引入有偿分配。市生态环境主管部门应当制订年度配额分配方案，包括配额总量、配额分配方法、配额有偿分配比例等内容，报市人民政府批准后向社会公布并组织实施。

⑤市生态环境主管部门根据年度配额分配方案，通过碳排放权注册登记系统向重点排放单位分配规定年度的碳排放配额，并告知重点排放单位。重点排放单位对分配的碳排放配额有异议的，可以自收到分配结果之日起 7 个工作日内向市生态环境主管部门申请复核；市生态环境主管部门应当自收到复核申请之日起 10 个工作日内作出复核决定，并将复核结果书面告知重点排放单位。

(3)北京市。在《北京市碳排放权交易管理办法》中，有关配额管理要点事项的表述有：

①根据本市碳排放总量和强度控制目标，核算年度配额总量，对本市行政区域内重点碳排

放单位的二氧化碳排放实行配额管理。其他自愿参与配额管理的一般报告单位，参照重点碳排放单位进行管理。

②市生态环境部门负责制定配额核定方法，采用免费、有偿等方式发放配额。根据谨慎、从严的原则对重点碳排放单位配额调整申请情况进行核实，确有必要的，可对配额进行调整。

③市生态环境部门确定不超过年度配额总量的5％作为调整量，用于配额调整、有偿发放和市场调节等。

④市生态环境部门通过管理平台进行配额的发放及清缴管理等。注册登记机构负责配额及碳减排量的注册登记，通过管理平台记录配额及碳减排量的持有、变更、清缴、抵消、注销等信息。重点碳排放单位及自愿参与交易的单位应进行注册登记，并通过管理平台管理本单位的碳排放配额及碳减排量。

⑤重点碳排放单位对核发的免费配额有异议的，自收到配额发放结果之日起7个工作日内，可向市生态环境部门申请复核；市生态环境部门应自收到复核申请之日起10个工作日内，作出复核决定。

(4)天津市。在《天津市2023年度碳排放配额分配方案》中，有关配额管理要点事项的表述有：

①结合“十四五”天津市单位生产总值二氧化碳排放下降目标要求和经济增长预期，确定天津市2023年度碳排放配额总量为0.74亿吨(包括纳入企业配额和政府储备配额)。

②配额分配方法。2023年度纳入企业配额分配采用历史强度法和历史排放法。

A.历史强度法。建材行业纳入企业采用历史强度法分配配额。计算公式为：纳入企业配额＝2023年产品产量×2022年单位产品碳排放量×控排系数。控排系数为0.98。

B.历史排放法。钢铁、化工、石化、油气开采、航空、有色、机械设备制造、农副食品加工、电子设备制造、食品饮料、医药制造、矿山行业纳入企业采用历史排放法分配配额。计算公式为：纳入企业配额＝2022年碳排放量×控排系数。控排系数为0.98。

③配额发放。纳入企业2023年度配额实行免费分配，分两次发放。第一批次配额按照纳入企业2022年度履约排放量的50％确定。第二批次配额待2023年度碳排放核查工作结束后，根据核查结果，综合考虑第一批次配额发放量，多退少补进行核发。

④配额清缴。

A.为降低纳入企业因配额缺口较大所面临的履约负担，同时避免出现配额过量盈余情况，在配额清缴工作中设定20％的配额缺口和盈余上限，即纳入企业配额缺口量或盈余量的最大值为履约排放量的20％。

B.纳入企业2023年1月1日后正式投产运行，已生产出合格产品并具备独立计量核算及统计条件的新增生产设施，其2023年度碳排放量，不计入当年履约排放量，不发放配额。

C.利用抵消机制，纳入企业可使用一定比例的、依据相关规定取得的核证自愿减排量抵消其碳排放量。

5.1.4 强制减排碳市场的会员管理制度

在各个强制减排碳市场中，均是采用会员制进行日常管理，发布有会员管理制度；所发布的会员管理制度如《北京绿色交易所有限公司会员管理办法》《天津排放权交易所会员管理办法》等，用以规范会员行为，保护会员权益，维护正常的交易秩序。

这些会员管理制度中的会员分类体现了强制减排碳市场的业务生态系统角色。北京、天津、广东、湖北、深圳、上海等6个强制减排碳市场的会员分类概要如表5-5所示。

表5-5 六个强制减排碳市场的会员分类概要

北京(绿交所)	天津(天排所)	广东(广碳所)	湖北(湖北碳交易中心)	深圳(排交所)	上海(环交所)
战略会员指在环境权益交易、节能环保投融资及低碳发展服务等方面对北京绿色交易所的业务开拓具有系统重要性的法人或经济组织。 交易会员指取得北京绿色交易所会员资格、在北京绿色交易所从事各项环境权益交易的法人或经济组织。 服务会员指具备相关专业资质，通过北京绿色交易所为环境权益交易、低碳发展、节能环保等活动提供各类专业服务的法人或经济组织	综合类会员指具备相关资质，通过天排所可自营和代理排放权交易及相关业务专业服务的法人或其他经济组织。 交易类会员指具备相关资质，通过天排所从事排放权交易的法人或其他经济组织，但不可从事代理排放权交易业务。 服务类会员指为排放权交易市场各参与主体提供咨询服务、金融服务、技术服务等专业服务机构。 公益类会员指通过天排所购买排放权类产品进行自愿注销的法人或其他经济组织	控排企业会员是指根据国家或广东省政府主管部门相关政策纳入碳排放管理和交易的企业；其他企业自愿也纳入。 境内机构会员指自愿参与碳交易及相关业务活动的境内企业法人或非法人组织。 自然人会员指自愿参与碳交易的境内自然人主体。 境外机构会员指在境外设立，在广碳所从事碳交易相关业务的法人机构或其他经济组织；港澳台机构投资者，参照境外机构会员管理	交易类会员是指经过本中心审核批准，有权在本中心从事碳排放权交易业务的机构或自然人。交易类会员分为：控排企业会员，指纳入湖北试点碳市场配额管理的企业；投资机构会员，指在本中心从事碳交易的机构；自然人会员，指在本中心从事碳交易个人。 合作类会员，是指在本中心备案，参与提供相关领域碳资产管理、碳业务咨询等“双碳”服务的机构。合作类会员按业务范围分为碳金融服务会员(碳托管回购)、碳资产管理会员、“双碳”咨询服务会员	交易类会员指取得本所会员资格，可以在本所从事以下任一业务的机构(境内＋境外)：托管业务；经纪业务；自营业务；公益业务。 托管会员：指具有托管业务和自营业务权限的会员； 经纪会员：指具有经纪业务和自营业务权限的会员； 自营会员：指具有自营业务权限的会员。 公益会员：指具有公益业务权限的会员。 咨询服务会员指提供咨询类服务的机构。 金融服务会员指提供金融服务的机构。 管控单位会员指纳入管控或自愿纳入的单位	自营类会员可进行自营业务。 综合类会员可进行自营业务和代理业务。 代理业务是综合类会员接受客户委托代理客户进行交易的业务。综合类会员为客户开户前，应向客户充分揭示碳排放交易风险，不得以任何形式向客户做获利保证。 注意：会员的从业人员在交易所内从事交易、交割、结算业务的，须经会员授权，并经培训取得交易员证书。交易员在同一时期内，只能受聘于一家会员，不得在其他会员处兼职

从表5-5中我们可以看到，在强制减排碳市场的参与角色中，不仅包含有从事碳配额资产买卖交易、服务碳履约的控排企业范围，也包含为控排企业提供交易服务的经纪机构，还包含为控排企业提供咨询服务、金融服务、技术服务等的机构，也包含有从事碳配额投资的金融机构，另外还有买入碳配额不是为了履约，而是为了碳中和的自愿注销的经济组织等。

在广东、深圳的机构会员中，明确分类有境内和境外的机构会员，表明该机构存在跨境碳配额交易业务。我国全国碳排放权交易市场目前尚未向境外投资者开放，仅广东、深圳等部分地方的碳排放权试点市场允许境外投资者直接参与交易。

2014年8月8日，国家外汇管理局正式批复同意境外投资者参与碳排放交易，此后深圳碳市场成为全国首家向境外投资者开放的碳市场。据了解，境外投资者下载深圳碳交易客户端，便可在境外实现交易，操作模式与境内投资者无异。

2014年9月5日，新加坡的一家环保公司在深圳排放权交易所的交易平台上成功购得10000吨碳配额，成为中国碳市场上首笔来自境外投资机构的投资。

5.1.5　强制减排碳市场的配额价格行情

2024年4月22日到4月26日这周中，全国碳市场的碳配额(CEA)在4月24日首次突破百元大关，收盘价比上周五(2024年4月19日)上升8.58%。这周最高价为103.36元/吨，出现在4月25日；这周最低价为95.89元/吨，出现在4月22日。

地方试点碳市场方面，2024年4月22日到4月26日这周中，北京碳市场(BEA)仅周一成交，成交均价110元/吨；天津碳市场(TJEA)仅周四、周五有成交，最终成交均价为35.75元/吨；上海碳市场(SHEA)碳价波动曲折较小，周五收盘价为74.40元/吨；重庆碳市场(CQEA)仅在周一发生线上交易，成交均价42.50元/吨；湖北碳市场(HBEA)碳价波动曲折较大，最终收于周五的40.90元/吨；广东碳市场(GDEA)碳价呈波动下降，最终成交均价为59.27元/吨；深圳碳市场(SZEA)碳价波动曲折较小，收盘价为62.64元/吨；福建碳市场(FJEA)碳价先升后降，收盘价最低值出现在周一的29.59元/吨，最高值出现在周四的33.00元/吨，最终收盘价为29.70元/吨。

2024年4月22日到4月26日这周的地方碳市场整体交易情况如图5-3所示。

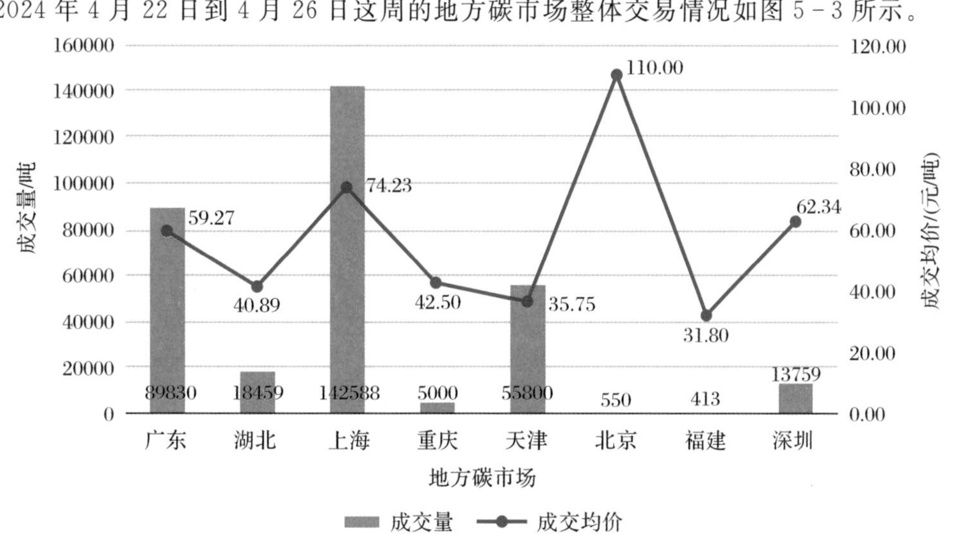

图5-3　8个地方碳市场的配额成交情况

全国碳市场开启周年,从 2021 年 7 月 16 日至 2022 年 7 月 15 日,全国碳市场共运行 52 周、242 个交易日,累计参与交易的企业数量超过重点排放单位总数的一半。从成交价格看,碳价从 48 元/吨起步,一度升至 61.07 元/吨,2022 年 7 月 11 日全国碳市场碳排放配额挂牌协议收盘价报 58 元/吨,较起始价格上涨了 10 元/吨。而从履约量看,全国碳市场第一个履约周期履约完成率 99.5%,顺利收官。

从碳价上看,2021 年 7 月 16 日的碳价为 48 元/吨左右,到 2024 年 4 月的 103 元/吨,用了 2 年多时间,碳价是之前的 2 倍多。

在国际市场方面,2022 年欧盟碳配额(EUA)的期货成交量与现货成交量的对比如图 5 - 4 所示。从图 5 - 4 中可见,欧盟碳市场的期货交易量远高于现货交易量;现货交易在 1 月、9 月有峰值;期货交易在 3 月有峰值。

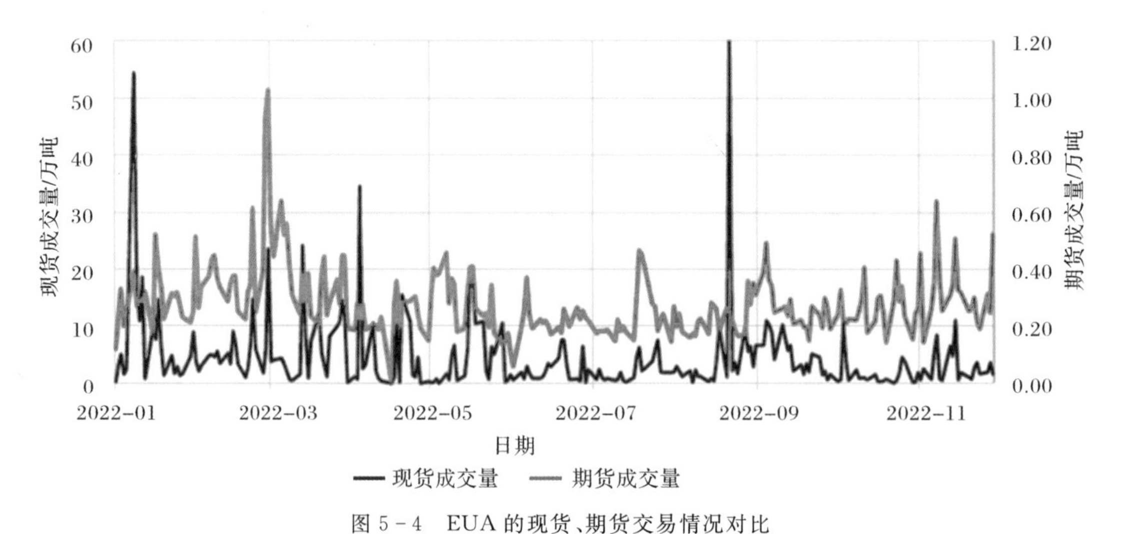

图 5 - 4 EUA 的现货、期货交易情况对比

数据来源:中信建设期货、欧洲能源交易所(EEX);数据截至 2022 - 11 - 30。

2021 年主要国际碳市场的碳配额平均价格和拍卖比例如表 5 - 6 所示。

表 5 - 6 主要国际碳市场的平均配额价格和拍卖比例

地区	平均配额价格/(美元/吨)	拍卖比例
欧盟碳市场	62.61	57%
瑞士碳市场	57.10	6%
韩国碳市场	23.06	4%
新西兰碳市场	36.04	56%
美国加利福尼亚州碳市场	22.40	37%
加拿大魁北克省碳市场	22.40	67%
英国碳市场	70.72	53%
德国碳市场	29.60	100%

与我国的碳配额价格 100 元/吨量级相比，国际碳市场的碳价尚有数倍差距。据业界专家预测，2030 年国内碳市场可能与国际碳市场接轨，那么碳价的上升空间就很大了。

我国的碳配额发放中，全国碳市场的配额全是免费发放的，广东碳市场中，钢铁、石化、水泥、造纸控排企业免费配额比例为 96%。这与欧盟碳市场 57%的拍卖比例相比，我国企业目前所承担的碳成本还是在一个比较低的水平，随着时间的推移，我国碳市场的拍卖比例将逐步上升，届时企业所感知到的碳成本压力将快速上升。如果企业不尽快采取行动降低企业的碳排放强度，随着 2030 年碳达峰时间节点的临近，企业的营利能力将随着碳成本的猛增而急剧下降。

按照生态环境部的政策，我国的地方试点碳市场将不再增加。全国碳市场在逐渐扩容之中，地方试点碳市场也在考虑扩容发展。2023 年 12 月 29 日，《湖北省碳排放权交易管理暂行办法》发布，自 2024 年 3 月 1 日起施行。《湖北省碳排放权交易管理暂行办法》中，从湖北碳市场扩容、配额分配优化、数据质量提升等方面，对目前执行的《湖北省碳排放权管理和交易暂行办法》进行了全面修订。为扩大纳入排放规模，提高纳入企业数量，湖北碳市场将采取降低纳入门槛、纳入非工业行业等措施，保障湖北碳市场的长期稳健运行。

5.2　碳配额产业实践案例

5.2.1　地方免费碳配额发放政策案例

2024 年 1 月 11 日，广东省生态环境厅印发的《广东省 2023 年度碳排放配额分配方案》称，广东省 2023 年度纳入碳排放管理和交易范围的行业企业分别是水泥、钢铁、石化、造纸、民航、陶瓷（建筑、卫生）、交通（港口）和数据中心 8 个行业企业。

2023 年度配额实行部分免费发放和部分有偿发放，其中，钢铁、石化、水泥、造纸控排企业免费配额比例为 96%，民航控排企业免费配额比例为 100%，陶瓷（建筑、卫生）、交通（港口）、数据中心控排企业和自愿纳入的企业免费配额比例为 97%，新建项目企业有偿配额比例为 6%。

一是控排企业免费配额发放。按基准线法、历史强度法分配配额的控排企业，原则上先按上一年度核定配额量发放预配额，再根据经核定的当年度产品产量计算最终核定配额，并与发放的预配额进行比较，多退少补；按历史排放法分配配额的企业，原则上先按上一年度核定配额量发放预配额，再根据当年度的配额分配方法计算最终核定配额，并与发放的预配额进行比较，多退少补。新增控排企业原则上按上一年度报告排放量发放预配额。控排企业可视需要购买有偿配额。

二是新建项目企业配额发放。新建项目企业在竣工验收前购足有偿配额。新建项目企业正式转为控排企业管理并购足有偿配额后，省生态环境厅通过配额注册登记系统向其发放免费配额。

三是配额有偿发放数量和方式。2023年度有偿配额计划发放50万吨，于2024年第一季度和第二季度分两期竞价发放，竞价发放具体规则见竞价公告。省生态环境厅可根据市场情况按程序增加配额有偿发放的数量及次数。

5.2.2 地方碳配额竞价发放政策案例

上海市生态环境局于2023年10月31日开展2022年度碳排放配额第一次有偿竞价发放，配额有偿发放的数量为100万吨，由上海环境能源交易所通过上海碳排放现货交易系统组织竞价发放。上海市纳入配额管理的单位和上海环境能源交易所碳排放交易机构投资者均可参与竞买。竞买人需提前完成交易开户等工作。单个本市纳入配额管理的单位申报竞买量不得超过10万吨，单个投资机构申报竞买量不得超过5万吨。竞买底价为本市碳排放配额在2023年1—9月期间所有挂牌成交的加权平均价。具体价格由上海环境能源交易所公布。竞买人报价不得低于竞买底价，在申报时间结束时按照价格优先、时间优先原则对申报进行配对成交，以发放总量内的最低申报价作为统一最终成交价格。配额有偿竞价发放的收入按规定缴入国库。

2023年10月7日，《北京市生态环境局关于开展本市2022年度碳排放配额第二次有偿竞价发放的通告》发布，北京市生态环境局开展2022年度碳排放配额第二次有偿竞价发放工作。本次有偿竞价发放的碳排放配额数量为50万吨。竞价方式为由北京绿色交易所有限公司通过北京市碳排放权电子交易平台组织竞价。参与人资格要求为，2022年度免费核发配额量小于核定碳排放量的重点碳排放单位，参与人须已完成交易开户等相关工作。单个符合条件的参与人可申请竞买的有偿配额数量不得超过本次有偿分配配额总量的15%。本次有偿竞价发放采用单轮竞价的方式。竞价底价为2023年4月19日—2023年9月28日期间所有交易日公开交易成交的本市碳排放配额加权平均价的1.05倍。具体价格由北京绿色交易所有限公司测算并公布。参与人报价不得低于竞价底价，在申报时间结束时按照价格优先、时间优先原则成交，以发放总量内的最低申报价格作为统一最终成交价格。本次有偿竞价收入按规定缴入国库。

深圳市生态环境局于2022年8月上旬开展2021年度深圳碳排放配额有偿竞价发放，有偿发放总量不超过60万吨，由深圳排放权交易所组织竞价发放。深圳市2021年度重点排放单位和深圳排放权交易所会员机构具有参与资格。有偿竞价发放申报设置申报总量限制，单个“重点排放单位竞买人”申报总量不得超过发放总量的50%，单个“其他深圳排放权交易所会员机构竞买人(非重点排放单位)”申报总量不得超过发放总量的30%。按照深圳碳市场2014—2021年各年度履约当月成交均价的算数平均数计算，竞买底价为29.64元/吨。按价格优先原则匹配成交，申报价相同的则按时间优先原则匹配成交，成交价为买方申报价格。碳排放配额有偿竞价发放的收入按规定上缴国库。值得一提的是，深圳排放权交易所专门组织培训，讲解配额有偿竞价规则、流程及相关注意事项，帮助参与者顺利竞价。

5.2.3 碳配额招标采购案例

北京大学2023年度碳排放配额采购公开招标，项目预算金额350万元，项目最高限价350万元。北京大学向供应商一次性购买25212吨北京市碳排放权(BEA)，报价中包含税费及转让交易手续费等所有相关费用。本项目专门面向中小微企业采购，不接受分支机构参与投标，不属于政府购买服务。同时，要求供应商必须为未被列入信用中国网站、中国政府采购网渠道信用记录失信被执行人、重大税收违法案件当事人名单、政府采购严重违法失信行为记录名单。单位负责人为同一人或者存在直接控股、管理关系的不同供应商，不得参加同一合同项下(包件)的采购活动；除单一来源采购项目外，为本次采购项目提供整体设计、规范编制或者项目管理、监理、检测等服务的供应商，不得参加该采购项目的投标。

清华大学2021年度碳排放权采购采用公开招标采购方式，预算金额260万元，购买碳排放权数量2.8万吨，用于学校碳排放权履约及交易。碳排放权可以全部为碳排放配额(BEA)；或者由碳排放配额(BEA)和国家核证自愿减排量(CCER)构成，其中CCER必须为北京市CCER且数量不超过4000吨。本项目要求供应商须具备在北京环境交易所进行碳排放指标交易的能力，能够依法转让碳排放配额和核证自愿减排量，并协助采购人完成相关交易工作。在合同签订之前应具备北京市绿交所碳排放交易平台的一切必要交易手续及认证，以保证本项目合同的履行及顺利完成碳排放权的交易、转让。同时供应商还应承诺，在合同签订之日后，应独立完成在碳排放交易平台及履行合同各项条款的全部交易、转让工作流程、事项。本项目采用总价合同结算，供应商须承诺且满足供应量满足2.8万吨且总金额不超260万元，本项目所涉及市场波动及价格调整等变化所可能产生的风险需由供应商自行承担。供应商应承诺在投标文件递交截止日前3天内的碳配额持仓量，其中持仓量须满足采购文件中的要求。

5.2.4 碳排放交易纠纷案例

2023年12月28日，北京首例碳排放配额交易纠纷案在北京市第三中级人民法院宣判。北京某环保公司与四川某发电公司合同纠纷一案维持原判。北京某环保公司应向四川某发电公司支付涉案差价款及相应利息损失。

2021年12月，四川某发电公司就采购碳排放配额发布比选公告，北京某环保公司进行报价，并承诺如未依约履行，四川某发电公司可另行购买等量的碳排放配额，如有差价，由北京某环保公司补足。四川某发电公司经过比选确认北京某环保公司中标，并向北京某环保公司送达中标通知。此后，北京某环保公司明确表示不再履行合同，在此情况下，四川某发电公司另行与第三方公司签订合同，以高于北京某环保公司所报交易单价的价格购买了相应碳排放配额，由此产生差价，故四川某发电公司诉至法院，要求北京某环保公司向其支付差价款289万余元及相应利息。

一审法院经审理，认为北京某环保公司应依其承诺向四川某发电公司赔偿涉案差价款及利息损失，并最终判决北京某环保公司向四川某发电公司支付碳排放配额采购差价款289万余元及相应利息。一审判决后，该环保公司向北京三中院提起上诉。

北京三中院经审理认为，四川某发电公司、北京某环保公司之间碳排放配额交易合同成立且有效，一审法院对此认定正确。

在这起案件中，北京某环保公司提到，自己不具备全国碳排放权交易主体资格，但该公司曾承诺过有获取可支配碳排放配额的途径，如双方正常履约，北京某环保公司知晓且准备通过全国碳排放权交易系统向四川某发电公司交割其可支配的碳排放配额，同时四川某发电公司也具备接受碳排放配额的交易主体资格，故四川某发电公司最终获取涉案碳排放配额的交易方式并不违反法律、行政法规的强制性规定。法院据此认为，北京某环保公司主张双方之间碳排放配额交易合同无效，缺乏事实和法律依据，对此不予支持。

北京首例碳排放配额交易纠纷案的判决也是对完善“双碳”目标的回应。作为碳排放配额交易的民事主体，除应遵循诚信原则及契约精神外，还应肩负起促进我国绿色经济发展及生态文明建设的社会责任，避免因只追求商业利益而引发违约，对我国碳排放权交易市场的正常秩序造成影响。

5.2.5 大型活动碳中和、碳配额捐赠案例

大型活动碳中和是指，在特定时间和场所内开展的较大规模聚集行动，包括演出、赛事、会议、论坛、展览等，由于参与人员的住宿、餐饮、交通以及为筹办活动而使用的物资、能源导致的温室气体排放，通过购买碳配额、碳信用的方式或通过新建林业项目产生碳汇量的方式抵消大型活动的温室气体排放量。大型活动由于参与人数众多、社会影响广，所产生的温室气体排放量大，是倡导实施低碳理念比较理想的对象。

目前，我国面向国际的具有显著公众影响的大型活动几乎都开展了碳中和的相关工作，企业“零碳会议”“低碳办会”等概念及宣传推广在公众身边高频出现，从2010年上海“低碳世博”提出口号，到2014年亚太经合组织(APEC)“会议碳中和林”、2017年G20杭州首个低碳峰会、2022年北京首个“碳中和”冬奥会、2023年西部地区首个“碳中和”体育赛事成都大运会和杭州首届“碳中和”亚运会，无不展现了我国应对气候变化的务实行动。

目前大型活动碳中和依据主要为生态环境部2019年5月29日第19号《大型活动碳中和实施指南(试行)》。同时，各省市也在不断出台地方性法规及标准，对大型活动碳中和流程、承诺和评价进行规范，建立了具有地方特色的行动指导，以此更好推动对低碳理念的践行。

全国各省市大型活动碳中和政策如表5-7所示。

表 5－7　全国各省市大型活动碳中和政策

序号	地区	政策与标准
1	全国	《大型活动碳中和实施指南(试行)》
2	北京	《大型活动碳中和实施指南》(DB11/T 1862—2021)
3	江西	《江西省生态环境厅关于推动开展大型活动碳中和工作的指导意见》
4	四川	《四川省积极有序推广和规范碳中和方案》
5	黑龙江	《黑龙江省生态环境系统大型活动碳中和工作实施方案(试行)》
6	福建	《福建省大型活动和公务会议碳中和实施方案(试行)》
7	河北	《大型活动碳中和评价规范》(DB13/T 5560—2022)
8	山西	《山西省大型活动碳中和实施方案》
9	山东	《山东省大型活动碳中和实施方案(试行)》(征求意见稿)
10	江苏	《江苏省大型活动碳中和实施指南》
11	广东	《广东省大型活动碳中和实施标准》
12	成都	《成都市会展活动碳足迹核算与碳中和实施指南》(DB5101/T 41—2018)
13	深圳	《大型活动温室气体排放核算和报告指南》
14	青岛	《会展活动碳足迹核算指南》(征求意见稿)

2022 年，辽宁大唐国际锦州热电公司自愿注销 60 吨碳配额，并捐赠给辽宁省生态环境厅用于抵消 2022 年六五环境日国家主场活动部分温室气体排放，成为全国碳市场首个自愿注销碳配额案例。锦州热电公司是辽宁省锦州市大型低碳环保供热企业，近年来通过持续技术创新实现了节能减排。此次捐赠行为，为全国碳市场助力地方大型活动实现“碳中和”形成了一个很好的模式。

2023 年 3 月，中国华电完成 2023 年全国首笔碳排放配额捐赠及自愿注销，用于抵消 2023 年中碳登(全国碳排放权注册登记系统)组织开展的全国碳市场大型活动部分温室气体排放，成为全国首家进行碳配额捐助的企业。其襄阳公司自愿注销 100 吨全国碳排放配额，碳资产公司现场提交自愿注销申请，完成自愿注销在线操作，并通过中碳登审核，收到中碳登颁发的“全国碳市场碳排放配额自愿注销证书”。

2022 年 6 月 13 日，中国华电首笔碳配额公益捐赠案例诞生，华电潍坊公司自愿注销 20 吨碳配额，用于抵消 2022 年 6 月 15 日“全国低碳日”主场活动部分温室气体排放，为我国有效控制和减少碳排放作出积极贡献。

5.2.6　碳配额履约行政处罚决定书案例

随着两个全国碳市场履约期收官，多起碳排放配额未按期履约案件曝光并遭到惩处。2022 年 1 月 3 日，苏州市生态环境综合行政执法局查处了全国首例碳排放配额未按期履约案。而就在一天后，1月4日，伊春市生态环境保护综合执法局称，发现伊春市两家热电企业存在2019—2020年碳排放超出国家发放免费碳排放配额，但未在规定时间内足额清缴超出部分碳排放配额的行为。随即，伊春市生态环境保护综合执法局对两家企业的违法行为立案调查，要求企业进行整改并下达了行政处罚决定书，对企业未按时清缴碳排放配额的行为各作出罚款2万元的行政处罚。2022年1月20日，淄博市查处了该市首起碳排放配额未按期履约违法案件。晋城生态环境局于2022年2月7日发布查处该市的首例碳排放配额未按期履约违法案件的相关信息，责令该公司限期改正违法行为并处罚金2.5万元。

《全国碳排放权交易管理办法(试行)》第四十条规定："重点排放单位未按时足额清缴碳排放配额的，由其生产经营场所所在地设区的市级以上地方生态环境主管部门责令限期改正，处2万元以上3万元以下的罚款；逾期未改正的，对欠缴部分，由重点排放单位生产经营场所所在地的省级生态环境主管部门等量核减其下一年度碳排放配额。"对于未足额清缴碳排放配额的重点排放单位，仅处以2万至3万元的罚款，违法收益和罚金额度的不对称性非常明显。不过，我国地方试点碳市场，对于未足额清缴碳配额的法律责任存在多种立法模式。其中，以北京、深圳碳市场的法律责任最为严厉，其罚款是按照未足额清缴部分配额市场价的倍数计算的。因此，出现了重点排放单位未足额清缴碳配额被处以数十万元甚至数百万元的行政处罚决定。

例如，以下为北京市生态环境局《行政处罚决定书》(京环境监察罚字〔2023〕××号)全文。

行政处罚决定书

京环境监察罚字〔2023〕××号

当事人名称：北京某环保有限公司

法定代表人：×××

统一社会信用代码：××××××××××××××××××

地址：北京市顺义区李桥镇半壁店村××路北××米

我局于2023年3月9日对你单位进行了调查，发现你单位是北京市重点碳排放单位，2021年度实际二氧化碳排放19607吨，你单位截至2022年11月30日已履约15095吨，尚有4512吨未履约，属于超出配额许可范围进行排放并且未在规定时间内完成碳排放履约。以上事实，有调查询问笔录、营业执照复印件、授权委托书、身份证复印件、北京市碳排放交易注册登记簿网站截图、碳排放成交均价等证据为凭。你单位的上述行为违反了《关于北京市在严格控制碳排放总量前提下开展碳排放权交易试点工作的决定》第二条的规定。我局于2023年4月13日告知你单位违法事实、处罚依据和拟作出的处罚决定，并告知你单位有要求听证和陈述申辩的权利。你单位于2023年4月17日向我局提交了书面听证申请，我局于2023年5月16日举行了听证会。听证会上，你单位提出如下申辩意见：一是碳排放配额发放不合理导致配额不足；二是2021年3月顺义区水务局对顺义区污水处理厂实施临时接管，至今公司没有收到污水处理服务费，致使公司资金周转异常困难，运营亦举步维艰，员工工资都无法按时发放，并提出不予处罚的建议。经复核，我局认为碳排放配额的核算方法对外公开，具有透明度、公开性和合理性，你单位未改正违法行为，陈述申辩不影响对违法事实的认定，免于处罚的意见不予采纳。以上事实，有《行政处罚听证告知书》（京环境监察听告字〔2023〕××号）、《送达回证》、听证申请书和听证报告为证。

依据《关于北京市在严格控制碳排放总量前提下开展碳排放权交易试点工作的决定》第四条的规定，我局决定如下：责令两个月内履行控制排放责任，并根据超出配额许可范围的碳排放量，按照市场均价（立案前6个月本市碳排放权场内交易成交均价为120.89元/吨）的4.5倍予以处罚即2454550元罚款。

限于接到本处罚决定书之日起15日内持北京市非税收入一般缴款书到你单位存款账户银行以转账的方式缴纳罚款，若未在银行开立账户，则以现金方式到就近银行的对公营业机构缴纳。如确有经济困难，可以自收到本处罚决定书之日起15日内，向本行政机关申请延期或者分期缴纳罚款，经批准可以暂缓或者分期缴纳。逾期不缴纳罚款也未申请延期或者分期缴纳罚款的，本机关将依据《中华人民共和国行政处罚法》第七十二条第一款第（一）项的规定，每日将按罚款数额的3%加处罚款。对单位，依据《北京市优化营商环境条例》第六十三条和《北京市公共信用信息管理办法》第十条第一款第（三）项的规定，本行政机关将对本行政处罚信息进行公示并纳入公共信用信息服务平台。

如不服本处罚决定，可在收到本处罚决定书之日起60日内向生态环境部或北京市人民政府申请复议，也可在6个月内直接向海淀区人民法院起诉。申请行政复议或者提起行政诉讼，不停止行政处罚决定的执行。逾期不申请行政复议，不提起行政诉讼，又不履行本处罚决定的，我局将依法申请人民法院强制执行。

北京市生态环境局

2023年6月14日

5.3 碳配额全生命周期管理

自2013年各试点碳市场陆续开市到2021年全国碳市场交易正式启动以来，我国碳市场逐步发展，市场参与主体和交易方式呈现多样化。无论是在重点排放单位获得政府免费发放配额、在市场购买配额用于履约或卖出盈余配额获得收益、报送年度碳排放信息报告等重要环节，还是投资机构进行碳排放权交易买卖等行为，都离不开碳会计的确认与计量。

碳会计政策是碳市场配套政策体系的一部分，贯穿碳交易全流程。了解碳配额从分配到注销的全生命周期，掌握每个阶段的账务处理，根据业务场景设计不同的应对策略，计算每一种策略对资金流和利润的影响，基于不同的考量对策略进行排序，根据选定的策略进行正确的账务处理，对碳配额进行全生命周期管理至关重要。

5.3.1 碳配额全生命周期概述

碳配额的作用是进行碳排放的总额控制。在碳配额全生命周期中存在一个从“生”到“死”的过程，即全生命周期过程，如图 5-5 所示。

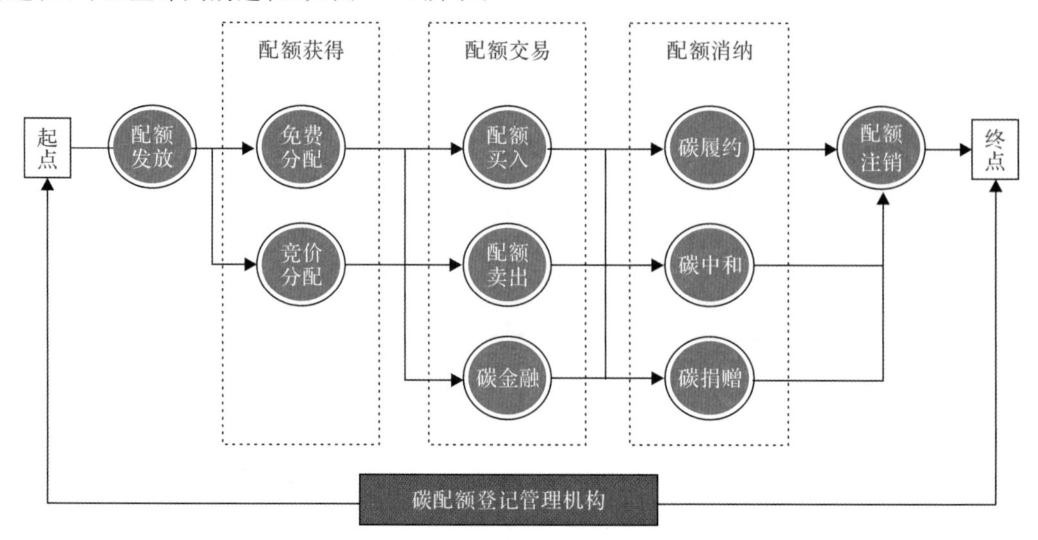

图 5-5 碳配额全生命周期示意图

碳配额的“生”是通过配额发放来实现的，配额发放即配额获得方式，包括有免费分配和竞价分配两种形式。碳配额的“死”是通过配额注销来实现的，配额注销之前是配额消纳。配额消纳有 3 种方式：其一是重点排放单位进行碳履约，上缴的配额将被注销；其二是拥有碳配额的单位进行碳中和声明，在碳减排“减无可减”的情况下，通过自愿注销与残余碳排放等量的配额，来获得碳中和证书；其三则是捐赠给其他组织作碳中和的用途。

碳配额在碳市场的交易类型主要有 3 种，即配额买入、配额卖出和碳金融。所谓碳金融即依托碳配额开展的金融产品交易活动，如碳期货交易、碳期权交易、碳置换交易、碳掉期交易、碳远期交易、碳托管交易、碳回购交易、碳借贷交易、碳配额质押贷款等碳金融活动。

碳配额的“生”与“死”都是在强制减排碳市场配套的碳配额登记管理机构负责的 IT 系统中来操作，各个单位均在这个 IT 系统中拥有碳配额的登记账户。

这一碳配额的“生”与“死”的管理过程，有点类似于货币的管理过程，碳配额的发放对应的是货币的投放市场，碳配额的注销对应的是货币的回笼；碳市场交易的碳配额类似于流通中的货币，政府部门会监督在碳市场中“流通”的碳配额的数量，适时采取调控措施，以避免碳价大起大落。

强制减排碳市场的碳配额分配方式主要包括免费分配、有偿分配以及这两种方式的混合使用，初始配额计算方法主要包括历史排放法、历史碳强度下降法、行业基准线法，具体情况见表 5-8。

表5-8　碳配额初始分配方法对比

名称	类型	含义	优缺点
分配方式	免费分配	政府直接免费发放给控排企业	优点：企业接受意愿强，政策容易推行；对经济负面影响相对小。 缺点：会出现寻租问题
分配方式	有偿分配	拍卖分配：政府对碳配额进行拍卖，出价高的企业获得碳配额；固定价格法：企业按照固定价格购买	优点：增加政府收入，通过补贴政策降低扭曲效应；解决寻租问题；分配更有效率。 缺点：不易被企业接受
分配方法	历史排放法	以纳入配额管理的单位在过去一定年度的碳排放数据为主要依据确定其未来年度碳排放配额的方法	优点：计算方法简单，对数据要求低。 缺点：不公平，变相奖励了历史排放量高的企业；未考虑近期经济发展以及减排发展趋势；未考虑新公司无历史排放数据
分配方法	历史碳强度下降法	介于历史排放法和行业基准线法之间，是指根据排放企业的产品产量、历史强度值、减排系数等计算分配配额。即企业自身进行纵向对比，例如在过去3年、5年的平均排放水平上叠加减排系数	优点：计算方法相对简单，对数据要求相对低，适用于产品类型较多的行业。 缺点：同样存在不公平，变相奖励了历史排放量相对高的企业；未考虑新公司无历史排放数据
分配方法	行业基准线法（也称标杆法）	以纳入配额管理单位的碳排放效率基准为主要依据，确定其未来年度碳排放配额的方法。即与行业中企业进行横向对比，例如将整个行业的排放量较少的前15%、25%作一个加权平均作为基准值，在此基础上进行计算	优点：相对公平；为行业减排树立了明确的标杆，考虑了新老公司的排放。 缺点：计算方法复杂，所需数据要求高，行政成本高；仅适用于产品类别单一的行业

5.3.2　碳配额免费发放及会计处理

自2013年起，深圳、上海、北京、广东、天津、湖北和重庆7个地区先后启动了试点碳交易市场，为了配合碳交易试点工作的开展，规范温室气体排放相关的会计核算，财政部以《企业会计准则——基本准则》为指引，在2016年9月发布了《碳排放权交易试点有关会计处理暂行规定（征求意见稿）》，适用范围包括试点地区重点排放单位以及参与碳交易的其他企业。经过征求意见，财政部在2019年12月印发了《碳排放权交易有关会计处理暂行规定》，适用范围为按照《碳排放权交易管理暂行办法》等有关规定开展碳交易业务的重点排放单位，包括当时已经开市运行的 8 个地方试点碳市场(新增了福建试点碳市场)。

碳排放权是一种可供使用、交易的经济资源,属于由企业过去的交易或者事项形成的、由企业拥有或者控制的、预期会给企业带来经济利益的资源,因而是企业的一项资产。并且与该资源有关的经济利益很可能流入企业,该资源的成本或者价值能够可靠地计量。因此碳排放权应确认为企业的资产。

由于对于碳排放权的资产属性有一定争议,为避免争议,《碳排放权交易有关会计处理暂行规定》统一要求将碳排放配额确认为"碳排放权资产",并在"其他流动资产"项目列示。对于计量属性,由于企业持有配额主要是保证自身的清洁发展,因此按照成本进行计量更贴近企业的业务实际。

根据取得方式,碳排放配额被分为两类:企业自行购入的碳排放配额和政府无偿分配取得的碳排放配额。

对于政府免费分配的碳排放配额,由于与直接取得资产的政府补助不同,且按公允价值确认补助后按公允价值结转损益与不确认为政府补助对净利润的影响基本一致,从简化实务的角度出发,通过政府免费分配等方式无偿取得的碳排放配额不作账务处理更便于操作。

重点排放企业通过政府免费分配等方式无偿取得碳排放配额的,在"取得""使用"和"注销"碳排放配额时,均不作账务处理。

但如果重点排放企业在使用碳排放额后有剩余,或者未使用碳排放额,可以用于出售。在"出售"无偿取得的碳排放配额的,按照出售日实际收到或应收的价款(扣除交易手续费等相关税费),借记"银行存款""其他应收款"等科目,贷记"营业外收入"科目。

借:银行存款或其他应收款

　贷:营业外收入

5.3.3 碳配额市场买卖及会计处理

按《碳排放权交易有关会计处理暂行规定》,重点排放企业通过购买方式取得碳排放配额的,应确认为碳排放权资产,并按照成本进行计量。碳排放权资产的核算,应按照企业实际支付或应付的价款记账,同时应在资产负债表的"其他流动资产"项目中计入碳排放权资产科目的借方余额。

企业自行购入的碳配额交易账务处理,相对于无偿取得碳配额的情况较为复杂。

1. 取得外购碳配额

重点排放企业应当设置"1489 碳排放权资产"科目,核算通过购入方式取得的碳排放配额。

重点排放企业购入碳排放配额的,应当在购买日将取得的碳排放配额确认为碳排放权资产,按照购买日实际支付或应付的价款(包括交易手续费等相关税费),借记"碳排放权资产"科目,贷记"银行存款""其他应付款"等科目。

借：碳排放权资产

　贷：银行存款

2. 使用外购碳配额

重点排放企业使用购入的碳排放配额履约（履行减排义务）的，按照所使用配额的账面余额，借记“营业外支出”科目，贷记“碳排放权资产”科目。

借：营业外支出

　贷：碳排放权资产

3. 出售外购碳配额

重点排放企业出售购入的碳排放配额的，按照出售日实际收到或应收的价款（扣除交易手续费等相关税费），借记“银行存款”“其他应收款”等科目，按照出售配额的账面余额，贷记“碳排放权资产”科目，按其差额，贷记“营业外收入”科目或借记“营业外支出”科目。其中银行存款或其他应收款以出售日实际收到或应收的价款入账，若出售配额的账面余额与收到的价款之间存在差额，借方计入营业外支出，贷方计入营业外收入。

借：银行存款或其他应收款

　　营业外支出

　贷：碳排放资产

　　　营业外收入

5.3.4　碳配额履约注销及会计处理

企业在进行碳履约过程中，需要对缴交的碳配额进行注销。按《碳排放权交易有关会计处理暂行规定》，重点排放企业自愿注销无偿取得的碳排放配额的，不作账务处理。重点排放企业自愿注销购入的碳排放配额的，按照注销配额的账面余额，借记“营业外支出”科目，贷记“碳排放权资产”科目。

借：营业外支出

　贷：碳排放权资产

碳排放配额使用、出售和注销影响损益时，计入营业外收支。根据《财政部关于修订印发2019年度一般企业财务报表格式的通知》（财会〔2019〕6号），“营业外收入”项目反映企业发生的除营业利润以外的收益，主要包括与企业日常活动无关的政府补助、盘盈利得、捐赠利得（企业接受股东或股东的子公司直接或间接的捐赠，经济实质属于股东对企业的资本性投入的除外）等。“营业外支出”项目反映企业发生的除营业利润以外的支出，主要包括公益性捐赠支出、非常损失、盘亏损失、非流动资产毁损报废损失等。“资产处置收益”项目反映企业出售非流动资产而产生的处置利得或损失，“碳排放权资产”属于流动资产，因此不属于“资产处置收益”。

5.3.5 碳配额市场买卖的财务报表列示和披露

《企业会计准则第 30 号——财务报表列报》规定，性质或功能不同的项目，应当在财务报告中单独列报；根据重要性原则单独或汇总列报项目。由于碳排放权资产的性质较为特殊，在财务报表中单独披露有利于报表使用者的阅读和理解。

"碳排放权资产"科目的借方余额在资产负债表中的"其他流动资产"项目列示。重点排放企业应当在财务报表附注中披露下列信息：

(1)列示在资产负债表"其他流动资产"项目中的碳排放配额的期末账面价值，列示在利润表"营业外收入"项目和"营业外支出"项目中碳排放配额交易的相关金额。

(2)与碳排放权交易相关的信息，包括参与减排机制的特征、碳排放战略、节能减排措施等。

(3)碳排放配额的具体来源，包括配额取得方式、取得年度、用途、结转原因等。

(4)节能减排或超额排放情况，包括免费分配取得的碳排放配额与同期实际排放量有关数据的对比情况、节能减排或超额排放的原因等。

碳排放配额变动情况，具体披露格式如表 5－9 所示。

表 5－9 碳配额披露格式

项目	本年度		上年度	
	数量/吨	金额/元	数量/吨	金额/元
1. 本期期初碳排放配额				
2. 本期增加的碳排放配额				
(1)免费分配取得的配额				
(2)购入取得的配额				
(3)其他方式增加的配额				
3. 本期减少的碳排放配额				
(1)履约使用的配额				
(2)出售的配额				
(3)其他方式减少的配额				
4. 本期期末碳排放配额				

5.3.6 碳配额会计处理案例

L 公司是一家大型钢铁企业，属于重点排污企业的范围，2024 年主要发生的碳排放权业务具体如下：①L 公司于 2024 年初获得了碳排放配额 600 万吨，其中有 200 万吨是政府免费分配的配额，另外 400 万吨是 L 公司以 30 元/吨的价格在碳排放权交易市场上购买取得；②L 公司在该年实际排放二氧化碳 400 万吨，其中有 100 万吨通过政府无偿取得，另有 300 万吨是在市场有偿购买的；③年中，L 公司将剩余购买的配额出售 80 万吨，无偿取得的配额出售 50 万吨，售价为 32 元/吨，收到银行存款 4160 万元；④年末，L 公司将剩余的碳排放配额全部注销。

L 公司仅需对碳排放权交易市场上购买取得的碳排放权进行账务处理，且按成本计量；对于政府无偿分配的，无须账务处理。即

借：碳排放权资产　　120000000

　贷：银行存款　　120000000

L 公司实际履约时，仅须对在市场上有偿购买的部分进行账务处理。即

借：营业外支出　　90000000

　贷：碳排放权资产　　90000000

L 公司将剩余配额对外出售，应分别考虑有偿购买部分与无偿取得部分。即

(1)出售有偿取得部分(80 万吨)：

借：银行存款　　25600000

　贷：碳排放权资产　　24000000

营业外收入　　1600000

(2)出售无偿取得部分(50 万吨)：

借：银行存款　　16000000

　贷：营业外收入　　16000000

年末，L 公司将剩余碳排放配额全部注销，如注销从政府部门无偿取得的碳排放权，则无须进行账务处理；如注销有偿取得的碳排放配额，则需按照“碳排放权资产”科目的账面余额注销。即

借：营业外支出　　6000000

　贷：碳排放权资产　　6000000

5.4　碳配额交易及履约会计实验

5.4.1　实验介绍

1. 实验背景

知链集团作为北京市的重点排放单位，其配额的获得、交易与清缴按照北京市生态环境局的相关政策与规定执行。相关业务人员在注册登记系统和交易系统进行相关操作，财务人员根据业务构建碳配额核算的科目体系，对碳配额的每一笔业务进行相应的财务处理。

2. 实验数据

企业本期资产：

(1)碳配额，29000 吨。

(2)CCER，5000 吨。

3. 实验目标

(1)理解碳配额资产产生、交易及履约的业务处理。

(2)熟悉碳配额资产的核算科目，能够构建相应的科目体系。

(3)熟悉碳配额资产业务处理对应的财务处理。

4. 实验流程

整个实验流程顺序如图 5－6 所示。在过程操作上，首先是碳配额取得以及相关的会计处理实验，取得方式包括免费获得和竞拍获得；其次是碳配额交易及会计处理实验，交易类型包括买入和卖出；再次是碳配额履约及会计处理实验，履约方式包括正常履约、超排履约、减排履约、未按期履约等；最后是碳配额捐赠及会计处理实验。

项目	本年度		上年度	
	数量（单位：吨）	金额（单位：元）	数量（单位：吨）	金额（单位：元）
1.本期期初碳排放配额				
2.本期增加的碳排放配额	31000.00			
（1）免费分配取得的配额	27550.00			
（2）购入取得的配额	3450.00	191173.13		
（3）其他方式增加的配额				
3.本期减少的碳排放配额	30300.00			
（1）履约使用的配额	28000.00	24935.63		
（2）出售的配额	2000.00	179642.50		
（3）其他方式减少的配额	300.00	16623.75		
4.本期期末碳排放配额	700.00	38788.75		

报表附注（主要内容应包括：碳配额的取得方式、取得年度、用途、本年度是减排还是超排，减排的措施，超排的原因等）：

本公司碳排放配额的种类BEA,其来源有三类，分别是政府免费分配、一级市场竞价拍卖所得和在二级市场上购入。2022年3月，获得政府免费分配的配额27550吨；2022年3月，公司在二级市场购入配额2000吨，主要是为了投资获利；2022年4月，参与竞价拍卖获得碳配额1450吨，竞拍价55元/吨，竞拍来的配额主要是为了后续的履约。

图 5－6　碳配额交易及履约会计实验流程

5.4.2　碳配额取得——免费发放配额

1. 任务说明

本任务是获得政府免费发放的碳配额。

本任务分为两步：免费发放配额、账务处理。

主要操作界面如图 5－7、图 5－8 所示。

2. 任务操作

(1)登录碳排放权注册登记簿平台，领取配额。登录账号以及密码在实验数据中查看。

图 5-7　免费发放碳配额

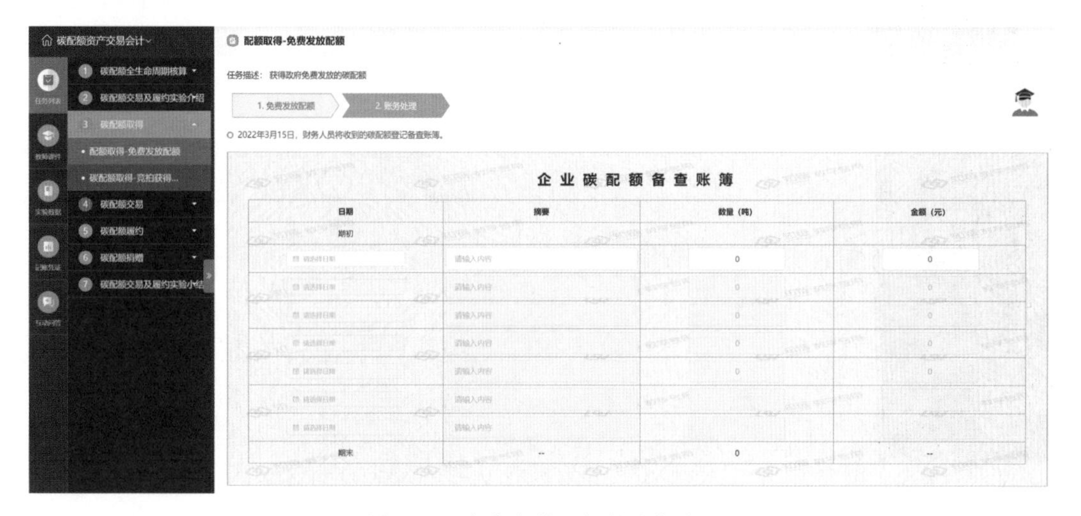

图 5-8　免费发放配额的账务处理

(2)填写企业碳配额备查账簿，记录本次领取情况。填写完成后，点击【提交】，备查账簿填写完成。

5.4.3　碳配额取得——竞拍获得配额

1. 任务说明

本任务是参加交易所组织的竞拍，获得碳配额。

本任务分为 4 步：竞拍获得配额、缴纳保证金账务处理、配额转入以及竞拍获得配额的账务处理。

主要操作界面如图 5-9、图 5-10 所示。

图 5-9　竞拍获得碳配额

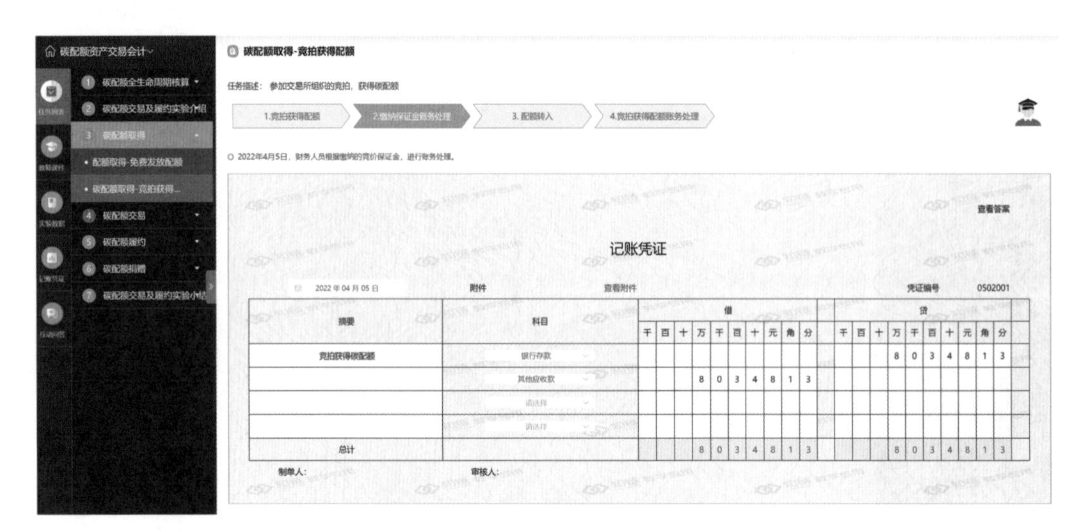

图 5-10　竞拍获得碳配额记账处理

2. 任务操作

(1)登录碳排放权电子交易平台有偿竞价系统，完成竞价操作。账户和密码可在系统中查询。

(2)点击【竞价申报】，进行竞价申报。输入竞买价、数量、竞买总价，点击【确定】，申报成功。

(3)点击【缴纳竞买保证金】，弹窗中点击【缴纳】。缴纳成功，关闭弹窗即可。

(4)点击【进入竞价大厅】，查看信息。

(5)进入系统，进行碳排放权转移操作，输入转移时间、转入数量，点击【提交】，任务完成。

(6)根据碳排放交易凭证填写记账凭证。

(7)填写企业碳配额备查账簿,点击【提交】。

5.4.4　碳配额交易

1. 任务说明

本任务是碳配额交易及账务处理。

本任务分为 4 步:碳配额买入、碳配额买入账务处理、碳配额卖出以及碳配额卖出账务处理。

主要操作界面如图 5-11、图 5-12 所示。

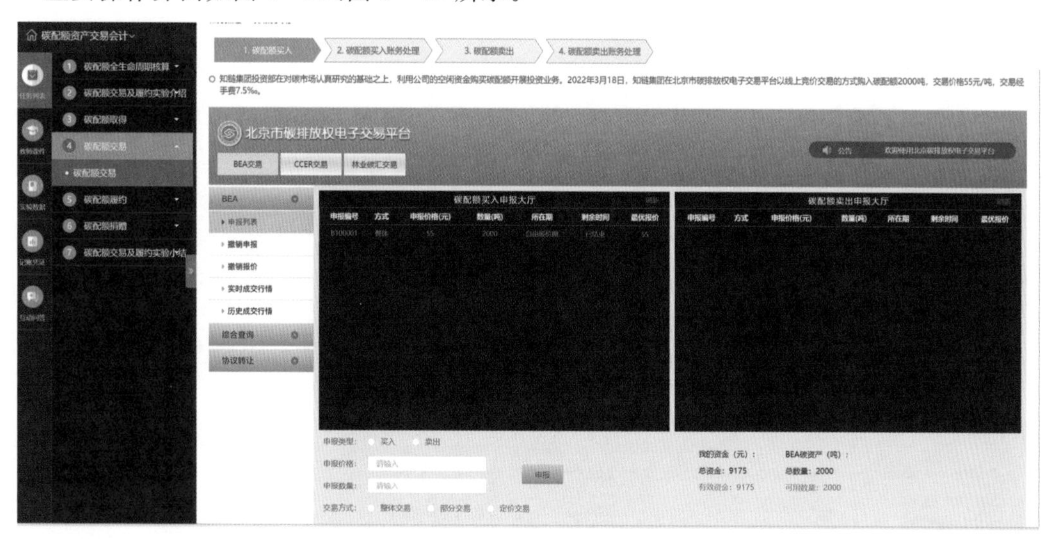

图 5-11　碳配额买入

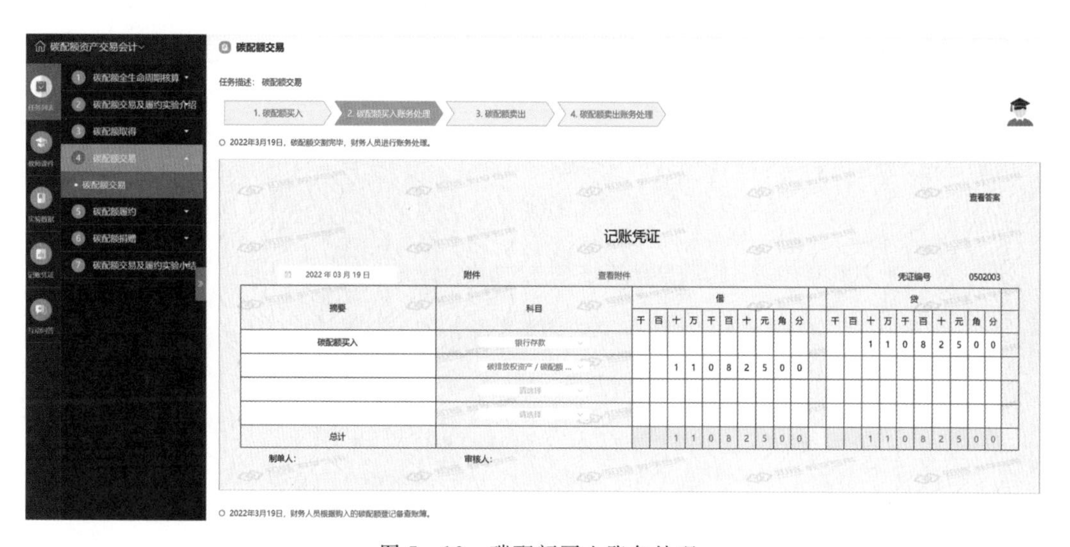

图 5-12　碳配额买入账务处理

2. 任务操作

(1)登录碳排放权电子交易平台,完成买入相关操作。

(2)选择买入申报类型、申报价格、申报数量、交易方式,点击【申报】。

(3)根据碳排放交易凭证和银行回单填写记账凭证。

(4)填写企业碳配额备查账簿。

(5)登录碳排放权电子交易平台,进行卖出相关操作。

(6)选择卖出申报类型、申报价格、申报数量、交易方式,点击【申报】。

(7)根据碳排放交易凭证和银行回单填写记账凭证。

(8)填写企业碳配额备查账簿。

5.4.5 碳配额履约——正常履约

1. 任务说明

本任务是对于持有碳配额等于实际排放量的履约,在系统中完成碳配额履约操作,进行相应的账务处理。

本任务分为两步:碳配额履约以及账务处理。

主要操作界面如图 5-13、图 5-14 所示。

图 5-13 碳配额上缴

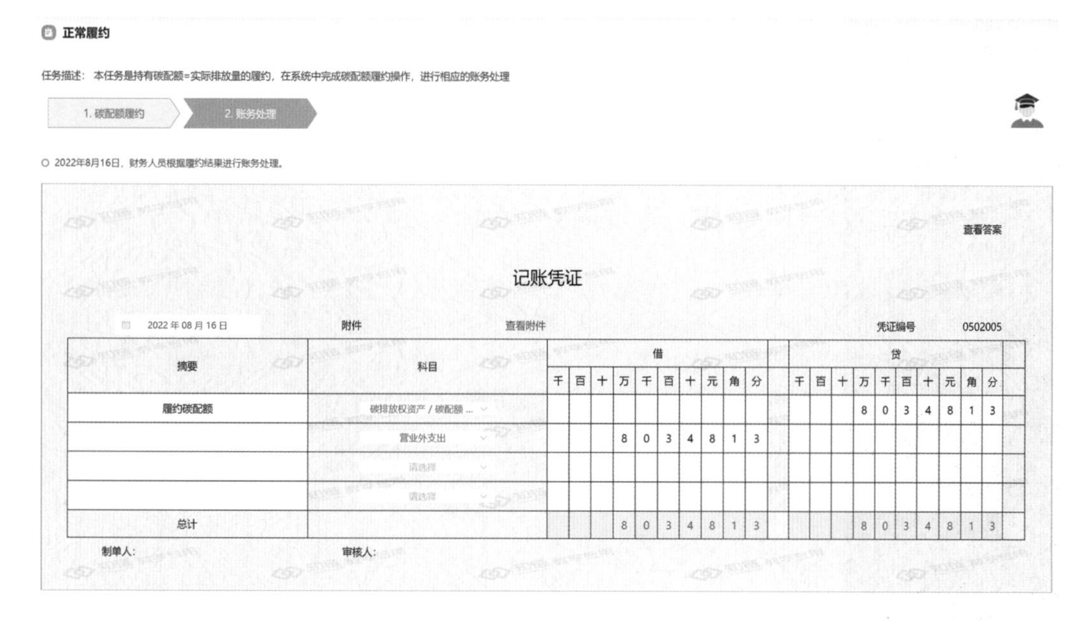

图 5-14　填写记账凭证

2. 任务操作

(1)登录碳排放权电子交易平台,完成操作。点击【登录】,登录平台,登录账号以及密码在实验数据中查看。

(2)对碳配额进行上缴操作,选择上缴碳配额排放权类型、上缴数量,点击【重置】,清空数据,点击【确定】,上缴成功。

(3)填写记账凭证,点击【提交】,校验记账凭证。

(4)填写企业碳配额备查账簿,点击【提交】。

5.4.6　碳配额履约——超排履约

1. 任务说明

本任务是对于持有碳配额小于实际排放量的履约。系统提供了 4 种履约方案,需对每种方案进行测算,根据测算结果进行方案排序选优,最后选择最优方案履约,并进行账务处理。

本任务分为 3 步:策略测算、策略排序与选择以及执行策略。

主要操作界面如图 5-15、图 5-16 所示。

图 5－15　购买 CCER＋购买配额策略测算

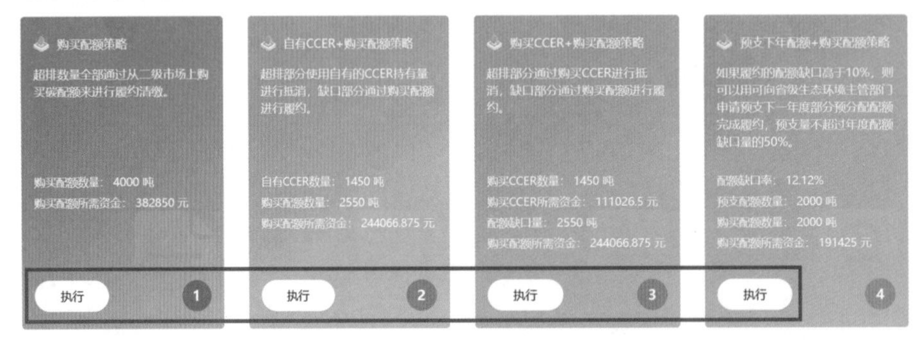

图 5－16　执行所选择的策略

2. 任务操作

（1）由学生根据策略描述及背景数据进行策略的计算，并将计算的结果填写到对应位置。点击策略下方【进入】按钮，进入策略测算。

（2）点击“购买配额策略”下方【进入】按钮，进入购买配额策略页面，完善公式并计算相应值，拖动右侧指标至公式填写处，点击【下一步】，依次完成相应内容，全部计算完成后，点击【返回策略】,进行下一策略的测算。点击实验数据可以查看数据。

(3)点击“自有 CCER+购买配额策略”下方【进入】按钮,进入自有 CCER+购买配额策略页面,完善公式并计算相应值,拖动右侧指标至公式填写处,点击【下一步】,依次完成相应内容,全部计算完成后,点击【返回策略】,进行下一策略的测算。点击实验数据可以查看数据。

(4)点击“购买 CCER+购买配额策略”下方【进入】按钮,进入购买 CCER+购买配额策略页面,完善公式并计算相应值。

(5)点击“预支下年配额+购买配额策略”下方【进入】按钮,进入预支下年配额+购买配额策略页面,完善公式并计算相应值。

(6)对策略进行排序,并说明排序的依据与理由。长按可调整策略顺序。

(7)选择你认为最优的一种策略执行配额履约。为了巩固所学知识,其他的策略也可以执行,进行相应的账务处理。点击策略下方的【执行】,进入策略执行页面。

5.4.7　碳配额履约——减排履约

1. 任务说明

本任务是对于持有碳配额大于实际排放量的履约。系统提供了 4 种履约方案,需对每种方案进行测算,根据测算结果进行方案排序选优,最后选择最优方案履约,并进行账务处理。

本任务分为 3 步:策略测算、策略排序与选择以及执行策略。

主要操作界面如图 5-17、图 5-18、图 5-19 所示。

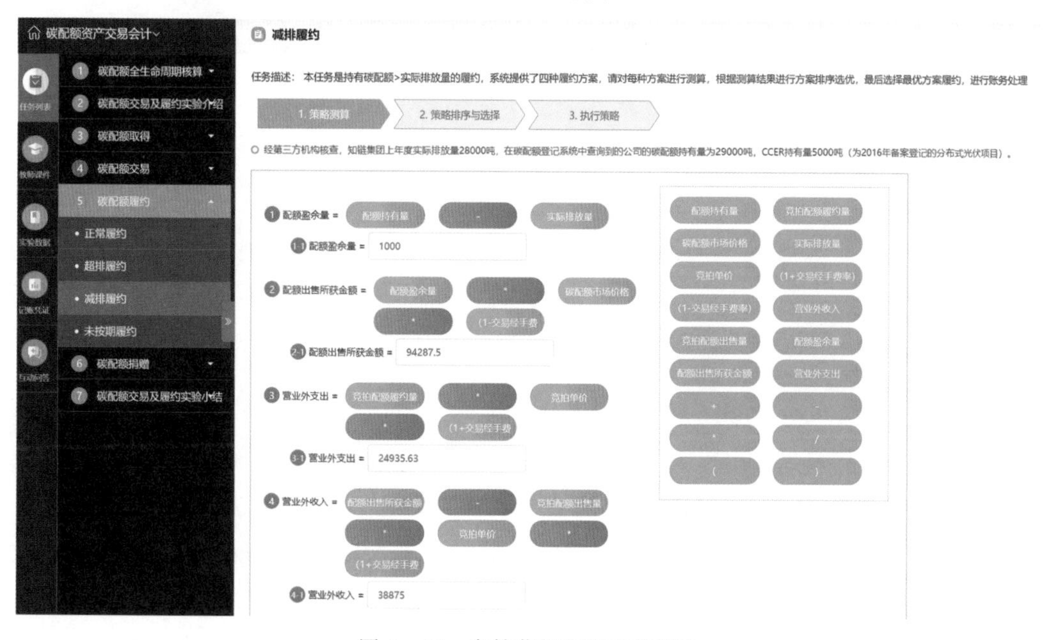

图 5-17　竞拍获得配额出售策略

图 5－18 免费获得配额出售策略

图 5－19 执行策略

2. 任务操作

(1)点击“竞拍获得配额出售策略”下方【进入】按钮，进入竞拍获得配额出售策略页面，完善公式并计算相应值，拖动右侧指标至公式填写处，点击【下一步】，依次完成相应内容。

(2)点击“免费获得配额出售策略”下方【进入】按钮，进入免费获得配额出售策略页面，完善公式并计算相应值，拖动右侧指标至公式填写处，点击【下一步】，依次完成相应内容。

(3)点击“竞拍获得配额结转下年策略”下方【进入】按钮，进入竞拍获得配额结转下年策略页面，完善公式并计算相应值，拖动右侧指标至公式填写处，点击【下一步】，依次完成相应内容。

(4)点击“免费获得配额结转下年策略”下方【进入】按钮，进入免费获得配额结转下年策略页面，完善公式并计算相应值，拖动右侧指标至公式填写处，点击【下一步】，依次完成相应内容。

(5)对策略进行排序，并说明排序的依据与理由。长按可调整策略顺序。点击【确定】，任务完成。

(6)点击策略下方的【执行】，进入策略执行页面。

5.4.8　碳配额履约——未按期履约

1. 任务说明

本任务是处理未按当地的履约要求进行履约的业务，根据违约场景进行相应的计算和账务处理。

本任务分为两步：未按期报送文件、未按期履约。

主要操作界面如图 5－20、图 5－21 所示。

图 5－20　未按期报送文件罚款的账务处理

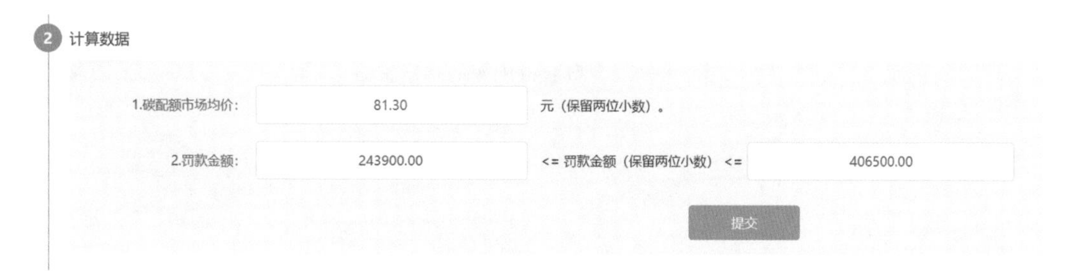

图 5－21　未按期履约的罚款计算

2. 任务操作

(1)未按期报送文件。根据行政处罚决定书以及银行回单填写凭证,点击【查看附件】,查看原始凭证;点击【提交】,校验记账凭证;点击【查看答案】,查看正确答案。

(2)未按期履约。

①查看项目介绍、实验数据、实验公式,点击【已了解】,计算碳配额市场均价以及罚款金额,点击【提交】,提交成功,完成账务处理。

②根据行政处罚决定书以及银行回单填写凭证,点击【查看附件】,查看原始凭证;点击【提交】,校验记账凭证;点击【查看答案】,查看正确答案。

5.4.9 碳配额捐赠

1. 任务说明

本任务是对外捐赠碳配额及账务处理。系统提供了 3 种方案,需对每种方案进行测算,根据测算结果进行方案排序选优,最后选择最优方案,并进行账务处理。

本任务分为 3 步:策略测算、策略排序与选择以及执行策略。

主要操作界面如图 5－22、图 5－23 所示。

图 5－22 免费获得配额的捐赠策略

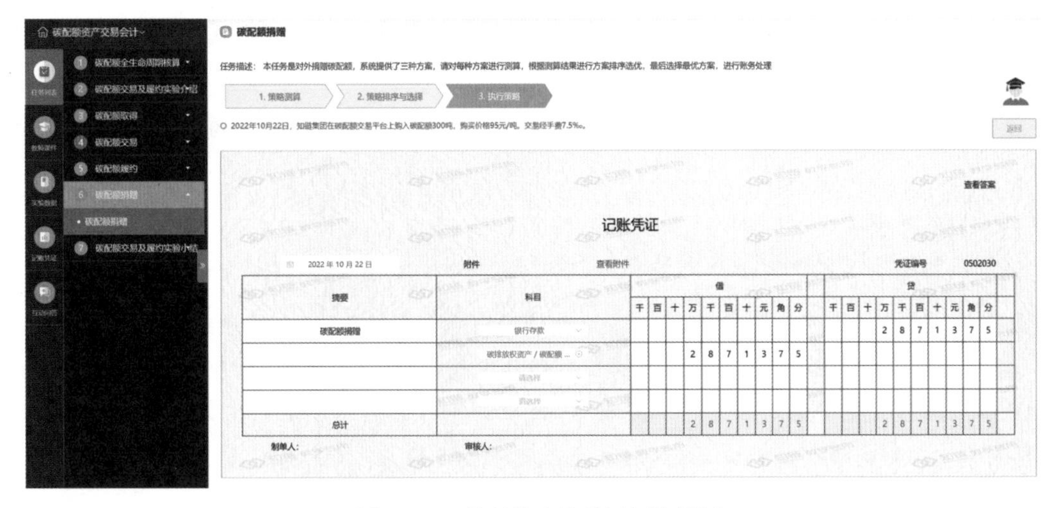

图 5 - 23　执行策略的填写记账凭证

2. 任务操作

(1)点击“免费获得配额捐赠策略”下方【进入】按钮，进入免费获得配额捐赠策略页面，完善公式并计算相应值，拖动右侧指标至公式填写处，点击【下一步】，依次完成相应内容。

(2)点击“竞拍获得配额捐赠策略”下方【进入】按钮，进入竞拍获得配额捐赠策略页面，完善公式并计算相应值，拖动右侧指标至公式填写处，点击【下一步】，依次完成相应内容。

(3)点击“购入获得配额捐赠策略”下方【进入】按钮，进入购入获得配额捐赠策略页面，完善公式并计算相应值，拖动右侧指标至公式填写处，点击【下一步】，依次完成相应内容。

(4)对策略进行排序，并说明排序的依据与理由。长按可调整策略顺序。点击【确定】，任务完成。

(5)执行策略并进行相应的填写记账凭证操作。

本章小结

强制减排碳市场体现了碳市场的建立是人类社会的共同利益，体现了外部成本内部化、远期成本当前化的特点。它通过调整企事业单位业务开展的外部游戏规则，约束排放量较大的企事业组织的业务行为，将其导向到节能减排的低碳转型的发展路线上。

强制减排碳市场是针对碳排放较大的社会组织来进行的，强制落地的方式就是碳履约，典型的强制依据立法是国务院在 2024 年 1 月 25 日发布的《碳排放权交易管理暂行条例》，纳入强制减排碳市场的重点排放单位，以及对其核定的碳配额、碳配额的市场价格管控等，均由政府确定规则。强制减排碳市场可分为国际市场、全国市场和地方试点市场 3 个方面。强制减排碳市场采用会员管理制度，其中的会员分类体现了强制减排碳市场的业务生态系统角色。目前我国强制减排碳市场的碳价呈明显上升趋势，未来的碳价将与国际接轨。

每个强制减排碳市场的政策由相关政府机构来确定，政策差异较大，相关的碳配额只能在该市场上进行交易。碳配额的发放方式包括免费发放和竞价发放两种形式，强制减排碳市场的碳交易相关政策制度正在完善之中。我国的全国强制减排碳市场和地方试点碳市场存在协作关系；全国强制减排碳市场正处在扩容之中，被纳入全国强制减排碳市场的重点排放单位，将不再归入地方试点强制碳市场管理；地方试点强制碳市场也已表现出降低进入门槛、扩大覆盖行业等的发展趋势。

强制减排碳市场包含有两个市场机构，即登记机构和交易机构，例如全国强制减排碳市场的登记机构在武汉，交易机构在上海。碳配额的全生命周期管理在登记机构进行。碳配额的“生”是通过配额发放来实现的，配额发放即配额获得方式，包括有免费分配和竞价分配两种形式。碳配额的“死”是通过配额注销来实现的，配额注销之前是配额消纳。配额消纳有3种方式：其一是重点排放单位进行碳履约，上缴的配额将被注销；其二是拥有碳配额的单位进行碳中和声明，在碳减排的“减无可减”情况下，通过自愿注销与残余碳排放等量的配额，来获得碳中和证书；其三则是捐赠给其他组织作碳中和的用途。

碳配额免费发放、市场买卖、履约注销，以及在财务报表中的列示和披露等业务操作，均需按照财政部相关政策进行会计处理；免费获得的碳配额与竞价获得的碳配额的会计处理方式上存在差异；碳配额履约注销存在多种处理方式，是碳配额交易会计的一个业务要点。

本章复习思考题

1. 碳配额在强制减排碳市场中扮演了怎样的角色？它如何影响企业的碳排放行为？

2. 碳配额市场的价格波动对企业的经营和投资决策有何影响，企业应如何应对？

3. 碳配额全生命周期管理对于企业的财务管理有何意义？如何实现有效管理？

4. 如何通过会计手段准确反映碳配额资产的价值和风险，并在财务报表中充分披露？

5. 在碳配额交易过程中，如何避免市场操纵和不正当交易行为的发生？

6. 在实施碳排放交易政策时，政府应如何平衡环保目标和经济利益，确保政策的可持续性？

7. 政府可以制定哪些措施确保碳配额的公平分配和有效使用，以促进碳市场的健康发展？

8. 碳市场的发展对全球气候变化治理有何重要意义？如何推动国际的合作与交流？

第6章　碳信用资产交易会计

本章学习目标

本章主要介绍碳信用的产生及自愿减排碳市场的发展、碳信用的产业实践、碳信用的生命周期管理和碳信用会计处理等内容。通过本章的学习，要达到以下学习目标：

1. 理解自愿减排碳市场产生的背景、意义以及碳信用的概念；

2. 理解国家核证减排量和地方碳普惠减排量的市场发展动态与实践案例；

3. 理解碳信用生命周期涉及的所有场景，掌握碳信用相关会计处理。

本章逻辑框架图

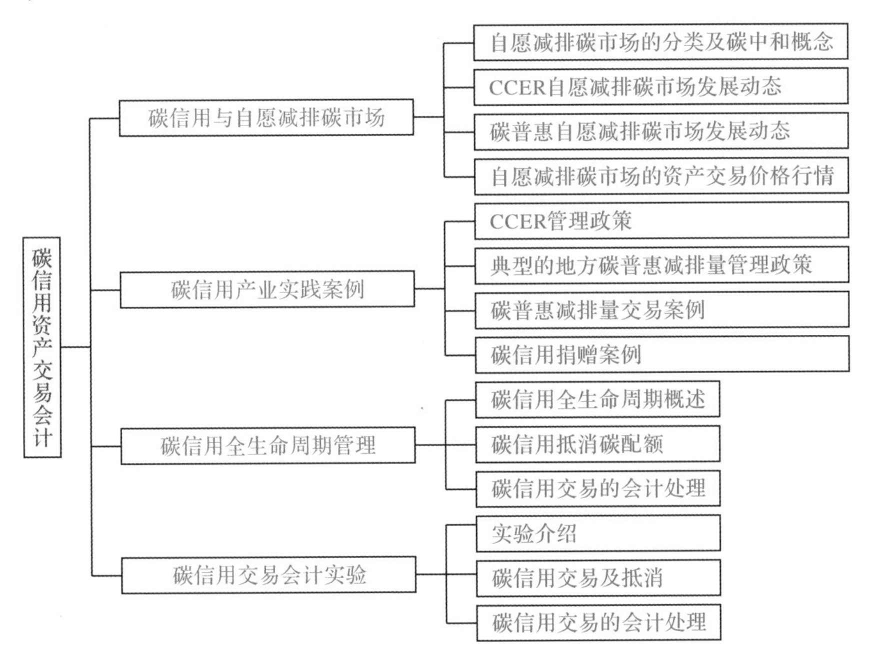

6.1　碳信用与自愿减排碳市场

6.1.1　自愿减排碳市场的分类及碳中和概念

自愿减排碳市场，也称自愿碳市场，与强制减排碳市场共同构成一个国家的碳排放交易体系，是实现碳中和目标的重要工具和渠道。与强制减排碳市场以“碳配额”为交易标的不同，自愿减排碳市场中的交易标的为“碳信用”。

碳配额与碳信用在定义上有着本质的区别。碳配额是主管部门基于国家控制温室气体排放目标的要求，向被纳入温室气体减排管控范围的重点排放单位分配的规定时期内的碳排放额度，它代表着政府和企业的总体碳排放容量空间，是碳排放总额控制的工具，相关碳监测的碳核算只做一次。碳信用则是项目主体依据相关方法学，开发并获得签发的碳减排量，是碳排放差额控制的工具，碳核算要做两次，其一是基准场景下的碳核算，其二是现实场景下的碳核算，两次碳核算量的差额就是通过碳减排措施带来的具有额外性的碳减排量。

强制减排碳市场所覆盖的范围是那些碳排放量较大的排放单位，例如石化、化工、建材、钢铁、有色、造纸、电力、航空等行业企业，或是碳排放量大于某个数值的企事业单位，即所谓重点排放单位，用碳配额的分配和清缴来控制其碳排放量，排放量较少的单位则不会覆盖。强制减排碳市场会制定标准规则来确定重点排放单位的范围，这个标准规则通常包括覆盖哪些行业、碳排放量的门槛数值。

自愿减排碳市场作为强制减排碳市场的补充，一方面，通过碳信用在碳履约中可部分抵消碳配额(例如实际清缴量的5%)而使得两个市场建立直接连接，这一抵消机制使得重点排放单位可以降低履约成本；另一方面，所交易的碳信用作为企业碳中和、活动碳中和所消纳的重点碳资产，覆盖了重点排放单位之外的所有社会组织和个人，促进全社会参与碳减排，全社会为实现碳中和目标作出贡献。

每个自愿减排碳市场均对应一个碳信用资产，从碳信用资产的分类就可以理解自愿减排碳市场的分类。有关碳资产的分类方式如表6-1所示。

表6-1　碳信用资产分类

分类	签发组织示例	资产符号	名称
国家	生态环境部	CCER	国家核证自愿减排量
试点省市	北京市生态环境局	BCER	北京林业碳汇减排量
	广东省生态环境厅	PHCER	广东省碳普惠减排量
	广东省生态环境厅	STCER	广东生态补偿核证减排量
	福建生态环境厅	FFCER	福建省林业碳汇减排量
	重庆市生态环境局	CQ CER	重庆市碳普惠减排量
试点城市	广州市生态环境局	GZCER	广州市碳普惠减排量
	成都市生态环境局	CDCER	成都市碳普惠减排量
	武汉市生态环境局	WHCER	武汉市碳普惠减排量
国际组织	联合国气候框架公约组织	CERs	CDM(清洁发展机制)核证减排量
	国际排放灾易协会等	VCUs	核证碳标准(VCS)减排量
	黄金标准基金会等	VERs	黄金标准核证减排量

整体来看，按照签发组织的不同，碳信用资产可以分为4类。第一类是国际组织签发的碳信用，例如CERs、VCUs、VERs等；第二类是我国国家层面签发的碳信用，即"国家核证自愿减排量"(Chinese certified emission reduction)，也即CCER，是中国的CER；第三类是我国各个省(或直辖市)的生态环境主管部门签发的碳信用，例如北京的BCER、广东PHCER、福建的FFCER；第四类是省下面的试点城市生态环境主管部门签发的碳信用，例如成都的CDCER、武汉的WHCER、广州的GZCER等。

国际组织中，清洁发展机制(CDM)是《京都议定书》下定义的一种机制，旨在鼓励发达国家投资发展中国家的温室气体减排项目，从而以高效益的方式实现温室气体减排，并推动发展中国家的可持续发展。在这一机制下，发达国家企业通过实施CDM项目在发展中国家产生的减排量，经联合国CDM执行理事会认证后，被授予为核证减排量(CERs)。这些CERs可以被发达国家用来满足其在《京都议定书》下的减排承诺，也可以在国际碳市场中进行交易。

国际核证碳标准(VCS)是由国际非营利组织VERRA建立的一个全球性的自愿温室气体减排计划的标准。"核证碳单元"(VCU)是该机制下的核心碳资产。每一个VCU代表从大气中减少或清除1吨温室气体，通常是以二氧化碳当量(tCO_2e)为单位进行计量。这些VCU经由VCS认证的自愿减排项目产生，范围覆盖能源、采矿、森林、农牧业、废弃物处理、工业等多个领域。

黄金标准(gold standard)是一个国际性的碳认证机构，它专注于为可再生能源、森林保护和气候适应性项目提供最高标准的碳减排证书。在黄金标准下签发的"碳抵消信用"(VER)代表了经过严格核证和审核的温室气体减排量。这些VER由实施减排项目的项目主申请，通过黄金标准认证机构的认证和核查后获得。VER的签发过程严格遵循黄金标准的要求，确保减排量的真实性、可测量性和额外性。

当前，国内主要的碳信用资产是"国家核证自愿减排量"(CCER)，由国家生态环境主管部门签发，全国各地的碳减排项目均可申请CCER项目。此外，许多省份和试点城市的生态环境主管部门也发布了各自的碳信用，但通常要求其管理地域范围的业主才可提交碳信用项目的申请。

碳信用项目的申请有着唯一性的要求。例如，广州市的某个企业投资做了个远洋风电项目，如果这个企业想去申请CCER碳信用，就不能同时再去做CERs、VCUs、VERs等的申请，也不能去做PHCER、GZCER等的申请，否则就是"一女多嫁"，生态价值重复计算，就违规了。

广东省生态环境厅在2022年4月6日发布的《广东省碳普惠交易管理办法》的第十二条规定，"申报碳普惠核证减排量应承诺不重复申报国内外温室气体自愿减排机制和绿色电力交易、绿色电力证书项目"，即如果要申报广东的碳普惠减排量(PHCER)，就不能再去申报国内外的其他碳信用项目，也不能再去申报国内外的"绿证""绿电"项目。

在各个层次的碳信用政策上，不仅要考虑碳信用的签发机制，也要考虑碳信用的交易机制以及消纳机制。例如北京的PCER，安排在北京绿色交易所进行交易；广东的PHCER和广州的GZCER，都安排在广东碳交易所进行交易。在消纳机制上，各个地方政府会出台政策，要求当地企事业单位购买地方生态环境主管部门所签发的碳信用，抵消其所产生的碳排放量。

碳中和是碳信用消纳机制的主要构成，相关机制的实施有着相关政府政策标准的支撑。例如，北京市出台有地方标准《企事业单位碳中和实施指南》(DB11/T 1861—2021)，其中术语和定义中明确，企事业单位碳中和是指，企事业单位温室气体核算边界内在一定时间内生产(通常以年度为单位)、服务过程中产生的所有温室气体排放量，按照二氧化碳当量计算，在尽可能自身减排的基础上，剩余部分排放量被核算边界外相应数量的碳信用、碳配额或(和)新建林业项目等产生的碳汇量完全抵消。

我国生态环境部出台的《大型活动碳中和实施指南(试行)》第三条规定："本指南所称碳中和，是指通过购买碳配额、碳信用的方式或通过新建林业项目产生碳汇量的方式抵消大型活动的温室气体排放量。"

在国际标准方面，《气候变化管理——向净零过渡——第1部分：碳中和》(ISO 14068—1：2023)在2023年11月30日正式发布。其中的碳中和定义为，在特定时间段内，根据温室气体(GHG)排放量减少或温室气体清除量增强而碳足迹减少的情况，如果大于零，则可以通过碳抵消来平衡。这里的碳抵消是有严格要求的：首先使用碳抵消的主体必须要在主体边界内先有减排行为，且还要说明无法继续减排的理由；然后按照"碳中和管理计划"来抵消剩下的碳排放。

以国内外各个层次组织的碳中和标准或政策为依据，很多的企业或组织采取相关碳中和行动，并获得了第三方中介组织颁发的碳中和证书。这些企业利用此证书在市场上进行宣传，通过塑造绿色低碳品牌，促进绿色低碳消费，为企业产品和服务的发展提供助力。

2021年4月13日，深圳华测国际认证公司遵照"ISO 14064—1"国际标准进行严格验证后，对承德元宝山假日酒店出具了碳中和证书。承德元宝山假日酒店成为我国确定碳达峰、碳中和目标后，全国首家获得碳中和认证的酒店。

2022年2月20日，中海宏洋旗下科技子公司中宏低碳科技为惠州中海汤泉酒店完成了碳中和认证，这是该酒店获得深圳排交所2024年首张碳中和证书的标志。此项认证依据"ISO 14064—1"国际标准，对酒店的能耗和温室气体排放进行了核查。为实现碳中和，惠州中海汤泉酒店采取了购买并注销经黄金标准(GS)签发的碳抵消信用(VERs)的方式，成功中和了2022年度的2396吨二氧化碳当量排放。

2022年5月1日，河北黄金寨旅游开发有限责任公司在景区广场隆重举行了碳中和景区的授牌、揭牌仪式，成为河北省首家实施碳中和的旅游景区。这一碳中和过程严格按照"PAS 2060"碳中和论证规范要求，采用碳排放核查—碳汇减排量核定—碳交易抵消—碳中和申明的模式，引入专业技术机构，收集温室气体排放和碳汇减排数据，核算编制温室气体排放信息报告。报告显示，景区 2021 年全年温室气体排放总量 863.274 吨，碳汇吸收量 483.972 吨。剩余的 379.302 吨碳排放通过购买经联合国气候变化框架公约 CDM 理事会签发的碳减排量(CERs)进行抵消，并经过上海环境能源交易所的专业审定，最终完成了碳中和评价工作。多年以来，景区始终坚持绿色低碳的发展理念，积极开展植树造林修复荒山工作，并以碳汇造林方法学为指导进行整体规划设计，种植侧柏、国槐、松树等具有碳汇优势的树种 246055 棵，种植面积达 537333 平方米，每年可吸收二氧化碳 483.972 吨，既美化环境又最大程度增加碳汇量，全力推进生态与旅游协调发展。

2023 年 12 月 28 日的网络消息显示，招商银行在北京、深圳等地推出业内首批装配式智慧网点，并已获得当地碳交易所颁发的“碳中和证书”。首批“装配式＋碳中和”网点的正式落地标志着招行在践行 ESG 理念方面迈出了坚实的步伐。经过专业机构进行碳排放量核查和复核，并出具相关报告，招行北京月坛支行、深圳愉康支行和武汉长江绿色支行分别获得北京绿色交易所、深圳排放权交易所、湖北碳排放权交易中心颁发的“碳中和证书”，其中月坛支行和愉康支行更是成为金融业首批成功试点“装配式＋碳中和”的网点。这体现了招行在碳中和方面做出的努力得到了权威第三方机构的认可。

在以上的碳中和案例中，体现出来的碳中和是：首先要进行碳减排，在“减无可减”的情况下，剩余的碳排放量再采用购买碳信用来抵消，最后实现碳中和。如果不做任何碳减排动作，直接做碳核算，将所产生的碳排放量通过购买碳信用抵消来实现碳中和，那就有“漂绿”之嫌疑，是要出问题的。

仅仅依靠碳抵消来实现碳中和的市场宣传，在欧盟范围是被禁止的。

2024 年 3 月 6 日，欧盟的《为绿色转型而赋能消费者》(Empowering Consumers for the Green Transition)指令正式刊登在欧盟公报(Official Journal)上，已成为欧盟的正式法律。该法禁止基于温室气体排放抵消的环境影响声明，相当于禁止宣传基于碳抵消的“碳中和产品”或“碳中和活动”。禁令将从 2026 年 9 月 27 日起执行。

需要明确的是，该法的发布并不意味着欧盟放弃碳中和。欧盟立法所禁止的，只是商家通过使用碳抵消宣称其产品“碳中和”或服务“碳中和”，也就是没有碳减排行动的虚假的产品或服务的碳中和。

6.1.2　CCER 自愿减排碳市场发展动态

CCER 的历史可以追溯到 1997 年《京都议定书》的清洁发展机制(clean development mechanism，CDM)。CDM 指发达国家通过提供资金和技术支持等方式，与发展中国家开展合作，发展中国家通过实施减排项目所实现的“经核证的自愿减排量”(简称 CER)。

我国自愿减排碳市场发展的主要时间节点如图 6－1 所示。

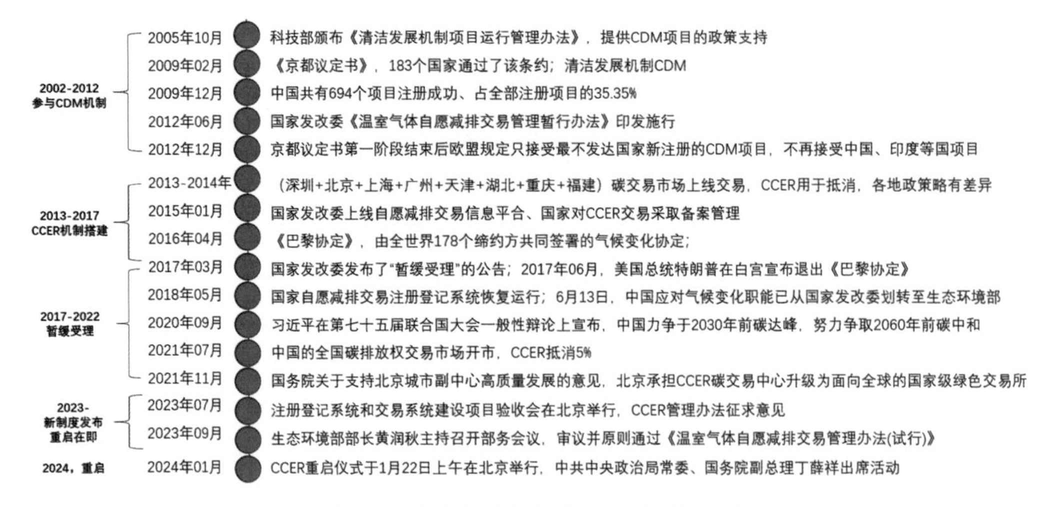

图 6-1　CCER 发展历程与主要时间节点

我国的自愿减排碳市场发展历程大致可以分为 5 个阶段。

第一阶段，2002—2012 年，参与 CDM。这是我国参与联合国的清洁发展机制，获得 CER 资金支持的阶段。到 2012 年 12 月，《京都议定书》的第一阶段结束，欧盟规定不再接受中国、印度等国的 CER 项目申请，中国等发展中国家需要承担减排责任。

第二阶段，2013—2017 年，CCER 机制搭建。我国按照在《京都议定书》上的承诺，开展承担碳减排责任。自 2012 年起，我国开始着手建立国内碳交易市场体系和自愿核证减排机制，并由国家发改委牵头出台《温室气体自愿减排交易管理暂行办法》。我国设立了 8 个地方试点碳市场，均可开展 CCER 交易。2015 年，国家发改委上线"自愿减排交易信息平台"，对 CCER 交易采取备案管理。

第三阶段，2017—2022 年，暂缓受理新 CCER。2017 年发改委发文暂停 CCER 受理，之前所签发的存量 CCER 仍可在各个地方试点碳市场进行交易，并可进行地方碳配额的抵消、企业碳中和的消纳应用等。

第四阶段，2023 年，CCER 启动准备。2023 年 7 月，全国统一的 CCER 注册登记系统和交易系统项目验收；2023 年 10 月 19 日，《温室气体自愿减排交易管理办法（试行）》发布；2023 年 10 月 24 日，生态环境部首批公布了 CCER 的 4 项方法学：造林碳汇、并网光热发电、并网海上风力发电、红树林营造。

第五阶段，2024 年，CCER 重启。2024 年 1 月 22 日，全国温室气体自愿减排交易市场重启仪式举行，中共中央政治局常委、国务院副总理丁薛祥出席活动，宣布全国温室气体自愿减排交易市场启动。

2017 年的 CCER 暂停是一个广泛关注的话题。2017 年 3 月 14 日，国家发改委发布公告，在肯定 CCER 积极作用的同时，表示"存在着温室气体自愿减排交易量小、个别项目不够规范等问题"，并"暂缓受理温室气体自愿减排交易方法学、项目、减排量、审定与核证机构、交易机构备案申请"。

从时间维度来看，2017年是一个分水岭，项目备案暂停之前，交易量呈现稳步上升态势，备案审批暂停的当年交易量大幅下跌；2018年5月，CCER交易平台恢复运行，成交量开始回升，2021年全国碳市场启动后成交量首次突破了1亿吨。

2021年全国碳市场开市，是一个影响CCER重启的关键点。全国碳市场第一个履约周期从2021年1月1日开始至2021年12月31日。有关报告显示，全国碳市场第一个履约周期共纳入发电行业重点排放单位2162家，年覆盖温室气体排放量约45亿吨二氧化碳，是全球覆盖排放量规模最大的碳市场。第一个履约周期在发电行业重点排放单位间开展碳排放配额现货交易，847家重点排放单位存在配额缺口，缺口总量为1.88亿吨，累计使用CCER约3273万吨用于配额清缴抵消。一个可预见的事实，CCER存量已经无法满足全国碳市场第二履约期的配额清缴抵消需要，签发增量的CCER必须提上日程，CCER自愿减排碳市场重启提上日程。

2023年10月19日，生态环境部联合国家市场监督管理总局印发并施行了《温室气体自愿减排交易管理办法（试行）》，正式推出了我国温室气体自愿减排交易的总体规划，成为推动CCER交易重启的第一步。2023年10月24日，生态环境部印发的《温室气体自愿减排项目方法学 造林碳汇》（CCER-14-001-V01）等包含造林碳汇、并网光热发电、并网海上风力发电和红树林营造领域项目的4项方法学，明确了项目开发的具体要求和相关流程。2024年1月22日，全国温室气体自愿减排交易市场启动仪式在北京举行，中共中央政治局常委、国务院副总理丁薛祥出席活动，宣布全国温室气体自愿减排交易市场启动。

本次全国温室气体自愿减排交易市场重启带来的变动是很大的，主要变化包括以下方面：

第一个变化，是全国统一的CCER市场建立，与全国统一的碳市场对应。早期我国只有地方试点碳市场，CCER只是在地方碳市场进行交易。

第二个变化，是存量的CCER需要在2024年使用完，2025年就不能使用了。当然这也是考虑了实际情况，现有存量CCER少于全国碳市场第二履约期的碳抵消需要。

第三个变动，是方法学标准。在方法学方面，按照新发布的温室气体自愿减排交易管理办法进行新的方法学发布，以后的新CCER需要按照新发布的方法学来开发，旧的方法学不再有效。

第四个变动，是CCER的审定核查组织。2017年CCER暂停之前，发改委批准有12家单位具有CCER的审定核查资格，对应的是旧的温室气体自愿减排交易管理办法；在新的温室气体自愿减排交易管理办法下，将根据需要重新审批一定数量的具有资格的温室气体自愿减排交易审定核查中介服务机构。

6.1.3　碳普惠自愿减排碳市场发展动态

生态环境部发布的《大型活动碳中和实施指南（试行）》中，给出了该指南中所采用的“碳普惠”的定义，是指个人和企事业单位的自愿温室气体减排行为依据特定的方法学可以获得碳信用的机制。通过碳普惠机制获得的碳信用称为“碳普惠减排量”，相关的碳信用交易市场则称为碳普惠自愿减排碳市场。

从直接的概念内涵理解上，碳普惠这个概念针对的是消费领域，涉及消费领域的个人和企事业单位的碳减排行为，涉及绿色低碳生活方式的推行和深化。由于消费领域的碳排放量占全球碳排放量的2/3，因此消费领域的碳减排受到各方面的广泛关注。

要理解“碳普惠”是什么，需搞清楚“碳普惠”要干什么，我们可以从地方政府发布的政策文件中发现端倪。

上海市2022年2月16日发布的《上海市碳普惠体系建设工作方案(征求意见稿)》的引言中明确了其目的是，“为贯彻落实习近平生态文明思想，落实碳达峰、碳中和目标，健全生态产品价值实现机制，大力推动全社会低碳行动，引导绿色低碳生产生活和消费方式，营造全社会节能降碳、资源节约氛围”，表明了上海市推行碳普惠是服务于地方“双碳”目标，是要推动全社会的低碳行动，引导生产生活方式变革。全社会的个人生活方面开展低碳行为，虽然单个减碳价值小，但数量庞大带来的减碳总量大，并会带来全社会生产生活的理念变革，这对地方政府落实“双碳”目标很有意义。

在广东省发布的《广东省碳普惠交易管理办法》中，给出了碳普惠的概念定义：“碳普惠是指运用相关商业激励、政策鼓励和交易机制，带动社会广泛参与碳减排工作，促使控制温室气体排放及增加碳汇的行为。”碳普惠是低碳权益惠及公众的具体表现，是为市民和小微企业的节能减碳行为赋予价值而建立的激励机制。

通过进一步的概念研究，我们可以看到，碳普惠概念具有6个特性，如图6-2所示。

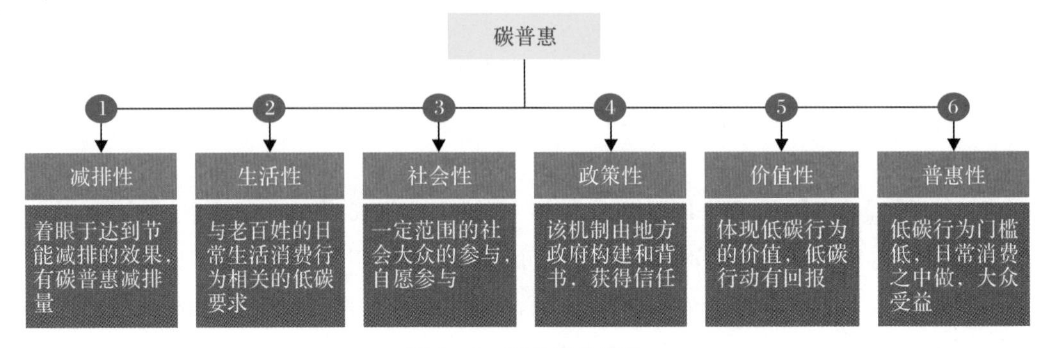

图6-2 碳普惠的特性

第一特性是“减排性”。碳普惠实施的用意和目的就是要开展碳减排，服务“双碳”目标的实现。

第二特性是“生活性”。碳普惠针对的是生活中的消费场景，不是生产场景，涉及老百姓的衣食住行等。

第三特性是“社会性”。碳普惠要求的是社会大众的普遍参与，也就是需要“发动群众”。

第四特性是“政策性”。所谓政策性就是“公益性”，着眼促进低碳生活方式，由政府构建和背书。

第五特性是“价值性”。围绕“排碳有成本，减碳有收益”的低碳理念展开，低碳行为体现价值。

第六特性是“普惠性”。碳减排行为门槛低，位于日常消费之中，精神上、物质上都会得到回报。

在各地发布的碳普惠政策文件中，常见所倡导的关键词，例如“人人低碳，人人受益”“人人低碳,乐享普惠”“低碳权益惠及公众”“低碳权益,普惠大众”等,都是在表述一个意思,碳普惠是大家都需要参加的,大家都会从中受益。

2014年,中国碳普惠机制率先在武汉试点。此后,国内多个城市陆续出台方案尝试推广碳普惠工作。2015年,广东省发展改革委正式启动碳普惠机制试点,发布实施方案和建设指南,主要面向小微企业、社区家庭和个人。2018年9月25日,河北省发展和改革委员会发布《河北省碳普惠制试点工作实施方案》,推动开展河北省范围内的碳普惠工作。2020年10月22日,成都市生态环境局印发《成都市“碳惠天府”机制管理办法(试行)》。2021年9月14日,重庆市生环局印发《重庆市“碳惠通”生态产品价值实现平台管理办法(试行)》。2021年11月12日,深圳市人民政府办公厅印发《深圳碳普惠体系建设工作方案》。2022年2月16日,《上海市生态环境局关于公开征求〈上海市碳普惠机制建设工作方案〉意见的公告》发布。2022年4月6日,广东省生态环境厅印发《广东省碳普惠交易管理办法》。

伴随各地碳普惠政策的推行,助力地方“双碳”目标落地的碳普惠自愿减排碳市场纷纷得到发展。相关碳普惠减排量的推出,一方面促进了消费领域低碳意识的加强,另一方面2017年CCER暂停,为地方试点市场的碳配额的抵消提供了更多的选项。

除了各地政府积极踊跃推进碳普惠的发展外,国家也在积极推进碳普惠的发展。2018年12月,国家发展改革委等9个部委联合发布的《建立市场化、多元化生态保护补偿机制行动计划》提出,鼓励通过碳中和、碳普惠等形式支持林业碳汇发展。2019年2月,中共中央、国务院印发的《粤港澳大湾区发展规划纲要》提出,推广碳普惠制试点经验,推动粤港澳碳标签互认机制研究与应用示范。2021年3月15日,习近平总书记主持召开中央财经委员会第九次会议,强调要广泛培育绿色低碳生活方式,提升全社会绿色低碳意识,通过生活方式绿色革命,倒逼推动生产方式和供给绿色转型。这体现了“碳普惠”的重要意义。2024年1月11日发布的《中共中央 国务院关于全面推进美丽中国建设的意见》的“开展美丽中国建设全民行动”中提出,探索建立“碳普惠”等公众参与机制。

伴随着“碳普惠”的发展,“碳积分”的概念也得到了极大的普及,但“碳积分”与“碳普惠”是内涵差异较大的概念,不可混淆。

首先,从作用上看,碳普惠与碳积分都起到推进社会化的低碳生活方式发展的作用。但在实施策略上,碳积分较为“粗犷”,而碳普惠则更“精细”。例如在推进“低碳出行”场景上,碳积分的做法为:骑行共享单车2公里给予2个积分,较粗犷;而碳普惠的做法则比较精细,需要核算骑行共享单车带来的排放量,与政府发布的高碳出行的碳排放量进行比较,计算出所减少的碳排放量是多少,这个过程需通过数字化技术提供支撑。

其次,从形成机制上看,碳普惠减排量的形成有着更严格的要求。《广东省碳普惠交易管理办法》第八条规定:“碳普惠方法学是指用于确定碳普惠基准线、额外性,计算减排量的方法指南。”第十三条规定:“申报碳普惠核证减排量须书面向地级以上市生态环境部门申请。地级以上市生态环境部门依据碳普惠方法学要求进行初步核算后,报送至省生态环境厅。”而碳积分机制通常个性化很强，每个碳积分平台都可任意设置规则来授予碳积分。因此，碳普惠减排量是地方生态环境主管部门签发和进行价值背书的，而碳积分则不同。

最后，从用途和流通性上看，碳积分只能在碳积分平台或碳普惠平台上兑换规定的商品或服务，不能进行“价值”流动，一旦流动就违规；而碳普惠减排量可在碳普惠自愿减排碳市场进行交易买卖。

6.1.4 自愿减排碳市场的资产交易价格行情

CCER 设立的初期阶段，由于市场参与者和交易机制的不成熟，CCER 成交量相对较小。然而随着政策的推动和市场的发展，特别是碳履约需求的增长，2018—2021 年 CCER 成交量快速增加。2021 年，生态环境部发布全国碳市场首个履约周期配额清缴通知，规定 2021 年可以使用 CCER 减排量抵消企业碳排放。CCER 的年成交量也在 2021 年达到 17533 万吨的历史高点。但由于 2017 年后 CCER 项目备案和减排量签发暂停，以及 2021 年全国碳市场第一履约周期中对存量 CCER 项目的大幅消耗，2022 年的 CCER 年成交量仅有 796 万吨，是 2021 年高峰期时的 4.5%。此后，尽管 2023 年全国 CCER 年成交量再次回升，达到 1530 万吨，但由于市场中可供交易的 CCER 总量仍不及以前年份，导致 2023 年的成交量仍显著低于 2018—2021 年的平均水平。CCER 成交量如图 6－3 所示。

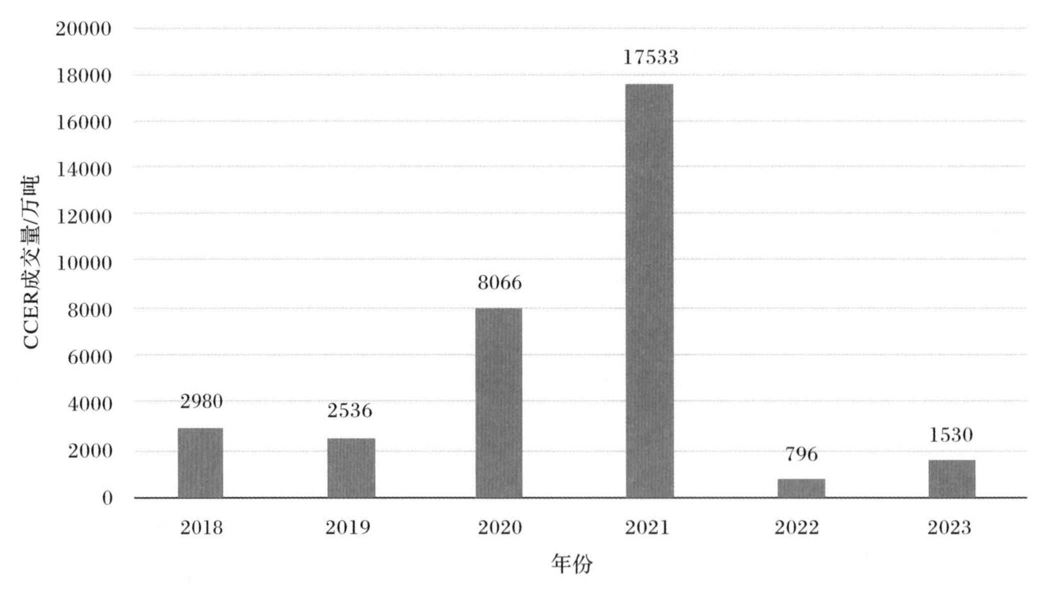

图 6－3 CCER 成交量年度变化

随着 2023 年 10 月《温室气体自愿减排交易管理办法(试行)》的发布以及 2024 年 1 月全国温室气体自愿减排交易市场的重启，相信 CCER 的成交量会进一步活跃并达到以前年份的水平。

从 CCER 成交的地域结构上看，2023 年 CCER 交易主要集中在少数地区。其中，上海环境能源交易所完成的 CCER 成交量占全年总成交量的 51.4%。成交最活跃的前 4 大交易所，即上海环境能源交易所、天津排放权交易所、四川联合环境交易所和北京绿色交易所，成交量合计占全年总成交的91.8%，如图6-4所示。

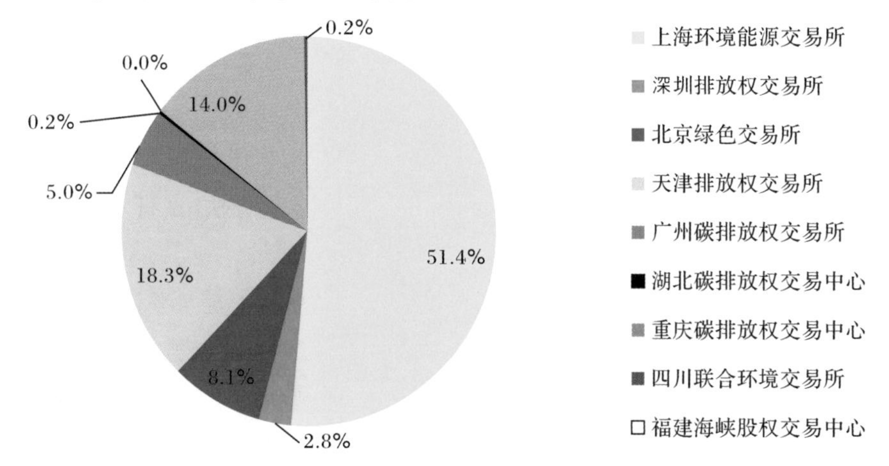

图6-4　各交易所2023年CCER成交量占比

当前CCER交易普遍采用线下协商的模式完成，因此市场交易价格信息的透明度极低，交易发生的时间、地域以及交易双方特殊需求等均会对成交价格产生显著影响。这就使得CCER成交价格波动较大，获取真实成交价格的难度也较高。根据复旦大学可持续发展研究中心通过模型预测的CCER价格指数可以看出(见图6-5)，2022—2023年CCER的成交价格出现了剧烈的波动，从2022年初每吨30～40元增长到2023年底的每吨65元左右。

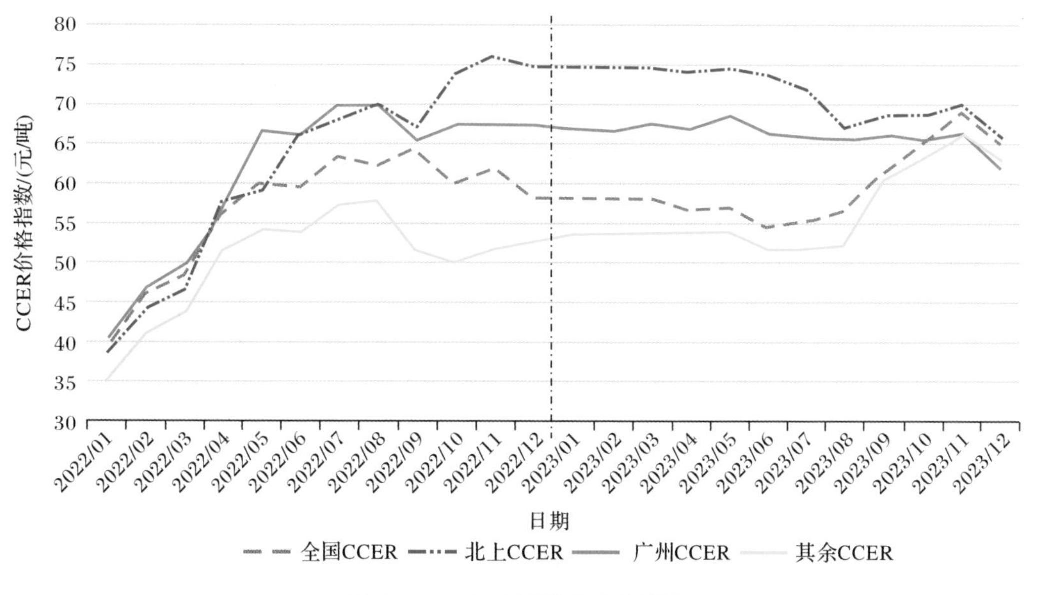

图6-5　2023年CCER价格指数

6.2　碳信用产业实践案例

6.2.1　CCER管理政策

2023年7月7日，生态环境部就《温室气体自愿减排交易管理办法（试行）》（征求意见稿）公开征求意见。同年10月19日，《温室气体自愿减排交易管理办法（试行）》（本节简称《管理办法》）正式发布。

本次发布的《管理办法》共包括8章51条，从自愿减排项目审定与登记、减排量核查与登记、减排量交易、审定与核查机构管理等环节，规定了温室气体自愿减排交易及其相关活动的基本要求，明确了各市场参与主体的权利、义务及监督管理机构的职权和责任。由于目前全国人大还尚未出台应对气候变化方面的专门性法律，故《管理办法》将在未来一段时间内作为指导全国温室气体自愿减排交易及相关活动的基础性规范。本次出台的《管理办法》与2012年6月出台的《温室气体自愿减排交易管理暂行办法》（本节简称《暂行办法》）相比，在众多方面存在重大变化。

下面通过二者的比较以体现《管理办法》的政策要点，主要包括4方面，即项目申请全流程发生重大变化、全面提高对温室气体自愿减排项目的质量要求、全面加强监管并加重参与主体法律责任，以及推动中国碳市场与国际接轨。

1. 申请全流程发生重大变化

根据《暂行办法》，主管部门在CCER登记及减排量核查申请的流程中承担实质审批的职责。具体而言，参与温室气体自愿减排的项目需经主管部门备案的审定机构审定，并出具项目审定报告后，向主管部门申请备案，由主管部门委托专家进行技术评估后予以备案。项目产生减排量后，项目业主需委托在主管部门备案的核证机构核证，并出具减排量核证报告后，主管部门依据专家评估意见对上述申请进行审查，并对符合条件的减排量予以备案。

《管理办法》加重了项目业主的法律责任和审定与核查机构的职责，主管部门不再负责审核，改为由注册登记机构负责，且审查主要偏重形式审核。这一简化的审核程序不但体现出简政放权、放管结合、优化服务的改革要求，突出了主管部门强化事中事后监管的内容，还加强了项目业主和第三方审定与核查机构的主体责任，使其更加关注前期活动的合规性。

2. 全面提高对温室气体自愿减排项目的质量要求

首先，《管理办法》更加强调项目的唯一性，要求项目未参与其他温室气体减排交易机制，不存在项目重复认定或者减排量重复计算的情形。具体来说，新规不仅明确规定属于法律法规、国家政策规定有温室气体减排义务的项目，或者纳入全国和地方碳排放权交易市场配额管理的项目，不得申请温室气体自愿减排项目登记，而且同一个项目也不能开发成多种自愿减排项目。其次，在审定内容里增加了“是否对可持续发展各方面产生不利影响”的内容，体现减排项目不但要注重减排需求，也要关注社会经济等其他方面的影响。最后，对于减排量的核查提出了需符合保守性原则。保守性，指在温室气体自愿减排项目减排量核算或者核查过程中，如果缺少有效的技术手段或者技术规范要求，存在一定的不确定性，难以对相关参数、技术路径进行精准判断时，应当采用保守方式进行估计、取值等，确保项目减排量不被过高计算。

3. 全面加强监管并加重参与主体法律责任

对项目业主，《管理办法》加重了其在全流程各环节的法律责任。具体而言，包括编制项目设计文件、减排量核算报告，委托审定与核查机构审定、核查，保存相关数据信息的记录台账，通过注册登记系统公示相关文件信息，对公示期间的公众意见处理说明等。

对审定与核查机构，《管理办法》一方面改变了其准入要求，将过去的备案制改为现在的审批制并按照认证机构进行管理，从而提高了审定与核查机构的准入门槛。另一方面，《管理办法》也强化了审定与核查机构的法律责任，要求审定与核查机构对项目审定报告和减排核查报告的合规性、真实性、准确性负责，并在相应报告中做出承诺。同时，《管理办法》还增加了项目的审核机构与该项目减排量核查机构均不能为同一家、审定核查过程还需关注项目是否符合可持续发展要求等规定。

另外，《管理办法》还新增了交易主体的法律责任，提出交易主体不得通过欺诈、相互串通、散布虚假信息等方式操纵或者扰乱全国温室气体自愿减排交易市场。《管理办法》第四十五条规定："交易主体违反本办法规定，操纵或者扰乱全国温室气体自愿减排交易市场的，由生态环境部给予通报批评，并处 1 万元以上 10 万元以下的罚款。"

4. 推动中国碳市场与国际接轨

《管理办法》种种新变动反映出与国际通行做法、《巴黎协定》等全球机制保持一致的趋势。如前所述，相较《暂行办法》，《管理办法》更加严格规范我国温室气体自愿减排交易市场，明晰各参与主体权利与义务，明确各主管部门职责，细化各项管理流程，强调项目唯一性和减排量保守性，倡导交易市场化和自愿性，这些做法有助于提高 CCER 的国际水准和国际认可度。

此外，自愿减排项目方法学的管理也进行了重要调整。《暂行办法》规定，对新开发的方法学，其开发者可向国家主管部门申请备案，并提交该方法学及所依托项目的设计文件。主管部门审核后，可以予以备案。《管理办法》第八条规定，生态环境部负责组织制定并发布温室气体自愿减排项目方法学等技术规范。项目方法学应当及时修订，条件成熟时纳入国家标准体系。新的规定意味着项目方法学规范性进一步提升。

2023 年 10 月 24 日，生态环境部印发了包含造林碳汇、并网光热发电、并网海上风力发电和红树林营造领域项目的 4 项方法学，明确规定了造林碳汇、并网光热发电、并网海上风力发电、红树林营造等项目开发为温室气体自愿减排项目的适用条件、减排量核算方法、监测方法、审定与核查要点等。其中，造林碳汇方法学适用于乔木、竹子和灌木荒地造林；并网光热发电方法学适用于独立的并网光热发电项目以及"光热＋"一体化项目中的并网光热发电部分。并网海上风力发电方法学适用于离岸 30 公里以外，或者水深大于 30 米的并网海上风力发电项目。红树林营造方法学适用于在无植被潮滩和退养的养殖塘等适宜红树林生长的区域人工种植红树林项目。4 项方法学在参考国际温室气体自愿减排机制通行规则的基础上，综合考虑了我国相关产业政策要求和绿色低碳技术发展趋势，既与国际接轨，也针对中国具体情况强化了监测数据质量，进一步明确了审定与核查关键环节，具有中国特色，符合管理实际，有助于产生国际公认的高质量碳信用。

除以上重大变化外，表 6 -，2 还列示了《管理办法》与《暂行办法》之间的其他比较。

表 6－2 《管理办法》与《暂行办法》对比一览表

序号	修订内容	《暂行办法》	《管理办法》
1	发布时间	2012 年 6 月 13 日	2023 年 10 月 19 日
2	发布及主管单位	国家发改委	生态环境部、市场监管总局
3	目的	鼓励基于项目的温室气体自愿减排交易	推动实现我国碳达峰碳中和目标；鼓励温室气体自愿减排行为
4	适用温室气体	6 种：CO_2、CH_4、N_2O、HFCs、PFCs、SF_6	7 种：CO_2、CH_4、N_2O、HFCs、PFCs、SF_6、NF_3（新增）
5	项目申请主体	中国境内注册的企业法人	中国境内依法成立的法人和其他组织
6	注册登记	国家登记簿	注册登记机构；注册登记系统
7	方法学	国家发改委备案	生态环境部制定
8	项目开工时间	2005 年 2 月 16 日之后	2012 年 11 月 8 日之后
9	项目管理	备案和登记	项目审定、登记；减排量核查、登记
10	项目来源	经备案方法学开发的项目、符合条件的 CDM 项目	属于生态环境部发布的项目方法学支持有利于降碳增汇、温室气体清除项目
11	禁止项目	—	法律法规、国家政策规定有温室气体减排义务的项目； 纳入全国和地方碳排放权交易市场配额管理的项目
12	项目登记流程	设计文件—审定报告—评估—备案—登记	设计文件—公示 20 个工作日—审定报告并公开—注登机构审核—项目业主及审定机构承诺—登记—注销
13	项目登记成功条件	符合国家相关法律法规； 符合本办法规定的项目类别； 备案申请材料符合要求； 方法学应用、基准线确定、温室气体减排量的计算及其监测方法得当； 具有额外性； 审定报告符合要求，对可持续发展有贡献	符合相关法律法规、国家政策； 属于生态环境部发布的项目方法学支持领域； 项目方法学的选择和使用得当； 具备真实性、唯一性和额外性； 符合可持续发展要求，对可持续发展各方面无不利影响

续表

序号	修订内容	《暂行办法》	《管理办法》
14	减排量时间范围	—	产生于 2020 年 9 月 22 日之后，且在减排量申请登记之日前 5 年以内
15	减排量登记要求	—	可测量、可追溯、可核查
16	减排量登记流程	编制核证报告—提交备案申请—技术评估—备案登记(30 个工作日)	编制减排量核算报告并公示(20 个工作日)—第三方核查—出具核查报告并公开—承诺—减排量登记(15 个工作日)
17	减排量登记成功条件	产生减排量的项目已经国家主管部门备案； 减排量监测报告符合要求； 减排量核证报告符合要求	符合项目方法学等相关技术规范要求； 项目按照项目设计文件实施； 减排量核算符合保守性原则
18	交易产品	国家核证自愿减排量	国家核证自愿减排量；其他交易产品
19	交易机构	与国家登记簿连接经备案的交易机构	国家统一交易系统
20	减排量注销	在国家登记簿中注销	在注册登记系统中予以注销
21	审定和核查机构管理	通过注册所在地省级发展改革部门向国家主管部门申请备案	市场监管部门、生态环境主管部门根据职责分工，对审定与核查机构及其活动进行监督管理
22	审定和核查机构要求	具有一定数量的审核员、审核员在其审核领域具有丰富的从业经验	要求有办公场所、10 名以上审定核查专职人员(5 名以上具有 2 年及以上从业经验)、技术能力和财务支持

6.2.2　典型的地方碳普惠减排量管理政策

我国各地出台的碳普惠减排量政策，与 CCER 一起构成了我国多层次的碳信用产品体系，共同服务于国家的“双碳”战略在各地的推行落地。

2015 年 7 月 17 日，广东省率先发布了《广东省碳普惠制试点工作实施方案》和《广东省碳普惠制试点建设指南》，随后出台了《广东省碳普惠交易管理办法》并不断修订完善。广东发布的方法学体现了促进地方经济发展的特点，如《广东省使用高效节能空调碳普惠方法学(2022 年修订版)》《广东省使用家用空气源热泵热水器碳普惠方法学(2022 年修订版)》《广东省红树林碳普惠方法学(2023 年版)》《废弃农作物秸秆替代木材生产人造板项目减排方法学》等。

2020 年 12 月 1 日，成都市生态环境局关于印发《成都市“碳惠天府”机制管理办法(试行)》的通知，明确“碳惠天府”机制是指构建以“碳惠天府”为品牌的碳普惠制，涵盖两条路径，即：通过碳积分兑换的方式，对公众节能减碳以及相关环保行为予以奖励；根据相关方法学开发项目碳减排量(CDCER),并通过碳中和的方式进行消纳,使碳减排项目产生的环境效益呈现经济价值。对于前者,构建了低碳属性的餐饮、商超、景区、酒店等消费领域场景,消费者在低碳场景的消费就可获得碳积分,消费者持有的碳积分在运营平台上可兑换普惠商品或服务。

2021年9月20日,河北省人民政府办公厅发布《关于建立降碳产品价值实现机制的实施方案(试行)》的通知,启动河北省碳信用减排量的开发消纳工作。河北省所发布的方法学也体现了支持河北地方经济发展的特点,如《河北省白洋淀芦苇固碳生态产品项目方法学》《河北省海水养殖双壳贝类固碳项目方法学》《承德市森林固碳生态产品试点项目方法学》《张家口市风力发电项目降碳产品方法学》等。

2023年4月4日,武汉市发布的《武汉市碳普惠体系建设实施方案(2023—2025年)》中提出,力争到2025年,建成结构完善、科学规范、特色突出的碳普惠制度体系,探索形成10个以上碳普惠方法学和碳减排场景评价规范,招引落地20家以上碳普惠技术服务机构,开发构建50个以上重点领域碳减排项目和场景。2023年11月30日,武汉市生态环境局发布"分布式光伏发电项目运行""规模化家禽粪污资源化利用""居民低碳用电"3个碳普惠方法学,为武汉市碳普惠减排项目或个人碳减排场景的核算核查提供了依据。

2023年9月25日,上海市生态环境局印发的《上海市碳普惠管理办法(试行)》将上海市"碳普惠"自愿减排量纳入单独管理。该办法从方法学管理、减排项目和减排场景管理、减排量签发、碳积分转换和碳信用记录、减排量和碳积分消纳,以及监督、激励和管理几个方面详细规定了上海碳普惠自愿减排项目的管理机制。2024年3月11日,上海市生态环境局发布分布式光伏发电、地面公交、轨道交通、互联网租赁自行车、居民低碳用电和纯电动乘用车6项方法学,为上海碳普惠项目碳减排量核定制定了明确的标准。

6.2.3 碳普惠减排量交易案例

自我国地方尝试开展"碳普惠减排量"试点以来,各地频频出现碳普惠减排量交易的新闻报道,体现出社会对碳普惠减排量的关注和热情。

2022年8月23日,塞罕坝降碳产品价值实现暨金融机构授信签约仪式在承德市举行。随着企业代表在网络平台上摘牌成功,塞罕坝机械林场、雄安高铁站分布式光伏、张北县集中式光伏、被动式超低能耗建筑等8个降碳产品项目正式与河钢乐亭钢铁、武安市新峰水泥等12家企业完成了降碳产品交易。此次降碳产品所实现的价值转化,是河北省建立降碳产品价值实现机制以来金额最大的一次,共实现降碳产品价值转化41.71万吨,总金额为2460.59万元。据了解,这也是河北省首次将降碳产品从林业扩大到风电光伏等可再生能源、超低能耗建筑、湿地芦苇等多个领域,开发区域也从承德市一地拓展至石家庄、张家口、雄安新区等多地。与此同时,主动履行社会责任的企业也从钢铁、焦化行业向水泥行业持续延伸,为降碳产品价值实现机制注入了新的活力、带来了新的机遇。

2018年10月18日,广州碳排放权交易所受项目业主委托,举行河源市国有桂山林场森林保护项目竞价活动。该项目是广州市地方审核认定的碳普惠减排项目(PHCER),核定的总减排量为 40024 吨，竞拍底价为 11.65 元/吨。经统计，最终竞价共有 9 家机构和个人会员参加，成功竞买人数量为 2 家，最终成交价为 22.50 元/吨。

2022 年 3 月 17 日，重庆城市交通开发投资(集团)有限公司宣布，旗下轨道交通 5 号线及 10 号线项目的碳减排交易完成，两个项目核定碳减排量分别为 12 万吨和 22.6 万吨，共获得收益 433 万元人民币。这是继 2021 年 10 月该集团成功交易轨道交通环线项目 31 万吨减排量，并获得收益 388 万元人民币后再次获得重庆核定减排量(CQCER)交易收益。

2023 年 2 月 8 日，媒体报道天津水晶宫饭店成为天津市首家获得"碳中和证书"的酒店。据统计，水晶宫饭店全年总排放碳量约为 2200 吨，其通过深圳碳排放权交易市场，从广东台山上川岛一期风电项目购买了相应数量的碳信用，以抵消温室气体排放量，从而实现了"碳中和"。同时，在绿色经营的理念下，2022 年，天津水晶宫饭店相比 2021 年用水量减少 7399 吨，同比下降 14.21%；天然气消耗量减少 24942 立方米，同比下降 7.84%。以同样方式实现碳中和的商场还有 SKP，早在 2021 年 10 月 29 日，SKP 集团宣布，已经基本实现了北京 SKP、西安 SKP 以及 SKP-S(北京)的全面碳中和，成为中国第一家实现碳中和的实体零售商场。SKP 的碳中和，也主要靠购买碳配额和 CCER 实现。

6.2.4　碳信用捐赠案例

碳信用的应用场景上除了碳信用交易的案例外，还有碳信用捐赠的实践场景。

2021 年 10 月 15 日，中国石油资产公司宣布，通过天津排放权环境能源交易平台，完成了中国石油赞助北京冬奥组委 20 万吨碳中和减排量配额的交易。该公司表示，在 8 月 30 日正式收到中国石油关于确认 20 万吨 CCER 的购买、注销及捐赠等相关工作的委托书后，公司随即进行了国家自愿减排和排放权交易注册登记系统交易账户、天津排放权环境能源交易平台交易账户和登记注册账户的开立工作，并在天津排放权环境能源交易平台完成指定配额购买。随后又通过天津排放权环境能源交易平台完成 20 万吨排放权的捐赠转让。该笔捐赠不但是中国石油履行社会责任的重要举措，也是帮助北京冬奥会实现碳中和的重要助力。

2021 年 12 月，河北省人民政府向北京冬奥组委致函，将 57 万吨碳信用无偿捐赠给北京冬奥组委。自北京携手张家口申奥以来，河北省全面推进张家口市造林绿化，相继实施了国家储备林基地建设、冬奥绿化等重大工程，2014 年以来完成营造林 1643 万亩。为助力冬奥会实现碳中和，张家口市委托专业机构完成了 50.09 万亩新造林碳信用的监测与核证工作，并确定了约 57 万吨二氧化碳当量的碳信用。这一项目的实施，不但为北京冬奥会的碳中和目标实现提供了助力，也为张家口市生态环境不断改善作出了重要贡献。据统计，冬奥核心赛区林木覆盖率达到了 80%以上，张家口市已经由沙尘暴加强区变为阻滞区，空气质量在全国 74 个监测城市中排名靠前。

除了以上两个项目外，北京市也将绿化造林产生的 50 余万吨碳信用捐献给了北京冬奥组委，这些碳信用来自北京 160 个监测样地的绿化造林项目。

6.3 碳信用全生命周期管理

6.3.1 碳信用全生命周期概述

碳信用的全生命周期流程如图 6-6 所示。

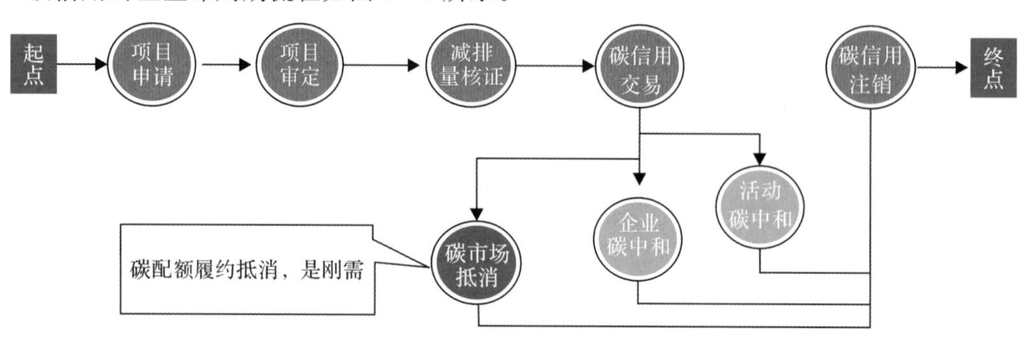

图 6-6 碳信用全生命周期流程

在碳信用的“诞生”方面，碳信用业主可进行碳信用项目的申请。在申请流程上，不同类型的碳信用差异较大。例如，CCER 的流程就比较严格，对碳信用项目的额外性评估要求很高，经过项目审定备案后，再进行减排量的核查和备案，但对于碳普惠减排量的申请来说，就不一定要严格按照 CCER 的流程来做，在相关的碳普惠管理办法中会有详细的规定，通常相对于 CCER 流程要简化很多。

碳信用是生态环境主管部门所签发的碳资产，需要考虑整个市场的供需状态来进行数量管控，就如同“发行货币”一样，签发的碳信用多了，没人买、没人用，负责签发碳信用的政府角色就会很尴尬，因为碳资产会贬值。

在碳信用的“死亡”方面，通常有 3 个途径进行碳信用的消纳或消费。第一个途径是在碳履约中抵消碳配额，这是刚需，而且是规模较大的消纳应用场景；第二个途径是企业碳中和，由于当前欧盟禁止完全以碳抵消来实现碳中和，使得企业碳中和所使用的碳信用量受到限制，不过这个市场还是具备相当的规模，因为很多高碳行业再怎么减排，还是具有较高的碳排放；第三个途径就是大型活动碳中和，如大型的展销会、运动会、音乐会等，必须进行碳中和承诺，需要采购碳信用来抵消以实现碳中和。

在这些碳信用的应用场景中，一旦进行了碳信用抵消，接下来的动作就是碳信用的主动注销，从企业的财务账目上看，就是一笔值钱的碳资产突然就“没”了。

6.3.2 碳信用抵消碳配额

碳信用可以在一定程度上抵消碳配额，为强制减排碳市场和自愿减排碳市场建立了沟通的桥梁，为各个重点排放单位低成本开展碳履约提供了途径。但是，这个抵消有着百分比例的限制,不是可以“有钱任性”的。各个强制减排碳市场,对于抵消比例有着不同的规定。

2020 年 12 月 31 日,生态环境部发布的《碳排放权交易管理办法(试行)》第二十九条规定:“重点排放单位每年可以使用国家核证自愿减排量抵消碳排放配额的清缴,抵消比例不得超过应清缴碳排放配额的 5%。”

2013 年 12 月 17 日通过的《广东省碳排放管理试行办法》规定:“控排企业和单位可以使用中国核证自愿减排量作为清缴配额,抵消本企业实际碳排放量。但用于清缴的中国核证自愿减排量,不得超过本企业上年度实际碳排放量的 10%,且其中 70%以上应当是本省温室气体自愿减排项目产生。”

2015 年 1 月 18 日,上海市发展和改革委员会发布《关于本市碳排放交易试点期间有关抵消机制使用规定的通知》,规定了上海市试点企业在将国家核证自愿减排量用于配额清缴时的要求。其包括:清缴时,国家核证自愿减排量的使用比例不得超过试点企业该年度通过分配取得的配额量的 5%;可用于抵消的国家核证自愿减排量应为 2013 年 1 月 1 日后实际产生的减排量。同时,上海市试点企业排放边界范围内的国家核证自愿减排量不得用于上海市的配额清缴。

2020 年 6 月 10 日,天津市人民政府办公厅印发《天津市碳排放权交易管理暂行办法》,规定被纳入企业可使用一定比例的、依据相关规定取得的核证自愿减排量抵消其碳排放量,抵消量不得超出其当年实际碳排放量的 10%。

2022 年 5 月 29 日,深圳市生态环境局发布《深圳市碳排放权交易管理办法》,规定重点排放单位在当年市生态环境主管部门签发的实际配额不足以履约时,可以使用核证减排量抵消年度碳排放量,最高抵消比例不超过不足以履约部分的 20%。

2023 年 9 月 11 日,重庆市生态环境局发布《重庆市碳排放配额管理细则》,规定重点排放单位可以使用国家核证自愿减排量、重庆市市核证自愿减排量或其他符合规定的减排量完成碳排放配额清缴。重点排放单位使用减排量比例上限为其应清缴碳排放配额的 10%,且使用的减排量中产生于本市行政区域内的比例应为 60%以上。

2024 年 3 月 9 日,北京市人民政府发布《北京市碳排放权交易管理办法》,取代了 2014 年发布的《北京市碳排放权交易管理办法(试行)》,规定重点碳排放单位可使用碳减排量抵消其部分碳排放量,使用比例不得高于当年确认碳排放量的 5%。其中可使用的碳减排量包括全国温室气体核证自愿减排量(CCER)以及北京市本市核定的自愿减排量(BCER)、低碳出行减排量(PCER)等,相关细则由市生态环境部门另行制定。这里的细则是需要关注的,之前版本的细则中,对可以抵消的 CCER 的规定是,必须京津冀碳减排项目申请的 CCER 项目才能在北京碳市场进行抵消,如果是广东碳减排项目申请的 CCER 就不能在北京碳市场进行抵消。

碳信用可以部分抵消碳配额,表明在抵消场景下两者的价值是一样的,然而碳信用的碳价与碳配额的碳价存在差异,后者的市场价格会高于前者,从企业资产保值升值角度出发,在规划碳抵消方案时,企业尽管手里有足够的碳配额,但也会购入碳信用来进行履约,或是采用碳金融工具“碳置换”,用一定数量的碳配额换取相同数量的碳信用+差额现金。

6.3.3 碳信用交易的会计处理

本小节围绕碳信用全生命周期,以“开发取得”“购买”“出售”“碳中和”“捐赠”“履约抵消”为场景,采用案例的形式介绍碳信用交易的会计处理。

1. 开发取得

案例:开发取得碳信用。

2016 年 5 月 7 日,知链集团分布式光伏项目所产生的减排量经过第三方机构的核证,已完成在国家主管部门的 CCER 备案登记,为 5000 吨二氧化碳当量(tCO_2e)

账务处理:

企业开发获得碳信用时,不作记账处理,可设置备查簿进行登记。

2. 购买

(1)案例 1:场内竞价采购。

2022 年 3 月 18 日,知链集团在北京市碳排放权电子交易平台以线上竞价交易的方式购入 CCER1000 吨,交易价格 22.8 元/吨,交易经手费 7.5‰。

账务处理:

借:碳排放权资产——碳减排量——CCER　　22971[=1000×22.8×(1+7.5‰)]

　贷:银行存款　　22971

(2)案例 2:场外招标采购。

2022 年 4 月 1 日,知链集团发布 CCER 招标采购公告,共有 5 家单位进行投标,通过投标资格评审、开标、评标、决标后,定标单位为 A 绿色能源公司,标的数量 2000 吨,中标价格 29.5 元/吨。2022 年 4 月 15 日,知链集团在中标人的配合下,在北京市碳排放权电子交易平台完成 CCER 的交易,平台按 5‰收取交易服务费。

财务处理:

借:碳排放权资产——碳减排量——CCER　　59295[=2000×29.5×(1+5‰)]

　贷:银行存款　　59295

3. 出售

(1)案例 1:自有开发项目出售。

2022 年 10 月 20 日,知链集团在北京绿色交易所的交易平台卖出公司备案登记的 CCER,交易价 90 元/吨,交易量 2000 吨。平台交易经手费为 7.5‰。

财务处理:

借:银行存款　　178650[=2000×90×(1-7.5‰)]

　贷:营业外收入　　178650

(2)案例 2:采购的项目出售。

2022 年 10 月 20 日,知链集团在北京绿色交易所的交易平台卖出 3 月 18 日购入的 CCER,交易价 90 元/吨,交易量 1000 吨。平台交易经手费为 7.5‰。

财务处理:

借:银行存款　　89325[=1000×90×(1-7.5‰)]

　贷:碳排放权资产——碳减排量——CCER　　22971

　贷:营业外收入　　66354

4. 碳中和

(1)案例 1:购买碳信用实现碳中和。

知链集团旗下的天津知链酒店为了吸引中外游客,打造绿色酒店,获得碳中和证书,酒店向天津碳排放权交易所提出进行碳中和服务申请。天津碳排放权交易所按照 ISO 14064-1(《温室气体 第一部分组织层次上对温室气体排放和清除的量化和报告的规范及指南》)国际标准要求,对天津知链酒店按确定范围进行了碳排放量盘查。2021 年 5 月 1 日到 2022 年 4 月 30 日,天津知链酒店的碳排放量为 2200 吨。2022 年 5 月 13 日,天津知链酒店在天津排放权交易平台以线上交易的方式购入 CCER 2200 吨,交易价格 32.5 元/吨,交易经手费全免。交易完成后在 CCER 注册登记平台上,将所购 CCER 2200 吨予以注销。

财务处理:

借:营业外支出　　71500(=2200×32.5)

　贷:银行存款　　71500

(2)案例 2:碳中和涉及的鉴证服务费。

2022 年 5 月 30 日,天津知链酒店收到天津排放权交易所颁发的碳中和证书,以及碳中和服务费发票,酒店当日通过网银转账支付碳中和服务费 3000 元。

账务处理:

借:管理费用——碳中和项目　　2830.19

借:应交税费——应交增值税——进项税额　　169.81

　贷:银行存款　　3000

5. 捐赠

案例:购买碳信用并捐赠。

为了积极配合北京市政府绿色低碳的发展理念,履行企业的社会责任,知链集团决定捐赠 500 吨北京林业碳汇(BCER)给第二届区块链教育集团年会的组织方,支持该年会实现碳中和。2022 年 5 月 15 日,知链集团在北京市碳排放权电子交易平台以线上竞价交易方式购入北京林业碳汇(BCER)500 吨,单价 32.5 元/吨,交易经手费 7.5‰。2022 年 5 月 28 日,知链集团举行捐赠仪式,将 500 吨北京林业碳汇(BCER)捐赠给第二届区块链教育集团年会的组织方。同时,知链集团将购入的 BCER 注销。

账务处理：

购入时：

借：碳排放权资产——碳减排量——BCER　　16371.875[＝500×32.5×(1＋7.5‰)]

　贷：银行存款　　16371.875

捐赠时：

借：营业外支出　　16371.875

　贷：碳排放权资产——碳减排量——BCER　　16371.875

6. 履约抵消

2022年8月26日，知链集团按规定进行上年度碳配额的履约清缴工作。经核查，上年度的碳实际排放量为33000吨，碳配额为29000吨，超排4000吨。按《北京市碳排放权交易管理办法》第三十二条规定：重点碳排放单位可使用碳减排量抵消其部分碳排放量，使用比例不得高于当年履约排放量的5%。

计算可抵消的碳信用额度＝33000×5%＝1650(吨)

(1)案例1：使用自身开发的碳信用履约抵消。

2022年8月26日，知链集团决定使用自身开发的CCER项目进行履约，向北京市生态环境主管部门提交CCER履约申请表。2022年8月30日，履约申请获主管部门的确认，同日，公司在自愿减排注册登记系统中注销自有的CCER项目1650吨。

账务处理：

不作账务处理。

(2)案例2：购入碳信用履约抵消。

知链集团决定外购CCER项目进行履约。2022年8月26日，知链集团在北京市碳排放权电子交易平台以线上竞价交易的方式购入CCER 1650吨，交易价格76元/吨，交易经手费7.5‰。2022年8月30日，履约申请获主管部门的确认，同日，公司在自愿减排注册登记系统中注销8月26日购买的CCER 1650吨。

账务处理：

购入时：

借：碳排放权资产——碳减排量——CCER　　126340.5[＝1650×76×(1＋7.5‰)]

　贷：银行存款　　126340.5

捐赠时：

借：营业外支出　　126340.5

　贷：碳排放权资产——碳减排量——CCER　　126340.5

6.4 碳信用交易会计实验

6.4.1 实验介绍

1. 实验背景

知链集团积极参与碳市场交易，其碳信用资产主要有CCER和林业碳汇，企业利用碳信用资产进行投资、捐赠、碳中和、履约抵消等业务。财务人员根据业务构建碳信用的科目体系，对碳信用的每一笔业务进行相应的财务处理。

2. 实验数据

企业本期资产：

(1)碳配额，29000吨。

(2)CCER，5000吨。

3. 实验目标

(1)理解碳信用资产产生、交易及注销的业务处理。

(2)熟悉碳信用资产的核算科目，能够构建相应的科目体系。

(3)熟悉碳信用资产业务处理对应的财务处理。

4. 实验流程

整个实验流程顺序如图6-7所示。首先做的是碳信用交易及抵消的操作实验，其中包含碳信用交易和碳信用履约抵消两个场景实验；之后做的是碳信用交易的会计处理实验，其中包含碳信用出售、碳信用购入、碳信用抵消等3个场景实验。

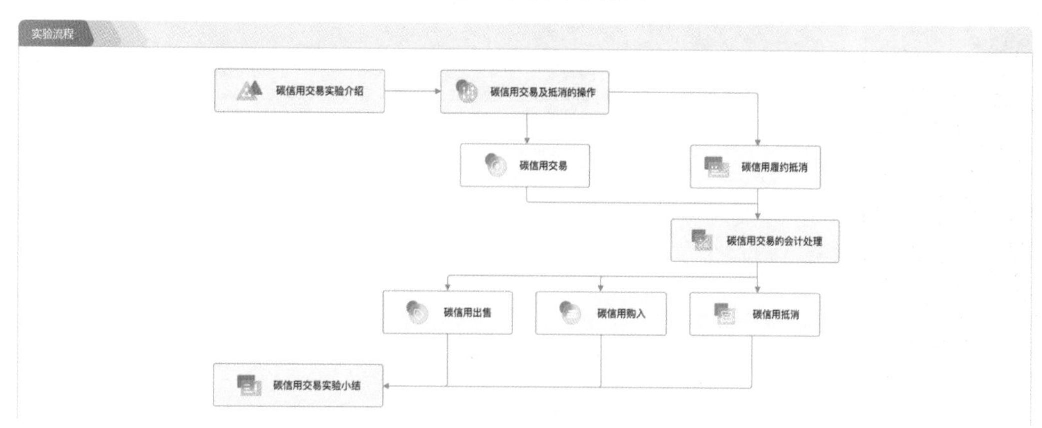

图6-7 碳信用交易实验流程

6.4.2 碳信用交易及抵消——碳信用交易

1. 任务说明

本任务是碳信用交易的操作实验。

在本实验中，登录碳排放权电子交易平台分别进行 CCER 的买入和卖出操作，最后在平台中查询交易的信息。

主要操作界面如图 6－8，图 6－9 所示。

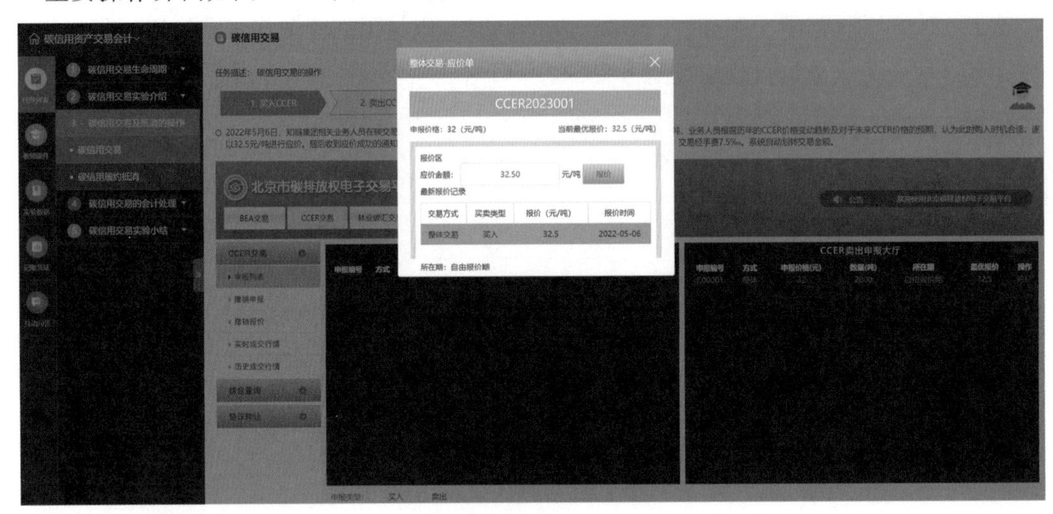

图 6－8　CCER 买入

图 6－9　CCER 交易信息查询

2. 任务操作

（1）以给定的账户密码登录交易系统后，点击【应价】，在应价单中输入应价金额，点击【申报】，关闭弹窗后，任务完成。

(2)以给定的账户密码登录交易系统后，点击【应价】，在应价单中输入应价金额，点击【申报】，关闭弹窗后，任务完成。

(3)登录系统后，可以查看到交易数据，点击确定，任务完成。

6.4.3　碳信用交易及抵消——碳信用履约抵消

1. 任务说明

本任务是重点排放单位进行碳履约时，采用碳信用来抵消碳配额履约的操作实验。

在本实验中，需要完成碳信用履约抵消流程，填写 CCER 抵消申请表，以及登录平台注销 CCER 并查看数据。

主要操作界面如图 6－10、图 6－11、图 6－12 所示。

2. 任务操作

(1)根据给定的资料，将左侧碳信用履约抵消步骤拖动至右侧碳信用履约抵消流程中。

(2)根据“实验数据”填写全国碳市场使用 CCER 抵消配额清缴申请表，点击【确定】，任务完成。

(3)登录国家自愿减排和排放权交易注册系统，按照经确认的申请表，对注销的 CCER 进行注销申报。

(4)登录国家自愿减排和排放权交易注册系统，查询 CCER 的抵消记录。

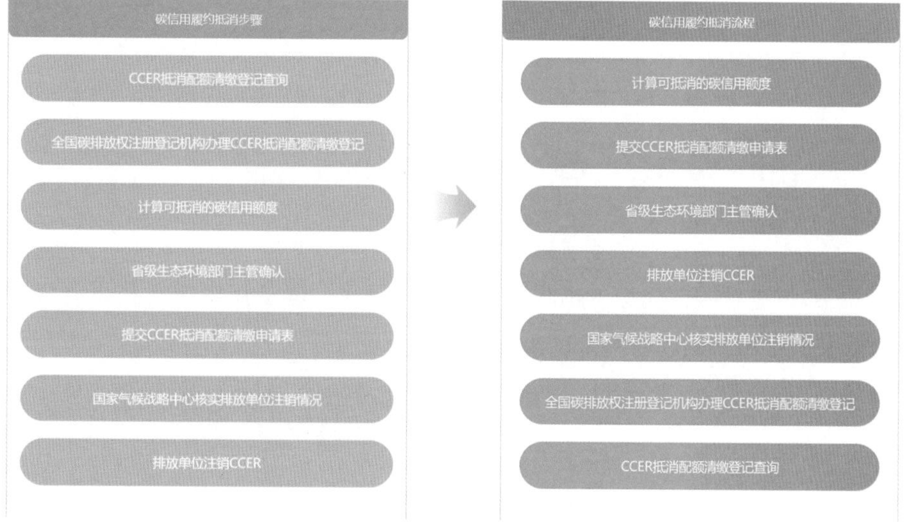

图 6－10　碳信用抵消流程

图 6－11　填写申请表

图 6－12　注销 CCER

6.4.4　碳信用交易的会计处理——碳信用出售

1. 任务说明

在本实验中，将进行碳信用资产出售的会计处理操作。碳信用资产包括自己开发拥有的 CCER 资产以及从自愿减排碳市场采购来的碳信用资产。

主要操作界面如图 6－13、图 6－14 所示。

○ 2016年5月7日，知链集团分布式光伏项目所产生的减排量经过第三方机构的核证，已完成在国家主管部门的CCER备案登记，为5000吨二氧化碳当量（tCO2e）。2022年10月6日，知链集团在北京绿色交易所的交易平台卖出公司备案登记的CCER，交易价90元/吨，交易量2000吨。平台交易经手费为7.5‰。

查看答案

记账凭证

2022 年 10 月 06 日　　附件　　查看附件　　凭证编号　0601001

摘要	科目	借										贷									
		千	百	十	万	千	百	十	元	角	分	千	百	十	万	千	百	十	元	角	分
碳信用出售	银行存款			1	7	8	6	5	0	0	0										
	营业外收入													1	7	8	6	5	0	0	0
	请选择																				
	请选择																				
总计				1	7	8	6	5	0	0	0			1	7	8	6	5	0	0	0

制单人：　　审核人：

图 6-13　自有 CCER 资产出售的记账凭证

○ 2022年6月15日，知链集团在湖北碳排放权交易中心的交易平台购入CCER，交易价35元/吨，交易量1500吨。平台交易经手费为5‰。

查看答案

记账凭证

2022 年 06 月 15 日　　附件　　查看附件　　凭证编号　0601002

摘要	科目	借										贷									
		千	百	十	万	千	百	十	元	角	分	千	百	十	万	千	百	十	元	角	分
碳信用出售	银行存款														5	2	7	6	2	5	0
	碳排放权资产 / 碳减排...				5	2	7	6	2	5	0										
	请选择																				
	请选择																				
总计					5	2	7	6	2	5	0				5	2	7	6	2	5	0

制单人：　　审核人：

图 6-14　购入 CCER 资产出售的记账凭证

2. 任务操作

（1）根据自有 CCER 碳资产出售的交易凭证以及银行回单，填写凭证。

（2）根据购入 CCER 碳资产出售的交易凭证以及银行回单，填写凭证。

6.4.5 碳信用交易的会计处理——碳信用购入

1. 任务说明

在本实验中，学生分别扮演发布者和作答者。作为发布者，学生可以选择知识卡片并进行制作和发布。作为作答者，学生需要回答发布的卡片。

实验规则如图 6 - 15 所示。

图 6 - 15 实验规则

主要操作界面如图 6 - 16、图 6 - 17、图 6 - 18 所示。

2. 任务操作

(1)选择【发布者】身份进入，选择卡片—制作卡片—发布卡片，自行编写卡片内容，点击【确定】，提交成功，激活记账凭证。

(2)选择【作答者】身份进入，选择实验上方“班级已发布的卡片”，根据交易凭证以及银行回单，填写凭证。

图 6 - 16 知识卡片的制作

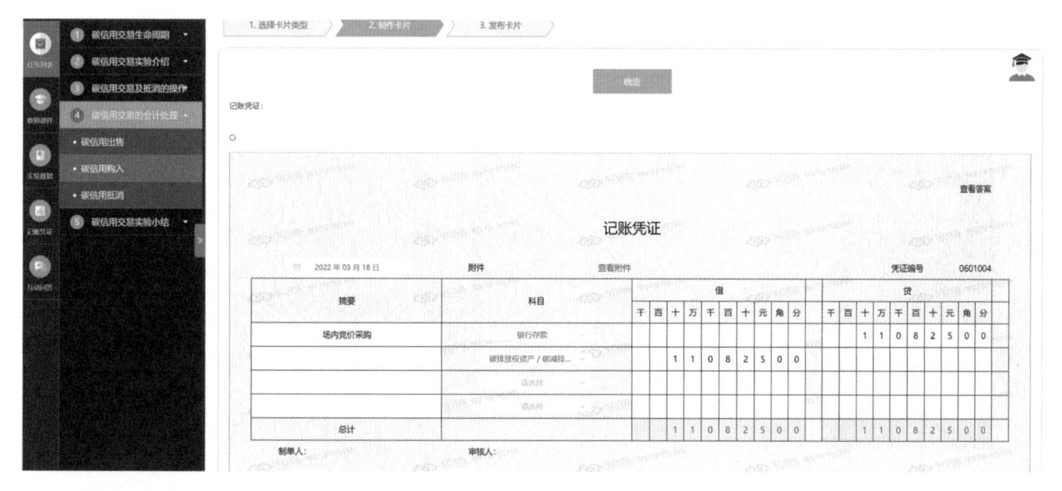

图 6－17　卡片制作的记账凭证

图 6－18　作答卡片

6.4.6　碳信用交易的会计处理——碳信用抵消

1. 任务说明

在本实验中，学生需要在碳中和、捐赠碳信用和履约抵消 3 个场景下，进行碳信用的抵消和相应的账务处理。碳中和场景是企业自己为获得碳中和证书而进行的碳信用抵消和注销；捐赠碳信用是公益捐赠给社会活动的碳中和而进行的碳信用抵消和注销；履约抵消则是重点排放单位在履约时使用碳信用抵消碳配额而进行的碳信用抵消和注销。

主要操作界面如图 6－19、图 6－20、图 6－21 所示。

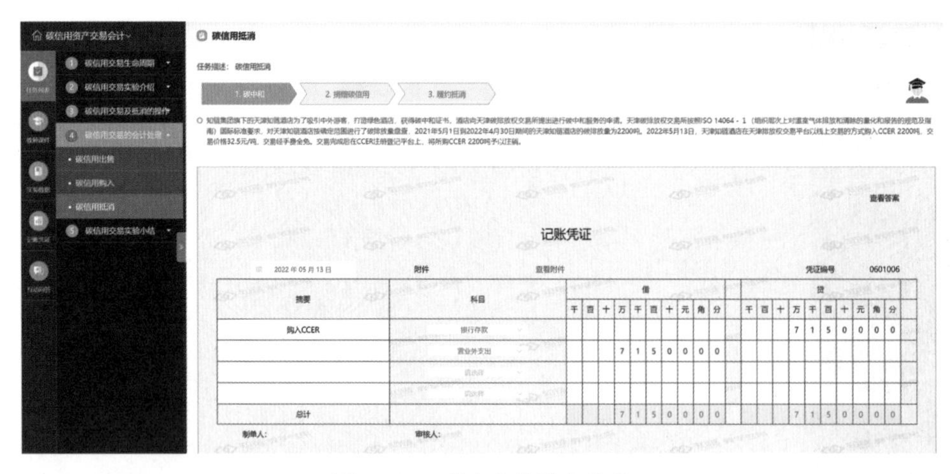

图 6-19 碳中和的财务处理

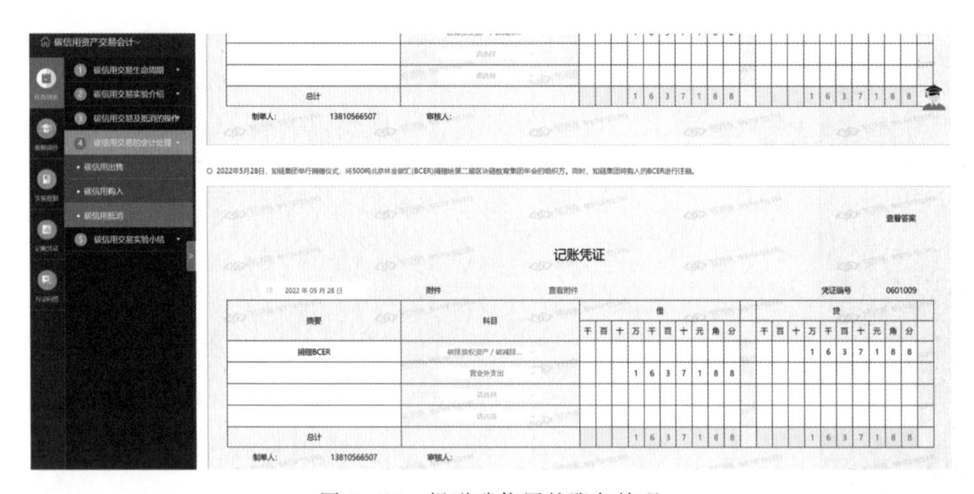

图 6-20 捐赠碳信用的账务处理

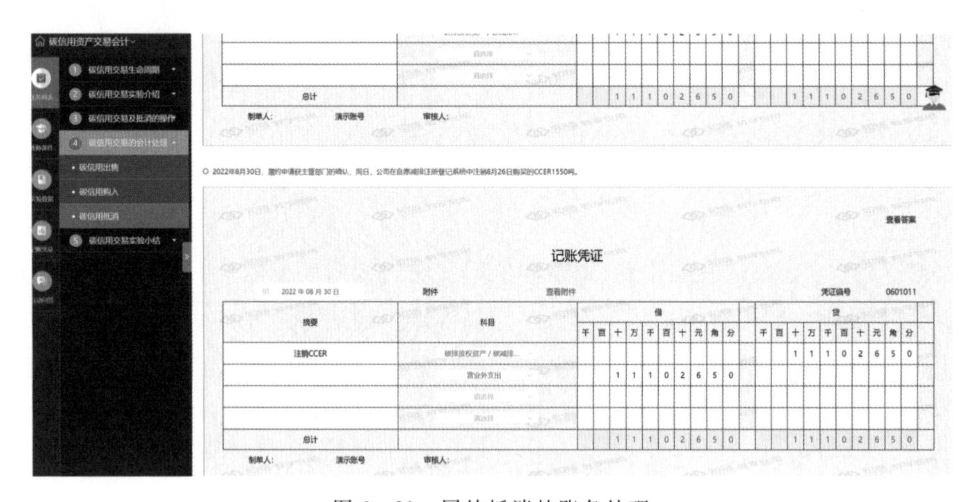

图 6-21 履约抵消的账务处理

2. 任务操作

(1)根据碳中和场景案例的交易数据、交易凭证,填写记账凭证。

(2)根据捐赠碳信用场景案例的交易数据、交易凭证等,填写记账凭证。

(3)根据履约抵消场景案例的交易数据、交易凭证等,填写记账凭证。

本章小结

自愿减排碳市场与强制减排碳市场共同构成一个国家的碳排放交易体系,是实现碳中和目标的重要工具和渠道。自愿减排碳市场交易的标的是碳信用,它是项目主体依据相关方法学,开发温室气体自愿减排项目,经过第三方的审定和核查后,依据其实现的温室气体减排量化效果所获得签发的减排量。在自愿减排碳市场中,企业和个人可以通过购买碳信用抵消其碳排放,主动履行社会责任,为实现碳中和目标作出贡献。如果说强制减排碳市场覆盖了碳排放量较高的重点排放单位,自愿减排碳市场则覆盖了重点排放单位之外的所有社会组织和个人,促进全社会参与减排。

目前国际主流的碳信用认证包括《京都议定书》清洁发展机制下的“核证减排量”(CERs)、国际核证碳标准组织下的“核证碳单元”(VCU)以及黄金标准下的“碳抵消信用”(VER)。国内的碳信用包括国家层面的国家核证自愿减排量(CCER)和各地方生态环境主管部门签发的碳普惠自愿减排量(如北京的BCER)。在国内,重点控排单位在进行碳履约的过程中,可采用一定比例(例如应履约量的5%)来抵消碳配额进行履约。碳信用的碳价通常低于碳配额的碳价。

从生命周期的角度看,碳信用从产生到消亡大体可能经历签发、交易(或捐赠)、碳中和、抵消、注销几个阶段,涉及的机构包括项目业主、第三方核证机构、国家主管部门和交易所。

在会计处理上,企业开发获得碳信用时不作记账处理,可设置备查簿进行登记;企业进行碳信用的卖出、买入,以及碳履约和碳中和、碳捐赠后的自愿注销等交易时,要参考碳配额的会计处理政策进行会计作账处理。

自愿减排碳市场为自愿减排项目业主提供了一个创收的来源,使得节能减排成为一项赚钱的生意,促进了全社会广泛参与碳减排行动,充分体现了“排碳有成本,减碳有收益”的低碳发展理念。

本章复习思考题

1. 自愿减排碳市场与强制减排碳市场之间存在怎样的联系与区别?
2. 重点控排单位通过利用碳信用抵消碳排放时,为什么要设置抵消限额?
3. 从生命周期的角度看,碳信用从产生到消亡大体要经历哪些阶段?
4. 碳信用的资产如何体现“排碳有成本,减碳有收益”的理念?
5. 为什么碳信用的价格通常低于碳配额的价格?
6. 2017年CCER暂停的原因是什么?
7. 什么是碳普惠?它有什么特点?

第7章　碳金融产品交易会计

 本章学习目标

通过本章的学习，要达到以下学习目标：

1. 掌握碳金融的概念；
2. 了解碳金融产生的时代背景及发展历程；
3. 了解主要的碳金融产品及碳金融交易的相关政策；
4. 掌握主要碳金融产品交易的业务流程及会计处理方法。

本章逻辑框架图

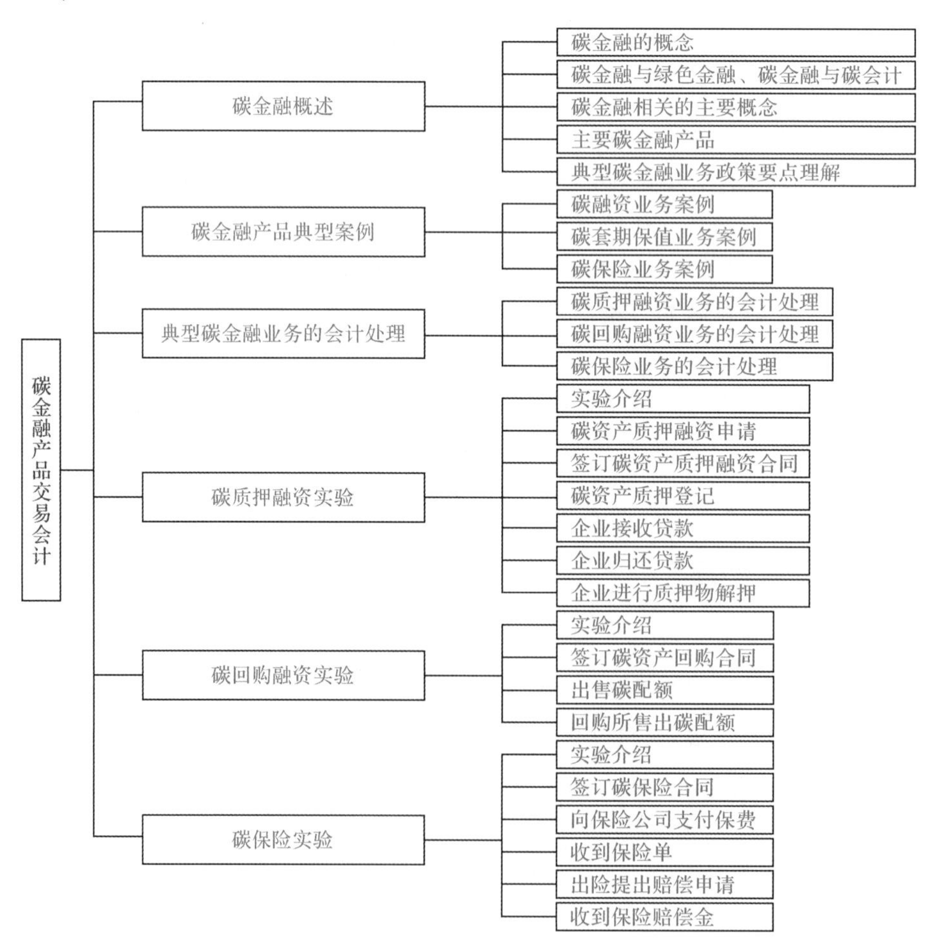

7.1　碳金融概述

7.1.1　碳金融的概念

随着一轮又一轮工业革命的开展，基于化石能源燃烧的经济增长在带来全球财富增长的同时，也使得大气中的二氧化碳浓度不断上升，进而产生的温室效应对人类生存环境造成严重的威胁。全球协作开展碳排放控制已经成为共识，碳排放从免费行为走向付费行为，碳市场、碳税等碳定价机制正在逐步形成之中，基于碳资产、碳市场的碳金融体系正在全球构建和发挥作用。

碳金融是指服务于限制温室气体排放的相关金融活动，如直接投融资、碳交易中介服务、碳指标交易、碳金融衍生品交易和银行贷款等。碳金融的具体体现就是碳金融产品，按照证监会发布的金融行业标准《碳金融产品》中的定义，碳金融产品是建立在碳排放权交易的基础上，服务于减少温室气体排放或者增加碳汇能力的商业活动，以碳配额和碳信用等碳排放权益为媒介或标的的资金融通活动载体。

由此可见，碳金融的基础是碳配额和碳信用等碳资产，碳市场作为碳资产的活动场所，从碳市场的发展历程就可洞察碳金融的发展历程。

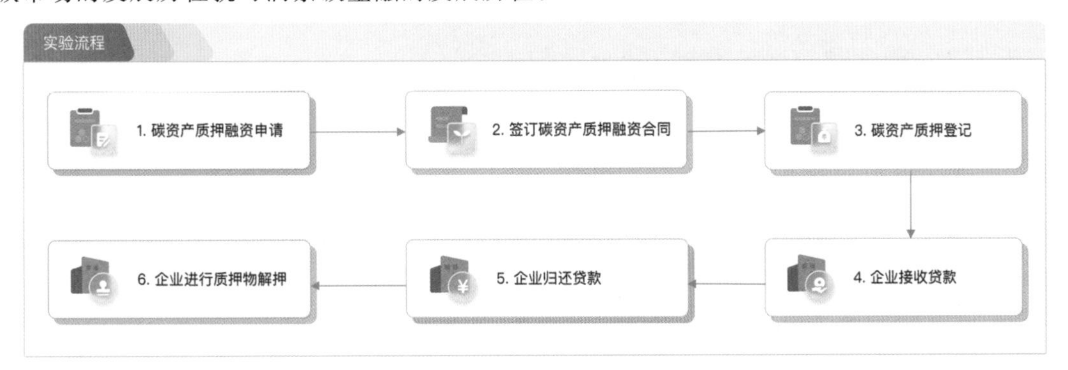

图 7-1　我国碳市场的发展历程

我国碳市场发展历程如图 7-1 所示，1997 年《联合国气候变化框架公约》的《京都议定书》通过，该议定书将世界上的国家分为发达国家和发展中国家两类，发展中国家当时不承担减排责任，直到 2012 年才开始承担。伴随着《京都议定书》的签署和所构建的清洁发展机制(CDM)，提出了发展中国家开展碳减排，形成联合国 CDM 的 CER(核证减排量)资产，卖给发达国家获取碳减排资金的机制。我国早期的碳金融业务，就是围绕 CDM 项目所产生的 CER 来开展项目融资业务的。

2012 年之后，发展中国家也需承担碳减排责任，我国开始建立自愿减排碳市场机制，进行 CCER(国家核证自愿减排量)的开发、交易、消纳等业务。这里的 CCER 就是中国的 CER，自 2013 年开始，我国进行强制减排碳市场试点，上线的试点碳市场包括深圳、重庆、湖北、广州、上海、北京、天津、福建等 8 个。2021 年 7 月，全国碳市场顺利开市。

在全国碳市场开市之前，各个地方试点碳市场均不同程度地开展了碳金融业务。例如，北京绿色交易所联合金融投资机构研发推出系列碳金融产品，帮助企业依托碳资产拓宽融资渠道，为其参与碳市场交易提供风险管理工具，同时为碳市场交易各方不断创造流动性。如图 7－2所示。

图 7－2　北京绿色交易所推出的碳金融产品

7.1.2　碳金融与绿色金融、碳金融与碳会计

1. 碳金融与绿色金融

2016 年中国人民银行等部门发布了《关于构建绿色金融体系的指导意见》（银发〔2016〕228 号），其中给出了绿色金融的概念定义，绿色金融是指为支持环境改善、应对气候变化和资源节约高效利用的经济活动，即对环保、节能、清洁能源、绿色交通、绿色建筑等领域的项目投融资、项目运营、风险管理等所提供的金融服务。

从绿色金融的概念定义上，我们可以看到碳金融与绿色金融是内涵差异较大的两个概念，碳金融可以被看作绿色金融的一个子集。《关于构建绿色金融体系的指导意见》提出“发展各类碳金融产品”，表明碳金融是绿色金融的组成部分。

2022 年 6 月 10 日，生态环境部等 7 部门印发的《减污降碳协同增效实施方案》中提出，“与发达国家基本解决环境污染问题后转入强化碳排放控制阶段不同，当前我国生态文明建设同时面临实现生态环境根本好转和碳达峰碳中和两大战略任务”，可见，绿色金融涵盖“减污降碳”，碳金融只涉及“降碳”。

《减污降碳协同增效实施方案》提出，“基于环境污染物和碳排放高度同根同源的特征，必须立足实际，遵循减污降碳内在规律，强化源头治理、系统治理、综合治理，切实发挥好降碳行动对生态环境质量改善的源头牵引作用”，这里说明了“减污”和“降碳”的相互关系：第一两者“高度同根同源”，第二“降碳”是源头牵引。

同样的一次化石燃料的燃烧，所产生的二氧化硫、一氧化碳归属“环境污染物”（二氧化硫等不是碳排放），只有所产生的二氧化碳才是碳排放。前者影响人类的健康，会造成短期危害，通常是低空排放，归大气污染防治法管，监管措施非常严格；后者影响的是气候环境，会造成长期危害，通常是高空排放，目前的立法也只有国务院的《碳排放权交易管理暂行条例》，相关的法律制定有待加强。

2. 碳金融与碳会计

碳金融是推动中国经济由高碳发展向低碳转型、实现“双碳”目标的重要工具；碳会计是运用会计特有的方法体系，对企业的碳活动过程及结果进行核算与控制，从价值管理的角度为企业提供决策信息，从而促进企业的低碳转型发展。两者之间具有相互依存和相互促进的关系。

（1）碳金融与碳会计的主次关系。控制碳排放带来了碳定价的要求，从而产生了碳资产现货。围绕着碳资产现货交易开展的经济活动，催生了碳金融产品的创新发展。企业在碳交易市场进行交易和融通绿色资金的过程中会发生资产变动、资金流动，会产生成本与收益，需要进行价值计量，由此产生了碳会计。所以碳金融在前，主动创新服务碳减排，碳会计在后，进行碳金融创新之后的财务支持，彼此形成了主次关系。

（2）碳金融与碳会计的业财关系。现代企业科学管理需要实现 ERP（企业资源计划），而 ERP 的关键之处在于业财融合。由于低碳转型发展的需要，企业除了传统业务之外，现在增加了碳市场交易业务，即碳金融；碳交易业务需要从财务角度进行确认、计量和报告，即碳会计。所以碳金融是业务，碳会计是财务，二者是业财关系。

（3）碳金融与碳会计的影响关系。为了实现碳减排的目标，企业必须参与到碳交易市场当中，既然有业务，就有成本与收益的计较，所以需要碳会计的核算与控制，因此碳金融带来了碳会计。反过来，碳会计核算所提供的价值指标影响着企业对碳金融活动方案的选择，指导企业在低碳转型发展过程中同时兼顾成本-效益原则。所以，从这个角度来讲，碳金融与碳会计之间形成了相互影响、互相促进的关系。

7.1.3 碳金融相关的主要概念

碳金融相关的主要概念简介如下：

1. 碳资产（carbon asset）

碳资产是由碳排放权交易机制产生的新型资产，主要包括碳配额和碳信用。

2. 碳配额（carbon allowance）

碳配额是指主管部门基于国家控制温室气体排放目标的要求，向被纳入温室气体减排管控范围的重点排放单位分配的规定时期内的碳排放额度（注：1 单位碳配额相当于 1 吨二氧化碳当量的碳排放额度）。

3. 碳信用(offset credits)

碳信用是指项目主体依据相关方法学，开发温室气体自愿减排项目，经过第三方的审定和核查，依据其实现的温室气体减排量化效果所获得签发的减排量。国内主要的碳信用为“国家核证自愿减排量”(CCER)，国际上主要的碳信用为《京都议定书》清洁发展机制(CDM)下的核证减排量(CER)。

4. 国家核证自愿减排量(Chinese certified emission reduction，CCER)

国家核证自愿减排量是指对我国境内可再生能源、林业碳汇、甲烷利用等项目的温室气体减排效果进行量化核证，并在国家温室气体自愿减排交易注册登记系统中登记的温室气体减排量。

5. 碳排放权交易(carbon emission trading)

碳排放权交易是指主管部门以碳排放权的形式分配给重点排放单位或温室气体减排项目开发单位，允许碳排放权在市场参与者之间进行交易，以社会成本效益最优的方式实现减排目标的市场化机制。

6. 碳汇(carbon sink)

碳汇是指通过植树造林、植被恢复等措施，吸收大气中的二氧化碳，从而减少温室气体在大气中浓度的过程、活动或机制。

7. 碳金融产品(carbon financial products)

碳金融产品是指建立在碳排放权交易的基础上，服务于减少温室气体排放或者增加碳汇能力的商业活动，以碳配额和碳信用等碳排放权益为媒介或标的的资金融通活动载体。

8. 碳金融工具(carbon financial instruments)

碳金融工具服务于碳资产管理的各种金融产品，包括碳市场融资工具、碳市场交易工具和碳市场支持工具。

7.1.4 主要碳金融产品

1. 碳市场交易工具(carbon trading instruments)

(1)碳现货(carbon spot)：买卖双方在某一特定时间和地点就碳排放权达成的交易。

(2)碳远期(carbon forward)：交易双方约定未来某一时刻以确定的价格买入或者卖出相应的以碳配额或碳信用为标的的远期合约，其交易对象是非标准化碳排放权合约。类比商品远期交易的原理，碳远期的多头方(购买方)通过碳远期交易来规避碳价格上涨的风险，空头方(卖出方)通过碳远期交易来规避碳价格下降的风险。

(3)碳期货(carbon futures)：期货交易场所统一制定的、规定在将来某一特定的时间和地点交割一定数量的碳配额或碳信用的标准化合约，其交易对象是标准化碳排放权期货合约。交易者可以利用碳期货做与碳现货市场“方向相反，数量相等”的反向操作进行套期保值，对冲碳现货市场价格波动的风险。

(4)碳期权(carbon options)：期货交易场所统一制定的、规定买方有权在将来某一时间以特定价格买入或者卖出碳配额或碳信用(包括碳期货合约)的标准化合约。与传统的期权合约不同，碳期权实际上是碳期货期权，即在碳期货基础上产生的一种碳金融衍生品，其交易对象是碳期权合约权利。

(5)碳借贷(carbon lending)：交易双方达成一致协议，其中一方(贷方)同意向另一方(借方)借出碳资产，借方可以担保品附加借贷费作为交换，而碳资产的所有权不发生转移。目前常见的有碳配额借贷，也称借碳。

(6)碳掉期(carbon swap)：交易双方以碳资产为标的，在未来的一定时期内交换现金流或现金流与碳资产的合约。目前中国的碳掉期主要有两种模式：一是由控排企业在当期卖出碳配额，换取远期交付的等量 CCER 和现金；二是由项目业主在当期出售 CCER，换取远期交付的不等量碳配额。

2. 碳市场融资工具(carbon financing instruments)

(1)碳债券(carbon bonds)：发行人为筹集低碳项目资金向投资者发行并承诺按时还本付息，同时将低碳项目产生的碳信用收入与债券利率水平挂钩的有价证券。

(2)碳资产抵押融资(carbon assets pledge)：碳资产的持有者(即借方)将其拥有的碳资产作为质物/抵押物，向资金提供方(即贷方)进行抵质押以获得贷款，到期再通过还本付息解押的融资合约。

(3)碳资产回购(carbon assets repurchase)：碳资产的持有者(即借方)向资金提供机构(即贷方)出售碳资产，并约定在一定期限后按照约定价格购回所售碳资产以获得短期资金融通的合约。

(4)碳资产托管(carbon assets custody)：碳资产管理机构(托管人)与碳资产持有主体(委托人)约定相应碳资产委托管理、收益分成等权利义务的合约。

3. 碳市场支持工具(carbon supporting instruments)

(1)碳指数(carbon index)：反映整体碳市场或某类碳资产的价格变动及走势而编制的统计数据，既是碳市场重要的观察指标，也是开发指数型碳排放权交易产品的基础。

(2)碳保险(carbon insurance)：为降低碳资产开发或交易过程中的违约风险而开发的保险产品，目前主要包括碳交付保险、碳信用价格保险、碳资产融资担保等。

(3)碳基金(carbon fund):依法可投资碳资产的各类资产管理产品。碳基金的投向可以有3个目标:一是促进低碳技术的研究与开发;二是加快技术商业化;三是低碳发展的孵化器。我国碳基金的资金来源应以政府投资为主,多渠道筹集资金,按企业模式运作。

7.1.5 典型碳金融业务政策要点理解

2022年8月25日发布施行的《江苏省碳资产质押融资操作指引(暂行)》对江苏省碳资产质押融资业务进行了详细的操作指引,全文共有29条规定,分为7章,主要内容要点如下:①第一章总则,介绍了本指引据以制定的相关相关法律法规、行业标准及文件,以及与碳资产质押融资相关的概念。②第二章融资条件及用途,规定了参与碳资产抵押融资的主体和客体需要具备的条件以及融得资金的用途。③第三章融资期限、额度和利率,规定了碳资产质押融资的期限、额度和利率。④第四章融资程序,规定了碳资产质押融资的合规流程。⑤第五章贷后管理,规定了贷款完成后贷款双方围绕合同和碳质押物所做的跟踪管理事项。⑥第六章激励措施,介绍了包括中国人民银行南京分行、中国银行保险监督管理委员会江苏监管局、江苏省生态环境厅采取的对碳质押贷款的支持和激励措施。⑦第七章附则。

2019年1月9日发布并实施的《广州碳排放权交易中心广东省碳排放配额回购交易业务指引(2019年修订)》对广东省碳排放配额回购交易业务进行了详细的操作指引,全文共有17条规定,内容大致分为3个部分:①第一部分介绍了本指引据以制定和执行的相关法律法规、行业标准及文件,以及与碳排放配额回购交易相关的概念。②第二部分对碳排放配额回购交易的相关流程、交易参与人的义务以及违约责任做了详细的规定。③第三部分说明本指引由广碳所负责解释与修订。

2019年1月9日发布并实施的《广东省碳排放配额托管业务指引(2019年修订)》对广东省碳排放配额托管业务进行了详细的指引,全文共有35条规定,分为4章:①第一章总则,介绍了本指引据以制定和执行的相关相关法律法规、行业标准及文件,以及与碳排放配额托管业务相关的概念。②第二章办理流程,规定了碳排放配额托管业务的办理流程和各方的责任。③第三章风险控制与监督管理,规定了碳排放配额托管业务的各参与方在托管业务开展期间应遵循的各项风险控制与监督管理的规定。④第四章附则,指出了本指引文件由广碳所负责解释与修订。

2016年1月19日发布并实施的《广州碳排放权交易中心远期交易业务指引》对广东省碳排放权远期交易业务进行了详细的指引,全文共有16条规定,内容大致分为3个部分:①第一部分介绍了本指引据以制定和执行的相关法律法规、行业标准及文件,以及与碳资产远期交易相关的概念。②第二部分对碳资产远期交易的相关流程、交易参与人的资格与义务以及违约责任做了详细的规定。③第三部分说明本指引由广碳所负责解释与修订。

7.2　碳金融产品典型案例

7.2.1　碳融资业务案例

1. 案例一　用“碳”质押获1000万元贷款，“中碳登”全国首单碳质押融资落地湖北

2021年8月27日，位于枝江市的湖北三宁化工股份有限公司以其富余的碳排放权作质押，成功获得农业银行湖北省分行发放的1000万元贷款，并在全国碳排放权注册登记结算机构(简称“中碳登”)进行了备案。这标志着，首笔在“中碳登”备案的全国碳交易市场碳排放权质押贷款在湖北落地。

“中碳登”是碳市场的“大数据中枢”，承担着碳排放权的确权登记、交易结算、分配履约等重要业务和管理职能。在“中碳登”落地武汉过程中，农业银行湖北省分行积极对接，成为系统首批合作银行。

近年来，宜昌市深入贯彻实施“长江大保护”战略，以绿色、循环、低碳为转型方向，大力发展绿色化工，三宁化工等企业在转型发展的过程中节约了一定的碳排放权。针对三宁化工等企业部分碳排放权未使用的情况，农业银行第一时间上门宣传碳排放权配额价值、碳资产保值增值、碳资产融资等政策，充分对接企业融资需求，通过总分支三级机构联动，在金融同业中率先打通全国碳排放注册登记结算系统备案等关键环节，成功发放首笔碳排放权质押贷款，协助企业盘活富余碳排放配额资产。

“这笔贷款还在人民银行征信中心动产融资统一登记公示系统办理了质押登记和公示，能有效解决企业重复抵质押的风险，保护借贷双方的权益。”农业银行湖北省分行相关负责人表示，下一步将积极响应国家坚持绿色发展、低碳发展理念，构建“服、融、链、投、营”系列产品，深度对接全国碳交易市场，着力打造湖北绿色金融优势品牌。

2. 案例二　碳排放权质押贷款遍地开花，企业盈余的“碳资产”被盘活

据中央广播电视总台经济之声《天下财经》报道，全国碳排放权交易市场启动一个多月以来，多家商业银行创新金融业务，积极向碳减排企业发放碳排放权质押贷款，企业名下盈余的“碳资产”被有效盘活。

从2021年7月全国碳排放权交易市场启动后，浙江、山东、山西、湖北等全国多地都有碳排放权质押贷款业务落地。

2021年7月16日，兴业银行杭州分行为浙江某环保能源公司成功办理碳排放权配额质押贷款业务，金额为1000万元。8月16日，工商银行浙江省瑞安支行通过参考全国碳排放权交易市场价格，为瑞安市华峰热电有限公司成功办理碳排放权配额质押贷款500万元。

值得注意的是，与一般的贷款相比，碳排放权配额质押贷款的利率要便宜不少。以工商银行浙江省瑞安支行发放的贷款为例，其利率仅有3.915%，较一般抵质押贷款低50BP(基点)左右。

湖北三宁化工股份有限公司副总经理说："农业银行的碳排放权质押贷款，给我们企业进行节能减排改造和绿色低碳发展多了一种融资选择，帮助我们盘活了盈余的碳配额资产，并相比其他信用方式贷款降低了企业的财务成本。"

在业内人士看来，商业银行之所以积极开展碳排放权质押贷款业务，很大一部分原因是全国碳市场建立后，"碳资产"的市场价值和流动性被释放。

招联金融首席研究员说："全国碳排放权交易市场启动以后，碳排放权配额作为易估值、风险低、易变现的绿色资产，通过金融手段可有效解决节能减排企业融资难、担保难问题。碳配额质押贷款充分发挥了碳排放权资产在金融资本和实体经济之间的联通作用，通过金融资产配置，引导实体经济绿色发展。"

3. 案例三　全国各地开展碳排放权质押贷款

(1)浙江省。2021 年 10 月 29 日，工商银行乐清支行与省属国企浙能集团所属乐清发电有限责任公司签订碳排放配额抵押贷款，协议 1 亿元，并于当日立刻放款 3652 万元，年利率仅 3.8%。2021 年 7 月 16 日，兴业银行杭州分行为浙江某环保能源公司成功办理全国首笔碳排放权质押贷款业务，金额 1000 万元。2021 年 8 月 16 日，工商银行瑞安支行与浙江华峰新材料有限公司签订碳排放配额贷款协议，年利率 3.915%。根据全国碳排放权交易市场的交易额，对该公司持有的碳排放权配额进行估算，仅 1 个工作日便成功完成 500 万元贷款。

(2)江苏省。2021 年 12 月 8 日，昆山金改区首笔碳排放权质押贷款成功落地，昆山农商银行以 67 万吨碳排放权为质押物，向江苏正源创辉燃气热电公司发放 1000 万元贷款。2021 年 8 月 13 日，泰州市泰兴生态环境局联合泰兴农商行与人民银行泰兴市支行，为泰兴市新浦化学有限公司成功发放了全省首笔 500 万元碳排放权配额质押贷款"碳权贷"，先行先试助力地方碳达峰碳中和工作，推动绿色金融开新局。

(3)山东省。2021 年 8 月 13 日，沂水农商银行根据企业生产经营和碳排放权配额实际情况，以 70 余万吨碳排放配额为质押物，为山东玻纤集团股份有限公司量身设计了碳排放配额质押的绿色融资方案，并发放碳排放权质押贷款 2000 万元。2021 年 7 月 21 日，日照银行针对山东煦国能源公司的 61 万吨碳排放配额，制定了以碳排放配额质押进行融资支持的服务方案，并成功办理发放"绿碳贷"3000 万元。

(4)天津市。2021 年 8 月 26 日，工商银行天津市分行创新碳资产质押品管理模式，采取人民银行征信系统和排放权交易所系统"双质押登记"风控模式，成功为天津首批碳排放权交易试点企业——大沽化工股份有限公司发放碳配额质押贷款 1000 万元，帮助企业盘活了碳资产，拓宽了融资渠道，提高了金融机构授信管理中对碳资产作为有效质押物的认可度。

(5)贵州省。2021 年 8 月 23 日，民生银行依托全国碳排放权注册登记结算系统，结合黔西电厂融资需求、配额情况、履约需求及市场预判，迅速完成碳排放配额查询评估，为国家电投贵州金元黔西电厂成功发放 2800 余万元碳排放权抵押贷款。

(6)江西省。2021 年 8 月 7 日，九江银行参考全国碳排放权交易市场价格，核准企业授信额度，以赣州华劲纸业有限公司的碳排放权配额为质押担保，开立银行承兑汇票500万元，实现全省首单碳排放权配额质押融资业务落地。2021年8月9日，建设银行江西省分行为神华国华九江发电有限责任公司发放1亿元碳排放权配额质押贷款。

4. 案例四　融资2630万元！鞍钢集团成功办理首单碳排放配额回购业务

2022年5月，鞍钢集团资本控股有限公司协助鞍钢集团相关企业成功办理碳排放配额回购业务，为相关企业融资2630万元，融资成本利率4%，低于基准利率，且不占用企业授信，不限制资金使用用途。这是鞍钢集团首次成功办理该业务，此举可有效降低企业资金成本，提高资金使用灵活性。

鞍钢集团资本控股有限公司认真落实《鞍钢集团碳达峰碳中和宣言》，抓住全国碳市场逐步开放和鞍钢集团加快构建"双核＋第三极"产业发展新格局的重要机遇，通过对鞍钢集团相关企业碳资产调研，为相关企业创新设计碳排放配额回购业务定制化服务方案。按照该方案，成功办理碳排放配额回购业务，相关企业不仅获取低成本融资，且在最终碳履约后还可额外获得国家核证自愿减排量置换差额收益兑现。

面对鞍钢集团不断增长的碳金融服务需求，鞍钢集团资本控股有限公司将积极践行"金融服务实体"理念，聚焦"绿色鞍钢"建设，建立多元化绿色金融产品体系，以绿色金融推动绿色采购、绿色制造、绿色产品等，助力"双碳"目标实现。

5. 案例五　全国首单外资碳资产托管落地

2021年7月19日，全国碳交易市场正式上线3天之后，新加坡金鹰集团与交通银行江苏省分行在南京签署《碳排放权交易资金托管合作协议》。根据协议，新加坡金鹰集团将在交通银行开立碳排放权交易结算资金专用账户，用于集团在中国区内所有与碳交易相关的交易结算业务，并将该账户委托给交通银行进行监督及保管。该协议的签署将充分发挥碳交易在金融资本与实体经济之间的关联及赋能作用。

据悉，这是全国首单金融机构和跨国企业开展的碳资产托管业务，也是新加坡金鹰集团联合银行业通过金融创新助力中国实现3060"双碳"目标的全新举措。

业内人士指出，此次合作协议的签署恰逢全国碳排放权交易市场上线之时，通过商业银行提供的专业托管服务，将更加有利于各碳排放主体合规高效地开展碳排放权交易业务，推动全国碳排放权交易市场的完善，具有行业示范效应。

7.2.2　碳套期保值业务案例

1. 案例一　上海石化完成碳配额与CCER置换首单交割

2018年6月21日，在上海环境能源交易所碳交易平台上，中国石化上海石化股份公司与杭州超腾能源技术股份有限公司完成了碳配额与CCER置换的首单交割，上海石化获利130.56万元，开辟了企业节能增效新渠道。

目前，碳排放交易市场有两类基础产品，一类为初始分配给企业的减排量(即配额)，另外一类就是CCER,即通过实施项目削减温室气体而获得的减排凭证。近年来,上海石化通过落实节能措施,并对部分装置实行限产,使碳排放量有所下降,SHEA14碳配额余量较多。为此,上海石化积极寻找潜在买家,卖出冗余配额。2014年7月至2015年6月共卖出SHEA 14配额11.6万余吨,获利253万余元。

由于CCER是通过采用新能源方式并经过国家认证的自愿减排量,且控排企业履约时可用于抵消部分碳排放使用,不仅可以适当降低企业的履约成本,同时也能给减排项目带来一定收益,促进企业从高碳排放向低碳化发展,因此,目前上海市场碳排放交易最活跃的是CCER交易。考虑到目前SHEA14碳配额余量较多,且2017年建立全国碳市场之后试点期间剩余配额存在作废风险,同时为进一步优化碳资产组合,扩展节能增效渠道,上海石化决定尝试参与CCER交易,由资本运行处负责与交易商进行碳配额和优质CCER的置换。

根据《上海市碳排放管理试行办法》,上海石化选择优质交易商杭州超腾能源技术股份有限公司进行碳配额与CCER置换,配额置换量为117623吨,置换比例1∶1。

2. 案例二　国内最大单笔配额置换交易在深圳排放权交易所完成

2017年5月,深圳能源集团旗下妈湾电力公司持有的深圳市碳排放配额,与深圳中碳事业新能源环境科技公司持有的国家核证自愿减排量(CCER),以现金加现货的方式在深圳排放权交易所完成置换。置换规模达68万吨,创下国内单笔配额置换交易量最高纪录。

据悉,在全国碳市场启动进入倒计时的关键阶段,对于如此大规模的配额置换,深圳排放权交易所托管机制起到了至关重要的作用。该交易所为托管业务建立了完善的风控机制,兼顾了交易过程中碳资产的安全性和操作的灵活性,保障了交易的顺利完成,为全国统一碳市场后,控排企业开展碳资产管理进行了率先探索,提供了先行案例。

同时,妈湾电力在深圳排放权交易所通过配额置换机制,变指标为真金白银,既可实现履约,又获得了可观收益,并为其他控排企业低成本履约起到了良好的示范作用:企业排放水平降低,加上CCER抵消机制,企业可以通过CCER履约方式,选择与专业碳资产管理公司合作置换CCER,实现履约与收益双实现。

2013年,以深圳入选国家首批碳交易试点省市为契机,深圳排放权交易所在全国率先启动碳交易,是全国首个总成交量达百万吨、总成交额突破亿元大关的碳交易平台,市场流转率一直居全国前列。2016年以来,在国家部委和深圳市委市政府的大力支持下,深圳排放权交易所积极参与全国碳市场建设,持续开展深圳碳市场经验的输出工作,先后为全国十余省市提供碳市场建设与咨询服务。在全国碳市场启动背景下,深圳排放权交易所将继续坚持创新驱动发展战略,通过创新强化深圳排放权交易所全国领先地位,力争率先成为深圳市国资系统第一个国家级交易平台。

3. 案例三　上海碳市场提供了具有合约标准化、可转让特点的碳远期交易产品

2017年1月,上海碳配额远期产品上线,以上海碳配额为标的,由上海环交所完成交易组织,上海清算所作为专业清算机构完成清算服务。

截至 2020 年 2 月 31 日，上海碳市场碳远期产品累计（双边）成交协议 4.3 万个，累计交易量 433.08 万吨，累计交易额 1.56 亿元。

碳资产的核心价值是其天然的金融属性——期货交易，在欧洲碳市场中，碳金融期货产品的交易占比高达 90%。

目前具有代表性的碳金融实务已经形成案例。比如上海远期合约模式，通过推出标准化的碳远期合约产品，仅需 10%的资金就可以锁定企业生产所需的碳排放权。

4. 案例四　金坛公司：提前完成全部碳排放量的履约清缴及 CCER 置换工作

2021 年 12 月 13 日，金坛公司 CCER 置换及碳排放履约工作全部完成，在保证碳配额账户盈余 27 万吨不变的基础上，通过 CCER 置换，增利 18.08 万元，真正实现了碳资产的保值增值。

2021 年 7 月，全国碳排放权交易开放，金坛公司第一时间在上海环境能源交易所办理开户，及时申报碳资产交易意向 27 万吨。此后每个交易日，金坛公司及时跟踪每日交易价格，整理交易价格台账，绘制价格走势图，及时分析市场价格，掌握最佳出清价格。

2021 年 11 月，国家环境司开放 CCER 置换碳配额工作，为实现此政策下的开源增收，金坛公司第一时间完成了 CCER 交易系统账户的注册，经绿色能源交易所划拨、国家环境司确认、等量配额出售、CCER 价款支付，目前置换工作已全部完成，较国家限期早两周完成。

在电煤供应持续紧张、保电保热形势严峻的情况下，金坛公司提前完成全部碳排放量的履约清缴工作，实现了在全国碳市场首个履约周期的 100%履约，为江苏公司实现“做强做优做大、建设一流企业、实现企业和员工的全面发展”愿景目标作出了贡献。

7.2.3　碳保险业务案例

1. 案例一　首单商业性森林碳汇价值保险落户黑龙江肇州县

2023 年 1 月 29 日，安华农业保险公司在大庆市肇州县首次开办了商业性森林碳汇价值保险，这也是该公司继山东、内蒙古等地开办后，首次在黑龙江成功开办，填补了黑龙江省森林碳汇价值保险的空白，成为黑龙江省商业性森林碳汇价值保险的第一单。

据悉，该单业务为肇州县国有林场 1.1 万亩公益林提供了 550 万元的碳汇价值风险保障，为全省及行业推进森林碳汇价值保险试点提供了很有价值的参考，也为当地政府保护与治理生态环境找到了一条有借鉴意义的路径。

2. 案例二　全国首单“碳捕集保险”落地南京

2022 年 11 月 26 日，人保财险江苏分公司在南京签发国内首单 CCS 或 CCUS 项目碳资产损失保险（简称“碳捕集保险”），为中国华电集团下属某发电企业提供碳资产损失保障。

党的二十大报告指出，要加快节能降碳先进技术研发和推广应用。作为当前备受关注的降碳减排技术之一，碳捕集与封存（CCS）以及碳捕集、利用与封存（CCUS）技术可以把生产过程中排放的二氧化碳进行捕获、提纯，继而投入新的生产过程中进行循环再利用或封存，具备实现大规模温室气体减排与化石能源低碳利用的协同作用。该技术被认为是全球气候解决方案的重要组成部分，是推进并实现我国碳达峰碳中和目标重要技术选择之一。

电力行业是我国实现碳减排的重点行业，人保财险积极布局前瞻性领域产品创新，积极开展与电力等能源行业领域碳保险研发探索，创新性地开发了“碳捕集保险”，针对 CCS 或 CCUS 项目因自然灾害、意外事故等致使所使用设备或相关财产遭受损坏，导致 CCS 或 CCUS 项目所捕获的二氧化碳排放量未达到项目设计运营目标造成的碳资产损失提供保险保障，化解企业应用 CCS 或 CCUS 技术所面临的风险，助力企业实现降碳减排目标。

人保财险表示，后续将继续加大绿色环保领域的创新探索力度，为更多节能减排项目提供保险保障服务，积极践行央企责任担当，助力国家“双碳”目标实施。

3. 案例三　中国首单碳保险落地湖北

2016 年 11 月 18 日，湖北碳排放权交易中心与平安财产保险湖北分公司签署了碳保险开发战略合作协议。

随后，总部位于湖北的华新水泥集团与平安保险签署了碳保险产品的意向认购协议，由平安保险负责为华新集团旗下位于湖北省的 13 家子公司量身定制碳保险产品设计方案。

具体而言，平安保险将为新华水泥投入新设备后的减排量进行保底，一旦超过排放配额，将给予赔偿。这标志着碳保险产品在湖北正式落地。

4. 案例四　人保财险签发全国首单碳抵消保险

2022 年 9 月，人保财险签发国内首单自愿减排项目监测期间减排量损失保险(简称“碳抵消保险”)，与华信保险经纪合作，为中国华电集团下属的某清洁能源发电企业提供碳资产风险保障。

为落实碳达峰碳中和目标，我国于 2021 年 7 月启动全国碳排放权交易市场，将碳市场定位为实现减排目标的重要政策工具。碳抵消机制是碳市场的重要组成部分，由国家相关主管部门审核批准实施的温室气体自愿减排项目，在运行期间内产生的减排量经过核证后，形成国家核证自愿减排量(CCER)，碳市场交易主体可使用 CCER 抵消部分碳排放配额的清缴。

电力行业是我国实现碳减排的重点行业。人保财险积极开展电力行业领域碳保险研发探索，响应电力行业企业绿色低碳转型发展需求，创新开发了碳抵消保险，针对清洁能源发电项目在 CCER 产生过程中，对因自然灾害和意外事故导致干扰或中断造成的减排量损失提供保险保障，化解企业利用 CCER 抵消碳排放配额清缴所面临的不确定性，助力企业控制碳市场履约成本。

7.3　典型碳金融业务的会计处理

7.3.1　碳质押融资业务的会计处理

根据《中华人民共和国民法典》规定，动产质押是指债务人或者第三人将其动产移交债权人占有，将该动产作为债权的担保。债务人不履行债务人时，债权人有权依照民法典规定进行动产折价或以拍卖、变卖该动产的价款优先受偿。质押品的范围比较广，包括存款单、国库券、提货单、商标权等，都可以作质押。碳质押融资是指以碳资产作为质押物进行的融资行为，其特点包括：

（1）碳资产作为质押物，要在人民银行征信中心动产融资统一登记公示系统办理质押登记和公示。

（2）融资用途有限制，原则上用于企业减排项目建设运维、技术改造升级、购买更新环保设施等节能减排改造活动，不应购买股票、期货等有价证券和从事股本权益性投资。

（3）通过提高所拥有的碳资产的流动性，实现了企业碳资产的保值增值。

（4）与一般的贷款相比，碳质押贷款的利率要低不少。

碳质押融资业务所涉及的会计处理与一般质押融资业务类似，主要包括以下3个方面的会计处理。

业务一：企业和银行签订贷款合同，办理质押登记，支付质押手续费。

借：管理费用——手续费

　贷：银行存款

业务二：企业收到银行发放的质押贷款。

借：银行存款

　贷：短期借款

业务三：企业归还贷款，支付贷款本息。

借：短期借款　　　　本金

　　财务费用　　　　利息

　贷：银行存款　　　　本金＋利息

7.3.2　碳回购融资业务的会计处理

售后回购交易是一种特殊形式的销售业务，它是指卖方在销售商品的同时，与购货方签订合同，规定日后按照合同条款（如回购价格等内容），将售出的商品又重新买回的一种交易方式。售后回购的类型包括国债回购、债券回购、证券回购、质押式回购等。碳回购融资交易的对象是碳资产。

碳资产回购的特点包括：

(1)涉及碳资产的持有者(回购方)和资金提供机构双方。

(2)在合约中规定一定期限之后,回购方要回购所出售的碳资产。

(3)实现了一种新的融资渠道,解决短期资金问题。

(4)盘活碳资产,提高所拥有的碳资产的流动性。

碳资产售后回购的会计处理包括以下两个方面。

业务一:企业和碳资产管理公司签订回购协议,将碳资产出售给碳资产管理公司,获得出售价款。

借:银行存款

　贷:其他应付款

业务二:企业从碳资产管理公司购回碳资产,支付回购款项。

借:其他应付款(=出售价款)

　　财务费用(=回购价款-出售价款)

　贷:银行存款(=回购价款)

7.3.3 碳保险业务的会计处理

保险是投保人与保险人达成保险合约并履行保险合约职责所完成的一系列过程,保险的种类包括:①人身保险,如人寿保险、人身意外伤害保险和健康保险。②财产保险,如农业保险、责任保险、保证保险、信用保险等以财产或利益为保险标的的各种保险。

碳保险是为了降低碳资产开发或交易过程中的违约风险而开发的保险产品。碳保险的种类包括:

(1)碳排放权保险。该类保险旨在保障企业在碳排放权交易中面临的风险。以我国首单碳排放权交易保险为例,2016年湖北碳排放权交易中心与平安保险湖北分公司签署碳保险开发战略合作协议,推出全国首个碳保险产品。根据该产品,保险公司对华新水泥投入新设备后的减排量进行保底,对超出配额的排放给予赔偿。

(2)碳汇保险。碳汇保险包括碳汇价格保险与碳汇指数保险等创新品种。碳汇价格保险旨在保障林业碳汇的价格损失风险。以广东省首单林业碳汇价格保险为例,其于2021年12月30日落地广东省清远市,人保财险为清新区三坑镇布坑村林场碳汇林提供了221万元的风险保障。2021年全国首单林业碳汇指数保险由中国人寿财险福建省分公司承保,并在福建省龙岩市新罗区落地。该保险年保费为120万元,在森林固碳量累计损失触发阈值时视作保险事故发生,最高可提供2000万元的保险赔偿。

(3)低碳技术保险。随着近年来我国电力结构的清洁化转型,可再生能源发展迅速,但也涌现出可再生能源稳定性差、融资缺口明显、投资风险大、电站设备运营相关风险等在内的众多风险。由此,光伏辐射指数保险、光伏组件效能保险、光伏电站综合运营保险等低碳技术保险应运而生。光伏辐射指数保险旨在平衡日照时长不稳定对光伏电站运营收入构成的风险,在太阳辐射不足导致电站发电量减少、发电收入下降时,保险公司会赔偿电站的经济损失。该险种最早于2014年出现在我国光伏保险市场。光伏组件效能保险旨在对组件效能低下的风险加以保障,该保险为保险年度内的太阳能电池组件签发单独保单,对输出功率不达厂商保证水平的太阳能电池组件加以赔付,在我国光伏组件出口海外并占据主要市场份额的过程中提供了良好保障。

和其他保险类似,碳保险的会计处理也包括以下两个方面。

业务一:公司与保险公司签订碳保险合同,支付保费。

借:管理费用——保险费

　贷:银行存款

业务二:公司发生保险事件,提出理赔申请,保险公司核实后进行理赔,公司收到理赔款。

借:银行存款

　贷:其他应收款

7.4 碳质押融资实验

7.4.1 实验介绍

1. 实验背景

本实验以北京知链集团股份有限公司为案例企业。该企业在年初拥有750000吨碳配额,为了盘活资产,企业以该碳配额为质押物向银行申请质押融资,获取生产经营所需资金。

2. 实验数据

(1)融资金额:1000万元。

(2)融资利率:3.65%。

(3)融资期限:1年。

3. 实验目标

(1)理解什么是碳质押融资。

(2)了解碳质押融资实施流程。

(3)掌握碳质押融资相关账务处理。

4. 实验流程

整个实验流程如图7-3所示。

进行碳质押融资的条件是企业拥有可以进行质押的碳资产。在实验步骤上,首先是企业向金融机构提出碳资产质押融资申请,经批准后签订碳资产质押融资合同,然后进行碳资产质押登记(避免重复质押),接下来的步骤依次是企业接收贷款、企业归还贷款、企业进行质押物的解除质押。

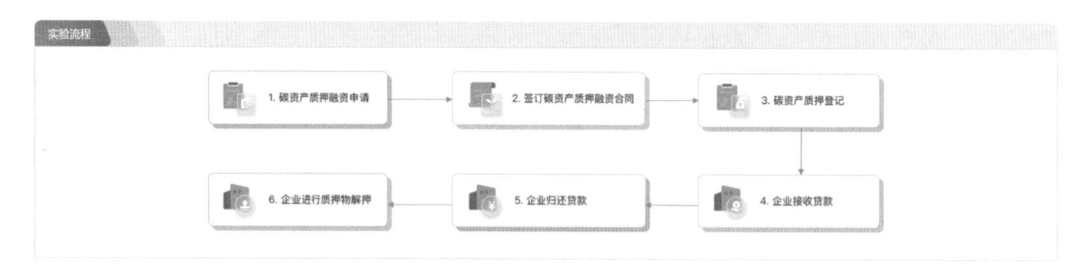

图 7－3 碳质押融资实验流程

7.4.2 碳资产质押融资申请

1. 任务说明

本任务是以碳配额为质押物向金融机构申请贷款。

主要操作界面如图 7－4 所示。

图 7－4 碳资产质押贷款申请书

2. 任务操作

(1)查看企业贷款申请书模板文件。

(2)点击【实验数据】,查看相关信息。

(3)根据【实验数据】,填写完成企业贷款申请书。

(4)点击【提交】,任务结束。

7.4.3 签订碳资产质押融资合同

1. 任务说明

本任务是在碳配额资产质押融资申请得到批准后,进行的碳配额资产质押融资合同签订实验。

主要操作界面如图 7－5 所示。

图 7－5　碳资产质押融资合同

2. 任务操作

(1)查看碳配额资产质押融资合同条款。

(2)点击【实验数据】,查看相关信息。

(3)根据【实验数据】,填写完成碳配额资产质押融资合同。

(4)点击【提交】,任务结束。

7.4.4　碳资产质押登记

1. 任务说明

本任务是在碳配额资产质押融资合同签订后,进行碳配额质押登记实验。

主要操作界面如图 7－6、图 7－7、图 7－8 所示。

图 7－6　碳排放权配额质押登记申请表

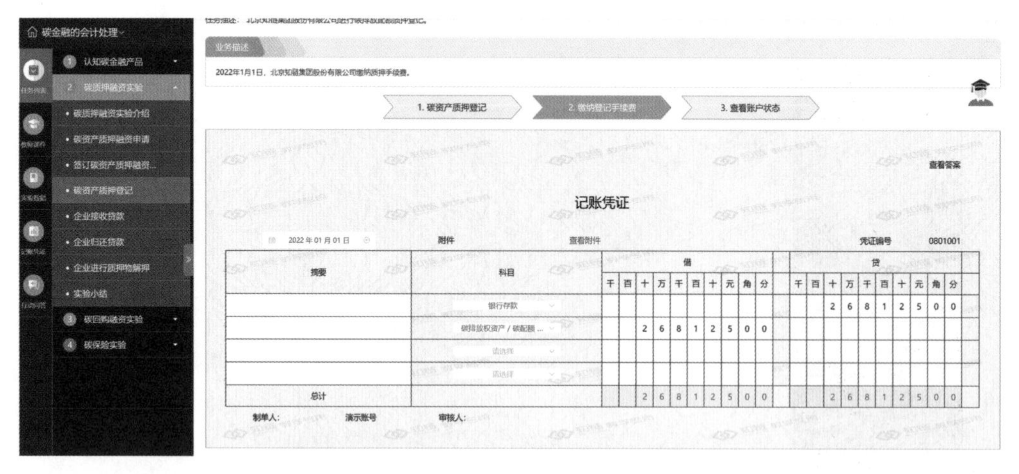

图 7-7　缴纳登记手续费的账务处理

图 7-8　查看账户状态

2. 任务操作

(1)选择【碳资产质押登记】页签，进行以下操作：

①查看碳排放权配额质押登记申请表模板文件；

②点击【实验数据】，查看相关信息；

③根据【实验数据】，填写碳排放权配额质押登记申请表，点击【提交】。

(2)选择【缴纳登记手续费】页签，进行以下操作：

①根据银行回单【实验数据】，填写凭证，点击【保存】；

②点击【查看附件】，查看原始凭证；

③校验记账凭证，点击【查看答案】，查看正确答案；点击【提交】。

(3)选择【查看账户状态】页签，进行以下操作：

①使用【实验数据】中的账户密码进行登录；

②查看账户信息，点击【冻结】，账户冻结成功，任务完成。

7.4.5　企业接收贷款

1. 任务说明

本任务是公司收到碳配额质押融资贷款的账务处理实验。

主要操作界面如图 7－9、图 7－10 所示。

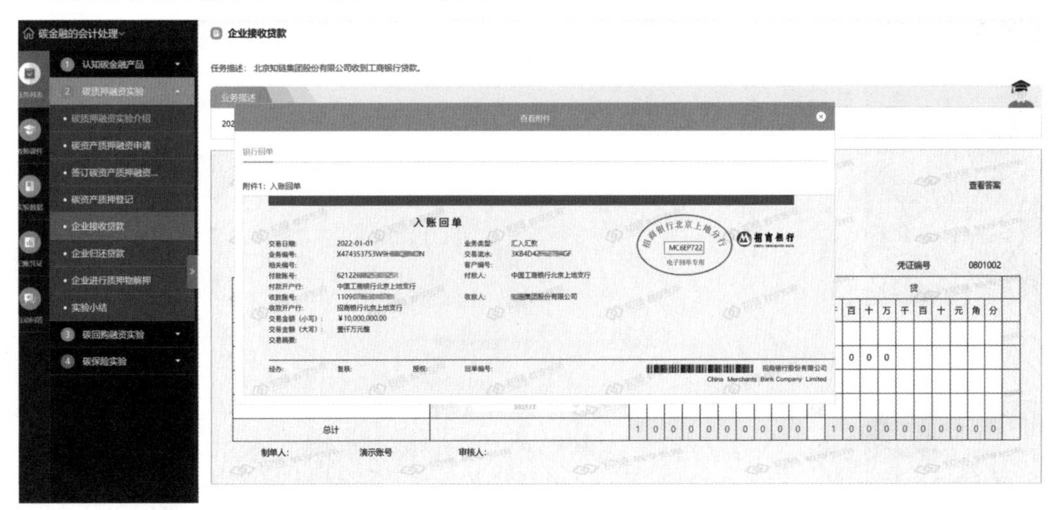

图 7－9　企业收到贷款的入账回单

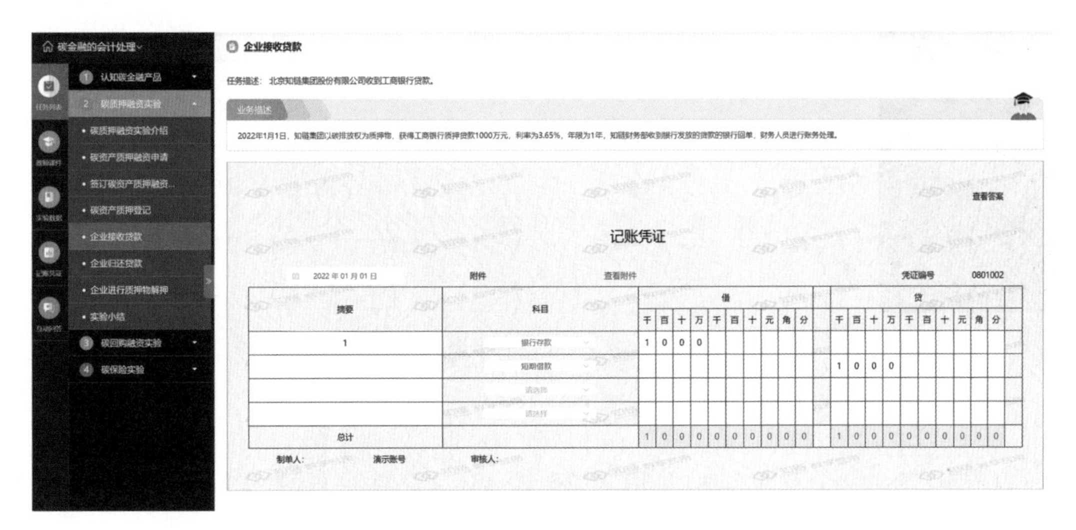

图 7－10　企业收到贷款的账务处理

2. 任务操作

(1)点击【查看附件】,查看原始凭证的银行入账回单。

(2)根据银行回单,填写凭证,点击【提交】。

(3)校验记账凭证,点击【查看答案】,查看正确答案。

7.4.6 企业归还贷款

1. 任务说明

本任务是公司按照合同约定偿还贷款实验。

主要操作界面如图 7－11、图 7－12 所示。

图 7－11 企业还款操作

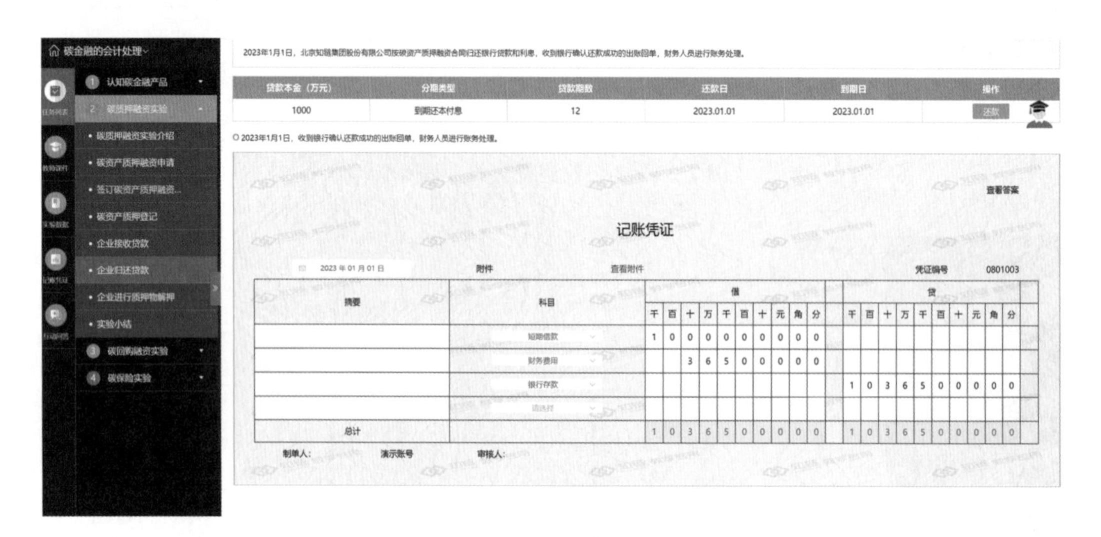

图 7－12 企业还款记账凭证

2. 任务操作

(1)企业归还银行贷款和利息，点击【还款】，输入还款总额，点击【提交】，还款成功。

(2)点击【查看附件】，查看原始凭证。

(3)根据还款单和银行回单，填写凭证，完成后点击【提交】。

(4)点击【查看答案】，查看正确答案。

7.4.7 企业进行质押物解押

1. 任务说明

本任务是公司完全清偿贷款后办理解押手续实验。

主要操作界面如图7-13、图7-14所示。

图7-13　质押登记解除登记表

图7-14　查看账户状态

2. 任务操作

(1)解除质押登记。

①点击【实验数据】，查看相关信息；

②根据【实验数据】信息，填写完成碳排放配额质押登记解除登记表，点击【提交】，完成任务。

(2)查看账户状态。

①点击【实验数据】,查看相关信息;

②根据【实验数据】中的账号密码登录系统;

③查看账户信息,点击【启用】,被冻结的碳配额资产恢复成可使用状态,任务完成。

7.5 碳回购融资实验

7.5.1 实验介绍

1. 实验背景

本实验以北京知链集团股份有限公司为背景,向碳资产管理公司卖出一定数量的碳配额,约定期限结束后知链集团回购同样数量的碳配额,通过回购交易将持有的碳配额盘活,有效解决企业的资金需求问题。

2. 实验数据

(1)初始交易成交单价:80 元/吨。

(2)购回交易单价:90 元/吨。

(3)成交数量:30000 吨。

3. 实验目标

(1)理解什么是碳回购。

(2)理解碳排放配额回购交易业务细则。

(3)掌握碳回购相关账务处理。

4. 实验流程

整个实验流程如图 7-15 所示。

图 7-15 碳回购融资实验流程

在实验步骤上,首先是交易双方签订碳配额回购合同,然后是按照合同卖出方出售碳配额给买入方,最后是卖出方按照合同约定,回购所售出的碳配额。

7.5.2　签订碳资产回购合同

1. 任务说明

本任务是碳排放配额回购融资合同签订实验。

主要操作界面如图 7 - 16 所示。

图 7 - 16　碳排放配额回购融资合同

2. 任务操作

(1)阅读合同条款。

(2)点击【实验数据】查看相关信息。

(3)根据【实验数据】信息，填写完成碳排放配额回购融资合同，点击【提交】。

7.5.3　出售碳配额

1. 任务说明

本任务是按照碳排放配额回购融资合同的规定，以确定的价格出售确定数量碳配额实验。

主要操作界面如图 7 - 17 所示。

2. 任务操作

(1)点击【查看附件】，查看原始凭证的银行回单。

(2)根据银行回单填写凭证，点击【提交】。

(3)校验记账凭证，点击【查看答案】，查看正确答案。

(4)点击左侧列表中【记账凭证】，可查看已提交成功的记账凭证，点击凭证编号查看详情。

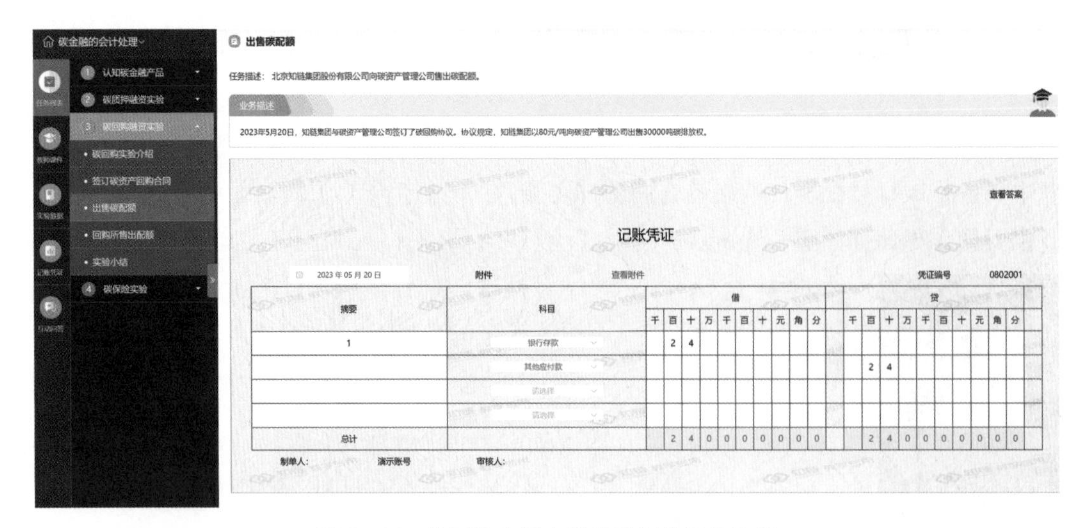

图 7-17 按回购合同出售碳配额的账务处理

7.5.4 回购所售出碳配额

1. 任务说明

本任务是按照碳排放配额回购融资合同的规定，以确定的价格回购确定数量碳配额实验。

主要操作界面如图 7-18 所示。

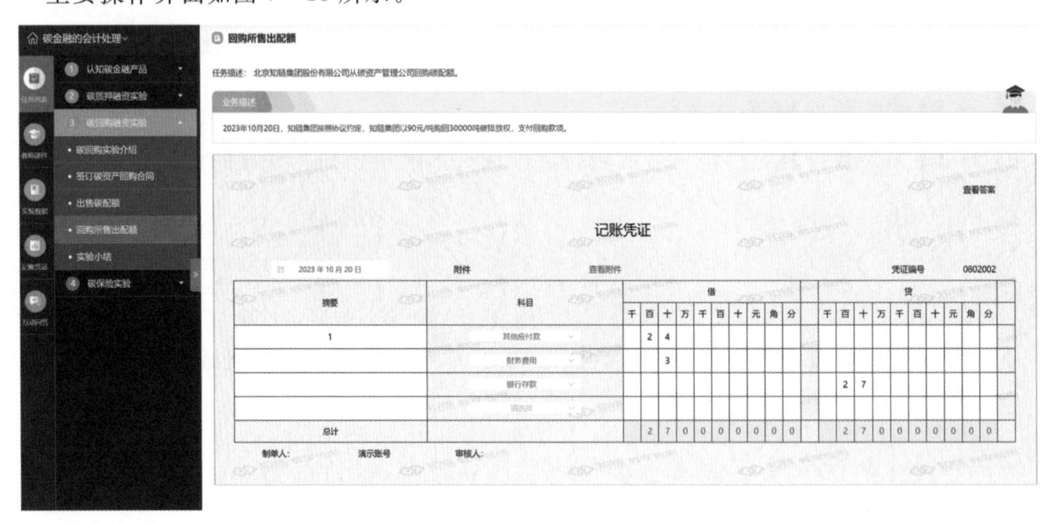

图 7-18 按回购合同回购碳配额的账务处理

2. 任务操作

(1)点击【查看附件】,查看原始凭证的银行回单。

(2)根据银行回单填写凭证,点击【提交】。

(3)校验记账凭证,点击【查看答案】,查看正确答案。

(4)点击左侧列表中【记账凭证】,可查看已提交成功的记账凭证,点击凭证编号查看详情。

7.6　碳保险实验

7.6.1　实验介绍

1. 实验背景

本实验以北京知链集团股份有限公司与太平洋保险公司成功签订森林碳汇保险为背景,为 5000 亩竹林提供碳汇价值损失风险保障。承保范围内的林木因自然灾害或意外事故导致碳存储量减少时,视为保险事故发生,按照合同约定进行赔偿。

2. 实验数据

(1)保费:1100 元。

(2)保险金额:110000 元。

3. 实验目标

(1)了解碳保险合同要素。

(2)掌握支付保费账务处理。

(3)了解碳保险单要素。

(4)掌握保险赔偿金账务处理。

(5)了解理赔申请书要素。

4. 实验流程

整个实验流程如图 7－19 所示。

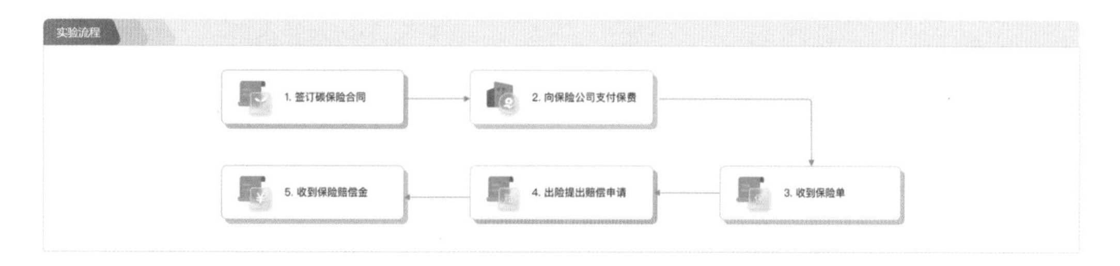

图 7－19　碳保险实验流程

在实验步骤上，首先是企业与保险公司签署碳保险合同，然后企业向保险公司支付保费，之后企业收到保险单；在出险后企业提出赔偿申请，保险公司处理后予以赔偿，企业收到保险赔偿金。

7.6.2 签订碳保险合同

1. 任务说明

本任务是企业与保险公司签订碳汇保险合同的实验。

主要操作界面如图 7-20 所示。

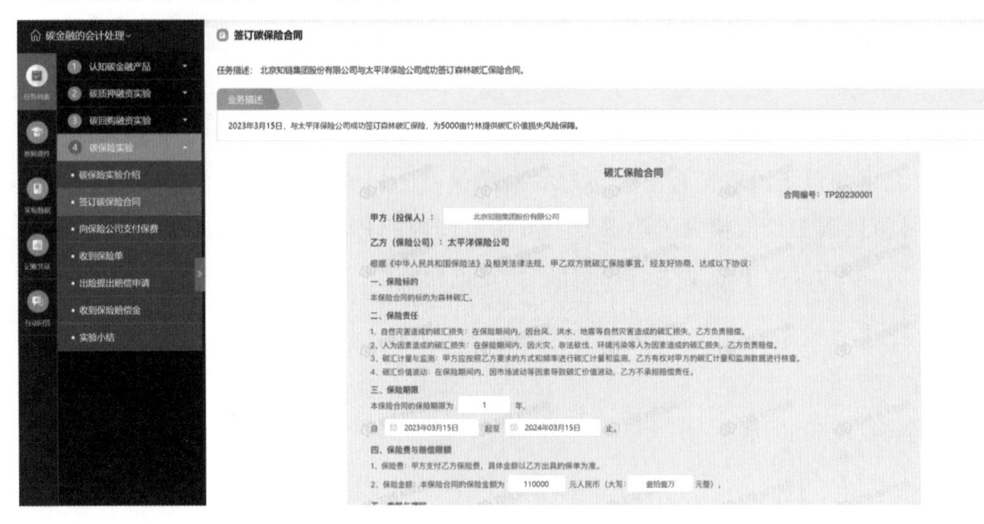

图 7-20 签订碳汇保险合同

2. 任务操作

(1)阅读合同条款。

(2)点击【实验数据】，查看相关信息。

(3)根据【实验数据】信息，填写完成碳汇保险合同，点击【提交】，完成任务。

7.6.3 向保险公司支付保费

1. 任务说明

本任务是企业按照所签订的碳汇保险合同向保险公司支付保费，进行账务处理的实验。

主要操作界面如图 7-21 所示。

2. 任务操作

(1)点击【支付】，支付保险费，输入金额后，点击【提交】支付成功。

(2)点击【查看附件】，查看保费支付的银行回单原始凭证。

(3)根据银行回单，填写凭证，点击【提交】。

图 7－21　向保险公司支付保费

（4）点击【查看答案】，查看正确答案。

（5）点击左侧列表中【记账凭证】，可查看已提交成功的记账凭证，点击凭证编号查看详情。

7.6.4　收到保险单

1. 任务说明

本任务是碳保险的保险单内容的实验。

主要操作界面如图 7－22 所示。

图 7－22　收到林木碳汇保险单

2. 任务操作

(1)查看林木碳汇保险单。

(2)点击【实验数据】,查看相关信息。

(3)依据【实验数据】信息,填写林木碳汇保险单,点击【提交】,完成任务。

7.6.5 出险提出赔偿申请

1. 任务说明

本任务是林场因火灾受损严重导致碳汇损失,投保企业向保险公司提出赔偿申请的实验。主要操作界面如图 7-23 所示。

图 7-23 碳汇保险理赔申请书

2. 任务操作

(1)查看碳汇保险理赔申请书的内容。

(2)点击【实验数据】,查看相关信息。

(3)根据【实验数据】,填写完成碳汇保险理赔申请书。

(4)点击查看相关证据材料:保险合同、保险单、碳汇损失清单。

(5)点击【提交】,完成任务。

7.6.6 收到保险赔偿金

1. 任务说明

本任务是投保企业收到保险公司赔偿金的实验。

主要操作界面如图 7-24 所示。

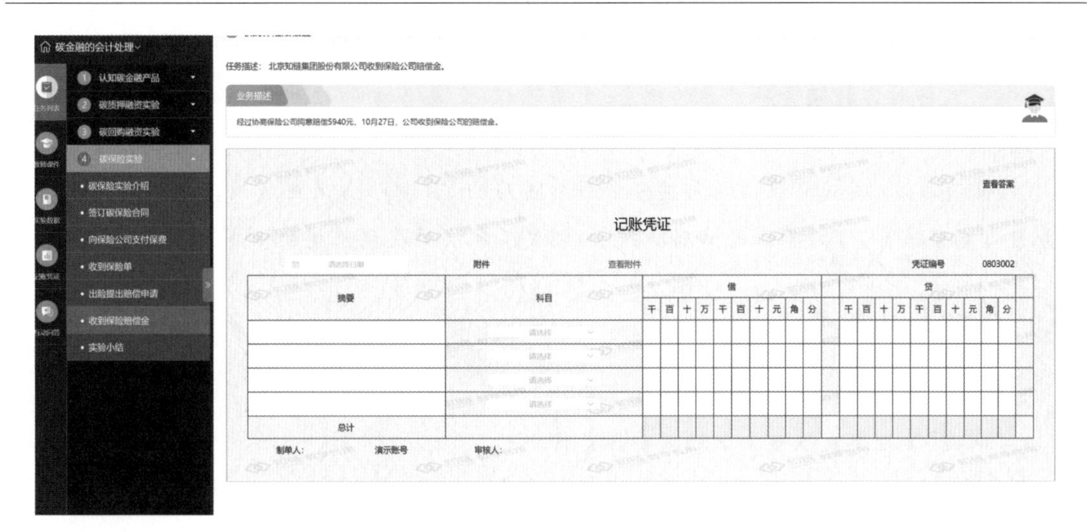

图 7 - 24　收到保险赔偿金的财务处理

2. 任务操作

(1)查看附件的银行入账回单。

(2)根据银行回单,填写记账凭证,点击【提交】。

(3)点击【查看答案】,可查看凭证填写的正确答案。

(4)点击左侧列表中【记账凭证】,可查看已提交成功的记账凭证,点击凭证编号查看详情。

本章小结

碳金融作为环境金融的一个分支,是基于对碳排放的管理衍生出的一种新型金融运作体系,其目的是通过市场机制的方式降低碳排放、优化能源结构、促进低碳发展。我国央行对于碳金融作如下定义:碳金融是指服务于限制温室气体排放的相关金融活动,如直接投融资、碳交易中介服务、碳指标交易、碳金融衍生品交易和银行贷款等。碳金融内涵丰富,既包括碳排放权交易市场,也包括支持碳市场发展的金融服务体现和各类基础金融工具、金融衍生工具。

碳金融与碳会计关系密切,互为影响、互相促进,为了实现碳减排和可持续发展的目标,企业必须参与到碳交易市场当中,既然有业务,就有成本与收益的计较,所以需要碳会计的计量与控制,因此碳金融业务带来了碳会计核算;反过来,碳会计核算所提供的价值指标影响着企业对碳金融活动方案的选择,指导企业采取合理的方式进行低碳节能转型发展并且在此过程中同时兼顾成本-效益原则。

随着碳金融市场的不断发展和完善,各种碳金融产品被开发出来,主要包括 3 类。①碳市场交易工具:碳现货、碳远期、碳期货、碳期权、碳借贷、碳掉期等;②碳市场融资工具:碳债券、碳资产抵押融资、碳资产回购、碳资产托管等;③碳市场支持工具:碳指数、碳保险、碳基金等。

为了规范碳金融市场,各地相继出台了相关金融业务政策,比如,《江苏省碳资产质押融资操作指引(暂行)》《广州碳排放交易中心广东省碳排放配额回购交易业务指引(2019 年修订)》

《广东省碳排放配额托管业务指引(2019年修订)》《广州碳排放权交易中心远期交易业务指引》。指引文件对各种碳金融产品的概念、交易流程、交易各方的权利与义务等做了详细的说明和指导。

“排碳有成本,减碳有收益”,与碳金融如影随形的是碳会计,用正确的会计科目对碳金融业务进行完整核算,可为单位的降碳减排、转型发展的决策提供有用的信息。

本章复习思考题

1. 什么是碳金融?碳金融的产生背景是什么?
2. “双碳”目标下发展碳金融的必要性是什么?
3. 主要的碳金融产品有哪些?其特点分别是什么?
4. 碳金融与绿色金融的关系是什么?碳会计与碳金融的关系是什么?
5. 简述碳金融相关政策要点。
6. 简述典型碳金融业务的流程及相关会计处理方法。

第 8 章　碳会计数据报告披露

本章学习目标

本章主要介绍了碳会计数据报告披露的 4 大特征，介绍了央行、国资委、3 大交易所、生态环境部、财政部等相关机构(部门)相关披露政策，以及 ESG 报告披露的相关内容。通过本章的学习，要达到以下学习目标：

1. 掌握碳数据披露的 4 个特征；

2. 了解央行、国资委、3 大交易所与碳披露相关的政策规定；

3. 掌握财政部印发的《碳排放权交易有关会计处理暂行规定》中关于碳数据会计核算设置和核算内容、碳排放配额变动与碳信用资产变动列报以及财务报表列示与披露要求；

4. 掌握 ESG 的概念、ESG 投资原则，认识 ESG 与"双碳"战略的关系，了解 ESG 指标体系的构成；

5. 通过碳会计系统的操作，掌握碳配额和碳信用资产数据的填报；

6. 通过碳会计系统的操作，了解 ESG 报告框架，识别 ESG 指标，掌握 ESG 报告的填报。

本章逻辑框架图

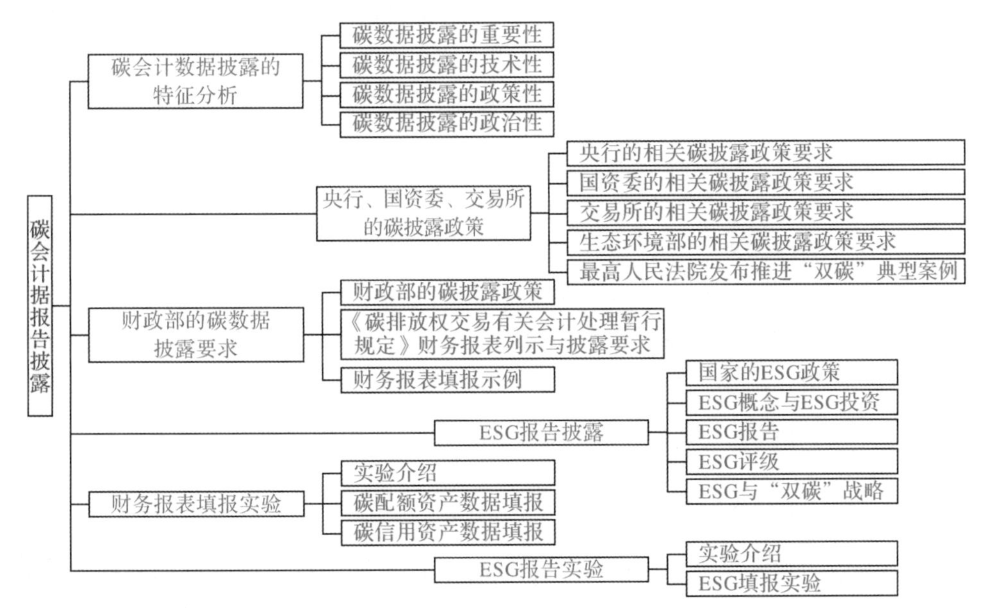

8.1 碳会计数据披露的特征分析

8.1.1 碳数据披露的重要性

碳数据披露的重要性体现在宏观、中观和微观层面。从宏观层面上讲，碳数据披露是中国践行“双碳”理念的战略行动，发达国家已经经过了碳减排阶段，在碳行动上主要聚焦于碳中和，中国是发展中国家，既要发展，还要实现“双碳”战略目标，碳数据披露体现了中国作为大国的担当精神，为全球环境可持续发展做出了表率。在中观层面上，碳数据披露对中国高能耗、高碳排放行业和产业提出了前所未有的挑战，碳数据披露不仅传递了我们的观念是什么，更重要的是我们在做什么。这些碳数据披露为政府制定产业政策、调整产业结构提供了决策依据。在微观层面上，任何一个信息的披露，源于信息拥有方和信息使用方之间存在信息不对称，信息不对称会造成信息使用方投资或者决策失误。从投资角度看，投资者对企业碳排放、碳减排以及碳治理等相关数据并没有掌握，只有通过碳数据披露，投资者才能获得这些信息，以评价企业可持续发展的能力；从行业主管部门角度看，行业主管部门为落实“双碳”战略制定了碳数据披露强制性要求，碳数据披露有助于行业主管部门评价考量政策的合理性以及企业执行的合规性。

8.1.2 碳数据披露的技术性

企业碳数据披露的质量取决于碳数据的来源。碳数据的获取需要以一些技术手段作为依托，比如区块链、物联网、遥感技术等，在碳排放的排放点来监测、采集碳相关数据，从源头获取可信数据，才能保证碳核算的数据质量，从而保证碳会计数据披露的质量。没有技术依托的碳数据信息收集，也就没有准确的碳会计核算信息，从而也就无法保障碳数据披露的质量。现代技术的发展，为碳数据披露提供了前所未有的技术支撑，也体现了碳数据披露的技术性特征。

8.1.3 碳数据披露的政策性

不管是碳核算，还是碳数据披露，更多的是来自国家层面的“双碳”战略要求。在“双碳”战略导向下，行业主管部门公布了制度性的碳数据披露要求。资本监管市场比如证券交易所出台类似可持续监管指引的规定，在一定程度上强制要求披露主体披露碳数据相关信息，因此碳数据披露具有极强的政策强制性。碳数据披露尽管是政策性要求，但还是要掌握企业的承受能力和发展阶段，同时还要在国家层面上考虑披露内容，适度保护企业的商业秘密和核心数据。

8.1.4 碳数据披露的政治性

现在欧美等发达国家提出了减少温室气体排放，以控制全球温度升高的控排要求。这一控排要求，包括对现实环境保护和改善的诉求，其背后隐藏的是对包括中国在内的发展中国家发展权的限制，因此碳数据披露不仅是环境问题，还是国际政治问题。碳数据披露，既会涉及企业的商业秘密，或者核心信息，也会被一些别有用心的国家利用来制造贸易摩擦或者设置贸易壁垒，因此碳数据披露背后一定关联着政治利益和国家利益，这就要求我们在披露碳数据信息时，既要真实客观，也要有理有据，不给别有用心的国家或者反华势力提供可乘之机。

8.2 央行、国资委、交易所、生态环境部的碳披露政策

8.2.1 央行的相关碳披露政策要求

2021 年 7 月 22 日，中国人民银行(央行)发布了《金融机构环境信息披露指南》，并于 2021 年 7 月 22 日实施。该指南规定了金融机构在环境信息披露过程中遵循的原则、披露的形式、内容要素以及各要素的原则要求，其适用范围为在中华人民共和国境内依法设立的银行、资产管理、保险、信托、期货、证券等金融机构。

《金融机构环境信息披露指南》由前言、范围、规范性引用文件、术语和定义、披露原则、披露形式与频次、披露内容以及参考文献等部分组成。对披露原则、披露形式与频次、披露内容等概述如下。

1. 披露原则

《金融机构环境信息披露指南》中提出了真实、及时、一致和连贯的披露原则。真实性原则要求金融机构宜尽可能客观、准确、完整地向公众披露环境相关信息，引用的数据和资料要注明来源；及时性原则是金融机构可在报告期末以监管机构许可的途径及时发布年度环境信息报告，当本机构或本机构的关联机构发生对社会公众利益有重大影响的环境事件时，及时披露相关信息；一致性原则要求金融机构环境信息披露测算口径和方法在不同时期保持一致性；连贯性原则要求金融机构环境信息披露的方法和内容宜保持连贯性。

2. 披露形式与频次

《金融机构环境信息披露指南》中提出了 3 种信息披露形式，金融机构可根据自身实际情况，选取不同的披露形式。3 种信息披露形式具体为：第一种，编制发布专门的环境信息报告；第二种，在社会责任报告中对外披露；第三种，在年度报告中对外披露。同时，该指南鼓励金融机构编制和发布专门的环境信息报告。

在披露频次上，《金融机构环境信息披露指南》鼓励金融机构每年至少对外披露一次本机构环境信息。金融机构宜根据绿色金融产品需要进行相关信息披露。

3. 披露内容

《金融机构环境信息披露指南》提出了 11 项披露内容，其中关于碳数据相关披露要求，主要体现在以下方面：

(1)在年度概况中要求披露自身经营活动所产生的碳排放控制目标及完成情况。

(2)在环境风险对金融机构投融资影响的测算与表达部分,要求商业银行、资产管理机构和信托公司采取具有公信力的计算方法或委托有相应资质的第三方,计算自身的投融资环境影响。对于典型节能项目与典型污染物减排项目,依据项目立项批复文件、项目可行性研究报告或项目环评报告中的节能减排种类和相应数据进行填报,若上述相关文件未给出相应节能减排量数据,则根据银保监会规定的公式进行测算。

(3)在金融机构经营活动的环境影响部分,要求披露如下信息:

①金融机构经营活动产生的直接温室气体排放和自然资源消耗;

②金融机构采购的产品或服务所产生的间接温室气体排放和间接自然资源消耗;

③金融机构采取环保措施所产生的环境效益;

④经营活动环境影响的量化测算。

自《金融机构环境信息披露指南》发布后,央行组织了多次金融机构环境信息披露交流座谈会,我国金融机构环境信息披露工作取得较大进展。2023 年 8 月,中国人民银行研究局组织召开了金融机构环境信息披露座谈会,结合国际可持续准则理事会(ISSB)正式发布的《国际财务报告可持续披露准则第 1 号——可持续相关财务信息披露一般要求》和《国际财务报告可持续披露准则第 2 号——气候相关披露》,讨论了修订金融行业标准《金融机构环境信息披露指南》的建议,以进一步完善金融机构环境信息披露制度,提升金融机构环境信息披露水平。未来金融机构环境信息披露将按照"先自愿、后强制、分批实施"的原则,推进环境信息披露工作。

8.2.2 国资委的相关碳披露政策要求

2021 年 11 月 27 日,国资委印发《关于推进中央企业高质量发展做好碳达峰碳中和工作的指导意见》的通知,要求把碳达峰、碳中和纳入国资央企发展全局,着力布局优化和结构调整,着力深化供给侧结构性改革,着力降强度控总量,着力科技和制度创新,加快中央企业绿色低碳转型和高质量发展,有力支撑国家如期实现碳达峰、碳中和。

《关于推进中央企业高质量发展 做好碳达峰碳中和工作的指导意见》对碳数据披露提出了明确要求:"推动中央企业建立健全碳排放统计、监测、核查、报告、披露等体系。提高统计监测能力,加强重点位能耗在线监测系统建设。加强二氧化碳排放统计核算能力建设,提升信息化实测水平。科学开展碳排放盘查工作,建立健全碳足迹评估体系,强化产品全生命周期碳排放精细化管理,重点排放单位严格落实温室气体排放报告编制及上报要求。"

2022 年 5 月 27 日,国资委发布《提高央企控股上市公司质量工作方案》。方案对提高央企控股上市公司质量工作做出部署,在信息披露方面要求持续提高信息披露质量,提升上市公司透明度。对于中央企业集团公司,要求优化完善与上市公司的沟通传导机制,支持、配合上市公司依法依规履行信息披露义务,督促上市公司健全信息披露制度,以投资者需求为导向,优化披露内容,真实、准确、完整、及时、公平披露信息,做到简明清晰、通俗易懂,力争"接地气”，避免“炒概念”“蹭热点”。同时，要求贯彻落实新发展理念，探索建立健全 ESG 体系，推动更多央企控股上市公司披露 ESG 专项报告，力争到 2023 年相关专项报告披露“全覆盖”。

2022 年 6 月 29 日，国资委出台《中央企业节约能源与生态环境保护监督管理办法》，旨在指导督促中央企业落实节约能源与生态环境保护主体责任。该办法提出，中央企业应积极稳妥推进碳达峰碳中和工作，科学合理制定实施碳达峰碳中和规划和行动方案，建立完善二氧化碳排放统计核算、信息披露体系，采取有力措施控制碳排放；应建立健全节约能源与生态环境保护领导机构，设置或明确与企业生产经营相适应的节约能源与生态环境保护监督管理机构，明确管理人员。

国务院国资委办公厅 2023 年 7 月 25 日发布的《关于转发〈央企控股上市公司 ESG 专项报告编制研究〉的通知》指出，规范央企控股上市公司 ESG 信息披露，提升有关专项报告编制质量，助力央企控股上市公司 ESG 工作走在国内前列。

2024 年 2 月 8 日，上海证券交易所、深圳证券交易所和北京证券交易所就《上市公司持续监管指引——可持续发展报告(征求意见稿)》，向社会公开征求意见。这一指引采用强制披露与自愿披露相结合的方式，建立上市公司可持续发展信息披露框架，强化碳排放相关披露要求，明确环境、社会、公司治理披露议题。作为央企控股上市公司，其 ESG 专项报告以及相关信息披露也将遵循该指引。

8.2.3　交易所的相关碳披露政策要求

2021 年 10 月 8 日，上海市人民政府发布《上海加快打造国际绿色金融枢纽服务碳达峰碳中和目标的实施意见》，自 2021 年 11 月 1 日施行。实施意见提出，上海市人民政府支持上交所研究推进上市公司碳排放信息披露，加快打造国际绿色金融枢纽。上交所发布的《上海证券交易所“十四五”期间碳达峰碳中和行动方案》中，提出要强化上市公司环境信息披露，鼓励上市公司在定期报告中自愿披露减少碳排放的措施、效果和履行社会责任等情况。

2024 年 2 月 8 日，上海证券交易所、深圳证券交易所和北京证券交易所分别发布了《上海证券交易所上市公司自律监管指引第 14 号——可持续发展报告(试行)(征求意见稿)》《深圳证券交易所上市公司自律监管指引第 17 号——可持续发展报告(试行)(征求意见稿)》《北京证券交易所上市公司自律监管指引第 11 号——可持续发展报告(试行)(征求意见稿)》，向全社会公开征求意见。

3 个监管指引结构是一样的，分为总则、可持续发展信息披露框架、环境信息披露、社会信息披露、公司治理信息披露和附则与释义等 6 章，总共 58 条。3 个监管指引明确了披露主体披露议题的两个判断标准，就是财务重要性和影响重要性，同时规定了可持续发展信息披露的披露框架，要求披露主体围绕治理、战略、影响、风险和机遇管理以及指标与目标等，依据财务重要性和影响重要性的判断标准，对拟披露议题进行分析和披露。

其中，针对相关碳披露政策要求，第八条对披露主体在《可持续发展报告》中披露碳排放、碳减排目标等需要估算的信息和预测性信息时，应该基于合理的基本假设和前提，而不应采取过于乐观和过于悲观的假设。

在第三章环境信息披露中的第一节应对气候变化中，对相关碳信息披露提出了明确的要求。比如，第二十四条要求披露温室气体排放总量，披露主体应该披露温室气体范围 1 排放量、范围 2 排放量，有条件的披露主体可以披露温室气体范围 3 排放量；第二十六条要求披露主体披露核算温室气体排放量所依据的标准、方法、假设或计算工具，并说明排放量的合并方法；第二十七条要求披露主体披露减排相关信息及其成效；第二十八条要求披露主体披露有利于减少碳排放的新技术、新产品、新服务以及相关研发进展的，应当客观、审慎披露相关信息，并鼓励说明对披露主体当期及未来财务状况和经营成果的影响，以及可能存在的不确定性和风险等。

在披露方式上，上交所和深交所对规定范围内的上市公司在表述上用“应当”的词语，属于强制披露，对规定范围之外的上市公司采取“鼓励”披露的表述，而北交所则采取了自愿披露的方式。

在披露的期限上，3 个交易所均要求披露主体应当在每个会计年度结束后 4 个月内按照本指引编制《可持续发展报告》，经董事会审议通过后与年度报告同时披露。而且要求《可持续发展报告》的报告主体和期间应当与年度报告保持一致。

在 3 个征求意见稿中，上交所和深交所设置了过渡期，均要求按照指引规定披露，《可持续发展报告》的披露主体应当在 2026 年 4 月 30 日前发布 2025 年度的《可持续发展报告》，同时首个报告期提出了简化或者豁免的规定；北交所则没有设置过渡期。

3 个征求意见稿中，针对碳披露的要求主要体现在以下方面：

(1)在减少碳排放技术研发上，要求披露相关技术的研发投入及进度、是否取得审批或者认证、是否具备规模化生产能力等信息，鼓励披露主体披露相关信息对当期和未来的财务影响。

(2)在减排相关信息方面，要求披露减排目标、减排措施以及减排成效等信息。

(3)温室气体排放范围分类披露因重新设计生产流程、改造设备、改进工艺、更换燃料等减排措施直接减少的温室其他排放量，同时要换算成二氧化碳当量吨数。

(4)披露主体需要披露全国温室其他自愿减排量和核证自愿减排量的登记与交易情况，如有参与其他减排机制的项目，也应披露登记与交易情况。

(5)要求披露主体披露温室气体范围 1、范围 2 排放量，有条件的可以披露温室气体范围 3 排放量。

(6)披露主体涉及使用碳信用额度的，要求披露所使用的碳信用额度的来源与数量。

(7)鼓励有条件的披露主体聘请第三方机构对公司温室气体排放等数据进行核查或鉴证。

(8)披露主体披露碳排放、碳减排目标等需要估算的信息或预测性信息的，应当基于合理的基本假设和前提，不应采取过于乐观或过于悲观的假设，并对可能影响预测实现的重要因素进行充分风险提示。

可以看出，在征求意见稿中，对碳披露提出了比较明确的要求，也可以看出三大交易所对《可持续发展报告》对碳相关信息披露的重视程度。

8.2.4　生态环境部的相关碳披露政策要求

2021 年 12 月 11 日，生态环境部发布了《企业环境信息依法披露管理办法》，该管理办法经生态环境部第四次部务会议审议通过，并于 2022 年 2 月 8 日起施行。此前公布的《企业事业单位环境信息公开办法》（生态环境部令第 31 号）同时废止。

《企业环境信息依法披露管理办法》的出台，对生态环境、公众健康和大众利益具有重大的影响，尤其是作为披露主体的企业，《企业环境信息依法披露管理办法》提出了加快建立企业自律、管理有效、监督严格、支撑有力的环境信息依法披露制度。《企业环境信息依法披露管理办法》的重要意义体现在 3 个方面：第一健全了环境信息依法披露的具体安排，对多部生态环境法律法规中关于环境信息披露的规定进行了整合，从根本上解决了环境信息披露形式、程序、时限等要求不明确问题；第二着重解决环境信息披露内容不规范问题，强化对深入打好污染防治攻坚战、碳达峰碳中和等生态环境领域重点工作的支撑，实现对重要主体、重要行为、重要信息等关注度高、使用需求大的信息全覆盖；第三着重解决环境信息披露渠道过于分散、部门协作不足等问题，规范环境信息披露途径，明确管理部门责任，保障合理分工、有效执行。

《企业环境信息依法披露管理办法》分为 6 章，共 33 条，规范了企业环境信息依法披露的主体、内容和时限、监督管理、罚则及附则。在披露主体方面，明确了应当按照《企业环境信息依法披露管理办法》的规定披露环境信息，这 5 类企业是：重点排污单位，实施强制性清洁生产审核的企业，符合本办法第八条规定的上市公司及合并报表范围内的各级子公司，符合本办法第八条规定的发行企业债券、公司债券、非金融企业债务融资工具的企业，法律法规规定的其他应当披露环境信息的企业。

在披露的内容上，规定了企业年度环境信息依法披露报告应当包括的 8 大类信息，其中第四类信息专门针对碳排放，包括排放量、排放设施等方面的信息。

根据生态部 2021 年 12 月 31 日颁布的《企业环境信息依法披露格式准则》第十九条的规定，纳入碳排放权交易市场配额管理的温室气体重点排放单位应当披露碳排放相关信息：年度碳实际排放量及上一年度实际排放量；配额清缴情况；依据温室气体排放核算与报告标准或技术规范，披露排放设施、核算方法等信息。

2024 年 5 月 1 日实施的《碳排放权交易管理暂行条例》中进一步明确了有关部门的监管职责，对碳排放数据弄虚作假行为“零容忍”，严惩重罚，公开曝光相关的违法违规行为。可以说，《碳排放权交易管理暂行条例》的实施，对碳排放数据信息质量提出了更高的监管要求。

8.2.5 最高人民法院发布推进“双碳”典型案例

2023 年 2 月 16 日,《最高人民法院关于完整准确全面贯彻新发展理念 为积极稳妥推进碳达峰碳中和提供司法服务的意见》发布,意见紧扣国家“双碳”目标,对标《中共中央 国务院关于完整准确全面贯彻新发展理念 做好碳达峰碳中和工作的意见》主要任务,遵循全国统筹、节约优先、双轮驱动、内外畅通、防范风险的原则,立足发挥审判职能作用,为积极稳妥推进碳达峰碳中和提供有力司法服务。意见全文分为 6 个部分 24 条。其中,第一部分是司法服务“双碳”工作的原则要求,第六部分是持续深化环境司法改革创新,第二至五部分重点对人民法院审理的涉碳案件提出具体的指导意见。

2023 年 2 月 17 日,最高人民法院发布了 11 个司法积极稳妥推进碳达峰碳中和的典型案例。这 11 个典型案例既具有代表性,也具有实践性,真正起到依法服务经济社会发展全面绿色转型、依法保障产业结构深度调整、依法助推构建清洁低碳安全高效能源体系、依法推进完善碳市场交易机制的作用。

以下 8 个典型案例均来自 2023 年 2 月 17 日最高人民法院发布的《司法积极稳妥推进碳达峰碳中和典型案例》。

1. 典型案例一 德清县人民检察院诉德清某保温材料公司大气污染责任纠纷民事公益诉讼案

(1)基本案情。德清某保温材料公司主要从事聚氨酯硬泡组合聚醚保温材料的生产,以及聚氨酯保温材料、塑料材料、建筑材料等批发零售。2017 年 8 月至 2019 年 6 月期间,德清某保温材料公司在明知三氯一氟甲烷(俗称氟利昂)系受控消耗臭氧层物质(ODS),且被明令禁止用于生产使用的情况下,仍向他人购买并用于生产聚氨酯硬泡组合聚醚保温材料等。德清某保温材料公司购买三氯一氟甲烷共计 849.5 吨。经核算,其在使用三氯一氟甲烷生产过程中,造成三氯一氟甲烷废气排放量为 3049.7 千克。2019 年 10 月,浙江省湖州市生态环境局分别以德清某保温材料公司存储使用的正戊烷等化学用品不符合环评要求、涉嫌超配额使用 ODS 为由,做出两份行政处罚决定书。2019 年 7 月,德清某保温材料公司及其法定代表人祁某明涉嫌污染环境罪被公安机关立案侦查。2020 年 3 月,德清县人民法院作出刑事判决,被告德清某保温材料公司犯污染环境罪,判处罚金 70 万元(案涉行政罚款在本罚金中予以折抵,不重复执行);被告人祁某明犯污染环境罪,判处有期徒刑 10 个月并处罚金 5 万元。2020 年 8 月,浙江省生态环境科学技术研究院对德清某保温材料公司排放三氯一氟甲烷事件作出《生态环境损害鉴定评估报告》,确定生态环境损害值为 746421~866244 元,鉴定评估费用 15 万元。2020 年 10 月,德清县人民检察院提起民事公益诉讼,请求德清某保温材料公司赔偿生态环境损害费用 746421 元,并承担鉴定评估费用 15 万元。

(2)裁判结果。浙江省湖州市中级人民法院一审认为,三氯一氟甲烷系有害物质、危险环境物质;德清某保温材料公司产生的三氯一氟甲烷废气未经有效处置,排放至周围环境中,将损害周围环境及空气质量，该物质可以扩散到大气同温层中，并以催化分解的方式破坏臭氧层，臭氧层的破坏将会导致过量的紫外线辐射到达地面，从而影响人类健康并造成生态环境损害，德清某保温材料公司应当承担其排放三氯一氟甲烷行为的环境污染责任；遂判决德清某保温材料公司赔偿生态环境损害费用 746421 元，支付鉴定评估费用 15 万元。宣判后，各方均未上诉。

(3)典型意义。三氯一氟甲烷被释放到大气层后，受到紫外线的照射，将造成臭氧层破坏。我国作为《保护臭氧层维也纳公约》《关于消耗臭氧层物质的蒙特利尔议定书》的缔约国，一贯高度重视履约国际环境公约，于 2010 年发布《消耗臭氧层物质管理条例》《中国受控消耗臭氧层物质清单》，其中三氯一氟甲烷作为第一类全氯氟烃是国际公约规定的受控消耗臭氧层物质，被全面禁止使用。值得注意的是，因本案当事人的同一行为，同时触犯了不同法律规定，依法应当承担相应的法律责任。在本案诉讼前，行政机关已经对当事人予以行政处罚，刑事案件中当事人也被依法判处相应刑事责任。本案民事公益诉讼中，人民法院依据《中华人民共和国环境保护法》第六十四条、《中华人民共和国大气污染防治法》第一百二十五条等规定，认定侵权人承担环境污染责任并赔偿损失。本案是人民法院在环境保护领域统筹协调适用行政、刑事、民事 3 种责任，落实最严格制度最严密法治的生动体现，对相关行业和社会公众具有较强警示和教育作用。

2. 典型案例二　广州某低碳科技公司诉广州某交易中心等合同纠纷案

(1)基本案情。2018 年广州某低碳科技公司与第三人东莞某电力公司签订碳排放配额转让合同，约定广州某低碳科技公司向东莞某电力公司转让碳排放配额 23 万余吨，转让价款 378 万余元。广州某低碳科技公司在广州某交易中心将 23 万余吨碳排放配额划转给东莞某电力公司，但东莞某电力公司未依约付清款项。后东莞某电力公司进入破产清算程序，广州某低碳科技公司在该破产案中就东莞某电力公司尚未支付的案涉转让款申报了债权。广州某低碳科技公司诉请人民法院判令广州某交易中心赔偿东莞某电力公司未按约定支付的款项 218 万余元。

(2)裁判结果。广东省广州市花都区人民法院一审认为，在交易双方选择的碳排放配额交易模式下，广州某交易中心既没有义务保证东莞某电力公司的交易账户必须持有满足案涉交易的相应资金，也没有义务保证广州某低碳科技公司一定可以获得案涉交易款项；广州某交易中心系碳交易平台，在本案中非案涉交易相对方或者保证方，无法定或者约定义务承担交易风险，广州某低碳科技公司主张广州某交易中心应向其承担赔偿责任的理由不能成立；判决驳回广州某低碳科技公司的诉讼请求。广州某低碳科技公司不服提起上诉。广东省广州市中级人民法院二审驳回上诉，维持原判。

(3)典型意义。本案系碳排放权交易纠纷案件。碳排放权是生态环境主管部门分配给温室气体重点排放单位的规定时期内的碳排放额度，碳排放配额是碳排放权交易市场的交易产品。碳排放权交易应当通过碳排放权交易系统进行，可以采取协议转让、单向竞价或者其他符合规定的方式。本案中，人民法院根据当事人签订的交易合同具体约定，结合广州某交易中心的交易规则，认定该交易中心作为交易平台，而非案涉交易相对方或者保证方，无法定或者约定的义务承担交易风险和法律责任，依法分配交易风险，较好地维护了碳市场交易秩序。2021年生态环境部发布的《碳排放权交易管理办法（试行）》《碳排放权登记管理规则（试行）》《碳排放权交易管理规则（试行）》《碳排放权结算管理规则（试行）》相继施行，人民法院在审理涉交易平台责任的纠纷案件时，应当依照法律法规，参照行政规章关于注册登记机构与交易机构之间的职能划分以及风险防范制度、结算风险准备金制度等规定，结合碳市场业务规则、交易合同约定等，依法予以处理，保障碳市场健康有序发展。

3. 典型案例三　北京某清洁能源咨询公司诉某光电投资公司服务合同纠纷案

（1）基本案情。2014年7月4日，北京某清洁能源咨询公司与某光电投资公司签订《中国温室气体自愿减排项目开发服务协议》（以下简称《服务协议》），约定某光电投资公司委托北京某清洁能源咨询公司负责清洁能源4个项目的温室气体自愿减排项目交易的专业咨询服务，某光电投资公司于每个项目的每一阶段任务完成后分别支付相应合同价款等。《服务协议》签订后，北京某清洁能源咨询公司完成了部分项目国家核证自愿减排量（CCER）的备案审核，并向某光电投资公司催款，但某光电投资公司未支付合同款项。北京某清洁能源咨询公司诉请人民法院判令解除案涉合同，并由某光电投资公司按合同约定支付服务费用及逾期付款利息。

（2）裁判结果。江苏省无锡市新吴区人民法院一审认为，北京某清洁能源咨询公司与某光电投资公司签订的《服务协议》合法有效，现因双方均有解除合同的意思表示，故对于《服务协议》未履行部分予以解除。虽北京某清洁能源咨询公司未能在约定期限完成全部项目的备案审核，但因双方在《服务协议》中约定，要在经友好协商后判定北京某清洁能源咨询公司无能力继续履行协议时才终止协议，再结合北京某清洁能源咨询公司已履行部分合同且已向某光电投资公司交付审定报告，某光电投资公司也予以接受并未提出异议的情形，一审法院判决某光电投资公司支付北京某清洁能源咨询公司已完成项目的服务费用及逾期付款利息。宣判后，各方均未上诉。

（3）典型意义。国家核证自愿减排量（CCER）是指对我国境内特定项目的温室气体减排效果进行量化核证，并在国家温室气体自愿减排交易注册登记系统中登记的温室气体减排量。国家核证自愿减排量相关项目具有投资回收周期较长、技术服务专业化程度较高、程序较为复杂等特点。温室气体重点排放单位购买国家核证自愿减排量，可用于抵消碳排放配额的清缴。为了确保所交易的国家核证自愿减排量基于具体项目，并具备真实性、可测量性和额外性，减排项目业主就其获得批准、备案的项目产生减排量之后，可以在碳市场交易。本案中，人民法院区分技术服务机构已完成项目和未完成项目，依法对提供技术服务的第三方提出的已完成国家核证自愿减排量的项目服务费及利息的诉讼请求予以支持，较好地平衡了项目各方主体的利益，对鼓励温室气体自愿减排交易，引导碳市场交易活动有序开展，发挥了有力的司法保障作用。

4. 典型案例四　深圳某容器公司诉深圳市发展和改革委员会行政处罚行为案

(1)基本案情。2014 年 5 月,深圳市发展和改革委员会(以下简称"深圳市发改委")对包括深圳某容器公司在内的温室气体重点排放单位 2015 年目标碳强度进行了调整。2015 年 5 月深圳市发改委通知,深圳某容器公司 2014 年度超额碳排放 4928 吨二氧化碳当量,要求该公司在 2015 年 6 月 30 日前按照实际碳排放量在注册登记簿完成履约。2015 年 7 月 1 日,深圳市发改委通知要求深圳某容器公司在 2015 年 7 月 10 日前补缴与其超额排放量相等的碳排放配额,逾期未补缴将被处以相应的处罚。深圳某容器公司以其 2014 年用电量、工业产值比 2013 年度均有下滑为由拒绝支付。2015 年 8 月 4 日,深圳市发改委告知深圳某容器公司,对于其未按时足额履行 2014 年度碳排放履约义务的违法行为,拟从深圳某容器公司 2015 年度碳排放配额中扣除 2014 年度未足额补缴数量的碳排放配额,对该公司处以其 2014 年度超额排放量乘以履约当月之前连续 6 个月碳排放配额交易市场平均价格 3 倍的罚款。深圳市发改委依深圳某容器公司申请举行了听证,作出行政处罚决定书。深圳某容器公司不服,提起行政诉讼,诉请撤销深圳市发改委作出的行政处罚决定。

(2)裁判结果。广东省深圳市福田区人民法院一审认为,深圳某容器公司作为温室气体重点排放单位,其 2014 年度分配碳排放配额为 1686 吨二氧化碳当量,实际排放为 6614 吨二氧化碳当量。深圳某容器公司的实际碳排放量超过其持有的碳排放配额,且未能按期足额履行 2014 年度碳排放配额清缴义务,也未按要求如期履行补缴义务。根据《深圳市碳排放权交易管理暂行办法》规定,碳排放配额总量是根据目标排放总量、产业发展政策、行业发展阶段和减排潜力、历史排放情况和减排效果等因素综合确定,与企业上一年度实际工业增加值密切相关,深圳某容器公司关于其 2014 年度用电量比 2013 年度减少,碳排放总量也应相应减少的主张,缺乏依据。深圳市发改委据此作出行政处罚决定书,符合法律规定,程序合法,应予支持,一审判决驳回深圳某容器公司诉讼请求。深圳某容器公司不服,以本案碳排放实际配额计算公式不合理等为由提起上诉。广东省深圳市中级人民法院二审驳回上诉,维持原判。

(3)典型意义。碳排放行政主管部门在碳排放总量控制的前提下,可以根据公开、公平、科学、合理的原则,结合产业政策、行业特点、温室气体重点排放单位碳排放量等因素,确定初始分配的碳排放额度。温室气体重点排放单位应当在确定的碳排放额度范围内进行碳排放。本案中,人民法院依法确认《深圳市碳排放权交易管理暂行办法》作为地方政府规章,是依据深圳市经济特区法规《深圳经济特区碳排放管理若干规定》的授权,对碳排放实际配额计算公式作出规定,该规定与上位法并无冲突,应予执行。碳排放配额行政主管部门依法对未按时足额履行碳排放清缴履约义务的温室气体重点排放单位作出行政处罚,应依法予以支持。本案人民法院依法支持行政机关履行温室气体减排行政监管职责,对促进节能减排,推进碳达峰碳中和具有积极意义。

5. 典型案例五　中国农业银行某县支行与福建某化工公司等碳排放配额执行案

(1)基本案情。2021年,福建某化工公司与中国农业银行某县支行发生金融借款合同纠纷。双方在福建省顺昌县人民法院主持下达成和解协议,明确福建某化工公司应履行还款义务。调解书生效后,福建某化工公司未履行,中国农业银行某县支行申请强制执行。福建某化工公司有关联企业联保债务纠纷,已有多个法院的多起诉讼进入执行程序。人民法院经调查发现,福建某化工公司因技改及节能减排,尚持有未使用的碳排放配额。

(2)执行结果。2021年9月,福建省顺昌县人民法院作出执行裁定,依法冻结福建某化工公司未使用的碳排放配额1万吨二氧化碳当量,并通知其将碳排放配额挂网至福建海峡股权交易中心进行交易。同年10月,执行法院向福建海峡股权交易中心送达执行裁定书及协助执行通知书,要求扣留交易成交款。该公司的5054吨二氧化碳当量碳排放配额交易成功,并用于本案执行。

(3)典型意义。碳排放配额具有财产属性,持有人可以通过碳排放配额交易获取相应的资金收益。案涉企业因节能改造持有结余碳排放配额,可用于清偿持有人债务,减轻债务负担。本案中,执行法院准确把握碳排放配额作为新型财产的法律属性,将其作为与被执行人存款、现金、有价证券、机动车、房产等财产属性相同的可执行财产,依法冻结被执行人持有的相应碳排放配额,并将该碳排放配额变卖后抵偿债权人的债权,既是执行方式的创新,也是对生态产品价值实现方式的有益探索,对于最大限度维护债权人合法权益,推动碳市场交易量提升具有积极意义。

6. 典型案例六　韩某涛等破坏计算机信息系统案

(1)基本案情。韩某涛为天津某新能源科技公司下属的大良供热站站长,其于2016年11月前后至2017年2月,默许并授意该站员工、被告人刘某伟、赵某鹏对站内烟气连续在线监测系统中二氧化硫、氮氧化合物、烟尘等大气污染物的后台参数进行篡改。上述行为造成二氧化硫、一氧化氮、烟尘等大气污染物的在线监控数据与实时上传到国家环保部门的监控数据严重不符,致使生态环境主管部门不能有效监控该企业烟气污染物是否超标排放。2017年2月,经天津市环境监控中心对天津某新能源科技公司锅炉净化设施出口现场监测,二氧化硫排放浓度(小时均值)为377mg/m³,严重超过锅炉大气污染物排放标准。

(2)裁判结果。天津市武清区人民法院一审认为,韩某涛、刘某伟、赵某鹏的行为致使检测数据严重失真,使计算机信息系统不能客观反映二氧化硫、一氧化氮、烟尘等大气污染物排放的真实情况,超标排放污染物,后果严重,依照《中华人民共和国刑法》第二百八十六条的规定,构成破坏计算机信息系统罪。判决韩某涛有期徒刑1年2个月,刘某伟有期徒刑1年,赵某鹏有期徒刑11个月。三被告人不服,提起上诉。天津市第一中级人民法院二审认为,根据《最高人民法院 最高人民检察院关于办理环境污染刑事案件适用法律若干问题的解释》第十条第一款的规定,三被告人行为构成破坏计算机信息系统罪,遂判决驳回上诉,维持原判。

(3)典型意义。近年来,重点排放单位、技术服务机构或其他主体破坏环境监测计算机信息系统,篡改、伪造环境监测数据的案件时有发生,扰乱了环境保护监管秩序,严重影响了温室气体排放与环境污染物协同治理成效。本案中，被告人通过篡改环境监测数据、更改参数等方式干扰环境质量监测系统采样，后果严重。人民法院依法判处被告人相应刑罚，严厉打击破坏环境监测计算机信息系统犯罪行为，是贯彻落实最严格制度、最严密法治，保护生态环境的生动体现，也为惩治碳排放数据造假等违法行为提供了借鉴。

7. 典型案例七　阿罗某甲等盗伐林木刑事附带民事公益诉讼案

(1)基本案情。阿罗某甲等 6 名被告得知枫树、槭树可卖给商家制作小提琴、大提琴而获利，遂产生结伙盗伐林木牟利的念头。2021 年 5 月至 9 月期间，6 被告人结伙先后在位于大熊猫国家公园范围内的四川省雅安市宝兴县、天全县境内盗伐枫树和槭树 60.68 立方米，并运往乐山市出售，获利 20 余万元。四川省雅安市宝兴县人民检察院以盗伐林木罪对阿罗某甲等 6 人提起公诉，并提起附带民事公益诉讼，诉请 6 被告人按照植被恢复方案在宝兴县国有林范围内补种云杉 70 株、当年造林存活率不低于 90%、3 年保存率不低于 85%，6 被告人赔偿相应经济损失并赔礼道歉。诉讼中，6 被告人积极履行民事赔偿义务，自愿从四川联合环境交易所有限公司认购碳汇用于修复被破坏的生态环境。

(2)裁判结果。四川省雅安市宝兴县人民法院经审理认为，森林资源是自然资源的重要组成部分，发挥着吸碳、储碳的重要生态功能，对维护生态安全、应对气候变化发挥着重要作用。6 被告人为追求经济利益而盗伐林木的行为，严重损害了森林资源。6 被告人盗伐林木均位于大熊猫国家公园范围内，其行为严重破坏了自然生态系统的原真性、完整性和系统性，不仅应承担相应的刑事责任，还应承担对生态资源造成侵害的民事责任。根据 6 被告人的犯罪事实及自首、认罪悔罪情节，购买碳汇替代承担生态环境受到损害至修复完成期间服务功能损失等情节，判处相应的刑罚。同时判决附带民事公益诉讼，6 被告人按照生态环境修复方案补种云杉 70 株，当年造林存活率不低于 90%，3 年保存率不低于 85%；赔偿林木被盗损失(已履行)，并要求在市级以上媒体公开赔礼道歉。宣判后，各方未上诉、抗诉。

(3)典型意义。本案判决被告人采取“补植复绿”替代修复受损害的生态环境，有利于固碳增汇，对于减缓和适应气候变化具有积极意义。同时，在被告人自愿认购碳汇的基础上，人民法院创新适用将被告人购买林业碳汇在碳市场注销、以替代承担生态环境受到损害至修复完成期间服务功能丧失导致损失的赔偿方式，有效缓解了案涉补种树木幼龄期固碳增汇能力缺失的问题。此外，建设国家公园的目的是保持自然生态系统的原真性和完整性，保护生物多样性，保护生态安全屏障，给子孙后代留下珍贵的自然资产。本案适用碳汇修复大熊猫国家公园受损生态环境，也体现了整体保护、系统修复的国家公园保护理念。

8. 典型案例八　陈某华滥伐林木案

(1)基本案情。2020 年 12 月，被告人陈某华未取得林木采伐许可证，擅自砍伐其所有的杉木，经评估鉴定砍伐杉木立木蓄积量为 31.6 立方米。2021 年 1 月，陈某华主动到公安机关投案。2022 年 4 月，公诉机关对陈某华以滥伐林木罪向福建省龙岩市新罗区人民法院提起公诉。诉讼中，陈某华向人民法院出具《自愿修复补偿承诺书》，愿意对其行为造成的破坏承担修复和赔偿责任。审理法院与龙岩市新罗区林业局积极沟通，由该局委派林业专业技术人员制定“补植复绿”修复方案并出具《碳汇价值损失评定意见书》，评估得出案涉植被修复费用为2.1万元，测算出陈某华砍伐杉木造成的森林碳汇价值损失为1966.99元。随后，陈某华与龙岩市新罗区林业局雁石林业站签订《森林生态恢复补偿协议书》，积极缴纳修复方案确定的异地生态修复履约金，主动承担森林碳汇损失赔偿金。庭审前，陈某华已足额缴付上述款项共计22966.99元。

(2)裁判结果。福建省龙岩市新罗区人民法院一审认为，陈某华未取得林木采伐许可证，擅自雇请他人砍伐其所拥有的林木，数量较大，其行为已构成滥伐林木罪。陈某华具有自首情节，认罪态度较好，有悔罪表现，自愿缴纳生态修复履约金和森林碳汇损失赔偿金共计22966.99元。一审法院以滥伐林木罪判处陈某华有期徒刑8个月，缓刑1年，并处罚金3000元。宣判后，各方未上诉、抗诉。

(3)典型意义。森林资源刑事犯罪行为对森林生态系统安全构成严重威胁，不仅损害了林木本身，也损害了森林生态系统固碳调节服务功能，造成森林碳汇损失。本案中，人民法院根据民法典第一千二百三十四条、第一千二百三十五条等规定，坚持生态修复优先、固碳与增汇并举、刑事责任与修复赔偿相协调的理念，与林业部门积极沟通、协同创新，共同制定森林碳汇损失的标准化计量方法，由林业部门委派专业技术人员依据该计量方法测算出森林碳汇损失量，并参照市场价格折算为碳汇损失赔偿金，共同推动构建了科学、便捷的森林碳汇损失计量方法和损害赔偿规则体系。

8.3 财政部的碳数据披露要求

8.3.1 财政部的碳披露政策

2021年11月24日，财政部发布了《会计改革与发展“十四五”规划纲要》的通知(财会〔2021〕27号)。在纲要中，关于会计职能对内拓展方面，明确提出“贯彻绿色发展理念，按照国家落实‘碳达峰、碳中和’目标的政策方针和决策部署，加强可持续报告准则的研究，适时推动建立我国可持续报告制度”；在深度参与国际会计标准制定方面，提出要“密切跟踪国际可持续准则制定相关工作进展”，一方面要“阐明中方观点，影响国际准则制定”，另一方面也是借鉴国际可持续准则制定的实践经验，不断完善具有中国特色的包括与碳披露相关的可持续准则的制定。

为深入贯彻落实党中央、国务院关于碳达峰碳中和重大战略决策，财政部根据《中共中央 国务院关于完整准确全面贯彻新发展理念 做好碳达峰碳中和工作的意见》和《2030年前碳达峰行动方案》有关工作部署，2022年5月25日发布了《财政支持做好碳达峰碳中和工作的意见》的通知(财资环〔2022〕53号)。意见由总体要求、支持重点方向和领域、财政政策措施、保障措施等4部分组成，其中关于碳披露相关政策，提出要“支持完善绿色低碳市场体系”，“建立健全企业、金融机构等碳排放报告和信息披露制度”，同时在“加强应对气候变化国际合作”中提出要“密切跟踪并积极参与国际可持续披露准则制定”。

其实财政部早在 2019 年 12 月 16 日就印发了《碳排放权交易有关会计处理暂行规定》(财会〔2019〕22 号)，这也是《纲要》和《意见》发布之前关于碳披露中碳排放权会计处理、科目设置以及披露比较全面的规定。

8.3.2 《碳排放权交易有关会计处理暂行规定》财务报表列示与披露要求

2019 年 12 月 16 日，财政部印发了《碳排放权交易有关会计处理暂行规定》(财会〔2019〕22 号)(本节简称《暂行规定》)。《暂行规定》对重点排放企业(按照《碳排放权交易管理暂行办法》等有关规定开展碳排放权交易业务的重点排放单位中的相关企业)的会计处理原则、会计科目设置、账务处理、财务报表列示和披露等相关内容进行了明确。

根据《暂行规定》，重点排放企业应当设置"1489 碳排放权资产"科目。重点排放企业的国家核证自愿减排量相关交易，参照本规定进行会计处理，在"碳排放权资产"科目下设置明细科目进行核算，在财务报表的列示上，将"碳排放权资产"科目的借方余额在资产负债表中的"其他流动资产"项目列示。

在披露要求方面，《暂定规定》要求重点排放企业披露如下信息：

(1)列示在资产负债表"其他流动资产"项目中的碳排放配额的期末账面价值，列示在利润表"营业外收入"项目和"营业外支出"项目中碳排放配额交易的相关金额。

(2)与碳排放权交易相关的信息，包括参与减排机制的特征、碳排放战略、节能减排措施等。

(3)碳排放配额的具体来源，包括配额取得方式、取得年度、用途、结转原因等。

(4)节能减排或超额排放情况，包括免费分配取得的碳排放配额与同期实际排放量有关数据的对比情况、节能减排或超额排放的原因等。

同时，对碳排放配额变动情况要求按照表 8-1 格式披露。

表 8-1 碳排放配额变动情况披露格式

项目	本年度		上年度	
	数量/吨	金额/元	数量/吨	金额/元
1.本期期初碳排放配额				
2.本期增加的碳排放配额				
(1)免费分配取得的配额				
(2)购入取得的配额				
(3)其他方式增加的配额				
3.本期减少的碳排放配额				
(1)履约使用的配额				
(2)出售的配额				
(3)其他方式减少的配额				
4.本期期末碳排放配额				

财政部在《暂行规定》中仅对碳排放配额变动情况提出了披露格式要求，但事实上企业的碳资产除了碳配额资产，还包括国家核证自愿减排量(CCER)。在我国，不仅有 CCER，还有

广东的 PHCER、北京的 BCER 等碳信用资产。重点排放单位在自身碳配额不足的情况下，可以通过 CCER 交易平台购买 CCER 等碳信用产品，用于抵减企业的碳排放量。参照《暂行规定》碳排放配额的披露格式，CCER 等其他碳信用资产可以参照如表 8－2 格式披露。

表 8－2 碳信用资产变动情况披露格式

项目	本年度	
	数量/吨	金额/元
1. 本期期初碳信用		
(1)CCER		
2. 本期增加的碳信用		
(1)自身开发的碳信用		
①BCER		
(2)购入的碳信用		
①CCER		
②BCER		
(3)其他方式增加的碳信用		
3. 本期减少的碳信用		
(1)履约使用的碳信用		
①CCER		
(2)出售的碳信用		
①CCER		
②BCER		
(3)其他方式减少的碳信用		
①CCER		
②BCER		
4. 本期期末碳信用		
①CCER		
②BCER		

8.3.3 财务报表填报示例

可以通过以下交易的核算反映“碳排放权资产”的财务报表填报。

甲重点排放企业 2023 年 3 月以银行存款购入碳排放配额 1000 吨，单价为 65 元/吨，无偿取得碳排放配额 500 吨，当月使用购买的排放配额 200 吨，使用无偿取得的碳排放配额 100 吨，出售碳排放配额 100 吨，出售无偿取得的碳排放配额 50 吨，出售价格均为 70 元/吨，当月自愿注销购入的碳排放配额 20 吨，自愿注销无偿取得的碳排放配额 5 吨。根据以上信息，计算碳排放配额的月末余额，并说明财务报表如何列示。

“碳排放权资产”科目 3 月末的借方余额＝(1000－200－100－20)×65＝44200(元)，无偿取得的排放配额在取得、使用均不作账务处理，故不在“碳排放权资产”科目中体现。3 月末的碳排放配额剩余数量则为 1025 吨。碳排放配额变动情况如表 8－3 所示。

表 8－3　甲企业碳排放配额变动情况表

项目	本年度		上年度	
	数量/吨	金额/元	数量/吨	金额/元
1.本期期初碳排放配额	0	0.00		
2.本期增加的碳排放配额	1500	65000.00		
(1)免费分配取得的配额	500			
(2)购入取得的配额	1000	65000.00		
(3)其他方式增加的配额				
3.本期减少的碳排放配额	475	20800.00		
(1)履约使用的配额	300	13000.00		
(2)出售的配额	150	6500.00		
(3)其他方式减少的配额	25	1300.00		
4.本期期末碳排放配额	1025	44200.00		

根据《暂行规定》,“碳排放权资产”科目的借方余额在资产负债表中的“其他流动资产”项目列示。在甲重点排放企业 3 月末资产负债表中,假设“其他流动资产”期初没有余额,在 3 月末资产负债表中“其他流动资产”的余额为 44200 元。“碳排放权资产”财务报表列示如表8－4所示。

表 8－4　“碳排放权资产”财务报表列示

编制单位:　　　　年　　月　　日　　　　单位:元

资产	期末余额	期初余额	负债和所有者权益（或股东权益）	期末余额	期初余额
流动资产:			流动负债:		
货币资金			短期借款		
交易性金融资产			交易性金融负债		
应收票据			应付票据		
应收账款			应付账款		
预付账款			预收账款		
应收利息			应付职工薪酬		
应收股利			应交税费		
其他应收款			应付利息		
存货			应付股利		
一年内到期的非流动资产			其他应付款		
其他流动资产	44200	0	一年内到期的非流动负债		
流动资产合计			其他流动负债		
非流动资产:			流动负债合计		
可供出售金融资产			非流动负馈:		
持有至到期投资			长期借款		
长期应收款			应付侦券		
长期股权投资			长期应付款		
投资性房地产			专项应付款		
固定资产			预计负债		
在建工程			递延所得税负债		

8.4 ESG 报告披露

8.4.1 国家的 ESG 政策

2023 年 12 月 27 日,《中共中央 国务院关于全面推进美丽中国建设的意见》发布,值得重点关注的是,在意见第九部分“健全美丽中国建设保障体系”的第 24 条“改革完善体制机制”中继“深化环境信息依法披露制度改革”后提出,要“探索开展环境、社会和公司治理评价”,这是环境、社会和公司治理(ESG)首次出现在中央发布的高规格文件中,意义重大。

意见将 ESG 纳入美丽中国建设方案,可从以下 3 方面理解:一是正式将 ESG 界定为美丽中国建设(绿色发展)的重要任务,这无疑契合了全球重要发展趋势;二是将美丽中国建设(绿色发展)作为 ESG 的顶层设计,这在一定程度上解决了 ESG 的体制机制定位问题,将有效推动 ESG 的真正落地;三是中国在发展阶段、文化背景、制度建设等方面与发达国家有所不同,这决定了中国的 ESG(评价)将有别于发达国家的 ESG(评价),需要不断探索,形成具有中国特色的 ESG(评价)体系。

2023 年 12 月 2 日,中央广播电视总台首届“中国 ESG 榜样”年度盛典在北京成功举办。中国石化、国家电投、国家能源集团、中国移动、中国宝武、华润集团、中国农业银行、腾讯、吉利控股集团、宁德时代获选十大“中国 ESG 榜样”企业;华为获选年度影响力特别奖,中国中车获选“一带一路”贡献特别奖。央视这一行动的目的在于,引领中国企业立足新发展阶段,贯彻新发展理念,更加全面地实现高质量发展。

2024 年 3 月 1 日,上海市商务委印发《加快提升本市涉外企业环境、社会和治理(ESG)能力三年行动方案(2024—2026 年)》的通知。文件指出:“到 2026 年,基本形成本市政府、行业组织、涉外企业、专业服务机构共同参与、协同发展的涉外企业 ESG 生态体系。”

8.4.2 ESG 概念与 ESG 投资

ESG 理念是将环境、社会和治理的因素纳入企业投资决策与经营的理念和实践。ESG 理念强调不仅要关注企业的财务绩效,更要从环境、社会和治理的维度评价企业价值,使企业履行社会责任的实践和表现可量化、可比较并可持续改善。

ESG 投资的理念最早可以追溯到 20 世纪 20 年代起源于宗教教会的伦理道德投资,它的要求是限制酒精、烟草、博彩的投资,后面逐渐衍生为对社会责任、环境资源友好的投资要求。

2004 年联合国全球契约组织(UNGC)在其报告《关心者赢》(Who Cares Wins)中首次完整提出了 ESG 概念,同时在报告中指出,将 ESG 理念更好地融入金融分析、资产管理和证券交易将有助于构建更有韧性的投资市场,并推动全球契约原则在商界的实施。

2006 年,联合国成立责任投资原则(PRI)组织,正式提出 ESG 投资需要遵守 6 项基本投资原则,推动投资机构在决策中纳入 ESG 考量。2015 年之后,随着《巴黎协定》的签署,全球对于气候变化的共识进一步推动了 ESG 的深入发展。2019 年,由苹果、亚马逊、美国航空公司、摩根大通、沃尔玛、百事等 181 位美国顶级公司 CEO 组成的商业圆桌会议发表联合声明,重新定义了公司经营宗旨，将"创造一个美好社会"作为公司的首要任务，而非将"股东利益"作为唯一目标，这一主张也契合了 ESG 所提倡的价值体系。

ESG 作为一种理念，倡导企业在发展、运营过程中更加注重环境友好、社会责任以及公司治理，是一种注重可持续发展的理念。而 ESG 投资，则是指在投资研究实践中融入 ESG 理念，在基于传统财务分析的基础上，通过 E(environment)、S(social)、G(governance)3 个维度考察企业中长期发展潜力，希望找到既创造股东价值又创造社会价值、具有可持续成长能力的投资标的。

ESG 投资需要遵守的 6 项基本投资原则包括：①将 ESG 议题纳入投资分析和决策过程；②成为积极的所有者，将 ESG 议题整合至所有权政策与实践；③寻求被投资机构适当披露 ESG 信息；④推动投资行业接受并实施 PRI；⑤建立合作机制，提升 PRI 实施的效能；⑥报告 PRI 实施的活动与进程。

ESG 投资与传统投资具有根本性的区别，传统投资以投资价值最大化为目标，而 ESG 投资则是将环境和社会产生积极影响放在首要位置，将高投资回报放在其次目标。相比传统投资，ESG 投资具有如下特点：①ESG 投资倡导价值投资，是一种价值观的体现；②ESG 是一种可持续发展投资，具有中长期性；③ESG 投资是基于环境、社会和治理风险判断的投资，存在基于 ESG 的风险。

8.4.3 ESG 报告

ESG 报告，也称为 ESG 报告框架，通俗来说就是披露主体根据 ESG 披露规定和准则向利益相关者(包括投资者、客户、员工和监管机构)披露企业环境(E)、社会(S)和公司治理(G)的相关议题。通过 ESG 报告，企业提供有关 ESG 因素和指标的信息，包括能源使用、多样性和包容性以及高管薪酬，以便企业的利益相关者能够评估企业的 ESG 绩效。

国际 ESG 报告框架主要有 4 个，即气候相关财务信息披露工作组(TCFD)报告框架、可持续发展会计准则委员会(SASB)报告框架、全球报告倡议组织(GRI)报告框架和国际综合报告委员会(IIRC)报告框架。

1. 气候相关财务信息披露工作组(Task Force on Climate-Related Financial Disclosures，TCFD)

2015 年 11 月 30 日至 12 月 11 日，《联合国气候变化框架公约》第 21 次缔约方会议在法国巴黎举行，在本次会议中参会各方通过了《巴黎协定》。2015 年 1 月，由 G20 成员组成的金融稳定理事会(Financial Stability Board，FSB)发起成立了气候相关财务信息披露工作组，其职责是为企业提供气候变化相关的披露建议，从而帮助投资人进行风险评估和定价。TCFD 成员具有一定的国际代表性，涵盖了银行、保险、资产管理公司、养老基金、大型非银行金融机构等。

2. 可持续发展会计准则委员会(Sustainability Accounting Standards Board，SASB)

可持续发展会计准则委员会(SASB)，是一家位于美国的非营利组织，致力于制定一系列针对特定行业的 ESG 披露指标，促进投资者与企业交流对财务表现有实质性影响且有助于决策的相关信息。可持续发展会计准则委员会成立于 2011 年，2018 年正式发布了第一套全球适用性可持续发展会计准则。

3. 全球报告倡议组织(Global Reporting Initiative,GRI)

全球报告倡议组织(GRI)成立于1997年,是由美国的一个非政府组织“对环境负责的经济体联盟”(Coalition for Environmentally Responsible Economies,CERES)和联合国环境规划署(United Nations Environment Programme,UNEP)共同发起的,秘书处设在荷兰的阿姆斯特丹。2000年GRI发布了第一代《可持续发展报告指南》,2014年1月16日全球报告倡议组织(GRI)在北京发布了《可持续发展报告指南》G4中文版。根据相关统计数据,全球各证券交易所ESG信息披露指引中引用的主流标准为GRI报告框架,占比96%。

4. 国际综合报告委员会(International Integrated Reporting Council,IIRC)

为改善信息披露质量,推动可持续报告的发展,强化对各个资本的理解以及促进综合思维,2010年8月,由英国威尔士亲王可持续性会计项目、国际会计师联合会(International Federation of Accountants,IFAC)和GRI共同组织,在监管者、投资方、商业机构等各专业机构的支持下,正式成立了国际综合报告理事会(International Integrated Reporting Committee),秘书处设在英国伦敦,并随后在2011年11月正式改名为国际综合报告委员会(IIRC)。

4个国际ESG报告框架对比见表8-5。

表8-5 4个主要国际ESG报告框架对比

国际组织	气候相关财务信息披露工作组	可持续发展会计准则委员会	全球报告倡议组织	国际综合报告委员会
英文简称	TCFD	SASB	GRI	IRC
官方文件	TCFD建议(2021)	SASB概念框架(2017)及标准(2018)	GRI可持续发展报告标准(2021)	IRC国际综合报告框架(2021)
覆盖范围	任何组织机松	美国上市企业,77个行业	任何组织机构	全球上市企业
披露特点	(1)包含在财务报告中 (2)专注于环境气候方面信息	(1)在SEC现有要求披露文件中自愿披露,如10-K表 (2)分行业制定指标	(1)细化程度高 (2)模块化,可独立或组合使用	(1)未规定具体指标及计量方法; (2)对不同形式的资本进行分类
披露框架	4个主题:治理、战略、风险管理、指标与目标	5个维度:环境维度、社会资本维度、人力资本维度、商业模式和创新维度、领导和管理维度;下分26个议题,77个分行业子议题	新版GRI标准(2021)形成一套更完整的信息披露体系。新版标准包含3个范畴框架:GRI 1 基础2021、GRI 2 一般披露2021、GRI 3 实质性议题2021。 GRI行业标准是报告组织必须选择和遵循的,GRI行业标准根据行业特性列举了该行业可能涉及的实质性议题,报告组织可参照行业标准结合自身的内外部环境识别自己的实质性议题,若行业标准中列举的实质性议题被组织认为没有实质性,则需要在索引中说明原因。 2021版议题专项标准一共有31个,相比2016版减少了3个,分别是:GRI 307 环境合规、GRI 412 人权评估和GRI 419 社会经济合规	将资本划分为金融资本、制造资本、智力资本、人力资本、自然资本和社会关系资本

续表

国际组织	气候相关财务信息披露工作组	可持续发展会计准则委员会	全球报告倡议组织	国际综合报告委员会
披露内容	披露气候变化的财务影响包括： (1)确立管治架构 (2)制定气候情境 (3)识别气候相关风险并对其进行排序 (4)将业务与重大风险对应 (5)选定参数、指标与目标 (6)制定气候行动计划 (7)财务影响评估 (8)将气候相关影响纳入业务策略	根据所在行业披露子议题： (1)环境：公司生产经营行为对环境的影响 (2)社会资本：社会贡献及社会认可，与弱势群体、地区发展、外部关系等问题； (3)人力资本：员工敬业度及多样性、员工激励及薪酬、健康与安全； (4)商业模式及创新：解决可持续性问题对公司价值创造能力的影响 (5)领导力与治理：利益冲突管理、腐败与贿赂等	一般标准：与撰写财务报告标准基本一致，详细标准：2021 版议题专项标准不再按照经济、环境和社会主题进行分类，而且保留了 2016 版的编号和内容	围绕短中长期价值创造能力，阐明 8 个方面： (1)机构概述和外部环境 (2)治理 (3)商业模式 (4)风险与机遇 (5)战略及资源配置 (6)业绩表现 (7)前景展望 (8)编制和列报基础
重要性标准	与财务信息重大性保持一致	如果被遗漏，后续经证据证实很可能构成重大影响的事项	强调双重实质性，一方面，气候变化对企业产生影响，因此影响到财务绩效，所以具有财务的实质性；另一方面，企业活动也会影响气候，所以具有环境和社会的实质性。两者加起来，就是双重实质性	对企业长中短期为股东创造价值能力产生实质性影响的事项

资料来源：根据资料文件整理。

目前，ESG 报告的国内实践也得到了快速发展。根据贝壳财经发布的《A 股上市公司 2022 年度 ESG 质量报告》，截至 2023 年 6 月 17 日，A 股共有 1758 家上市公司发布了 2022 年度 ESG 相关报告，占比约为 33.76%。相比 2021 年度的 1468 家，数量显著增加。从披露的行业看，上市公司银行业企业 100%披露，其次主要集中在医药生物、基础化工、电力设备、机械设备和电子等行业。

根据贝壳财经的报告，我国在 ESG 报告披露方面主要存在以下问题：

(1)企业 ESG 报告还需要持续规范。我国上市公司披露的与 ESG 相关的报告中，A 股上市公司披露的 ESG 相关报告主要包括“社会责任报告暨环境、社会及治理(ESG)报告”“社会责任报告”“可持续发展报告”等。2022 年度 ESG 相关报告仍以社会责任报告为主。1104 家企业披露社会责任报告，占总量的 62.80%。485 家企业披露 ESG 报告，占比 27.59%。从这点可以看出，我国企业 ESG 报告存在多样化。

2024 年 2 月 8 日，三大交易所发布了各自的可持续发展报告(试行)(征求意见稿)，在这些征求意见稿中，明确了可持续发展报告包括《上市公司可持续发展报告》或《上市公司环境、社会和公司治理报告》，为企业 ESG 报告的规范奠定了基础。

(2)披露制度不完善，标准不统一。首先，ESG 报告的披露制度大多散见于证监会、证券交易所和行业主管部门的文件中，缺乏统一的归口，在披露方式上大多采取鼓励引导的方式，缺乏强制力；其次，披露的内容和标准不统一，上市公司 ESG 报告披露存在“为了披露而披露”

的问题，且披露的内容没有逻辑框架，多是"生拼硬凑"，定性描述多，定量数据少。2024 年 2 月 8 日，三大交易所发布的可持续发展报告（试行）（征求意见稿）对 ESG 报告的披露框架、披露原则和披露内容做了明确规定，对指数样本公司采取了强制披露的方式，对其他非指数样本公司采取了鼓励披露的方式。

8.4.4 ESG 评级

所谓"ESG 评级"，就是对企业发布的 ESG 报告进行评估和打分，以直观的方式体现企业践行 ESG 理念的结果，是对企业 ESG 理念和实践的量化结果。随着 ESG 理念的不断普及以及 ESG 投资理念的深入，企业、投资者、监管方都越来越关注如何量化评价企业的 ESG 表现。由于 ESG 表现的评价具有专业性，因此由专业机构来提供服务的 ESG 评级应运而生。ESG 评级具有以下特点：

1. ESG 评级是一个严密的体系

要对 ESG 进行评级，涉及评级的对象、评级的数据标准及来源、评级的指标和权重，以及评级的呈现方式等。

2. ESG 评级是一个持续的过程

ESG 评级不是一次性的工作，而是持续不断的过程。对企业来说，需要通过 ESG 评级持续地将 ESG 理念融入企业的全流程、全过程、全链条，通过扎实的 ESG 实践行动改善企业经营管理，提升企业价值，进而提升企业 ESG 信息披露的质量。

ESG 评级对评级机构来说，需要创新 ESG 评级体系和方法，将事后评级逐步向事中和事前延伸。ESG 评级不是为了一个打分或者标识，而是传递企业践行 ESG 理念的路径。

3. ESG 评级是一个对话的工具

ESG 理念践行的好不好，至少 ESG 评级给了一个可比的、直观的表达。随着 ESG 标准的统一，ESG 的报告框架日趋规范，ESG 评级就成为企业在全球对话沟通中的有力工具。ESG 所呈现的环境、社会和治理问题是一个全球化的问题，用 ESG 评级可推动全球 ESG 理念的深入，持续提升 ESG 投资价值。无疑，ESG 评级将成为全球 ESG 对话的一个很有价值的工具和手段。

目前国际主流的 ESG 评级机构主要有 MSCI（明晟）、Sustainalytics（晨星）、S&P Global（标普全球）、FTSE Russell（富时罗素）、Refinitiv（路孚特）等。国内主流 ESG 评级机构有 Wind、商道融绿、华证、嘉实基金、中央财经大学绿色金融国际研究院、社会价值投资联盟、润灵环球、中国证券投资基金业协会等。但由于 ESG 评级目前尚未纳入监管，故不同评级机构的 ESG 评价体系特点存在较大差异。

表 8－6 为国内主要 ESG 评级机构在评级范围、指标体系、评级特点以及评级形式方面的对比。

表 8-6　国内主要 ESG 评级机构评级范围、指标体系、评级特点、评级形式对比

评级机构	评级公司范畴	指标体系	特点	评级呈现形式
华证	全部 A 股上市公司	3 个一级指标(主题)、8 个二级指标(议题)、23 个三级指标(单项),超过 130 个底层指标	根据上市公司行业特色构建行业权重矩阵,实现对于不同行业使用不同指标体系	总分 100 分,相应基于 AAA-C 9 档等级
中证	全部 A 股上市公司	3 个维度、13 个主题、22 个单元和近 200 个指标	(1)争议性事件分级处理。根据不同等级进行相应处理以准确反映企业 ESG 水平。 (2)考虑企业所处行业特征。数据可得性、有效性以及质量等,确定各层级的权重。 (3)月度更新	由高到低为 AAA、AA、A、BBB、BB、B、CCC、CC、C 和 D 共 10 档,反映受评对象相对所在行业内其他企业的 ESG 表现
商道融绿	全部 A 股上市公司	3 个维度、14 个项二级指标分类议题、200 多个具体指标、来源于 700 多个数据点	根据行业特性设置权重,对各行业指派行业特定指标,以更好把握不同行业的可持续发展绩效	满分 100 分,设置 A+、A、A-、B+、B、B-、C+、C、C-、D 共 10 档等级
Wind	全部 A 股上市公司	3 个维度、27 个项二级指标分类议题、300 多个具体指标、来源于 20000 多个数据点	(1)评分基准每年会根据同业 ESG 表现动态调整。 (2)日频跟踪评分体系	由管理实践得分(总分 7 分)和争议事件得分(总分 3 分)组成
社会价值投资联盟	沪深 300 成分股	“筛选子模型”包括 6 个方面、17 个指标,若评估对象符合任何一个指标,则无法进入下一步量化评分环节。“评分子模型”是可持续发展价值的正向量化评估工具,分为通用版、金融专用版和地产专用版	可持续发展价值评估模型实行“先筛后评”的机制。由“筛选子模型”和“评分子模型”两部 MSCI 分构成	设置 10 个大等级,分别为 AAA、AA、A、BBB、BB、B、CCC、CC、C 和 D。AA 至 B 级采用“+”微调,共 20 个子等级。D 级表示使用筛选子模型筛出的公司
鼎力公司治商	中证 800 成分股	5 个一级指标、20 个二级指标、150 余项底层指标、基础数据涵盖超过 1000 个信息点	更新频率为季度更新辅以不定期重大单项更新	由 1 个总分、5 个一级维度分、20 个二级维度奋斗组成。分数为 10 分制,其中 1 分表示治理水平较弱

续表

评级机构	评级公司范畴	指标体系	特点	评级呈现形式
微众揽月	沪深300历史上共711家上市公司	3个维度、二级指标涵盖41个ESG数据、短期ESG风险波动(脉动分)、长期ESG质量评价(洞察分)、近一年改善ESG表现的努力(动量分)	(1)基于AI技术实现高低数据融合,可实现周期更新。 (2)利用图谱挖掘技术,建立ESG风险的传导分析机制	评分分3个维度:脉动分、洞察分和动量分,取值范围均为0～100

从ESG评级实践上看,基于国际ESG评价框架的我国A股上市公司ESG评级表现整体偏低,这使我国企业参与国际市场面临一定的挑战。发展中国特色的ESG评价指标和评价机构势在必行。

我国首个ESG评级标准发布于天津。2021年12月,天津自由贸易试验区管理委员会联合天津排放权交易所和华测检测认证集团股份有限公司协同编制了全国首个省级ESG评级标准《企业ESG评价指南(试行版)》。

《企业ESG评价指南(试行版)》的企业ESG评价根据评价得分划分为10个等级,具体分级分类方法如表8-7所示。

表8-7 《企业ESG评价指南(试行版)》——企业ESG评价等级

总体表现	级别符号	评价分数区间(Score)
优秀	AAA	90≤Score≤100
	AA	80≤Score<90
良好	A	70≤Score<80
	BBB	60≤Score<70
一般	BB	50≤Score<60
	B	40≤Score<50
	CCC	30≤Score<40
落后	CC	20≤Score<30
	C	10≤Score<20
	D	0≤Score<10

企业若存在表8-8涉及的任一项否决项指标,则直接判定该企业ESG不合格。

表 8－8　《企业 ESG 评价指南(试行版)》——企业 ESG 评价否决项

序号	核心主题	重点关注项
1	环境	未办理环保手续
2		2 年内发生污染事故
3	公平运行实践	存在不正当竞争行为、垄断行为等
4		存在侵犯知识产权行为
5		企业或实际控制人、管理者存在失信行为
6	员工	发生群体性事件等劳动者保障问题
7		2 年内发生较大生产安全事故
8	消费者问题	2 年内发生产品或服务品质重大事故
9	信用	在公共信用信息系统中记录有严重失信行为

《企业 ESG 评价指标(试行南)》规定的评价指标体系有环境、社会、管治 3 大领域，一级指标 7 个、二级指标 24 个。

环境领域具体包括环境管理、环保实践、气候变化、生态保护、排放物、能源消耗、水资源、原材料和包装使用 8 个二级指标。企业环境评价的整体原则紧扣绿色发展理念，加大污染防治力度，提升资源利用效率，提升生态系统质量和稳定性，鼓励企业增强绿色发展意识，建设绿色发展体系，提升绿色发展能力。

社会领域具体包括产品健康安全、产品质量、创新研发、劳资关系、职业发展、职业健康安全、供应链管理、社会贡献、社区服务、社区参与 10 个二级指标。企业社会评价的整体原则紧扣高质量发展，推动企业严把产品质量关，关爱企业员工，建设负责任供应链，勇于担当社会责任。

管治领域具体包括 ESG 规划、ESG 沟通、ESG 能力、董事会、管治、商业道德等 6 个二级指标。企业管治评价的整体原则紧扣建设现代化的企业治理体系，推动企业提升治理能力，将 ESG 理念融入企业经营管理全过程。

8.4.5　ESG 与“双碳”战略

“双碳”战略指的是中国政府提出的两个阶段碳减排战略目标，即碳达峰和碳中和。碳达峰指二氧化碳等温室气体的排放达到最高峰值不再增长，之后逐步回落；碳中和则是指在一定时间内，通过植树造林等手段吸收或抵消人为活动直接和间接排放的二氧化碳，实现二氧化碳净零排放。

“双碳”战略目标是我国基于推动构建人类命运共同体的责任担当和实现可持续发展的内在要求而作出的重大战略决策，展示了我国为应对全球气候变化作出的新努力和新贡献，体现了对多边主义的坚定支持，为国际社会全面有效落实《巴黎协定》注入强大动力，重振全球气候行动的信心与希望，彰显了中国积极应对气候变化、走绿色低碳发展道路、推动全人类共同发展的坚定决心。

自2004年联合国全球契约组织(UNGC)首次提出ESG概念以来,ESG秉承的可持续发展理念和绿色投资理念不断深入人心。从企业角度来说,企业经营既利用环境,也影响环境,ESG理念要求公司在运营过程中更加注重与环境的友好协同(E),关注与企业供应相关的社会相关方(S),同时要持续地提升自身的治理与管理能力(G);从投资角度来说,ESG信息披露主要为非财务信息,在传统财务分析的基础上,通过环境、社会、公司治理3个维度来评估企业的可持续发展能力,找到既创造经济效益又创造社会价值、具有可持续成长能力的投资指标。"双碳"战略于2020年9月提出,即二氧化碳排放力争于2030年前达到峰值,努力争取2060年前实现碳中和。

ESG和"双碳"战略既存在相同之处,也存在一些差异。两者之间的共同点主要体现在以下方面:

(1)ESG的理念和"双碳"理念是一致的。ESG概念的提出,是基于可持续发展理念,而"双碳"战略的提出,也是基于可持续发展理念和高质量发展理念,两者都是站在全人类、全球命运共同体的角度,本着对环境、社会的责任,倡导绿色发展,绿色地球,尤其是"双碳"理念更体现了中国对人类命运共同体的大国担当。

(2)ESG和"双碳"战略都关注环境的可持续绿色发展。无论是ESG还是"双碳"战略,都关注碳排放、碳减排、碳交易等,都致力于绿色发展,都关注经济发展与环境的友好协同。

(3)ESG和"双碳"战略都具有中国特色。尽管ESG在国外发展很早,中国的ESG实践时间较短,但是中国的ESG实践具有中国本土特色。无论是ESG还是"双碳"战略的行动方案,都建立在中国特有的发展阶段和特有的国情基础之上。

但是,ESG和"双碳"战略也有差异的方面,主要体现在:

(1)适用的主体有所差别。尽管全社会倡导可持续发展理念,但是ESG目前主要聚焦于上市公司和中央企业,尤其是三大交易所2024年2月8日发布的可持续发展报告(征求意见稿),主要还是要求样本公司强制披露ESG报告或者可持续发展报告。

"双碳"战略则是全社会范围内自上而下需要参与和践行的行动要求,各行业、各区域形成了自上而下的"双碳"行动纲领和行动方案,尤其是绿色能源的创新与管理,成为"双碳"战略管理的产业抓手。

(2)两者涵盖的范围有所差别。ESG不仅涵盖环境,而且涵盖了社会和管治维度;"双碳"战略聚焦在"碳减排""碳中和""碳交易"等方面,紧紧围绕"碳排放"对全球气候的影响,致力于技术创新、经济增长和产业升级,促进能源结构的转型,从而实现高质量的经济发展。

(3)两者在披露的要求上有所差别。ESG报告披露具有严格的规定,有披露框架、披露维度(环境、社会和治理)、披露时限等详细要求,尤其在环境信息披露上,涵盖了"双碳"战略目标的"碳减排""碳中和""碳交易"等量化指标。

"双碳"战略多以指导意见、行动计划、行动方案体现,本身具有长期性和周期性,但对"双碳"战略的指标以及披露有的体现在ESG报告要求中,有的则体现在行业主管部门的报表或者统计报表上。

8.5　财务报表填报实验

8.5.1　实验介绍

1. 实验背景

知链集团股份有限公司(虚拟)年末编制财务报表及编写报表附注,按照财政部 2019 年发布的《碳排放权交易有关会计处理暂行规定》第五条“财务报表列示和披露”的要求对本公司的碳配额和碳信用资产的获得、交易、履约等情况进行披露和说明。

2. 实验目标

(1)了解《碳排放权交易有关会计处理暂行规定》对碳资产披露的要求。

(2)熟悉碳配额资产的信息披露和报表附注编制。

(3)熟悉碳信用资产的信息披露和报表附注编制。

3. 实验流程

整个实验流程如图 8-1 所示。在过程操作上,首先进行业务数据收集(平台提供业务案例),之后分别进行碳配额业务数据、碳信用业务数据的填报,然后分别进行报表附注的编写。

图 8-1　数据填报实验流程

8.5.2　碳配额资产数据填报

1. 任务说明

根据年度发生的业务数据,进行碳配额资产数据填报。

平台提供 7 项业务案例,7 项业务内容如下。

业务 1:2022 年 3 月 15 日,知链集团收到政府免费发放的碳配额 BEA 27550 吨。

业务 2:2022 年 3 月 18 日,知链集团在北京市碳排放权电子交易平台以线上竞价交易的方式购入碳配额 BEA 2000 吨,交易价格 55 元/吨,交易经手费 7.5‰。

业务3：2022年4月5日，北京市生态环境局发布碳排放权有偿竞价发放公告，知链集团中标拍得碳配额BEA 1450吨，中标价55元/吨，交易手续费7.5‰。

业务4：2022年5月18日，知链集团在北京市碳排放权电子交易平台以线上竞价交易的方式卖出碳配额BEA 2000吨，交易价格90.5元/吨，交易经手费7.5‰。

业务5：2022年5月30日，经第三方机构核实，知链集团上年度实际排放量28000吨。

业务6：2022年8月15日，知链集团相关业务人员提交履约申请，经主管部门确认后，在碳排放权登记交易系统执行履约操作，履约时，将免费获得的配额BEA上缴26550吨，将拍卖得来的BEA 1450吨配额全额上缴。

业务7：2022年10月22日，为了积极配合北京市政府的绿色低碳的发展理念，履行企业的社会责任，知链集团向"世界绿色联盟创新大会"的组织方捐赠300吨碳配额BEA，用于该活动的碳中和。捐赠的配额为知链集团免费获得的配额，相关人员在碳配额注册登记系统中将300吨配额进行自愿注销。

碳配额资产数据填报的主要操作界面如图8－2、图8－3所示。

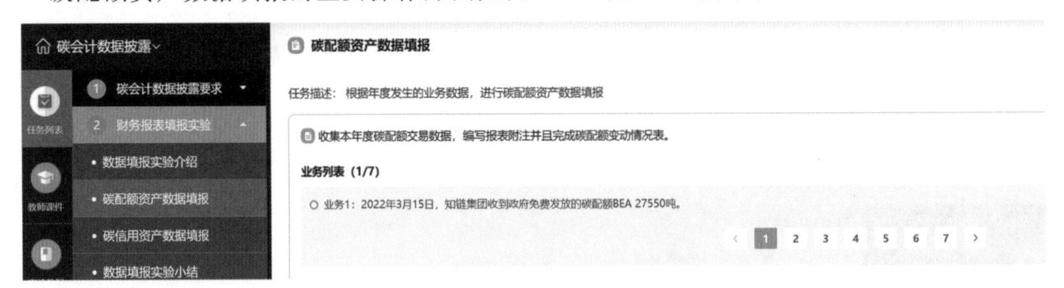

图8－2　碳配额填报业务案例

项目	本年度		上年度	
	数量（单位：吨）	金额（单位：元）	数量（单位：吨）	金额（单位：元）
1.本期期初碳排放配额				
2.本期增加的碳排放配额	31000.00			
（1）免费分配取得的配额	27550.00			
（2）购入取得的配额	3450.00	191173.13		
（3）其他方式增加的配额				
3.本期减少的碳排放配额	30300.00			
（1）履约使用的配额	28000.00	24935.63		
（2）出售的配额	2000.00	179642.50		
（3）其他方式减少的配额	300.00	16623.75		
4.本期期末碳排放配额	700.00	38788.75		

报表附注（主要内容应包括：碳配额的取得方式、取得年度、用途、本年度是减排还是超排，减排的措施，超排的原因等）：

本公司碳排放配额的种类BEA,其来源有三类，分别是政府免费分配、一级市场竞价拍卖所得和在二级市场上购入。2022年3月，获得政府免费分配的配额27550吨；2022年3月，公司在二级市场购入配额2000吨，主要是为了投资获利；2022年4月，参与竞价拍卖获得碳配额1450吨，竞拍价55元/吨，竞拍来的配额主要是为了后续的履约。

图8－3　碳排放配额变动表

2. 任务操作

(1)阅读案例业务1,填写碳排放配额变动表,然后保存。

(2)选择案例业务2—7,重复上述步骤。

(3)在报表附注中对本年碳配额情况进行整体说明,然后提交。

8.5.3　碳信用资产数据填报

1. 任务说明

根据年度发生的业务数据,进行碳信用资产数据填报。

平台提供11项业务案例。11项业务内容如下。

业务1:2016年5月7日,知链集团分布式光伏项目所产生的减排量经过第三方机构的核证,已完成在国家主管部门的CCER备案登记,为5000吨二氧化碳当量(tCO_2e)。

业务2:2022年3月18日,知链集团在北京市碳排放权电子交易平台以线上竞价交易的方式购入CCER1000吨,交易价格22.8元/吨。交易经手费7.5‰。

业务3:2022年4月1日,知链集团发布CCER招标采购公告,共有5家单位进行投标,通过投标资格评审、开标、评标、决标后,中标单位为A绿色能源公司,标的数量2000吨,中标价格29.5元/吨。2022年4月15日,知链集团在中标人的配合下,在北京市碳排放权电子交易平台完成CCER的交易,平台按5‰收取交易服务费。

业务4:2022年6月15日,知链集团在湖北碳排放权交易中心的交易平台购入CCER,交易价35元/吨,交易量1500吨。平台交易经手费为5‰。

业务5:2022年11月16日,知链集团在湖北碳排放权交易中心的交易平台卖出2022年6月15日购入的CCER,当日交易价80元/吨,交易量500吨。平台交易经手费为5‰。

业务6:知链集团旗下的天津知链酒店为了吸引中外游客,打造绿色酒店,获得碳中和证书,酒店向天津碳排放权交易所提出进行碳中和服务的申请。天津碳排放权交易所按照ISO 14064-1(《温室气体 第一部分组织层次上对温室气体排放和清除的量化和报告的规范及指南》)国际标准要求,对天津知链酒店按确定范围进行了碳排放量盘查,2021年5月1日到2022年4月30日期间天津知链酒店的碳排放量为2200吨。2022年5月13日,天津知链酒店在天津排放权交易平台以线上交易的方式购入CCER 2200吨,交易价格32.5元/吨,交易经手费全免。交易完成后在CCER注册登记平台上,将所购CCER 2200吨予以注销。

业务7:为了积极配合北京市政府的绿色低碳发展理念,履行企业的社会责任,知链集团决定捐赠500吨北京林业碳汇(BCER)给第二届区块链教育集团年会的组织方,支持该年会实现碳中和。2022年5月15日,知链集团在北京市碳排放权电子交易平台以线上竞价交易方式购入北京林业碳汇(BCER)500吨,单价32.5元/吨,交易经手费7.5‰。2022年5月28日,知链集团举行捐赠仪式,将500吨北京林业碳汇(BCER)捐赠给第二届区块链教育集团年会的组织方。同时,知链集团将购入的BCER进行注销。

业务 8:2022 年 8 月 26 日,知链集团决定使用自有的 CCER 项目进行履约,向北京市生态环境主管部门提交 CCER 履约申请表。2022 年 8 月 30 日,履约申请获主管部门的确认,同日,公司在自愿减排注册登记系统中注销自有的 CCER 项目 1450 吨。

业务 9:2022 年 10 月 6 日,知链集团在北京绿色交易所的交易平台卖出公司备案登记的 CCER,交易价 90 元/吨,交易量 2000 吨。平台交易经手费为 7.5‰。

业务 10:2022 年 10 月 12 日,知链集团申请的竹林碳汇项目成功获得减排量的备案签发,备案减排量 BCER 24000 吨。

业务 11:2022 年 12 月 5 日,知链集团将备案的林业碳汇资产进行整体交易,卖出 BCER 24000 吨,卖出价 33 元/吨。交易手续费 7.5‰。

碳信用资产数据填报的主要操作界面如图 8-4、图 8-5 所示。

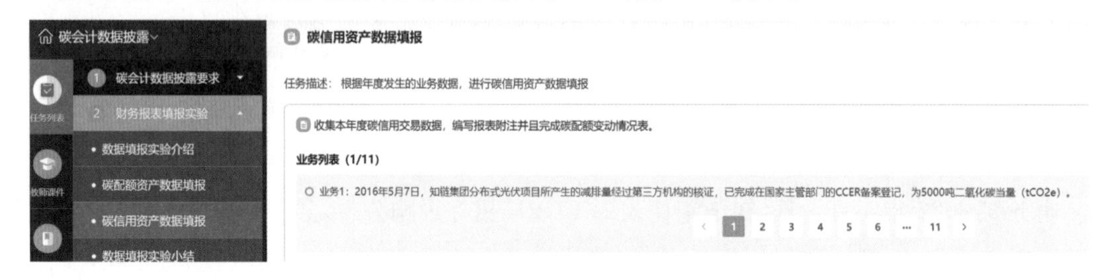

图 8-4　碳信用填报业务案例

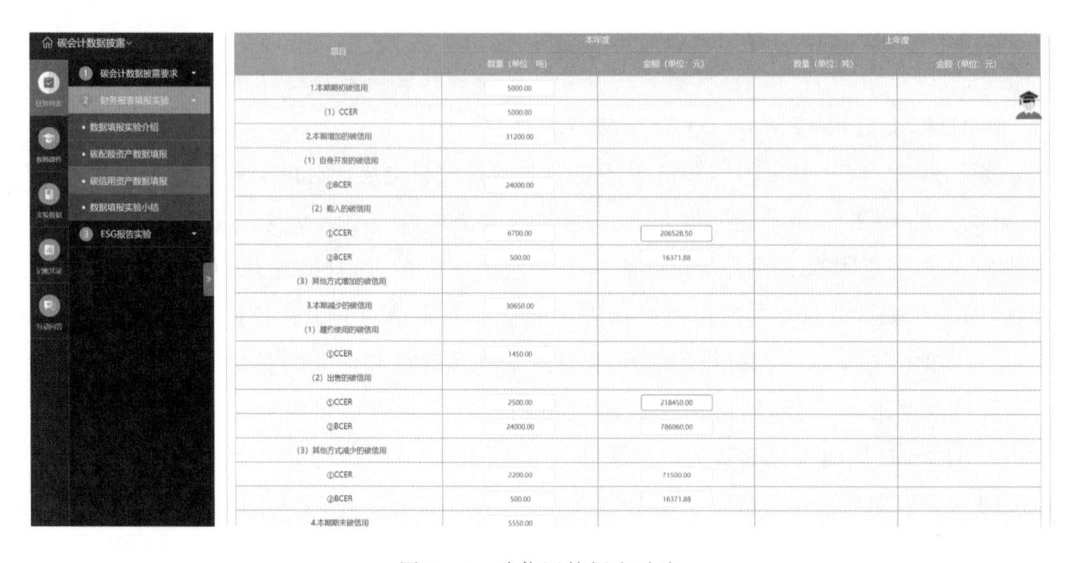

项目	本年度		上年度	
	数量（单位：吨）	金额（单位：元）	数量（单位：吨）	金额（单位：元）
1.本期期初碳信用	5000.00			
(1) CCER	5000.00			
2.本期增加的碳信用	31200.00			
(1) 自身开发的碳信用				
①BCER	24000.00			
(2) 购入的碳信用				
①CCER	6700.00	206528.50		
②BCER	500.00	16371.88		
(3) 其他方式增加的碳信用				
3.本期减少的碳信用	30650.00			
(1) 履约使用的碳信用				
①CCER	1450.00			
(2) 出售的碳信用				
①CCER	2500.00	218450.00		
②BCER	24000.00	786060.00		
(3) 其他方式减少的碳信用				
①CCER	2200.00	71500.00		
②BCER	500.00	16371.88		
4.本期期末碳信用	5550.00			

图 8-5　碳信用数据变动表

2. 任务操作

(1)阅读案例业务 1,填写碳信用数据变动表,然后保存。

(2)选择案例业务 2—11,重复上述步骤。

(3)在报表附注中对本年碳信用情况进行整体说明,然后保存并提交。

8.6　ESG 报告实验

8.6.1　实验介绍

1. 实验背景

在碳中和、碳达峰“3060”目标背景下，ESG 逐渐成为中国在社会经济加速绿色转型期内衡量企业可持续发展价值的重要指标。越来越多的中国企业意识到 ESG 对于反映企业长期价值的重要性。

2. 实验目标

（1）了解 ESG 的相关评价指标。

（2）了解 ESG 报告的编写体例。

（3）了解 ESG 中与“双碳”目标的融合内容。

3. 实验流程

整个实验流程如图 8－6 所示。在过程操作上，首先，进行 ESG 指标的分类识别操作，理解 E、S、G 三类指标的含义；其次，阅读平台上所给出的 ESG 报告，识别出报告中涉及的碳指标数据并完成作业；再次，阅读平台上所给出的企业 ESG 报告，找出其中的节能减排措施内容并完成作业；最后，进行 ESG 评级探讨，就国外 ESG 评级机构对国内、国外企业的评级结果上的差异给出自己的看法。

图 8－6　ESG 填报实验流程

8.6.2　ESG 填报实验

1. 任务说明

根据给定的资料，进行 ESG 指标识别、ESG 报告阅读和数据提取与 ESG 中国标准探讨。本项实验的主要操作界面如图 8－7、图 8－8、图 8－9 所示。

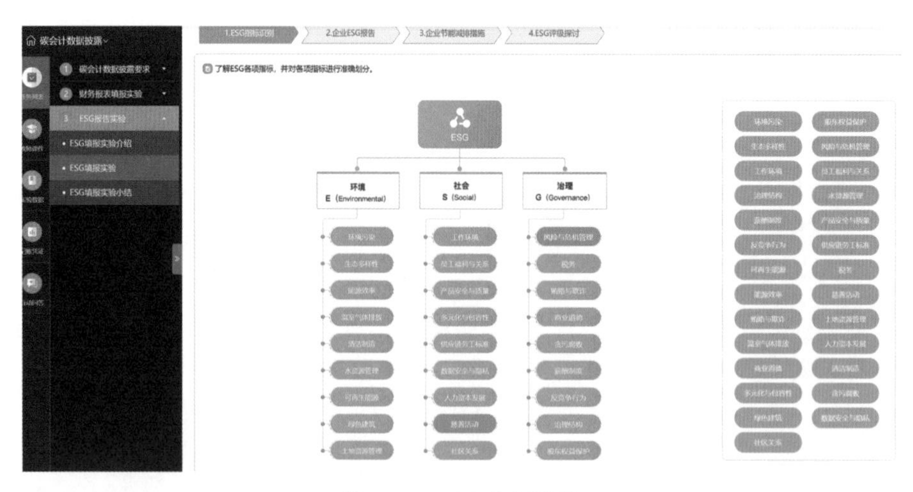

图 8-7　ESG 指标识别

公司名称	直接排放（吨CO2当量）	间接排放（吨CO2当量）	其他排放（吨CO2当量）	温室气体排放总量（吨CO2当量）	温室气体排放强度（吨CO2当量/人）
百度公司	16407.00	601740.20	1173460.60	1791607.80	49.20
中芯国际	680308.00	1558785.00	-	2239093.00	126.64
工商银行	129600.00	2033000.00	-	21622600.00	4.88

图 8-8　ESG 报告的碳排放指标数据

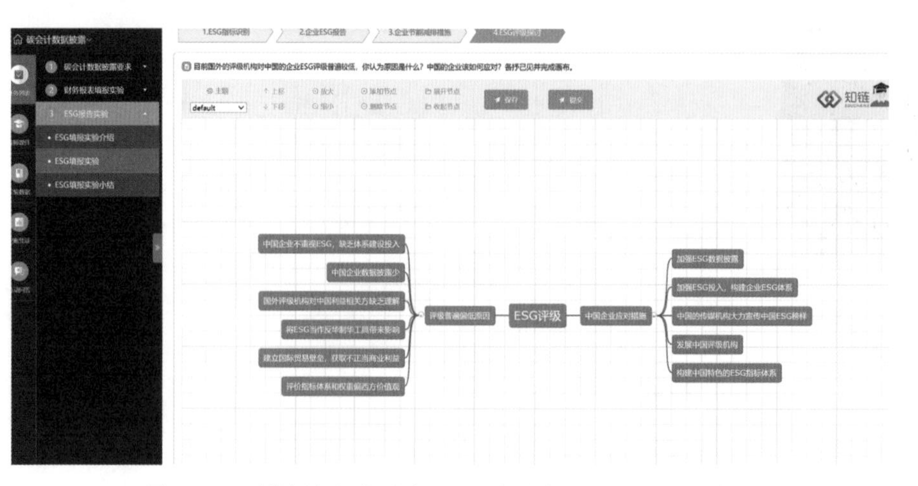

图 8-9　国外评级机构对中国企业评级低的原因和应对分析

2. 任务操作

(1)了解 ESG 各项指标,并对各项指标进行准确划分。根据对 ESG 指标含义的理解,准确地将指标归类到环境(E)、社会(S)和治理(E)中。如果出现归类错误,进行提交后,系统会自动进行纠正,并以土黄色显示。

(2)阅读 ESG 报告,识别出报告中涉及的碳排放数据。浏览阅读平台上提供的百度公司、中芯国际、工商银行等 3 个企业优秀 ESG 报告案例,分别查找 5 个碳指标(直接排放量、间接排放量、其他排放量、排放总额、排放强度)的数值并填写到表格中,保存并提交。

(3)阅读百度公司的 ESG 报告,总结百度公司在绿色办公方面采取的节能减排措施。从百度的 ESG 报告中,查找出 8 项节能减排措施,填入【措施一】到【措施八】的作业框中,然后提交。

(4)目前国外的评级机构对中国企业 ESG 评级普遍较低,对导致这个结果的原因,以及中国企业的应对措施进行思考分析,通过画布方式来展现相关结果,然后保存和提交。

本章小结

碳会计数据披露,既关乎"双碳"战略目标的推动,也关乎企业可持续发展的质量。碳会计数据披露由于其特有的顶层设计的重要性、赖以实现的技术性、严格的政策性和意识形态上的政治性,要求从上到下客观、审慎地看待碳会计数据披露。

为了做好碳会计数据披露工作,国家相关机构和部门发布了一系列与碳会计数据披露有关的政策制度,央行针对金融机构发布了《金融机构环境信息披露指南》;国资委针对央企发布了《关于推进中央企业高质量发展做好碳达峰碳中和工作的指导意见》《提高央企控股上市公司质量工作方案》《中央企业节约能源与生态环境保护监督管理办法》《关于转发〈央企控股上市公司 ESG 专项报告编制研究〉的通知》;三大交易所发布了《上海证券交易所上市公司自律监管指引第 14 号——可持续发展报告(试行)(征求意见稿)》《深圳证券交易所上市公司自律监管指引第 17 号——可持续发展报告(试行)(征求意见稿)》和《北京证券交易所上市公司持续监管指引第 11 号——可持续发展报告(试行)(征求意见稿)》等监管指引征求意见稿;生态环境部发布了《企业环境信息依法披露管理办法》;最高人民法院发布了《最高人民法院关于完整准确全面贯彻新发展理念 为积极稳妥推进碳达峰碳中和提供司法服务的意见》,同时发布了 11 个司法积极稳妥推进碳达峰碳中和的典型案例。

为了做好碳排放相关的会计核算和碳会计数据信息披露,财政部在《财政支持做好碳达峰碳中和工作的意见》的基础上,印发了《碳排放权交易有关会计处理暂行规定》,对重点排放企业的会计处理原则、会计科目设置、账务处理、财务报表列示和披露等相关内容进行了明确。

借鉴国际可持续发展报告框架,中国也逐步引入 ESG 报告框架。ESG 报告框架是在 ESG 相关报告准则的基础上,在环境(E)、社会(S)和治理(G)3 个方面导入 ESG 理念,以评价企业可持续发展的质量。ESG 作为一种投资理念，通过 E（environment）、S（social）、G（governance）3 个维度考察企业中长期发展潜力，希望找到既创造股东价值又创造社会价值、具有可持续成长能力的投资标的。国际 ESG 实践已经积累了很多的 ESG 报告、评估、评价实践，中国本土的 ESG 实践在借鉴国际 ESG 实践的基础上，逐步建立具有中国特色的 ESG 报告、评估、评价经验。

ESG 和“双碳”战略两者之间的终极目标是一致的，都是为了实现人类社会的可持续发展，但两者之间也具有差异，主要体现在适用的主体、涵盖的范围、披露的要求等方面。我们既要具有大国担当，同时也有防止别有用心的国家（机构）利用披露的信息制造事端和贸易壁垒，同时，我国在 ESG 标准体系建设上，不仅仅要学习和借鉴发达国家的经验，更主要的是构建具有中国特色的 ESG 标准体系，同时推动中国 ESG 标准体系国际化。

本章复习思考题

一、选择题

1. 中国人民银行（央行）发布的《金融机构环境信息披露指南》适用于以下哪些机构？（　　）（多选）

A. 银行　　B. 资产管理　　C. 保险　　D. 证券公司

2. 国资委出台的《中央企业节约能源与生态环境保护监督管理办法》中，在哪一个年要达到相关报告披露“全覆盖”？（　　）（单选）

A. 2025 年　　B. 2026 年　　C. 2023 年　　D. 2024 年

3. 2024 年 2 月 8 日三大交易所发布的可持续发展报告（征求意见稿）中，关于可持续发展报告的披露框架包括哪些内容？（　　）（多选）

A. 治理　B. 战略　C. 影响、风险和机遇管理　D. 指标与目标

4. 可持续发展报告（征求意见稿）中关于披露期限的规定是（　　）。（单选）

A. 每个会计年度结束后 6 个月内　　B. 每个会计年度结束后 4 个月内

C. 每个会计年度结束后 12 个月内　　D. 每个会计年度结束后 5 个月内

5. 财政部在《碳排放权交易有关会计处理暂行规定》中，关于重点排放企业碳排放权交易核算设置了（　　）科目。（单选）

A.“碳排放存货”科目　　B.“碳排放权资产”科目

C.“碳排放负债”科目　　D.“碳排放”科目

6. 在财务报表的列示上，将“碳排放权资产”科目的借方余额在资产负债表中的（　　）项目列示。（单选）

A.“存货”　B.“其他流动资产”　C.“长期流动资产”　D.“其他资产”

7. ESG 报告披露了企业哪些维度的信息？（　　）（多选）

A. 环境　　B. 社会　　C. 经济　　D. 治理

8.“双碳”是指(　　)。(多选)

A. 碳达峰　B. 碳减排　C. 碳创新　D. 碳中和

二、复习思考题

1. 如何理解碳会计数据披露的 4 个特征?

2. 碳排放配额和碳信用资产是如何核算的? 按照《碳排放权交易有关会计处理暂行规定》的要求是如何披露的?

3. 你知道哪些碳数据? 这些碳数据是如何披露的?

4. 什么是 ESG? ESG 投资与传统投资之间有何联系?

5. ESG 投资需要遵守的 6 项基本投资原则是哪些?

6. ESG 和“双碳”战略是什么关系? 二者之间有哪些异同点?

7. 三大交易所发布的可持续发展报告(征求意见稿)中,关于碳数据信息披露都有哪些披露要求?

第9章 “绿电”碳会计发展展望

本章学习目标

本章主要介绍新型电力系统、“绿证”“绿电”和新能源接入与虚拟电厂新业态。通过本章的学习，要达到以下学习目标：

1. 理解新能源为主体的新型电力系统的概念；
2. 理解“绿证”“绿电”的应用及对管理会计的影响；
3. 理解新能源接入面临的挑战，以及“源”“网”“荷”“储”互动的产业实践；
4. 理解可调节资源、虚拟电厂、电力需求响应、电力辅助服务等概念的内涵；
5. 理解新能源汽车与电网融合互动及与虚拟电厂的关系；
6. 理解企业可调节资源通过接入虚拟电厂降低企业用电成本的原理。

本章逻辑框架图

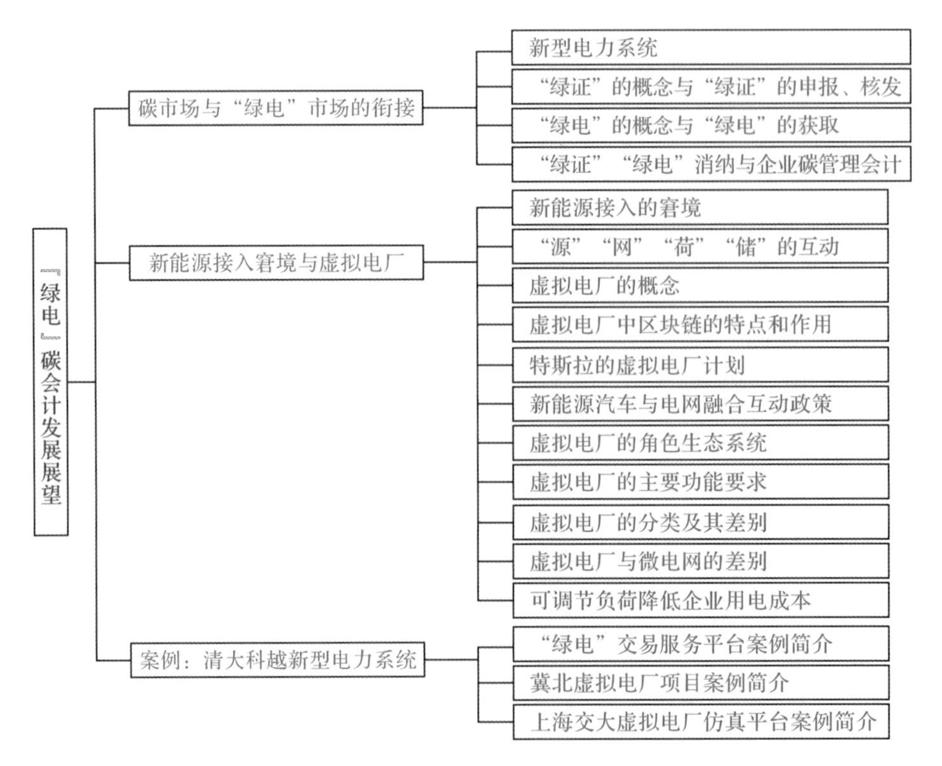

9.1 碳市场与“绿电”市场的衔接

实现“双碳”目标的关键要点，是绿色电力的应用。这就意味着在碳核算中，碳市场与“绿电”市场要建立连接关系。与常规电源相比，新能源发电产生的电量在物理属性和使用价值上没有区别，具有同质化的特点。但其在商品属性上却具有明显的差别，由于新能源发电过程零污染、零碳排放，故“绿电”产品拥有绿色属性，蕴含环境价值，即同质不同性。从企业碳管理的碳会计角度，需要把“绿电”价值给核算出来。

在碳市场与“绿电”市场分离的情况下，电力碳排放因子是所有发电设施（包括“绿电”）所产生的碳排放量与其所发出的电力的比值，即总碳排放量/总发电量，这里“绿电”价值并没单独进行核算；如果将“绿电”单独核算，那么电力碳排放因子的计算公式就变为总碳排放量/（总发电量－“绿电”发电量），带来的影响就是电力碳排放因子将上升。

9.1.1 新型电力系统

1. 我国的“双碳”目标

2021 年 9 月 22 日发布的《中共中央 国务院关于完整准确全面贯彻新发展理念 做好碳达峰碳中和工作的意见》中，提出了我国“双碳”目标要求，包括 2025 年、2030 年和 2060 年 3 个时间阶段确定的 3 个方面。

（1）到 2025 年，绿色低碳循环发展的经济体系初步形成，重点行业能源利用效率大幅提升。单位国内生产总值能耗比 2020 年下降 13.5%；单位国内生产总值二氧化碳排放比 2020 年下降 18%；非化石能源消费比重达到 20%左右；森林覆盖率达到 24.1%，森林蓄积量达到 180 亿立方米，为实现碳达峰、碳中和奠定坚实基础。

（2）到 2030 年，经济社会发展全面绿色转型取得显著成效，重点耗能行业能源利用效率达到国际先进水平。单位国内生产总值能耗大幅下降；单位国内生产总值二氧化碳排放比 2005 年下降 65%以上；非化石能源消费比重达到 25%左右，风电、太阳能发电总装机容量达到 12 亿千瓦以上；森林覆盖率达到 25%左右，森林蓄积量达到 190 亿立方米，二氧化碳排放量达到峰值并实现稳中有降。

（3）到 2060 年，绿色低碳循环发展的经济体系和清洁低碳安全高效的能源体系全面建立，能源利用效率达到国际先进水平，非化石能源消费比重达到 80%以上，碳中和目标顺利实现，生态文明建设取得丰硕成果，开创人与自然和谐共生新境界。

从如上的“双碳”目标内涵上，我们可以看到，非化石能源消费比重（各阶段）、风电和太阳能发电总装机容量（碳达峰阶段）、能源利用效率达到国际先进水平（碳中和阶段）等 3 个子目标都与非化石能源相关。按照国家电网“双碳”方案发布的数据，我国 95%左右的非化石能源主要通过转化为电能加以利用；能源燃烧是我国主要的二氧化碳排放源，占全部二氧化碳排放的 88%左右，电力行业排放约占能源行业排放的 41%；电网连接电力生产和消费，是重要的网络平台，是能源转型的中心环节，是电力系统碳减排的核心枢纽，既要保障新能源大规模开发和高效利用，又要满足经济社会发展的用电需求。由此可见，电力系统的改革发展对于实现我国"双碳"目标具有重要作用。

2. 新型电力系统的概念

2021 年 3 月 15 日，习近平总书记主持召开中央财经委员会第九次会议，研究促进平台经济健康发展问题和实现碳达峰、碳中和的基本思路和主要举措。会议指出，要构建清洁低碳安全高效的能源体系，控制化石能源总量，着力提高利用效能，实施可再生能源替代行动，深化电力体制改革，构建以新能源为主体的新型电力系统。至此，"新型电力系统"的概念正式提出。

2021 年 9 月 18 日，中国国家电网有限公司董事长接受了中国国际电视台(CGTN)的专访，就新型电力系统的"新"在何处，做了回答和解读。

中国国家电网有限公司董事长认为，与传统电力系统相比，新型电力系统的"新"主要体现在以下 4 个方面：

(1)从供给侧看，体现为新能源逐渐成为装机和电量主体。长期以来，煤炭、天然气等化石能源发电一直是电力供应的主体。近些年来，中国风能、太阳能等新能源发电迅猛增长，装机占比逐步提高，煤电装机比重 2020 年历史性降到了 50%以下。预计 2030 年中国新能源发电装机规模将超过煤电，成为第一大电源；2060 年前，新能源发电量占比有望超过 50%，成为电量主体。

(2)从用户侧看，体现为终端能源消费高度电气化和电力"产消者"大量涌现。电能是优质、清洁的二次能源，在现代社会得到广泛应用。随着新型电力系统建设，电能应用范围将进一步扩大，并延伸拓展到许多以前不用电的领域。比如，电动汽车中国保有量已经达到 500 万辆，占全球一半左右，且仍以超常规的速度增长。再如，居民清洁取暖，中国北方地区很多居民冬季取暖由烧煤改成了使用清洁电。同时，也出现了一些新的电力用户，这些用户既是电能消费者，也是电能生产者。用户利用屋顶建设光伏发电，有富余时可以把电卖给电网，不足时从电网买电。电动汽车可以在用电低谷时充电，在用电高峰时向电网卖电。这些新情况、新现象，将使电力产销关系发生深刻变化。

(3)从电网侧看，体现为电网发展将形成以大电网为主导、多种电网形态相融并存的格局。新的电网发展格局，将为新能源高效开发利用和各类负荷友好接入提供有力支撑。国家电网大力推进技术创新，未来 10 年将投入研发经费 460 亿美元，实施新型电力系统科技攻关行动计划，全力攻克关键核心技术难题。同时，积极利用数字技术为电网赋能。目前，已上线运行了全球规模最大的"新能源云"平台，接入风光场站 200 万个、新能源装机容量 4.7 亿千瓦；建成了全球最大的智慧车联网平台，累计接入充电桩超过 130 万个。

(4)从系统整体看，体现为电力系统运行机理将发生深刻变化。传统技术条件下，电能难以大规模储存,为实现电力供需平衡,发电出力主要根据负荷情况动态调整。在新型电力系统中,由于新能源发电具有随机性、波动性,无法通过调节自身发电出力来适应用电需求的变化,必须通过储能技术的发展和需求侧响应等措施,依靠源网荷储协调互动,实现电力供需动态平衡。

3. 其他能源的概念

在国家“双碳”目标和“双碳”政策中,涉及了一些能源方面的概念,例如非化石能源、新能源、清洁能源、可再生能源等,这些概念内涵既相关又各有差异。例如“非化石能源消费比重”这个指标的统计口径,按照 2020 年 12 月 12 日习近平总书记在气候雄心峰会上的讲话,指的是“非化石能源占一次能源消费比重”,如果不知道“一次能源”是什么意思,就难以理解这里的碳达峰目标。因此,准确理解这些概念内涵,方可准确理解“双碳”政策。

(1)化石能源。化石能源是指上古时期遗留下来的动植物的遗骸在地层下经过上万年的演变形成的能源,如煤(植物化石转化)、石油(动物尸体转化)、天然气等。

(2)非化石能源。非化石能源是指化石能源之外的能源类型,包括风能、太阳能、水能、生物质能、地热能、波浪能、洋流能、潮汐能、核能等,还有氢能、沼气、酒精、甲醇等。

(3)新能源。新能源指传统能源(化石能源、水电等)之外的,正在开发利用或正在积极研究、有待推广的能源,如风能、太阳能、氢能等。

新能源具有如下特点:能量密度低,开发利用需要较大空间;不含碳或含碳量很少,对环境影响小;分布广,有利于小规模分散利用;间断式供应,波动性大,对持续供能不利。

新能源中不包括酒精、甲醇等非化石能源。

(4)可再生能源。可再生能源指取之不尽、用之不竭的能源,其不需要人力参与便会自动再生,是相对于会穷尽的非再生能源的一种能源。例如,太阳能、水能、风能、生物质能、波浪能、潮汐能、海洋温差能等。有些新能源如氢能,不是可再生能源。

(5)清洁能源。清洁能源指在使用中不会带来污染的能源。清洁能源包含可再生能源(如风能)、非可再生能源(如天然气)。

(6)一次能源。一次能源指产生之后未进行加工的能源形态,包括化石能源和非化石能源。

(7)二次能源。二次能源指一次能源经过加工,转化成另一种形态的能源。二次能源主要有电力、焦炭、煤气、沼气、蒸汽、热水和汽油、煤油、柴油、重油等石油制品。一次能源无论经过几次转换所得另一种能源,统称二次能源。

(8)终端能源。终端能源指去除了能源中间的加工转换环节的能源损失后(比如锅炉供热、电厂发电时的余热损失后),真正应用于生产生活中的能量。

9.1.2 “绿证”的概念与“绿证”的申报和核发

1.“绿证”的概念

新型电力系统的主体是新能源,绿色电力在其中占据核心地位。相对于化石能源支撑下的煤电而言，风光等新能源支撑的绿色电力具有低碳排放或零碳排放的特点，即绿色电力具有碳减排价值，并且也有专门的碳减排方法学标准来指导相关碳信用资产的开发、申报等。这里涉及绿色电力应用相关的碳信用的申报是有制约条件的，也就是必须承诺没有申报过“绿证”“绿电”，如果申报过“绿证”“绿电”，就不能再去申报基于“绿电”的碳信用。

这里的“绿证”“绿电”是两个专门的概念，都与新能源的风、光等绿色电力应用相关。“绿证”体现的是“证电分离”，而“绿电”体现的是“证电合一”。“绿证”的“证电分离”指的是，拥有“绿证”的企业只是该“绿色电力权益”的拥有者，并不一定是真正消费使用了绿色电力的企业。

为引导全社会绿色消费，促进清洁能源消纳利用，进一步完善风电、光伏发电的补贴机制，2017年2月3日，《国家发展改革委 财政部 国家能源局关于试行可再生能源绿色电力证书核发及自愿认购交易制度的通知》（发改能源〔2017〕132号）发布，提出了“绿证”的概念内涵，以及相关机制。

在概念上，“绿证”即绿色电力证书，是国家对发电企业每兆瓦时非水可再生能源上网电量颁发的具有独特标识代码的电子证书，是非水可再生能源发电量的确认和属性证明以及消费绿色电力的唯一凭证。一张“绿证”代表1000度的绿色电力。

在机制上，国家将依托可再生能源发电项目信息管理系统，试行为陆上风电、光伏发电企业（不含分布式光伏发电，下同）所生产的可再生能源发电量发放绿色电力证书；风电、光伏发电企业通过可再生能源发电项目信息管理系统，依据项目核准（备案）文件、电费结算单、电费结算发票和电费结算银行转账证明等证明材料申请绿色电力证书，国家可再生能源信息管理中心按月核定和核发绿色电力证书。

绿色电力证书自2017年7月1日起正式开展认购工作，风电、光伏发电企业出售可再生能源绿色电力证书后，相应的电量不再享受国家可再生能源电价附加资金的补贴。绿色电力证书经认购后不得再次出售，国家可再生能源信息管理中心负责对购买绿色电力证书的机构和个人核发凭证。

企业购买绿色电力证书有什么用呢？这就要看另外的涉及可再生能源电力消纳保障机制的政策文件规定。

在《国家发展改革委 国家能源局关于建立健全可再生能源电力消纳保障机制的通知》中，确定了国家对各省级行政区域设定可再生能源电力消纳责任权重，建立健全可再生能源电力消纳保障机制的要求。可再生能源电力消纳责任权重是指按省级行政区域对电力消费规定应达到的可再生能源电量比重，这是考核的强制性要求。2021年各省（自治区、直辖市）相关责任权重完成情况如表9－1所示。

表9-1 2021年各省(自治区、直辖市)可再生能源电力消纳责任权重完成情况

省(区、市)	本地电量/亿千瓦时				总量净受入/亿千瓦时		非水净受入/亿千瓦时		全社会用电量/亿千瓦时	总量消纳责任权重			非水消纳责任权重		
	风电	光伏	生物质	水电	物理消纳量	超额消纳量	物理消纳量	超额消纳量		2021年最低值	2021年激励值	2021年实际值	2021年最低值	2021年激励值	2021年实际值
北京	4	6	26	14	75	0	78	0	1233	18.0%	19.8%	19.8%	17.5%	19.3%	19.4%
天津	18	30	18	0	56	0	52	0	982	17.0%	18.7%	19.5%	16.0%	17.6%	18.4%
河北	511	279	67	24	72	0	64	0	4294	16.5%	18.2%	17.6%	16.0%	17.6%	16.8%
山西	469	189	30	39	−77	0	−77	0	2608	20.0%	22.0%	24.9%	19.0%	20.9%	23.4%
山东	409	310	180	12	254	0	200	0	7383	13.0%	14.3%	15.8%	12.5%	13.8%	14.9%
内蒙古	967	212	12	62	−298	0	−299	0	3957	20.5%	22.6%	24.1%	19.5%	21.5%	22.5%
辽宁	227	55	30	78	100	0	49	0	2576	15.5%	17.1%	19.1%	13.5%	14.9%	14.0%
吉林	138	52	31	105	−74	0	−44	0	843	28.0%	30.9%	29.9%	21.0%	23.1%	21.0%
黑龙江	162	51	80	27	−65	0	−40	0	1089	22.0%	24.2%	23.3%	20.0%	22.0%	23.2%
上海	18	15	35		489	0	22	0	1750	31.5%	35.0%	31.9%	4.0%	4.4%	5.2%
江苏	416	195	134	31	541	0	118	0	7101	16.5%	18.2%	18.6%	10.5%	11.6%	12.1%
浙江	49	155	144	238	456	0	126	0	5514	18.5%	20.5%	18.9%	8.5%	9.4%	8.6%
安徽	107	155	117	81	100	−36	85	−30	2715	16.0%	17.6%	19.3%	14.0%	15.4%	16.0%
福建	152	25	53	274	0	36	0	30	2837	19.0%	21.0%	19.0%	7.5%	8.3%	9.1%
江西	104	80	52	136	175	0	9	0	1863	26.5%	29.3%	29.3%	12.0%	13.2%	13.1%
河南	328	136	79	116	397	0	236	0	3647	21.5%	23.7%	29.0%	18.0%	19.8%	21.4%
湖北	134	83	42	1599	−834	0	11	0	2472	37.0%	41.0%	41.5%	10.0%	11.0%	10.9%
湖南	150	38	47	583	182	0	67	0	2155	45.0%	49.9%	46.4%	13.5%	14.9%	14.0%
重庆	22	5	24	283	276	0	7	0	1341	43.5%	48.3%	45.5%	4.0%	4.4%	4.3%
四川	109	30	73	3724	−1302	0	19	0	3275	74.0%	82.0%	80.4%	6.0%	6.6%	7.1%

在“可再生能源电力消纳保障机制”中,各省级能源主管部门牵头承担消纳责任权重落实责任;售电企业和电力用户协同承担消纳责任;电网企业承担经营区消纳责任权重实施的组织责任;各电力交易机构负责组织开展可再生能源电力相关交易,负责做好消纳责任权重实施与电力交易衔接。

“绿证”是“绿电”消纳保障的重要构成。各承担消纳责任的市场主体要以实际消纳可再生能源电量为主要方式完成消纳量,同时可通过如下补充(替代)方式完成消纳量:

(1)向超额完成年度消纳量的市场主体购买其超额完成的可再生能源电力消纳量(简称“超额消纳量”),双方自主确定转让(或交易)价格。

(2)自愿认购可再生能源绿色电力证书(简称“绿证”),“绿证”对应的可再生能源电量等量记为消纳量。

“绿证”的样式如图9-1所示。

编号：00000 日期：2017-08-22

绿色电力购买证明

GREEN ELECTRICITY CERTIFICATE

兹此证明

通过全国绿色电力证书自愿认购平台，购买内蒙古自治区赤峰市翁牛特旗旗杆风电场4.95万千瓦风电项目等（项目代码PWC100115042 ）1000千瓦时绿色电力，相当于减排二氧化碳763.37千克，二氧化硫7.94千克，氮氧化物3.53千克。

感谢 对于支持中国绿色电力发展所作出的贡献！

国家可再生能源信息管理中心

图 9－1 “绿证”样式

2.“绿证”的申报

按照国家发展改革委、国家能源局《关于推动电力交易机构开展绿色电力证书交易的通知》(发改办体改〔2022〕797 号)有关要求，北京电力交易中心编制了《绿色电力证书交易工作方案》和《绿色电力证书交易实施细则(试行)》，深入调研市场“绿证”需求，广泛开展“绿证”市场主体培训，高效研发“绿证”交易平台，于 2022 年 9 月 16 日正式开启绿色电力证书交易市场。

截至 2022 年底，北京电力交易中心累计交易“绿证”145 万张，占全国同期“绿证”交易量的 61%，成为用户购买“绿证”的主渠道。“绿证”交易取得了良好的社会反响，为建立反映新能源环境价值市场机制，促进新能源发展发挥了积极作用。

分地区看，江苏、新疆、上海、江西、辽宁、湖北、浙江、福建、广东、安徽、甘肃、北京、湖南、吉林、青海等 26 个省(区、市)市场主体购买了“绿证”，其中，江苏 763842 张、新疆 300000 张、上海 79000 张、江西 77500 张、辽宁 47430 张、湖北 40000 张、浙江 21000 张、福建 17240 张、广东 15077 张、安徽 12300 张、甘肃 12000 张、北京 11951 张、湖南 10185 张、吉林 10100 张、青海 10000 张，山东、宁夏、河北、河南等 11 个省(区、市)合计 26714 张。

“绿证”交易包括双边协商、挂牌和集中竞价 3 种方式。其中，双边协商交易，是由买卖双方自主协商“绿证”交易数量和价格，并签订一次性划转协议，通过“绿证”交易平台完成“绿证”交割；挂牌交易，是卖方将“绿证”数量和价格等相关信息在“绿证”交易平台上挂牌，买方通过摘牌的方式完成“绿证”交易；集中竞价交易，是买卖双方通过“绿证”交易平台在截止时间前申报交易意向信息，以市场出清的方式确定“绿证”成交数量和价格。

根据《国家发展改革委 财政部 国家能源局关于试行可再生能源绿色电力证书核发及自愿认购交易制度的通知》(发改能源〔2017〕132 号)文件,国家可再生能源信息管理中心(以下简称“信息中心”)依托国家能源局可再生能源发电项目信息管理平台(以下简称“信息平台”)负责核定和签发绿色电力证书。“绿证”申领和核发工作程序简述如下:

(1)企业首先进行在线注册账户。

(2)所有完成账户注册的企业,在完整填报项目“前期工作”“核准备案”“项目建设”“补助目录申报”“月度运行信息”后,方可进入“绿证”申领流程。

(3)“绿证”申领流程分为运行信息填报、“绿证”权属资格登记、“绿证”申领 3 个步骤。

①运行信息填报。

A. 项目并网发电之后,应于每月月底前在信息平台填报上月的运行信息,在项目信息填报中单击项目名称,选择“项目运营”,点击要填报年月对应的“填写”按钮,按照说明填报具体信息,并上传所属项目上月电费结算单、电费结算发票和电费结算银行转账证明扫描件。对于共用升压站的项目,需提供项目间的电量结算发票及其他证明材料。

B. 企业在获取上月项目的结算电量信息后,应在“项目运营”菜单下及时填报上月的运行信息。例如,企业在 2017 年 3 月底获知项目 2 月的结算电量并获得电费结算单及发票等结算凭证后,通过点击 2017 年 2 月对应的“填写”字段填报项目 2 月的运行信息。填写结算电量时,应准确选择结算电量对应的时间段。

C. 月度运行信息填报完成提交后,由信息中心进行审核确认。

②“绿证”权属资格登记。

A. 已在信息平台注册的国家可再生能源电价附加资金补贴目录内的陆上风电和光伏发电项目(不含分布式光伏发电项目)企业,完成运行信息填报后可以通过信息平台申请证书权属资格,在项目信息填报界面中单击项目名称,并选择“权属资格登记和“‘绿证’申领”标签下的“权属资格登记”,在线提交证书权属资格审核所需文件,主要包括企业营业执照、组织机构代码、税务登记证明、企业法定代表人或授权代理人身份证等。

B. 登记申请需经信息中心审核通过后方可具备“绿证”申领资格。“绿证”权属资格登记审核通过后,无须再次登记。

③“绿证”申领。

A. 具备“绿证”申领资格的项目,点击“权属资格登记和‘绿证’申领”标签下的“‘绿证’申领”,可选择已通过月度运行信息审核的月份,进行“绿证”申领工作。

B. 如月度运行信息需修改,应在线提交变更申请,并在“项目运营”中完成修改。

3. “绿证”的核发

(1)核发标准。

①陆上风电和光伏发电项目(不含分布式光伏发电)按照与电网企业(售电企业或用户)实际结算电量,每 1MW · h(即 1000kW · h)结算电量对应 1 个“绿证”。

②不足 1MW·h 的电量部分，将结转到次月核发，这部分电量称为结转电量。

(2)核发原则。

①信息中心及时对企业填报的月度运行信息、“绿证”权属资格证明文件等信息的真实性、准确性进行核实，核实方式主要包括与电网企业(售电企业)、地方政府、统计机构等单位数据进行复核，抽样现场调查，必要时请第三方机构核查等。

②为提高“绿证”核发效率，在核发工作中，信息中心将首先依据企业填报的月度上网电量核发“绿证”，待企业填报结算单、银行转账单、电费结算发票等证明文件后，信息中心将按照经核实的实际结算电量对已核发“绿证”进行修正。如“绿证”对应电量超过实际结算电量，则系统自动注销多余“绿证”；如“绿证”对应电量低于实际结算电量，则系统自动补发相应“绿证”。

(3)核发依据。

电量结算单、电费银行转账凭证和结算发票扫描件是“绿证”申领审核的重要依据，属于必填项。其中，电量结算单指发电企业与电网企业(售电企业/用户)实际结算的电量单据；电费银行转账凭证指电网企业(售电企业/用户)向发电企业结算电费的银行转账凭证；结算发票是发电企业向电网企业(售电企业/用户)出具的电费发票。

中国的“绿证”机制是参考国际“绿证”机制而构建的。目前，主流的国际“绿证”包括国际“绿证”I-REC、欧洲“绿证”GO、美国“绿证”NAR/TIGR、澳大利亚“绿证”LGC。除了 I-REC 是服务全球的电力环境属性跟踪系统，其余都主要服务于本国/本地市场。

I-REC 是国际可再生能源证书(国际“绿证”)的英文缩写(international renewable energy certificate)，是总部位于荷兰的非营利基金会 I-REC 标准(I-REC Standard)负责签发的一种可在全球范围内交易的国际通用“绿证”。由于该证书被碳披露组织 RE100 接受和认可，是目标认可度最高的“绿证”之一，被世界知名大企业购买用于抵消自己的非“绿电”消耗排放。一个 I-REC 相当于一兆瓦时的电力。目前我国已有多家国内可再生能源企业成功获得 I-REC 并通过交易获益。

9.1.3 “绿电”的概念与“绿电”的获取

与“绿证”的“证电分离”模式不同，“绿电”则是“证电合一”模式。

2023 年 12 月 13 日，北京市城市管理委员会发布《北京市 2024 年绿色电力交易方案》。这一方案是按照一系列国家有关“绿电”政策文件制定的。这些政策文件包括《国家发展改革委关于有序推进绿色电力交易有关事项的通知》(发改办体改〔2022〕821 号)、《国家发展改革委 财政部 国家能源局关于做好可再生能源绿色电力证书全覆盖工作 促进可再生能源电力消费的通知》(发改能源〔2023〕1044 号)、《国家发展改革委 财政部 国家能源局关于享受中央政府补贴的“绿电”项目参与“绿电”交易有关事项的通知》(发改体改〔2023〕75 号)、《国家能源局华北监管局关于完善“绿电”交易机制 推动京津唐电网平价新能源项目入市的通知》(华北能监市场〔2023〕46 号)等。

《北京市 2024 年绿色电力交易方案》给出了绿色电力交易的定义，即绿色电力交易是以绿色电力产品为标的物的电力中长期交易，交易电力同时提供国家规定的可再生能源绿色电力证书（以下简称“绿证”）。参与北京市绿色电力交易的市场主体包括发电企业、售电公司和电力用户等。电力用户可通过绿色电力交易平台（以下简称交易平台）购买绿色电力。

售电公司和电力用户（含批发用户、零售用户）须在交易平台注册生效。批发用户直接与发电企业进行交易购买绿色电力产品，零售用户通过售电公司代理购买绿色电力产品。零售用户与售电公司签订市场化购售电合同结算确认协议，提交首都电力交易中心后，由售电公司代理参加绿色电力交易，并与售电公司保持其他市场电量代理关系不变。

2024 年北京市绿色电力交易主要包括京津唐电网绿色电力交易和跨区跨省绿色电力交易。绿色电力交易依托交易平台开展，京津唐电网绿色电力交易方式为双边协商、集中竞价，双边协商优先；跨区跨省绿色电力交易方式为集中竞价。

绿色电力交易价格由市场化机制形成，应充分体现电能量价格和绿色电力环境价值。用户用电价格由绿色电力交易价格、上网环节线损费用、输配电价、系统运行费用、政府性基金及附加构成。绿色电力环境价值可参考国网经营区平价“绿证”市场上一结算周期（自然月）的平均价格。上网环节线损费用按照电能量价格依据有关政策规则执行，输配电价、系统运行费用、政府性基金及附加按照国家及北京有关规定执行。执行峰谷分时电价政策的用户，继续执行峰谷分时电价政策。原则上，绿色电力环境价值不纳入峰谷分时电价机制以及力调电费等计算，具体按照国家及北京市有关政策规定执行。售电公司可根据零售合同约定收取相应费用。

我国的电网体系比较复杂，在国家层面，国家电网、南方电网、蒙西电网构成了我国三大电网。其中，国家电网公司覆盖中国 26 个省（自治区、直辖市）；南方电网公司覆盖南方 5 省（自治区）（广东、广西、云南、贵州、海南）；蒙西电网承担着内蒙古自治区 8 个市盟（呼和浩特、包头、鄂尔多斯、阿拉善、乌兰察布、巴彦淖尔、乌海、锡林郭勒）的供电任务。

除了以上三大电网，还有 12 家地方电力公司，分别是山西地方电力、四川省水电投资经营集团、北疆电网、陕西省地方电力、吉林省地方电力、广西水利电业集团、云南保山电力、广西桂东电力、广西百色电力、湖北丹江电力、重庆三峡水利电力、深圳招商供电。需要说明的是，陕西省地方电力公司是陕西省组建的电力公司，行政管辖权归属陕西省。而陕西省电力公司归属于国家电网，是国家电网全资子公司。

在北京，用户参与“绿电”交易并结算后，可获得由北京电力交易中心颁发的绿色电力消费凭证（样例见图 9－2）。若发电企业符合国家可再生能源信息管理中心（水规院）绿色电力证书核发条件，则用户可同时获得绿色电力证书（样例见图 9－3）。

证书编号（Certificate No.）：12221000000001

绿色电力消费凭证

Green Electricity Consumption Certificate

消纳方（Consumptive Party）： 北京2022冬奥场馆(北京)

消纳方所在地（Consumptive Site）： 北京

供电方（Electricity Supplier）： 北京京能清洁能源电力股份有限公司

供电方所在地（Electricity Supplier Site）： 北京

消纳周期（Consumptive Cycle）： 2022年02月01日-2022年02月28日

消纳电量（Electricity Consumption）： 4242.449MWh

电量类型（Electricity Type）： 风电

扫码区块链溯源

BPX 北京电力交易中心 BEIJING POWER EXCHANGE CENTER

本绿色电力消费证明溯源由e-交易平台、国网区块链科技公司提供支持

图 9-2 绿色电力消费证明示例

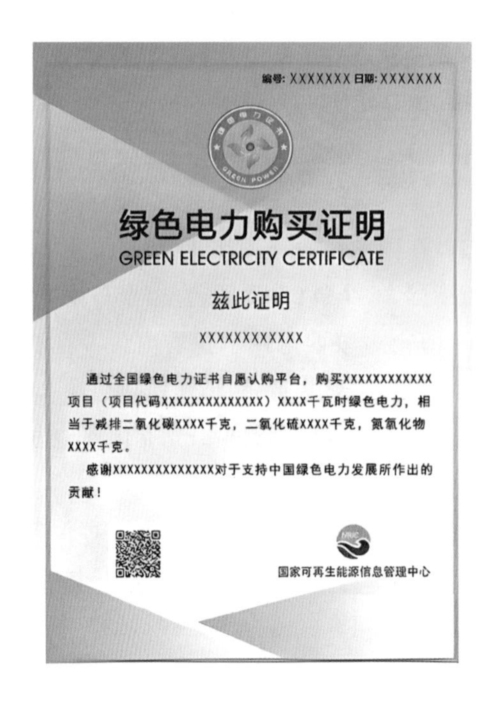
编号：XXXXXXX 日期：XXXXXXX

绿色电力购买证明

GREEN ELECTRICITY CERTIFICATE

兹此证明

XXXXXXXXXXXX

通过全国绿色电力证书自愿认购平台，购买XXXXXXXXXXXX项目（项目代码XXXXXXXXXXXXXX）XXXX千瓦时绿色电力，相当于减排二氧化碳XXXX千克，二氧化硫XXXX千克，氮氧化物XXXX千克。

感谢XXXXXXXXXXXXXX对于支持中国绿色电力发展所作出的贡献！

国家可再生能源信息管理中心

图 9-3 绿色电力购买证明示例

在北京电力交易中心颁发的绿色电力消费凭证中，利用区块链公开透明、多方共识、防篡改等技术特点，记录了“绿电”生产、传输、交易全流程信息，且具备全国唯一性和权威性，保障了“绿电”消纳的真实性与可信性，激活了“绿电”的商品价值和环境价值。

“证电分离”意味着“绿电”的电能价值和环境价值在两个市场销售，“证电分离”的优势在于“绿证”这种二次分配手段不用受制于电力输送的物理层面限制。而“证电合一”模式下，绿色电力的经济价值和环境效益价值合二为一；在“证电合一”模式下，依托全国统一的“绿证”制度和国家可再生能源信息管理中心提供的绿色电力查证服务，能够确保绿色电力从生产、交易到消纳的全生命周期都能够做到可追踪。

2022年2月，《南方区域绿色电力交易规则(试行)》发布并实施，同年8月，北京电力交易中心印发《北京电力交易中心绿色电力交易实施细则(修订稿)》，两大文件均就各自区域“绿电”交易的定义、规则、机制等进行了明确。其中，《北京电力交易中心绿色电力交易实施细则(修订稿)》中提出将为购买绿色电力产品的电力用户提供绿色电力证书，《南方区域绿色电力交易规则(试行)》也明确绿色电力交易的标的为附带“绿证”的风电、光伏等绿色电力发电企业的上网电量，二者均明确“绿电”交易将以“证电合一”的方式进行。

随着我国电力市场交易主体、运营机构和监管机构对绿色电力交易的不断探索和创新，“证电合一”将成为未来“绿电”交易的主要手段。

商务部国际贸易经济合作研究院绿色经贸合作研究中心主任在第十五届环境与发展论坛高峰对话中表示，欧盟碳边境调节机制(CBAM)只认可“绿电”购电协议，而不认可“绿证”，因此“绿证”不能用于抵扣碳关税。相关原因在于，企业只要有钱就可以买到“绿证”，“绿证”并不能证明企业内部有节能减碳、贡献于全球碳减排的举措。欧盟的这一价值导向与欧盟禁止完全通过碳抵消方式来实现产品碳中和的声明是一致的。

9.1.4 “绿证”“绿电”消纳与企业碳管理会计

为加强“绿证”交易与能耗双控、碳排放管理等政策的有效衔接，激发“绿证”需求潜力，夯实“绿证”核发交易基础，拓展“绿证”应用场景，加强国际国内“绿证”互认，为积极稳妥推进碳达峰碳中和提供有力支撑，在2024年1月27日，《国家发展改革委 国家统计局 国家能源局关于加强绿色电力证书与节能降碳政策衔接 大力促进非化石能源消费的通知》发布。

通知提出，“各地区要将可再生能源消纳责任分解到重点用能单位，探索实施重点用能单位化石能源消费预算管理，超出预算部分通过购买‘绿证’‘绿电’进行抵消”。这里提出了强制消费“绿电”的刚性要求。

通知提出，“依托中国绿色电力证书交易平台、北京电力交易中心、广州电力交易中心开展‘绿证’交易，具体由发电企业和电力用户采取双边协商、挂牌、集中竞价等方式进行”。

通知提出，“充分发挥‘绿证’在可再生能源生产和消费核算方面的作用，强化‘绿证’在用能预算、碳排放预算管理制度中的应用。将‘绿证’纳入固定资产投资项目节能审查、碳排放评价管理机制”。

通知提出，“将‘绿证’纳入产品碳足迹核算基本方法与通用国家标准，明确‘绿证’在产品碳足迹计算中的一般适用范围和认定方法”。

通知提出，要“推动‘绿证’国际互认。充分利用多双边国际交流渠道，大力宣介‘绿证’作为中国可再生能源电量环境属性基础凭证，解读中国‘绿证’政策和应用实践……推动国际机构特别是大型国际机构碳排放核算方法与‘绿证’衔接，加快‘绿证’国际互认进程”。

我们可以看到，“绿证”“绿电”与企业管理会计密切相关。提出“绿证”的初衷，就是作为将可再生能源消纳责任分解到重点用能单位的抓手，实现国家能耗双控到企业战略的连接。“绿证”的应用发展，必然会体现在企业的用能预算、碳排放预算控制制度上，可归入企业碳管理会计范畴。

在 2023 年 12 月 25 日，国家发改委等部委发布的《关于深入实施“东数西算”工程 加快构建全国一体化算力网的实施意见》提出，到 2025 年底，算力电力双向协同机制初步形成，国家枢纽节点新建数据中心“绿电”占比超过 80%。这一政策为全国的数据中心供能用电划出了清晰的准线，提高用电的“绿电”占比成为数据中心的刚需。从提高“绿电”途径上来看，主要有两种方式，一是提升新能源的利用，增强电网中的新能源供能，利用光风、储能等提升数据中心“绿电”使用；二是通过“绿电”或者“绿证”交易进行购买，通过市场手段提升占比。

2022 年 6 月 10 日江苏省印发的《江苏省促进绿色消费实施方案》中明确提出，“到 2025 年，高耗能企业电力消费中‘绿色’电力占比不低于 30%。”这一强制 30%“绿电”消费占比，使得“绿电”“绿证”的购买消费成为企业新刚需。

同时，企业在采取措施提高“绿电”消费占比。早在 2022 年，贵州茅台酒股份有限公司就已完成 4400 万度“绿电”采购，成功减排二氧化碳 3.29 万吨。2023 年，贵州茅台酒股份有限公司完成首单绿色电力市场化交易，“绿电”使用量达 1 亿度，且实现绿色用电 100%覆盖。贵州茅台的绿色电力证书如图 9-4 所示。

编号:00122040000002779　日期:2022-12-22

绿色电力证书

GREEN ELECTRICITY CERTIFICATE

兹此证明

贵州茅台酒股份有限公司

通过中国绿色电力证书自愿认购平台，购买中广核（当涂）新能源有限公司安徽省中广核（当涂）新能源有限公司当涂县大陇镇双潭湖260MW渔光互补光伏电站项目(项目代码WPC1909340521001)2022年8月生产的绿色电力

30,000,000 千瓦时

相当于减排二氧化碳 20,724,000.00 千克，二氧化硫 14,100.00 千克，氮氧化物 12,900.00 千克。

感谢贵州茅台酒股份有限公司对中国绿色电力消费作出的贡献！

国家可再生能源信息管理中心

图 9-4　贵州茅台的绿色电力证书

2024 年 2 月 27 日，华润雪花啤酒官方公众号显示，华润雪花啤酒滨海工厂与华润(北京)电力销售有限公司签署全“绿电”直购协议，确定以 100%“绿电”进行供应。此次华润雪花啤酒滨海工厂与华润(北京)电力销售有限公司签署全“绿电”直购协议，一方面是为了落实华润集团的决策部署；另一方面是助力华润雪花啤酒滨海工厂在 2024 年实现“零碳”用电工厂的目标。

2023 年 10 月 26 日，来自北京市政府网站的消息显示，北京西城区完成全市首个政府机关办公区 100%“绿电”使用。这里的“绿电”是指零二氧化碳排放生产的电力，电源类型主要为太阳能、风能、水电等可再生能源。据西城区机关事务服务中心相关负责人介绍，自 2023 年 7 月 1 日二龙路 27 号办公区使用“绿电”起，西城区全面谋划部署，推进政府机关办公区“绿电”使用工作。10 月 1 日，广安门南街 68 号、南菜园街 51 号、鸭子桥路 29 号机关办公区全部使用“绿电”，自此，西城区完成全市首个政府机关办公区 100%“绿电”使用。

RE100(100% Renewable Electricity)是一项全球性、合作性的商业倡议。RE100 的使命是加速实现全球电网零碳排放，加入 RE100 的公司，须承诺不晚于 2050 年全部使用“绿电”，可包括生物质(含沼气)发电、地热能发电、太阳能发电、水电和风电(来自市场或自产)，并且每年要披露其用电数据和目标进展。

截至 2023 年 4 月，全球已有超过 400 家企业加入 RE100，包括苹果、谷歌、Facebook、可口可乐、微软、飞利浦、高盛、台积电等。加入 RE100 的企业除承诺本身达到 100%使用清洁能源外，还会进一步要求供应链上的供应商做到这一要求。

RE100 为核实企业是否达到 100%使用“绿电”，提出了一系列核查标准。企业获取“绿电”的途径主要分为自发电力和购买电力两种。购买“绿电”的方式包括：购买供应商在公司设施中装配的发电设备产生的“绿电”；直接向发电公司采购“绿电”；从电网采购“绿电”；与“绿电”供应商签署“绿电”PPA(购电协议)；购买“绿证”；其他 RE100 认可的方式。

总体来看，“绿电”转型是当前企业绿色低碳转型的必由之路。“绿电”碳会计是企业转型所需关注的重要方面，其核心就是做好用电成本会计，工作目标在于两个方面，其一是降低履约成本，其二是降低用电成本。前者指对外部商业环境规则的遵循，例如“绿电”消纳比重指标如何实现，这个途径就会影响到履约成本，例如企业内部构建屋顶光伏发电站；后者则是如何推动企业内部的生产变革，利用新的电力规则来降低用电成本，如数字化改造现有用电设施，适应分时电价机制，参与智能电网的需求响应、辅助服务，助力电网的削峰填谷等。

9.2 新能源接入窘境与虚拟电厂

9.2.1 新能源接入的窘境

在我国新能源接入政策“应并尽并、能并早并”的推动下，各地的新能源发电项目接入得到广泛发展。然而，在 2023 年“五一”假期期间，山东电力交易中心数据显示，山东电力现货市场实时交易电价波动剧烈，区间为 1047.51 元/兆瓦时至－80 元/兆瓦时(约为 1.05 元/度至

－0.085元/度），累计出现46次负电价，持续长达22个小时。

“负电价”成为热词，山东的负电价一度登上热搜。山东之所以出现负电价，与电力现货市场有关。2017年，山东等8个地区成为电力现货市场建设的第一批试点。

作为中国电力现货市场改革的先锋，2023年3月，山东发改委发布的一份草案规定，正式将其电力现货市场上的最低价格设定为低于零，这也是当时国内首个将电力现货市场价格下限设为负值的省份。该政策从2023年4月开始正式执行，最低成交限价为－0.10元/千瓦时。

此次负电价体现了当地用电量的阶段性供过于求。“五一”假期，部分工厂休假，整体电力负荷下降了约15％。某种程度上，负电价也是山东能源结构调整的结果，山东已成为国内光伏装机规模最大的省份。截至2023年3月底，山东省光伏累计装机量4551万千瓦，位列全国第一；风电装机量2334万千瓦。两者分别占全省总装机的23.54％和12.07％，合计35.61％。

在2023年“五一”长假期间，山东白天光照充足，夜晚大风，风光发电量大增，叠加工厂放假用电量下降，煤电机组低容量运行，电力供应整体大量超过用电负荷，如果停止发电，成本更高，所以部分发电方更愿意通过付费来进行电力消纳。

这也是新能源参与电力现货市场交易的普遍现象。国外也是如此，例如大举转型新能源的欧洲，荷兰、德国、西班牙、丹麦等国家可再生能源普及程度高，电力市场已相当成熟，负电价也时常出现。

负电价的出现，意味着用电方在享受到用电好处的同时，还可“赚钱”。但这对于新能源发电企业来说却不是好消息，如果发电接入不能赚钱，那么投资新能源发电项目接入电网就失去了意义。

另外，还有一个与新能源接入的关键词叫“弃风弃光”。所谓“弃风弃光”，指的是由于各种限制原因，导致风能和太阳能发电产生的电量无法被完全消耗，从而不得不停止部分发电机组运转或减少发电量，放弃了本可以利用的风能和光能的现象。

甘肃是全国风能和太阳能资源最为丰富的地区之一。从2008年到2015年，甘肃新能源的发展居于全国前列。然而，在风能、太阳能富集的甘肃，“弃风弃光”现象非常突出。国家能源局的数据显示，2015上半年，全国风电弃风电量175亿千瓦时，同比增加101亿千瓦时；平均弃风率15.2％，同比上升6.8个百分点。其中，甘肃弃风电量31亿千瓦时，弃风率31％。

不少风电场和光伏电站因为不能全容量发电而浪费，成为新能源发展的瓶颈和窘境。是什么造成了“弃风弃光”？

人民日报记者曾经进行了调查。调查结果显示，原因之一是新能源发电有间歇性，需调峰，增加了并网难度。风电和光电作为新能源，存在间歇性和随机性，出力不稳定、电网潮流波动大，将导致整个电力系统电压、频率波动大，严重时会引起电网频率和电压稳定问题。而要维持电网的安全运行和保障用户的稳定电力供应，就需要常规能源的配合来进行调峰。原因之二是消纳能力不足，影响了新能源并网。例如，仅靠甘肃本省电力市场，新能源无法做到完全消纳。

新能源接入面临的窘境是由于电力生产自身所具备的特点所决定的。电力商品是看不见、摸不着的商品，供与需的生产和消费是同时完成的，需要依靠专有的输电网络以光速运输，需要通过调度中心执行交易结果。这与传统商品的生产、交付、消费差异很大。对于传统的商品生产，多生产的商品可以存放在仓库，电力商品则不能存放，必须马上消费使用，如果做不到，就可能会出问题。在电力系统中，发电与用电同时进行，发电量和用电量一般是平衡的，需要多少就生产多少。但如果出现发电量明显大于供电量，超过了电网的调节能力，出现无法消纳的现象，就可能会出问题。

9.2.2 “源”“网”“荷”“储”的互动

对于传统的基于煤电的电力系统，我们可以将其看作“客户为中心”的经营模式，通过“客户导向”来实现供与需的平衡，也就是需求端要多用电，那发电端就多烧煤多发电，反之就少烧煤少发电。

对于以新能源为主体的新型电力系统，“客户为中心”的经营模式就走不通了，因为风光等新能源发电的主体，其行为体现的是“自我为中心”，依赖于自然现象，难以主动调节。例如阳光明媚光伏发电就多，风大风机发电就多，反之就少。在这个行为过程中，可以说是丝毫不理会用电需求端的“感受”。

在这种情况下，既然发电端无法调节，那么就需要用电端来进行调节，用电企业需要根据新能源发电的特点来调整生产活动的开展，同时还需要建设配置储能设施来进行电网的电量使用调节。通过“源”“网”“荷”“储”四者之间的互动和控制，来保证源荷端的平衡稳定，就成为在保证电网安全的前提下发展新能源的必由之路。

什么叫“源”“网”“荷”“储”？所谓“源”是指电力的生产端，也就是发电厂；所谓“荷”是指电力的消费端，也就是用电设备，也叫用电负荷；所谓“网”是指电网，实现连接“源”与“荷”，将电力商品从“源”传输到“荷”的作用。如果用电商来类比的话，“源”是指厂家，“荷”指消费者，“网”就是电商平台。所谓“储”是指储能设备（例如蓄电池），用于调节源荷端的平衡，如果发电量多，用电量少，那么“储”就承担“荷”的角色，进行储能设备的充电；如果发电量少，用电量多，那么“储”就承担“源”的角色，进行储能设备的放电，给电网供电。

“源”有很多类型，例如煤电厂、集中式光伏发电厂、集中式光热发电厂、集中式风力发电厂等；“荷”也有很多类型，例如工业用电负荷、居民用电负荷、道路用电负荷等；“储”也同样有很多类型，例如抽水蓄能、电池储能、绿氢储能、压缩空气储能、飞轮储能等。

在新能源为主体的新型电力系统中，需要实现电力商品市场“供”（源）与“需”（荷）在时间轴上的动态平衡。“源”“网”“荷”“储”之间的互动，实现动态平衡的调节是必须的，这一动态调节过程是在数字技术、信息技术支撑下来实现的。

“供”（源）端的发电量处于可调节之中。在新能源为主体的新型电力系统中，其他的基于化石能源燃烧的发电设施就可作为可调节资源来调度，如燃煤发电厂、天然气发电厂等。当电网中发电量不够时，就启动这些发电资源来补充发电；如果新能源发电足够，这些发电资源就停歇。另外的措施，就是在“供”（源）端配置储能设施，调节供给端的发电量。

“需”(荷)端的用电量处于可调节之中。电力消费端的各种用电负荷需要在数字化技术支撑下成为可调节负荷,能够根据电网中的发电量来调节自己的用电量,助力实现电力负荷的削峰填谷,如企业的电锅炉、集中式空调系统、电解水制氢设备等。另外的措施,就是“需”(荷)端配置储能设施,调节消费端的用电量。

“网“端的配送电量处于可调节之中。其主要的措施就是配置储能设施,电网侧储能是为了在关键时刻电能为电网所调用。电网侧储能系统大多配置在电力系统的输配电环节,主要起到负荷调节、补偿、新能源并网、缓解电网阻塞、提高系统稳定性等作用。

配电网是电力系统的重要组成部分,覆盖城乡区域,连接千家万户,是电力供应的“最后一公里”。配电网在实现“源”“网”“荷”“储”之间的互动中,扮演着重要的角色。《国家发展改革委 国家能源局关于新形势下配电网高质量发展的指导意见》指出,随着新型电力系统建设的推进,配电网正逐步由单纯接受、分配电能给用户的电力网络转变为源网荷储融合互动、与上级电网灵活耦合的电力网络,在促进分布式电源就近消纳、承载新型负荷等方面的功能日益显著。该意见提出要“推动电力系统新业态健康发展”。这里提到的新业态主要有 4 个方面,其一是微电网,所谓微电网就是指一种小型发配电系统,由分布式电源、储能装置、能量转换装置、相关负荷以及监控和保护装置组成。微电网的主要功能是实现分布式电源的灵活和高效应用,解决数量庞大、形式多样的分布式电源并网问题。它不仅可以与外部电网并网运行,也可以独立运行,具有一定的自主控制能力。意见对此的政策要求是,“推动微电网建设,明确物理边界,合理配比源荷储容量,强化自主调峰、自我平衡能力”。另外 3 个新业态是指,进行用户侧可调节负荷资源管理的“虚拟电厂”“负荷聚合商”“车网互动”等 3 个方面。意见对此的政策要求是:“挖掘用户侧调节潜力,鼓励虚拟电厂、负荷聚合商、车网互动等新业态创新发展,提高系统响应速度和调节能力。”这 3 个方面的核心是基于数字技术的虚拟电厂技术。

9.2.3　虚拟电厂的概念

自 2023 年以来,为推动新能源接入的安全可靠发展,国家涉电政策频发,例如《电力负荷管理办法(2023 年版)》《电力需求侧管理办法(2023 年版)》《电力现货市场基本规则(试行)》等,推动了依托新型电力系统的虚拟电厂等新业态在各个省的快速发展。

虚拟电厂是一种将分布式发电、需求侧响应和储能资源统一协调控制,响应电网调度指令的技术。通俗来说,虚拟电厂好比“看不见的电厂”,把散落在用户端的充电桩、空调、储能设施等电力负荷以及发电设施整合、协调起来,作为特殊电厂参与电力市场。在虚拟电厂的聚合下,企业、居民等用户均可参与电力市场交易,灵活性更高。当需求侧供电量不足时,可以作为“正电厂”向电力系统供电;当发电侧电量过大,需求侧难以负荷时,又可以作为“负电厂”加大负荷消纳电力系统电力,帮助电力市场削峰填谷,平滑新能源并网给电网带来的一系列影响。

虚拟电厂的所谓“虚拟”,体现在它并不具有实体存在的电厂形式,但却真有一个电厂的功能,而且是远超传统实体电厂的功能,因为它打破了传统电力系统中发电厂之间、发电侧和用电侧之间的物理界限。

虚拟电厂的新业态与“源”“网”“荷”“储”的互动密切相关，是解决新能源电力可靠安全接入的重要手段。各省发改委也在频繁发布鼓励虚拟电厂发展的政策。2023 年 4 月 28 日，宁夏发改委发布《虚拟电厂建设工作方案（试行）》《宁夏电网虚拟电厂并网运行技术规范（试行）》。虚拟电厂是什么？《虚拟电厂建设工作方案（试行）》中做出了解读，“虚拟电厂是通过先进的数字化技术、控制技术、物联网技术与信息通信技术，将分布式电源、储能与可调节负荷等资源进行聚合，参与电网运行及电力市场运营的实体。”

2023 年 12 月 11 日，宁夏发改委又发布了《宁夏回族自治区虚拟电厂运营管理细则》，对虚拟电厂概念做了进一步的解读，“虚拟电厂是依托负荷聚合商、售电公司等机构，通过新一代信息通信、系统集成等技术，实现可调节负荷、分布式电源、电动汽车充换电设施、新型储能等需求侧资源的聚合、协调、优化，形成规模化调节能力，支撑电力系统安全运行（的实体）”。这个概念中，强调了聚合资源的范围是“需求侧资源”，强调了对“电动汽车充换电设施”的聚合。

虚拟电厂并不是真正的电厂，其主要还是体现为资源聚合商的作用，将数量众多的可调节的小资源聚合成一个大的可调节资源。虚拟电厂的核心是一个可调节资源的管理系统，其商业形态有点类似于“滴滴出行”。“滴滴出行”本身并不拥有出租车，但通过它就可以叫到车，解决了出行叫车的方便性问题。

虚拟电厂聚合的可调节资源包括 3 类：其一是分布式电源，例如某个企业自己有个小的天然气发电站，或者有个屋顶光伏的分布式发电站；其二是储能设备设施，包括企业所拥有的新能源汽车；其三是可调节负荷资源，例如商业楼宇的空调系统、电梯系统、电锅炉系统等。

虚拟电厂有什么用呢？其用途体现在 3 个方面。第一，可充分挖掘、聚合和释放供需两侧可调节资源，提升电力系统灵活调节能力，缓解电网峰谷差大、局部电力供应紧张等问题，保障电力安全可靠供应。第二，可引导具有负荷调节能力的用户参与需求响应、辅助服务等市场，有助于提升电网对新能源的消纳水平，助力地方“双碳”目标实现。第三，可引导可调节资源以市场化方式广泛参与电网互动，获得经济收益，降低用电成本，提高全社会经济效益。这里的第二、第三两个用途与企业碳会计工作是密切相关的。第二个用途是从电网的视角来看，第三个用途是从企业视角来看，都是在讲企业具备可调节资源参与电网互动，获得经济收益，降低用电成本，可归入碳管理会计的范畴。

那么，企业的可调节资源是如何获得经济收益的呢？答案是参与了“需求响应”“辅助服务”等市场。需要注意的是，虚拟电厂根据国家及各省的电力政策文件和相关交易规则，参与“需求响应”“辅助服务”等市场，不能以同一调节行为获取重复收益。

在参与“需求响应”“辅助服务”这两个市场中，企业的可调节资源发挥了作用，“出了力”做了贡献，从而就获得了相应的收益。我们要进一步理解好虚拟电厂的概念，就需要理解“需求响应”（电力需求响应）、“辅助服务”（电力辅助服务）这两个概念。

2022 年 6 月 13 日，宁夏发改委发布《宁夏回族自治区电力需求响应管理办法》，文件中给出了“电力需求响应”的定义。电力需求响应是指当电力批发市场价格升高或系统可靠性受威胁时，电力用户接收到供电方发出的诱导性减少负荷的直接补偿通知或者电力价格上升信号后，改变其固有的习惯用电模式，达到减少或者推移某时段的用电负荷而响应电力供应，从而保障电网稳定，并抑制电价上升的短期行为。按照电力系统运行需要，电力需求响应分为削峰需求响应和填谷需求响应两种类型。由此可见，电力需求响应是一种在确定用电政策之下的电力消费导向行为。需求响应策略主要有两种类型：其一是基于分时电价，也就是不同时间段给出不同的电价，从用电价格的经济性去引导电力消费进行削峰填谷；其二是基于激励措施，如果用户在系统需要或电力紧张时减少电力需求，就可以获得直接补偿或其他时段的优惠电价。

国家能源局发布的《电力辅助服务管理办法》中给出了“电力辅助服务”的定义。电力辅助服务是指为维持电力系统安全稳定运行，保证电能质量，促进清洁能源消纳，除正常电能生产、输送、使用外，由火电、水电、核电、风电、光伏发电、光热发电、抽水蓄能、自备电厂等发电侧并网主体，电化学、压缩空气、飞轮等新型储能，传统高载能工业负荷、工商业可中断负荷、电动汽车充电网络等能够响应电力调度指令的可调节负荷（含通过聚合商、虚拟电厂等形式聚合）提供的服务。

新能源快速发展带来的电源结构与负荷结构的时空错配，以及发电侧可调节资源相对不足等市场态势，为虚拟电厂的快速发展提供了重要机遇。既然参与电力需求响应、电力辅助服务可以获得收益，那么企业就有积极性来充分发挥其可调节资源的作用。

上海是全国最早开展虚拟电厂项目建设的城市之一。上海在工商业用电比例极高的商业环境中，构建了以商业楼宇为主的调度—交易—运营一体化虚拟电厂运营体系，主要应用场景包括商业楼宇能源管理、削峰填谷等。截至 2023 年 3 月底，上海市级平台已接入 12 家虚拟电厂，初步形成 1000MW 发电能力。所涵盖资源类型包括工商业楼宇、冷热电三联供能源站、电动汽车充换电站、动力照明、铁塔基站分布式储能等。试点项目包括黄浦区商业建筑需求侧管理示范项目等，黄浦区约 50%商业建筑接入虚拟电厂平台，响应资源约 60MW。

网络报道显示，山西省内大工业用户 50%以上为高载能用户，可控工业负荷、蓄热锅炉、储能设备、电动汽车等用户侧资源参与调峰市场的意愿强烈。2020 年 12 月，山西“新能源＋电动汽车”协同互动电力需求侧响应市场试点启动，共 6 个试点参与，时长 4 个小时，最高响应负荷达到 5000 千瓦，可消纳弃风弃光电量 1.8 万千瓦时，为山西在电力需求侧提供辅助服务方面积累了一定的经验。2021 年 3 月中旬，4 家辅助服务聚合商在山西电力交易中心注册，聚合用户 70 余家。山西正式组织辅助服务聚合商参与电力调峰市场，聚合用户最大响应负荷 1.2 万千瓦，响应电量约 3.6 万千瓦时，标志着山西基于市场化手段开展的虚拟电厂实践取得了历史性突破。

山西省的能源服务企业，根据省内工业、建筑、交通和城市的用电负荷特点，开展了相应的可控负荷的虚拟电厂实践。具体如下：①工业领域。在工业领域，参与虚拟电厂的主力为在非连续生产方面具有较大可调节性的负荷。②建筑领域。建筑领域的虚拟电厂资源主要是商业建筑的空调、照明、电梯、水泵、电采暖等用能设备。③交通领域。在交通领域,除了用电量大、充电时段选择灵活的电动汽车和电动重卡外,风光储一体化充换电站、城市级充电桩运营管理平台也可以参与虚拟电厂。④城市领域。在城市领域,虚拟电厂主要通过调节包括路灯、公共建筑空调、水泵、换热调峰站、垃圾处置站等市政设施的工作计划和运行状态,实现对可再生能源电量的最大化消纳。

不同发展阶段的虚拟电厂构建和运营各有差异。依据外围条件的不同,虚拟电厂的发展可分为3个阶段。第一个阶段称为邀约型阶段。这是在没有电力市场的情况下,由政府部门或调度机构牵头组织,各个聚合商参与,共同完成邀约、响应和激励流程。第二个阶段是市场型阶段。这是在电能量现货市场、辅助服务市场和容量市场建成后,虚拟电厂聚合商以类似于实体电厂的模式,分别参与这些市场获得收益。在第二阶段,也会同时存在邀约型模式,其邀约发出的主体是系统运行机构。第三个阶段是未来的虚拟电厂,我们称之为跨空间自主调度型虚拟电厂。随着虚拟电厂聚合的资源种类越来越多,数量越来越大,空间越来越广,可称之为“虚拟电力系统”,其中既包含可调负荷、储能和分布式能源等基础资源,也包含由这些基础资源整合而成的微网、局域能源互联网。

9.2.4 虚拟电厂中区块链的特点和作用

1. 虚拟电厂中区块链的特点

基于区块链技术来架构虚拟电厂,将具备如下功能特点。

(1)分布式数据治理。虚拟电厂使用区块链聚合发电数据、储能数据和用电数据。

①发电站,如分布式光伏站等,以节点的形式加入区块链中,注册自身发电功率、可控发电功率范围、预测发电量等数据,共享发电相关数据。

②储能设施,如水电站、储能站等,也以节点的形式加入区块链中,并注册自身的储电能力、放电能力等数据,共享储能相关数据。

③用户侧的可控负载通过物联网设备以节点或轻节点的形式加入区块链中,并注册自身用电功率,共享自身的用电计划和可控负荷等数据。

(2)数字身份认证。每一个区块链节点、轻节点、物联网设备和用户都将会获得一个数字身份,用于在虚拟电厂中识别身份和数据确权。

(3)协调算法固化。

①通过智能合约部署统一协调算法,实现源、储、荷三端平衡。

②统一协调算法旨在基于链上的发电数据、储能数据和用电数据,计算当电力供给端或电力负荷端出现波动时应当协调的发电站发电功率和用户侧可控负荷。

③例如,当新能源发电端的功率下降时,智能合约基于链上的数据,下调或关闭用户侧可控负荷,同时向自动发电控制系统发送指令上调发电功率以进行最终补偿。

(4)用户激励。当用户侧可控负荷和发电端参与协调时,将会记录参与协调的物联网设备的数字身份、协调功率等数据,并基于该数据按照一定周期给予奖励、绿色凭证或可再生能源消纳凭证。

2. 虚拟电厂中区块链的作用

基于区块链的虚拟电厂可以达成电力体系中的源、网、荷、储四端更好地进行协同的成效,具体包括如下方面。

(1)实现源、网、荷、储统一协调。通过使用区块链智能合约部署的统一协调算法和区块链中的深度感知数据,保证整个虚拟电厂中每一个节点的最终决策都是全局最优决策,并通过共识机制保证不同节点之间决策一致性,整合了可再生能源发电资源,最终形成多能互补的虚拟电厂。

(2)高效打通源、网、荷、储终端。通过使用区块链技术作为基础支撑,每个源、网、荷、储终端只需要将自身系统与区块链进行对接即可,无须对接其他所有终端。这在技术层面上简化了对接工作,提高了对接效率。

(3)协调决策透明可信。由于区块链中的协调决策需经所有节点达成共识,并对所有参与方公开,因此任何一个节点均可获取决策流程、结果和执行情况,保证了每一个决策的透明度、可信度。

(4)协调记录不可篡改。由于所有的协调记录保存在区块链中,任何一个节点无法根据自身利益来篡改记录,故保证了基于协调记录发放奖励、"绿证"和可再生能源消纳凭证时的可靠性与权威性。

(5)保证发电数据可信可用。由于源、网、荷、储终端均采用了分布式数据身份认证与确权技术,发电用电数据上传至区块链之前,终端将会使用自身内部存储的私钥对数据进行签名,上传至区块链上的发电用电数据均可使用终端的公钥来验证上传数据的真实性,因此保证了发电用电数据的可信度。

(6)赋能监管。监管机构作为区块链网络中的节点之一,可以随时获得网络中的所有真实数据,实现穿透式监管。此外,监管机构也可将监管条例写入智能合约之中进行执行,使监管过程更加高效透明。

9.2.5 特斯拉的虚拟电厂计划

2015 年 5 月,特斯拉推出了 powerwall(功率墙),这是一款家用电池,售价 3000 美金起,可以存储太阳能面板发出的电量,还可以在非用电高峰期充电,等到高峰期再向用户供电。基于 powerwall,特斯拉提出了虚拟电厂计划:通过 powerwall 进行用户侧余电调度。

2022 年 12 月,特斯拉推出电力零售计划"tesla electric",支持当地用户向美国德克萨斯州的能源供应商出售 powerwall 中未使用的电力来赚取电费。

参与该计划后,用户的 powerwall 会自动决定何时充电以及何时向电网出售电力,即该系统可在低电价时为电动汽车充电或存储电力，在最有利的情况下将来自业主储能系统的电力出售到电网。特斯拉 powerwall 储能电池运作模式如图 9－5 所示。特斯拉还为能源供应商提供了能源价格跟踪和电力管理功能，帮助能源供应商监控 powerwall 用户的贡献。

图 9－5 特斯拉 powerwall 储能电池运作模式

2022 年，美国加州公用事业公司太平洋天然气电力公司（PG&E）借助 powerwall 向用户直接购买电力。该项目是特斯拉与 PG&E 合作的“紧急减负局计划（emergency load reduction program）”虚拟电厂项目的一部分，主要目的为解决加州夏季电力供应紧张的情况。

拥有 powerwall 的 PG&E 客户可以自愿选择通过特斯拉的应用程序注册加入。在电网用电紧急高峰期，所有参与计划的 powerwall 将被调度，每提供额外的 1 千瓦时电能，其所有者将获得 2 美元的收益，远高于加州平均住宅电价 25 美分/千瓦时。聚合的廉价绿色能源可以有效替代原本使用的昂贵燃气火电，进而为虚拟电厂赚取差价收益。

9.2.6 新能源汽车与电网融合互动政策

2023 年 12 月 13 日，《国家发展改革委等部门关于加强新能源汽车与电网融合互动的实施意见》印发，对推动我国车网融合互动作出了具体部署。

《国家发展改革委等部门关于加强新能源汽车与电网融合互动的实施意见》明确了车网互动的 2 个发展目标和 6 项重点任务。

2 个发展目标：一是到 2025 年，初步建成车网互动技术标准体系，全面实施和优化充电峰谷分时电价，市场机制建设和试点示范取得重要进展；二是到 2030 年，我国车网互动实现规模化应用，智能有序充电全面推广，新能源汽车成为电化学储能体系的重要组成部分，力争为电力系统提供千万千瓦级的双向灵活性调节能力。

6 项重点任务：一是协同推进车网互动核心技术攻关；二是加快建立车网互动标准体系；三是优化完善配套电价和市场机制，力争 2025 年底前全面应用居民充电峰谷分时电价，持续优化定价机制，探索对电网放电价格；四是探索开展双向充放电综合示范，探索可持续商业模式，完善业务流程机制，建立健全电池质保体系，形成可复制推广的典型模式和经验；五是积极提升充换电设施互动水平，加快制定居住社区智能充电设施推广方案，原则上实现新建桩全面覆盖；六是系统强化电网企业支撑保障能力，支持电网企业结合新型电力负荷管理系统分阶段做好车网互动资源的接入和管理。

《国家发展改革委等部门关于加强新能源汽车与电网融合互动的实施意见》的出台是特定时代背景要求的结果。2020年10月，国务院办公厅印发《新能源汽车产业发展规划（2021—2035年）》，提出要推动新能源汽车与能源融合发展，加强新能源汽车与电网能量互动，降低新能源汽车用电成本，提高电网调峰调频、安全应急等响应能力。2023年6月，国务院常务会议提出要构建"车能路云"融合发展的产业生态。2023年6月，《国务院办公厅关于进一步构建高质量充电基础设施体系的指导意见》提出，要提升车网双向互动能力，大力推广应用智能充电基础设施，强化对电动汽车充放电行为的调控能力，推动车网互动等试点示范。

推动车网融合互动主要有3个方面的重要意义。一是有效提升配电网接入能力，支撑新能源汽车产业规模化发展。二是通过完善需求响应和辅助服务市场机制，探索参与现货市场、"绿证"交易、碳交易的实施路径，开展双向充放电综合示范，可以激发新能源汽车作为泛在灵活性资源的调节潜力，支撑新型能源体系和新型电力系统构建。三是推动车网互动商业模式创新。车网互动技术涉及新能源汽车、充换电设施、电力系统等产业链多个环节，通过推进跨行业协同技术攻关、构建车网互动标准体系，可以促进车、桩、网技术产业体系转型升级，提高新能源汽车行业的国际竞争力。

9.2.7 虚拟电厂的角色生态系统

虚拟电厂在一个生态系统中运行，涉及多方面的角色关系。

2023年12月11日宁夏发改委发布的《宁夏回族自治区虚拟电厂运营管理细则》给出了虚拟电厂相关生态环境角色的职责关系。如图9-6所示。

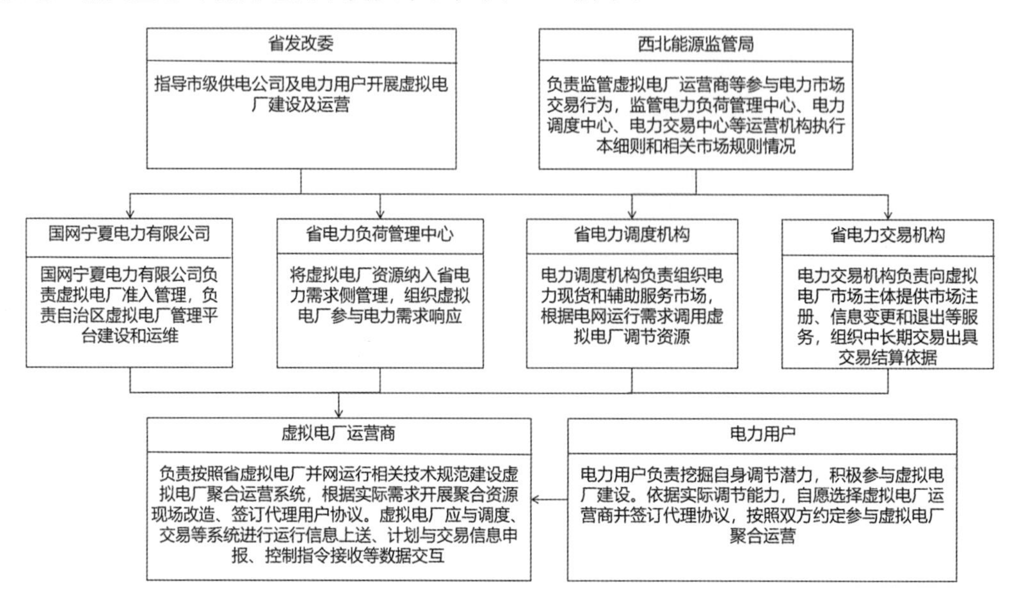

图9-6 虚拟电厂的生态角色

虚拟电厂运营商是虚拟电厂建设及运营的主体，通过商业合同聚合客户能源资源，作为市场主体参与电力市场交易。

宁夏各地市发展改革委负责落实自治区虚拟电厂建设统一要求，指导市级供电公司及电力用户开展虚拟电厂建设及运营。

西北能源监管局负责监管虚拟电厂运营商等参与电力市场交易行为，监管电力负荷管理中心、电力调度中心、电力交易中心等运营机构执行本细则和相关市场规则情况。

国网宁夏电力有限公司负责自治区虚拟电厂管理平台建设和运维；负责指导经营区域内虚拟电厂开展建设和运营管理，对虚拟电厂运营情况进行监督、检查、考核和评价；负责虚拟电厂并网调度管理，组织虚拟电厂参与辅助服务市场和现货市场。

自治区电力负荷管理中心负责将虚拟电厂资源纳入自治区电力需求侧管理，组织虚拟电厂参与电力需求响应。

自治区电力调度机构负责组织电力现货和辅助服务市场，根据电网运行需求调用虚拟电厂调节资源。

自治区电力交易机构负责向虚拟电厂市场主体提供市场注册、信息变更和退出等服务，组织中长期交易，出具交易结算依据。

虚拟电厂运营商负责按照自治区虚拟电厂并网运行相关技术规范建设虚拟电厂聚合运营系统，根据实际需求开展聚合资源现场改造、签订代理用户协议等；通过具备资质的第三方测评机构安全检测认证后，按程序接入自治区虚拟电厂管理平台，开展虚拟电厂常态化运营。

电力用户负责挖掘自身调节潜力，积极参与虚拟电厂建设。同时，依据实际调节能力，自愿选择虚拟电厂运营商并签订代理协议，按照双方约定参与虚拟电厂聚合运营。

虚拟电厂聚合运营系统由虚拟电厂运营商自行建设，应满足国家、行业相关规定和要求，应具备资源接入、运营管理、资源监视、聚合调节、数据上报等功能。

虚拟电厂代理用户应是具有宁夏地区电力营销户号并实现电能计量和用电信息远程采集的电力用户。

9.2.8 虚拟电厂的主要功能要求

《宁夏电网虚拟电厂并网运行技术规范(试行)》规定，虚拟电厂并网运行是指虚拟电厂运营商将各类可调节资源(可调节负荷、分布式电源、储能)聚合，并通过聚合运营系统统一接入自治区虚拟电厂管理平台。虚拟电厂整体架构包括两部分内容，即聚合运营系统及其聚合的各类可调节资源。

在总体功能要求上，虚拟电厂应具备对可调节资源进行聚合管理，并参与电网互动服务及电力市场交易的能力，如辅助调峰、辅助调频、需求响应等。

在聚合功能要求上，聚合对象包括可调节负荷、分布式电源、储能等资源。可调节负荷资源应为具备可调节能力并接入虚拟电厂聚合运营平台的电力用户；分布式电源应为在宁夏电网并网运行且调度关系不在现有公用系统的光伏、风电、生物质发电等；储能侧资源应为区内电源侧、用户侧各类分布式储能设施。

在数据通信要求上，虚拟电厂应支持：①内部通信功能。虚拟电厂应与内部可调节资源进行实时运行上报、资源控制下发、收益结算下发等数据交互，并根据需要采用多种传输方式，包括但不限于RS485、光纤等有线通信方式，4G、5G等无线通信方式。②外部系统通信功能。虚拟电厂应与调度、交易等系统进行运行信息上送、计划与交易信息申报、控制指令接收等数据交互，传输方式包括但不限于调度数据网、综合数据网或互联网公/专网。

在聚合运营系统功能要求上，虚拟电厂运营商建设的聚合运营系统应具备以下功能：①资源注册功能，记录并管理可调节资源的注册信息，包括资源容量、资源类型、调节能力、参与辅助服务种类等。②资源预测功能，基于可调节资源的历史运行数据、资源性质等，进行出力与负荷预测。③资源管理功能，制定资源调用策略，并基于市场出清结果或调度系统指令进行分解与下发。④优化决策功能，制定市场参与策略，并代理可调节资源进行市场交易，同时根据调度和交易机构下发的分时结算信息进行相应的市场收益分配。⑤运行评估功能，基于监管机构标准或事先相关约定，对可调节资源的实际运行情况以及参与辅助服务的响应情况进行评估并定期反馈结果。⑥资源监测功能，通过资源管理装置采集并记录所聚合可调节资源的实时运行状态、资源调用情况、参与市场交易等信息，并通过可视化方式向虚拟电厂运营方进行展示。

9.2.9 虚拟电厂的分类及其差别

1.虚拟电厂的分类

2022年6月21日，山西省能源局印发的《虚拟电厂建设与运营管理实施方案》中，按照虚拟电厂聚合优化的资源类别不同，将虚拟电厂分为以下两类。

(1)负荷类虚拟电厂。负荷类虚拟电厂指虚拟电厂运营商聚合其绑定的具备负荷调节能力的市场化电力用户(包括电动汽车、可调节负荷、可中断负荷等)，作为一个整体(呈现为负荷状态)组建成虚拟电厂，对外提供负荷侧灵活响应调节服务。

(2)源网荷储一体化虚拟电厂(以下简称“‘一体化’虚拟电厂”)。“源网荷储一体化”虚拟电厂指列入“源网荷储一体化”试点项目，建成后新能源、用户及配套储能项目通过虚拟电厂一体化聚合，作为独立市场主体参与电力市场，原则上不占用系统调峰能力，具备自主调峰、调节能力，并可以为公共电网提供调节服务。

负荷类虚拟电厂运营商应是具有山西电力市场交易资格的售电公司或电力用户；一体化虚拟电厂运营商应是一体化项目主体或者授权代理商，并具有山西电力市场售电资格。虚拟电厂对应的市场化交易应单独结算。市场建设初期，负荷类虚拟电厂参与中长期、现货及辅助服务市场，一体化虚拟电厂参与现货及辅助服务市场，后期视电力市场发展情况适时进行调整。

2.两类虚拟电厂的差别

两类虚拟电厂主要有以下5点不同：

(1)聚合资源类别不同。负荷类虚拟电厂指虚拟电厂运营商聚合具备负荷调节能力的电动汽车、充电桩等市场化电力用户,并作为一个整体对外提供负荷侧灵活响应调节服务。而一体化虚拟电厂是指聚合新能源、用户及配套储能项目,作为独立市场主体参与电力市场,不占用系统调峰能力,具备自主调峰、调节能力,并可以为公共电网提供调节服务。

(2)参与市场形态不同。负荷类虚拟电厂作为一个整体,呈现负荷状态;一体化虚拟电厂作为独立市场主体参与电力市场。相较前者,后者并非单一的提供电网波动时的负荷,自身同时具备“源+储”的内部微网结构。

(3)提供服务类别不同。负荷类虚拟电厂仅能够提供负荷侧灵活响应调节服务,而一体化虚拟电厂原则上不需占用系统调峰能力,具备自主调峰、调节能力,并可以为公共电网提供调节服务。

(4)运营资格不同。负荷类虚拟电厂运营商是具有电力市场交易资格的售电公司或电力用户;而一体化虚拟电厂运营商应是一体化项目主体或者授权代理商,并具有电力市场售电资格。

(5)参与的交易市场不同。市场建设初期,负荷类虚拟电厂参与电力中长期、现货及辅助服务市场;一体化虚拟电厂参与现货及辅助服务市场,后期视电力市场发展情况实时进行调整。

9.2.10 虚拟电厂与微电网的差别

微电网也是一个与虚拟电厂一样“热”的概念,但两者在概念内涵上有着很大的差别,主要体现如下:

1. 定义不同

微电网是由一系列分布式电源、储能装置、用电负荷和电力电子设备组成的局部电力系统,可以实现与主电网柔性的连接和隔离,并能够提供多种能源服务。虚拟电厂则是由分散的分布式能源系统协同运行集成的能源系统,它集中管理多个透明分布式能源生成系统,通过电能替代来实现灵活的能量需求。

2. 治理战略不同

微电网将全球能源转型的关键作用归于地方社区,通过在小区、工业园区等地部署微电网系统来实现城市区域能源的可再生化和电力市场化。虚拟电厂较多是在国家政府层面部署,通过集中管理优化,能够满足城市区域的多样化需求和规模经济。

3. 软硬件支撑不同

微电网需要预先设计和部署,在实际运行过程中需要支持分布式发电、能量管理、能源通信控制、电力交易等复杂运营模式,同时需要兼容多种电力设备的技术要求。虚拟电厂更多注重从软件和云服务方面支持,需要具备先进的互联网技术、大数据技术和人工智能技术。

4. 回报周期不同

微电网的投资和建设成本较高，需要政策支持，同时由于其区域化特殊性，回报周期也往往较长。虚拟电厂投资相对少，基础设施也已形成，因此成本回报周期更短。

5. 应用场景有所不同

微电网一般应用于小区、工业园区、商业区等密度较高、区域较小的领域。虚拟电厂则更适合城市区域规模较大的能源管理需求。

9.2.11 可调节负荷降低企业用电成本

企业的可调节资源可以通过加入虚拟电厂，参与电力需求响应服务、电力辅助服务来降低成本、获得收益。其中，一个实现方式就是通过电力需求响应服务相关的分时电价机制。

分时电价是指按系统运行状况，将一天 24 小时划分为若干个时段，每个时段按系统运行的平均边际成本收取电费的定价模式。分时电价具有刺激和鼓励电力用户移峰填谷、优化用电方式的作用。

2021 年 7 月 29 日，发改委发布通知，对现行分时电价机制作了进一步完善，要求各地科学划分峰谷时段，合理确定峰谷电价价差。

2023 年 8 月 21 日，《北京市发展和改革委员会关于进一步完善本市分时电价机制等有关事项的通知》发布，对北京分时电价机制作了进一步的规定，具体如下。

1. 执行范围

除地铁、无轨电车、电气化铁路牵引用电外的所有工商业用电执行峰谷分时电价。其中，变压器容量在 100 千伏安（千瓦）及以上且电压等级在 1 千伏及以上的工商业用电在峰谷分时电价基础上执行尖峰电价。农业生产用电按照现行目录销售电价平段价格执行。

2. 时段划分

全年峰谷时段按每日 24 小时分为高峰、平段、低谷三段各 8 小时，具体时段划分如下。

（1）高峰时段：10：00—13：00；17：00—22：00。

（2）平时段：7：00—10：00；13：00—17：00；22：00—23：00。

（3）低谷时段：23：00—次日 7：00。

其中，夏季（7、8 月）11：00—13：00、16：00—17：00，冬季（1、12 月）18：00—21：00 为尖峰时段。

表 9-2 北京市城区非居民销售电价表

用电分类	电压等级	电度电价				基本电价	
		尖峰/(元/千瓦时)	高峰/(元/千瓦时)	平段/(元/千瓦时)	低谷/(元/千瓦时)	最大需量/(元/千瓦·月)	变压器容量/(元/千伏安·月)
一般工商业	不满 1 千伏	1.4223	1.2930	0.7673	0.2939		
	1～10 千伏	1.3993	1.2710	0.7523	0.2849		
	20 千伏	1.3923	1.2640	0.7453	0.2779		
	35 千伏	1.3843	1.2560	0.7373	0.2699		
	110 千伏	1.3693	1.2410	0.7223	0.2549		
	220 千伏及以上	1.3543	1.2260	0.7073	0.2399		
大工业	1～10 千伏	1.0337	0.9440	0.6346	0.3342	48	32
	20 千伏	1.0187	0.9300	0.6246	0.3282	48	32
	35 千伏	1.0027	0.9160	0.6146	0.3222	48	32
	110 千伏	0，9757	0.8910	0.5946	0.3072	48	32
	220 千伏及以上	0.9527	0.8680	0.5746	0.2892	48	32
农业生产	不满 1 千伏		0.9292	0.6255	0.3378		
	1～10 千伏		0.9142	0.6105	0.3218		
	20 千伏		0.9062	0.6035	0.3158		
	35 千伏及以上		0.8982	0.5955	0.3088		

从表 9-2 中我们可以看到，尖峰电价（例如 1.3543）约是低谷电价（例如 0.2399）的 5.6 倍，这就体现了对企业经营成本的影响。对于用电成本占企业经营成本比例较大的那些企业，调节企业生产设备的用电行为，对于降低企业的经营成本意义很大。

在企业用电设备设施加入虚拟电厂中，首要事项是识别企业所拥有的可调节负荷。对于可调节负荷而言，调节其用电时间并不会影响到其使用目标的实现。例如：商业楼宇的空调负荷，空调温度只需要定在某个区间就行，用电降温的时间是可以调节的，可以错开用电高峰调节室内温度；电梯负荷，在用电高峰时段，4 部电梯停掉 2 部也不会带来太大的问题；电锅炉的热水，也可以在用电负荷低谷时来烧水，这个时候的电价低。不少地方发展氢能产业，电解水制氢需要用电，这里的生产用电就可以安排在用电负荷低谷；电解铝业务也一样。

需要注意的是，并非企业的所有用电设备设施都可以成为可调节资源，对于那些调节其用电时间可能影响到其用电目的实现的设备设施，就不是可调节资源。例如在南极海洋馆，动物饵料保存的用电设施就不是可调节资源，因为不保持用电可能造成温度上升导致饵料坏掉。

在企业用电设备设施加入虚拟电厂中，次要的事项就是要数字化可调节负荷。也就是用电的设备设施的用电过程是可以智能控制的，用电数据可以智能采集，这样才能接入虚拟电厂的可调资源管理系统之中。可调节负荷的改造是一个企业用电系统的改造过程，通常由电网企业来提供相关服务。

9.3 案例：清大科越新型电力系统

9.3.1 “绿电”交易服务平台案例简介

本案例是内蒙古电力交易中心投资开发的“基于区块链技术的绿色电力可信研究及应用”项目。

该项目的背景，是内蒙古电力交易中心在之前由清大科越所开发的“绿电”交易系统基础之上，为提高电力交易业务的可信度与权威性，构建基于区块链的绿色电力交易平台，实现市场主体“绿电”消费信息的溯源。

绿色账户将记录“绿电”的生产、交易、消费、结算等各环节，确保“绿电”全生命周期的可查、可信、可验，为“绿电”的真实消费提供证明，形成绿色电力消费凭证，实现未来“绿电”“绿证”交易多中心下的信息有效交互，满足数据可信可溯源的多端互认，如欧盟碳关税机制的“绿电”消费认可。

该项目的建设目标，包括以下两个方面：

1. 构建并完善“绿电”交易模块

支撑万级用户同时参与“绿电”交易，促进市场主体公平自由参与，实现可再生发电、电力用户全覆盖。完善后的“绿电”交易系统兼容多场景、多元化的市场主体需求，既能支撑用户“证电合一”的“绿电”购电需求，又满足用户购买“绿电”属性的“绿证”的需求；既能支撑用户与可再生发电在事前交易锁定未来电能量价格与环境溢价，又能允许事后补偿交易对偏差电量的“绿电”属性进行交易，有效促进电力市场健康稳定发展，推进电力体制改革进一步深化，促进资源优化配置。

2. 搭建区块链基础平台

面向电力批发市场主体和零售电力用户，支撑绿色交易的市场主体档案信息、“绿电”生产信息、“绿电”交易结算信息、绿色账户信息等数据上链，保证业务数据不可篡改。

形成“绿电”溯源，实现“绿电”属性从批发到零售的穿透，全程有迹可循，进一步提高电力市场的公开透明和开放互信程度，提升市场运行效率、运营能力，促进电力市场健康稳定发展，推进电力体制改革进一步深化，促进资源优化配置。

生成绿色电力消费凭证，为电力用户开展碳足迹核查提供重要参考依据，助力实现碳达峰碳中和的目标。

项目所实现的主要功能如图 9-7 所示。

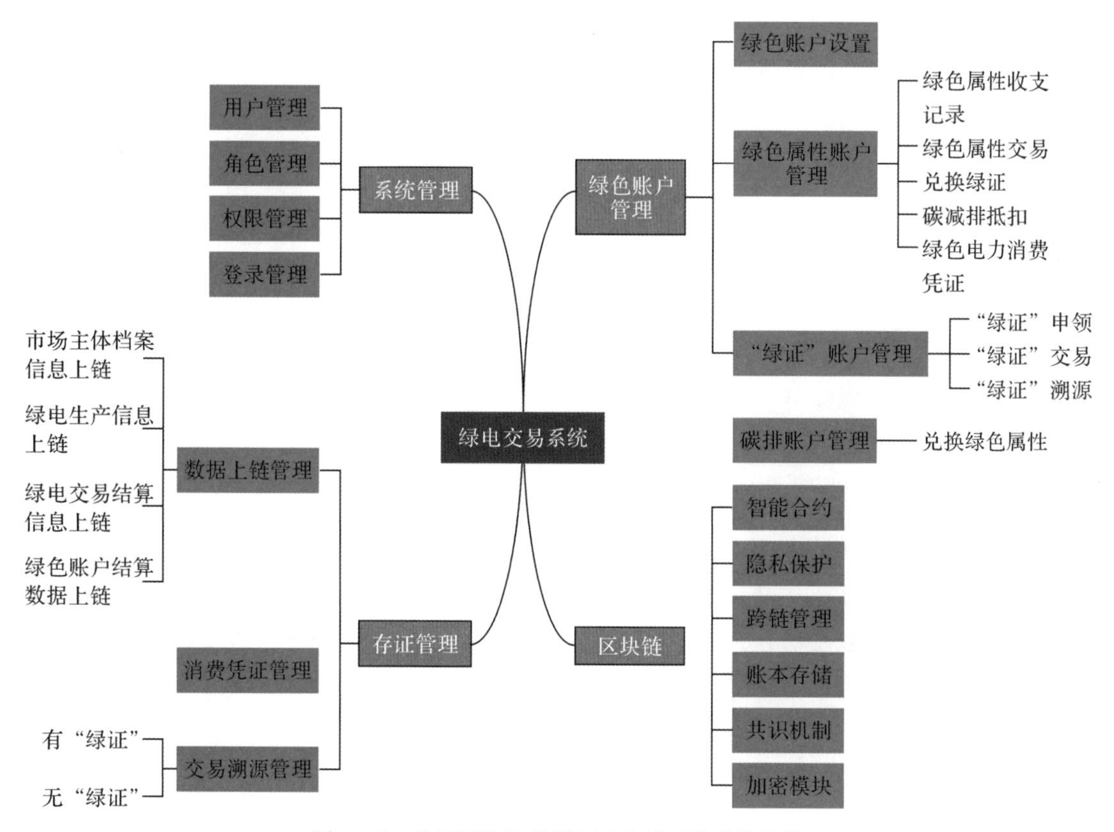

图 9-7 基于区块链的“绿电”交易系统功能总览

9.3.2 冀北虚拟电厂项目案例简介

冀北虚拟电厂项目是首个市场化运营的虚拟电厂示范工程，于 2019 年 12 月建成投运。该工程实时接入并控制了蓄热式电采暖、可调节工商业，室外照明灯具、电梯、智能楼宇、智能家居、储能、电动汽车充电站、分布式光伏等可调节资源，范围涵盖张家口、秦皇岛、廊坊 3 个地市，已参与华北调峰辅助服务市场和正式商业运行；具备及时支撑电网调控的灵活调节能力，可以提供实时、柔性、连续的能量调节，参与调峰辅助服务有效促进京津唐电网在用电负荷低谷时段的新能源消纳。

该项目构建了“1(虚拟电厂智能管控平台)＋n(运营商/聚合商)＋x(用户)”体系架构。截至 2023 年 5 月，平台上共 3 家运营商(冀北综合能源、恒实科技、国电投中央研究院)，聚合了 35 家用户、156 个可调节资源，总容量 35.8 万千瓦，调节能力 20.4 万千瓦。

冀北虚拟电厂是国网泛在电力物理网建设的重点示范项目。平台基于信息、通信、人工智能、区块链等新技术，提供源、荷、储等泛在资源的市场准入、泛在接入、优化聚合、协同响应和交易代理，从而提高电网市场化消纳可再生能源比例。

冀北虚拟电厂是融合了新一代智能控制技术和互动商业模式的技术支撑平台。虚拟电厂综合采用云计算微服务架构、异步通信、资源组合和经济调度等技术，提供了资源物联接入、市场资格准入、负荷聚合优化、调峰市场交易、日前协同计划、日内实时调控、用户协同响应、调控计量结算、资源性能评估等虚拟电厂参与调峰市场和灵活调控的技术支撑。示范工程建设包括虚拟电厂管控平台、物联网通讯以及用户端改造三部分。

清大科越具有多年电力行业的电力市场、发电调度、综合能源服务的技术沉淀和丰富的项目管理能力，是冀北虚拟电厂示范工程总设计和工程协调单位，承担了示范工程的虚拟电厂调控平台的设计、开发和实施工作，完成了与物联网通信及用户侧改造工程的系统集成。

9.3.3 上海交大虚拟电厂仿真平台案例简介

国家新型电力系统建设高速发展带来了相关的虚拟电厂建设的高速发展，从而带来了迫切的虚拟电厂相关技术和管理人才培育需求，而产业界的人才培育需求带来了上海交通大学人才培育链上的虚拟电厂相关实践教学设备设施的建设要求。

上海交通大学国家电投智慧能源创新学院是上海交大虚拟电厂仿真平台项目建设的主体。该主体本身拥有分布式光伏、储能、电动汽车充电桩、空调、照明等多类可调节的灵活资源，并且在丰富教学课程、提升人才培养质量、落实新型电力市场学科实践教学等方面，对建设集仿真教学和运营管理于一体的虚拟电厂运营平台拥有较强需求。

虚拟电厂运营仿真平台功能架构按照功能模块划分为虚拟电厂建模模块、虚拟电厂交易模块、虚拟电厂调度模块、虚拟电厂预测模块、教学仿真模块、模型算法模块和预留的数据集成接口等几大功能模块。各大功能模块分别设计了作为调度中心、交易中心、运营商侧不同的角色功能。平台功能总体架构如图 9-8 所示。

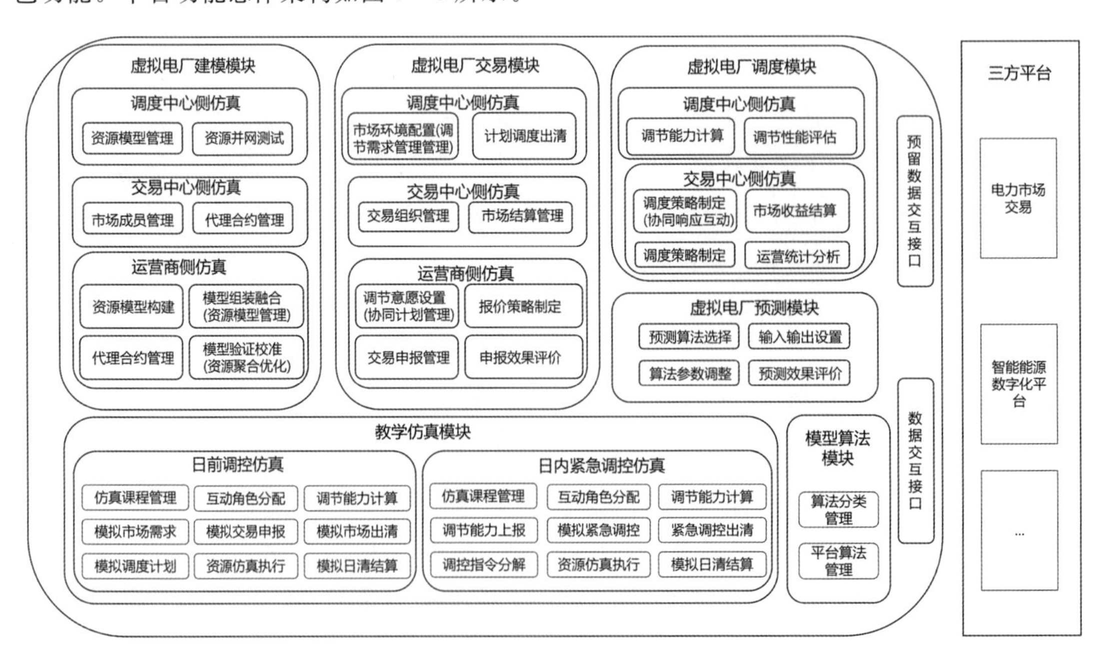

图 9-8 上海交大虚拟电厂运营仿真平台的功能架构图

本章小结

新型电力系统就是以新能源为主体的电力系统。新型电力系统的“新”主要体现在4个方面，从供给侧来看，新能源逐步成为装机和电量的主体；从用户侧来看，体现为重点能源消费高度电气化，以及电力产消者(既是电力的生产者又是电力的消费者)大量涌现；从电网侧来看，体现为电网发展将形成以大电网为主导、多种电网形态相融并存的格局；从整体系统来看，依靠源网荷储协调互动，实现电力供需动态平衡。

“绿证”“绿电”是两个从“绿电”交易系统中产生出来的承载绿色价值的专门概念。电证分离是“绿证”，电证合一是“绿电”，“绿证”的拥有者不一定是该证上的绿色电力的消费者。“绿证”“绿电”均是国际化的概念，中国的“绿证”“绿电”机制均是参照国际做法而构建的机制。企业实现100%“绿电”生产，可以通过自建光伏发电，可以通过购买“绿证”，可以向电网购买按照国家政策所收购的“绿电”，也可以直接与新能源发电企业签署协议购买“绿电”来实现。“绿证”“绿电”包含与碳信用相似的生态价值的碳资产特点，一个新能源项目，如果申请了碳信用，就不能重复申请“绿证”或“绿电”。欧盟碳关税机制只认“绿电”，不认“绿证”。“绿电”“绿证”的应用存在数据可信和溯源的要求，因而需要区块链技术来提供支撑。

电力商品具有发电和用电同时进行，电量无法储存，以及需要通过专门的电网来输送等诸多特点。新能源发电接入电网的前提是保证电网的安全，这是为什么好些省份的新能源发电设施存在“弃风弃光”现象的原因。通过数字技术支撑的虚拟电厂聚合分布式能源、储能设施、可调节负荷、充换电设施等，实现源、网、荷、储互动，可有效地解决大规模新能源接入的电网源荷的动态平衡问题。基于区块链的虚拟电厂可以达成电力体系中的源、网、荷、储四端更好地进行协同的成效。

国家正在大力推进车网互动，通过虚拟电厂模式实现新能源汽车与电网的智能连接，可解决因新能源接入而带来的电网用电负荷的削峰填谷问题。

企业的可调节资源经过计量改造后可以通过虚拟电厂聚合接入电网，参与电力需求响应和电力辅助服务两个市场，其在电网的分时电价机制下，可实现企业的用电成本的降低。

无论是“绿电”“绿证”的使用，还是可调节资源的应用，都涉及企业对国家政策的遵守执行以及降低企业的成本等两个方面，都涉及企业的成本管理，因而都是企业管理会计在支撑企业低碳转型发展过程所需关注的重要内容。

本章复习思考题

1. 新型电力系统“新”在哪里？
2. “绿证”如何进行申报？
3. “绿证”与“绿电”的区别是什么？
4. 新能源发电中，为什么会出现“弃风弃光”现象？

5.为什么需要“源”“网”“荷”“储”的互动？

6.举例说明虚拟电厂可调节资源的类型。

7.企业可调资源加入虚拟电厂如何降低企业用电成本？

8.为什么欧盟碳关税机制不认“绿证”，只认“绿电”？

参考文献

[1]程占红,徐娇.五台山景区酒店碳排放效率的典范对应分析[J].地理研究,2018,37(3):577-592.

[2]崔也光,周畅.碳排放权会计:研究回顾与展望[J].财会月刊,2020,(9):53-58.

[3]蒋峻松,乔智,张妍.我国碳会计相关研究热点与趋势[J].财会月刊,2022,(18):88-97.

[4]温永林,张阿城,王巧.低碳城市建设与旅游业发展:来自中国城市的经验证据[J].旅游科学,2024,38(1):101-119.

[5]张自强,周伟,杨重玉.碳中和背景下森林采伐限额对中国森林碳汇影响的空间效应[J].统计与决策,2024,40(8):84-88.

[6]颉茂华,李玲玉,李晓玲.中国碳会计:远景战略、现实挑战与实现路径[J].财会月刊,2022,(17):73-81.

[7]郑洪涛.碳会计的困境与对策[J].中国注册会计师,2024,(1):91-94.

[8]周德良,李慧芝.国内外碳会计研究热点与趋势:基于 CiteSpace 知识图谱的分析[J].中国注册会计师,2024,(3):56-65.

[9]陶春华.碳资产:生态环保的新理念:概念、意义与实施路径研究[J].学术论坛,2016,39(6):64-67.

[10]何炯英,刘梅娟,李婷.森林碳汇会计核算研究的回顾与展望[J].林业经济问题,2021,41(5):552-560.

[11]陈元媛,温作民,谢煜.森林碳汇的公允价值计量研究:基于森林资源培育企业的角度[J].生态经济,2018,34(4):45-49.

[12]何桂梅,徐斌,王鹏,等.全国统一碳市场运行背景下林业碳汇交易发展策略分析[J].林业经济,2018,40(11):72-78.

[13]黄炳艺,雷丽娜,陈春梅.碳会计信息披露质量与债务资本成本:基于我国电力行业上市公司的经验证据[J].数理统计与管理,2023,42(4):581-594.

[14]胡剑锋,杨宜男,路世昌.碳赤字型省份碳中和模式选择与生态成本比较:以辽宁省为例[J].经济地理,2021,41(11):193-200.

[15]殷俊明,邓倩,江丽君,等.嵌入碳排放的三重预算模型研究[J].会计研究,2020,(7):78-89.

[16]涂建明,迟颖颖,石羽珊,等.基于法定碳排放权配额经济实质的碳会计构想[J].会计研究,2019(9):87-94.

[17]余建辉,肖若兰,马仁锋,等.国际贸易“碳中和”研究热点领域及其动向[J].自然资源学

报,2022,37(5):1303-1320.

[18]崔也光,周畅.京津冀区域碳排放权交易与碳会计现状研究[J].会计研究,2017(7):3-10,96.

[19]HE R,LUO L,SHAMSUDDIN A,et al. Corporate carbon accounting:a literature review of carbon accounting research from the Kyoto Protocol to the Paris Agreement[J]. Accounting & Finance,2022,62(1):261-298.

[20]STECHEMESSER K,GUENTHER E. Carbon accounting:a systematic literature review [J]. Journal of Cleaner Production,2012(36):17-38.

[21]SCHALTEGGER S,CSUTORA M. "Carbon accounting for sustainability and management. Status quo and challenges[J]. Journal of Cleaner Production,2012(36):1-16.

[22]王玮璇,周舟."双碳"目标背景下资本市场融资主体碳相关信息披露现状分析[J].债券,2023(6):29-34.

[23]秦海英,刘江鹰.碳市场交易机制:理论与实验[M].现代出版社:2023:11.

[24]蓝虹.碳交易市场概论[M].北京:中国金融出版社:2022.

[25]邝兵.碳排放核查员培训教材[M].北京:中国质检出版社:2016.

[26]张惠远,张强,郝海广,等.生态产品及其价值实现[M].北京:中国环境出版集团:2019.

[27]贾明.企业碳中和管理[M].北京:机械工业出版社,2024.

[28]唐葆君.碳金融学[M].北京:中国人民大学出版社,2023.

[29]王爱国.济南大学商学文库[M]//碳交易市场、碳会计核算及碳社会责任问题研究.桂林:广西师范大学出版社,2017,5:260.

[30]王广宇.零碳金融:碳中和的发展转型[M].北京:中国对外发展出版社:2021.

[31]王大地,黄洁.ESG 理论与实践[M].北京:经济管理出版社,2021.

[32]孙忠娟,罗伊,马文良,等.ESG 披露标准体系研究[M].北京:经济管理出版社,2021.

[33]王凯,邹洋.国内外 ESG 评价与评级比较研究[M].北京:经济管理出版社,2021.

[34]王鹏,王冬容.走进虚拟电厂[M].北京:机械工业出版社,2020.

[35]中华人民共和国中央人民政府.中共中央 国务院关于完整准确全面贯彻新发展理念 做好碳达峰碳中和工作的意见[Z].2021-09-22.

[36]习近平.深入理解新发展理念[Z].2019-05-16.

[37]中国证券监督管理委员会.碳金融产品(JR/T 0244—2022)[Z].2022-04-12

[38]新华社.国资央企探路 ESG 建设 推动实现高质量发展[Z].2023-09-15.

[39]中华人民共和国商务部.饭店业碳排放管理规范[Z].2014-04-06.

[40]中华人民共和国生态环境部.关于政协十三届全国委员会第五次会议第 00770 号(资源环境类 057 号)提案答复的函[Z].2022-08-19.

[41]山东省人民政府办公厅.山东省人民政府办公厅关于印发山东省碳金融发展三年行动方

案(2023—2025年)的通知[Z]. 2023-04-24.
[42]广州市地方金融监管局,广州市工信局. 广州市地方金融监管局等关于金融支持企业碳账户体系建设的指导意见[Z]. 2022-09-13.
[43]中央财经大学绿色金融国际研究院,IIGF 2023中国碳市场年报[Z]. 2024-01-30.
[44]中国人民银行. 金融机构环境信息披露指南[Z]. 2021-07-22.
[45]国务院国有资产监督管理委员会. 关于推进中央企业高质量发展做好碳达峰碳中和工作的指导意见[Z]. 2021-11-27.
[46]国务院国有资产监督管理委员会. 提高央企控股上市公司质量工作方案[Z]. 2022-05-27.
[47]国务院国有资产监督管理委员会. 中央企业节约能源与生态环境保护监督管理办法[Z]. 2022-08-03.
[48]国务院国有资产监督管理委员会办公厅. 关于转发〈央企控股上市公司ESG专项报告编制研究〉的通知[Z]. 2023-07-25.
[49]中华人民共和国生态环境部. 环境信息依法披露制度改革方案[Z]. 2021-05-24.
[50]中华人民共和国生态环境部. 企业环境信息依法披露管理办法[Z]. 2022-02-08.
[51]中华人民共和国最高人民法院. 最高人民法院关于完整准确全面贯彻新发展理念 为积极稳妥推进碳达峰碳中和提供司法服务的意见[Z]. 2023-02-17.
[52]中华人民共和国财政部. 会计改革与发展"十四五"规划纲要[Z]. 2021-11-24.
[53]中华人民共和国财政部. 财政支持做好碳达峰碳中和工作的意见[Z]. 2022-05-25.
[54]中华人民共和国财政部. 碳排放权交易有关会计处理暂行规定[Z]. 2019-12-01.
[55]中华人民共和国财政部. 碳排放权交易有关会计处理暂行规定[Z]. 2019-12-01.
[56]中华人民共和国中央人民政府,中华人民共和国国务院. 中共中央国务院关于全面推进美丽中国建设的意见[Z]. 2023-12-27.
[57]国家发展改革委,国家统计局,国家能源局. 关于加强绿色电力证书与节能降碳政策衔接大力促进非化石能源消费的通知(发改环资〔2024〕113号)[Z]. 2024-02-02.
[58]国家发改委. 电力市场监管办法[Z]. 2024-04-12.
[59]山西省能源局. 虚拟电厂建设与运营管理实施方案[Z]. 2022-06-23.
[60]上海证券交易所,深圳证券交易所,北京证券交易所,等. 上市公司持续监管指引第X号:可持续发展报告(征求意见稿)[R]. 2024-02-08.
[61]BP中国. BP世界能源统计年鉴2019[EB/OL]. (2019-07-30). https://www.bp.com.cn/content/dam/bp/country-sites/zh_cn/china/home/reports/statistical-review-of-world-energy/2019/2019sronepager.pdf
[62]BP中国. BP世界能源统计年鉴,2021[EB/OL]. (2021-07-08). https://www.bp.com.cn/content/dam/bp/country-sites/zh_cn/china/home/reports/statistical-review-of-world-energy/2021/BP_Stats_2021.pdf

[63]李惠钰. 抓住先机引领第五次工业革命[EB/OL]. (2021－07－12)https://kepu.gmw.cn/2021－07/12/content_34986656.htm

[64]李兢. 加快推进碳基础设施建设[EB/OL]. (2022－07－01). http://www.news.cn/fortune/2022－07/01/c_1128745365.htm

[65]丁仲礼. 深入理解碳中和的基本逻辑和技术需求[EB/OL]. (2022－09－11)https://www.guancha.cn/dingzhongli/2022_09_11_657428_1.shtml

[66]华夏气候. 欧盟碳市场的前世今生[EB/OL]. (2022－07－27)https://mp.weixin.qq.com/s? __biz=MzI3MDUwNDU0Ng==&mid=2247578956&idx=2&sn=0646d1afcc47f25255cb3d42b61eeb67&chksm=ead3f241dda47b57b0c6dbc23865af0378984c473f0f5f3dcec53bfb01db568dbae98ed85f28&scene=27.

[67]中国碳交易网. 碳会计定义[EB/OL]. (2014－11－24)http://www.tanjiaoyi.com/article-4968-1.html

[68]国际能源网. 融和科技碳资产管理系统重磅上市企业绿色竞争力:"双碳"目标价值实现新工具[EB/OL]. (2023－12－20). https://newenergy.in-en.com/html/newenergy-2429287.shtml

[69]邓中华. 温室气体 第1部:组织层面上温室气体排放与清除量化及报告规范[EB/OL]. (2021－03－07). http://www.wang-xu.cn/static/upload/file/20221130/1669777221773917.pdf

[70]北京2022年冬奥会和冬残奥会组织委员会. 北京冬奥会低碳管理报告(赛前)[EB/OL]. (2022－01). https://img76.hbzhan.com/4/20220211/637801664971831952783.pdf

[71]双碳洞察. 一文说清欧盟碳关税,企业提升碳管理能力或成应对关键[EB/OL]. (2023－05－12). https://baijiahao.baidu.com/s? id=1765674116499585399

[72]IMA管理会计师协会. "碳与管理会计"的融合:目标碳成本法研究报告[EB/OL]. (2022－07－08). https://www.imachina.org.cn/Uploads/File/2022/07/13/u62ce5db5add5a.pdf

[73]严珊珊. H&M抵制新疆棉花? 中国供应商回应[EB/OL]. (2021－03－24). https://baijiahao.baidu.com/s? id=1695109310990926948&wfr=spider&for=pc.

[74]华尔街见闻. 新型电力系统,你知道多少? | 见智研究[EB/OL]. (2022－02－05). https://new.qq.com/rain/a/20220205A03DXG00

[75]浙电e家. 绿电、绿证你了解多少? [EB/OL]. (2023－12－25). https://news.bjx.com.cn/html/20231225/1351899.shtml

[76]搜狐网. 双碳背景下的顶流之争:碳资产vs绿电绿证[EB/OL]. (2023－09－19). https://www.sohu.com/a/721799461_484815.

[77]中国低碳网. 绿电同比增长254%,绿证同比增长1839%,消费热背后的思考[EB/OL]. (2024－07－04). https://www.sohu.com/a/790713554_100108650

[78]央视新闻客户端. AI 是“吃电狂魔”? 将面临“缺电”? 中国这个解法值得关注[EB/OL]. (2024-04-15). https://www.chinanews.com/cj/2024/04-15/10198995.shtml.
[79]能源品牌观察. 来自特斯拉的启式,看国外虚拟电厂的发展与生态[EB/OL]. (2024-04-08). https://baijiahao.baidu.com/s?id=1795727030287004564.
[80]电联新媒. 多位专家解读《关于深化电力体制改革加快构建新型电力系统的指导意见》[EB/OL]. (2023-07-13). https://news.bjx.com.cn/html/20230713/1319026.shtml.